高 等 数 学

（下册）

主　编　霍桂利

副主编　郑学谦　刘　琨

科学出版社

北京

内 容 简 介

本书根据高等职业教育人才培养目标并结合职业本科学生实际学习需求编写，按照高等职业教学中公共基础课服务于专业、应用于实际的基本要求，在内容编排上尽量完整呈现基本知识体系，同时尽可能体现数学的应用. 全书分上、下两册. 下册共七章，内容包括向量代数与空间解析几何、多元函数微分法及其应用、重积分、曲线积分和曲面积分、无穷级数、数学建模、MATLAB 软件基本应用等. 每章章末以二维码形式链接本章提要和习题答案. 习题按照难度分层设置，分为基础题和提高题.

本书可作为职业本科院校工科等各专业的高等数学课程的教材，也可供自学人员、科技工作者参考.

图书在版编目(CIP)数据

高等数学. 下册/霍桂利主编. —北京：科学出版社, 2023.8
ISBN 978-7-03-076185-9

Ⅰ. ①高…　Ⅱ. ①霍…　Ⅲ. ①高等数学–高等学校–教材　Ⅳ. ①O13

中国国家版本馆 CIP 数据核字(2023)第 152103 号

责任编辑：胡海霞　李香叶 / 责任校对：杨聪敏
责任印制：吴兆东 / 封面设计：陈　敬

科学出版社 出版
北京东黄城根北街 16 号
邮政编码：100717
http://www.sciencep.com
天津市新科印刷有限公司印刷
科学出版社发行　各地新华书店经销
*
2023 年 8 月第　一　版　　开本：720×1000　1/16
2024 年 9 月第三次印刷　印张：20
字数：400 000
定价：59.00 元
(如有印装质量问题，我社负责调换)

《高等数学》编委会

前　言

　　高等职业教育是我国高等教育的重要组成部分, 肩负着为社会经济建设与发展培养人才的使命. 随着高等职业教育的蓬勃发展, 高职教育的层次也从原来的高职专科提升为高职本科, 为学生打通了升学的通道, 同时也为社会培养了科学文化、专业知识、技术技能等职业综合素质和行动能力更强的高素质技术技能人才.

　　高等数学作为一门公共基础课, 不仅能使学生获得高等数学的基本概念、基本理论和基本方法, 还能培养和提高学生的抽象思维能力、逻辑推理能力以及综合运用所学知识分析问题、解决问题的能力; 培养学生的创新意识, 提高创新能力; 提升学生的自我学习能力, 养成善于思考、勤于动手的良好习惯, 同时也为学习专业课程奠定必要的数学基础.

　　由于高等职业本科是高等职业教育发展的新兴事物, 目前针对职业本科层次的高等数学教材相对缺乏. 普通本科教材抽象度较高, 跟专业的结合、具体问题的应用关联不够; 而高职专科教材从知识的广度到知识的深度上都不能满足本科学生的学习需求. 因此, 我们编写了这本适合职业本科学生的高等数学教材. 在尽量保证知识体系完整的基础上, 与专业相结合, 增加案例分析, 突出知识的应用性.

　　本书具有以下特色:

　　(1) 响应党的二十大号召, 主线贯穿落实立德树人根本任务.

　　党的二十大报告明确提出"加强教材建设和管理"这一重要任务, 可见教材建设的重要性. 本教材构思主线贯穿落实立德树人根本任务, 弘扬社会主义核心价值观, 弘扬中华优秀传统文化. 教材融入了中国古代数学史元素和社会主义现代化产业发展案例等, 寓价值观引导于知识传授之中, 旨在培养学生的爱国之情、强国之心、科学精神和文化自信, 促进学生全面发展.

　　(2) 突出知识应用, 体现职业教育特色.

　　从概念引出到例题分析都尽可能地以专业应用为背景, 以数学知识为基础, 结合情景教学、项目任务等方法很好地将数学与专业相结合, 使学生看到数学之用, 逐渐培养学生运用数学知识解决实际问题的能力, 为更好地发展职业技能奠定基础.

　　(3) 介绍数学建模和数学软件, 多角度呈现知识的应用.

　　本书最后两章介绍了数学建模的基本方法和简单案例, 以及 MATLAB 软件的基本应用. 这部分知识的学习能够更好地锻炼学生的数据分析能力、逻辑推理能力以及解决实际问题的能力, 提高学生的数学建模技能和科学思维素养, 培养终身学习能力.

(4) 习题分层, 符合个性化学习需求.

每节课后的习题都分为基础题和提高题两个层次, 学生可根据自身学习情况选择适合的题目进行练习. 每章有本章提要, 帮助学生理清知识脉络; 章后有复习题, 帮助学生进一步加强对知识的理解和掌握. 其中, 本章提要和习题答案都以二维码形式链接, 便于查阅.

全书由霍桂利教授担任主编, 对教材的整体框架和编写思路进行设计和指导; 刘琨老师和郑学谦老师担任副主编, 对教材内容进行修改和统稿. 参加编写工作的分工如下: 第 1 章由刘琨老师编写, 第 2 章由尉雪峰老师编写, 第 3 章由张海丽老师编写, 第 4 章由赵琳老师编写, 第 5 章由乔晓云老师编写, 第 6 章由景冰清老师编写, 第 7 章由宋晓婷老师编写, 第 8 章由李文姿老师编写, 第 9 章由赵转萍老师编写, 第 10 章由郭婷婷老师编写, 第 11 章由张华老师编写, 第 12 章由郑学谦老师编写, 第 13 章由李小磊老师编写.

教材的编写得到了山西工程科技职业大学相关领导和部门的大力支持, 同行专家提出了许多宝贵意见. 科学出版社胡海霞、李香叶编辑和相关工作人员为教材顺利出版付出了辛勤的劳动, 在此向他们表示衷心的感谢!

由于编者水平所限, 书中难免有不妥之处, 恳请各位读者批评指正.

编　者

2023 年 5 月

目　　录

第 7 章　向量代数与空间解析几何

　　空间解析几何是学习高等数学多元函数微积分的必备基础知识. 作为初等数学与高等数学几何学的桥梁, 它已形成典型的数学理论实践体系, 且已被广泛应用于物理学、天文学等其他自然学科中.

　　本章从向量的概念, 向量的加法、数乘、数量积与向量积的概念入手, 用向量的坐标表示对向量的加法、数乘、数量积与向量积进行运算, 得出特殊位置的向量的坐标满足的关系式, 并应用于平面方程、空间直线方程. 解析几何的实质是建立点与实数有序数组之间的关系, 把代数方程与曲线、曲面对应起来, 从而能用代数方法研究几何图形. 在本章的学习中, 注意培养空间图形的想象能力, 对某些比较难以想象和描绘的空间图形, 可借助软件呈现方程图像, 或者用动图实现其形成过程, 培养空间立体思维能力, 为今后学习多元函数重积分奠定基础.

7.1　向量及其线性运算

　　平面解析几何是我们已经熟悉的, 所谓解析几何就是用解析的, 或者说是代数的方法来研究几何问题. 坐标法把代数与几何结合起来. 代数运算的基本对象是数, 几何图形的基本元素是点. 正如我们在平面解析几何中所见到的那样, 通过建立平面直角坐标系使几何中的点与代数的有序数之间建立一一对应关系. 在此基础上, 引入运动的观点, 使平面曲线和方程对应, 从而使我们能够运用代数方法去研究几何问题. 同样, 要运用代数的方法去研究空间的图形——曲面和空间曲线, 就必须建立空间内点与数组之间的对应关系.

7.1.1　空间直角坐标系

1. 基础知识

　　空间直角坐标系可看作平面直角坐标系的推广. 在空间中, 作三条两两互相垂直的数轴, 起点相交于一点 O, 这三条数轴分别称为 x 轴、y 轴和 z 轴, 一般是把 x 轴和 y 轴放置在水平面上, z 轴垂直于水平面. z 轴的正向按右手法则规定如下: 伸出右手, 让四指与大拇指垂直, 并使四指先指向 x 轴的正向, 然后让四指沿握拳方向旋转 $90°$ 指向 y 轴的正向, 这时大拇指所指的方向就是 z 轴的正向, 这样组成的空间直角坐标系 $Oxyz$ 称为右手系 (图 7.1(a)), 类似地, 若满足左手法

则规定称为左手系 (图 7.1(b)), 一般使用右手系. 其中, x 轴称为横轴, y 轴称为纵轴, z 轴称为竖轴, O 称为坐标原点.

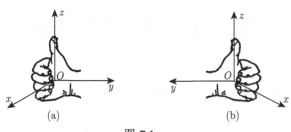

图 7.1

三条坐标轴两两分别确定一个平面, 称为坐标平面, 简称**坐标面**. 由 x 轴与 y 轴所确定的坐标面称为 xOy 坐标面, 类似地, 有 yOz 坐标面、zOx 坐标面. 三个坐标面把空间分成八个部分, 称为**八个卦限**. 上半空间 $(z>0)$ 中, 从含有 x 轴、y 轴、z 轴正半轴的那个卦限数起, 按逆时针方向分别叫做 I, II, III, IV 卦限, 下半空间 $(z<0)$ 中, 与 I, II, III, IV 四个卦限依次对应地叫做 V, VI, VII, VIII 卦限 (图 7.2).

确定了空间直角坐标系后, 就可以建立空间点与有序数组间的对应关系.

设 M 为空间一点, 过点 M 作三个平面分别垂直于三条坐标轴, 它们与 x 轴、y 轴和 z 轴的交点依次为 P, Q, R(图 7.3), 这三点在 x 轴、y 轴和 z 轴上的坐标依次为 x, y 和 z. 这样, 空间的一点 M 就唯一地确定了一个有序数组 (x, y, z), 称为点 M 的直角坐标, 并依次把 x, y 和 z 叫做点 M 的横坐标、纵坐标和竖坐标. 坐标为 (x, y, z) 的点 M 通常记为 $M(x, y, z)$.

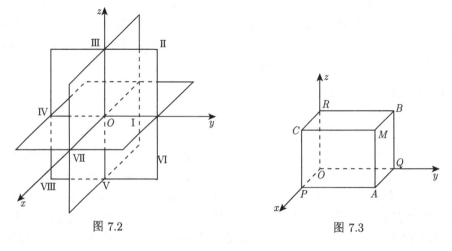

图 7.2   图 7.3

反之, 给定有序数组 (x, y, z), 我们可以在 x 轴上取坐标为 x 的点 P, 在 y 轴

上取坐标为 y 的点 Q, 在 z 轴上取坐标为 z 的点 R, 然后通过 P, Q 与 R 分别作 x 轴、y 轴与 z 轴的垂直平面, 这三个平面的交点 M 就是具有坐标 (x, y, z) 的点 (图 7.3). 从而对应于一有序数组 (x, y, z), 必有空间一个确定的点 M. 这样, 就建立了空间的点 M 和有序数组 (x, y, z) 之间的一一对应关系.

如图 7.3 所示, x 轴、y 轴和 z 轴上的点的坐标分别为 $P(x, 0, 0)$, $Q(0, y, 0)$, $R(0, 0, z)$; xOy 面、yOz 面和 zOx 面上的点的坐标分别为 $A(x, y, 0)$, $B(0, y, z)$, $C(x, 0, z)$; 原点的坐标为 $O(0, 0, 0)$. 注意区分坐标轴和坐标面上点的特殊性及点关于坐标轴、坐标面的对称点.

2. 空间两点间的距离

设 $M_1(x_1, y_1, z_1)$, $M_2(x_2, y_2, z_2)$ 为空间两点, 为了用两点的坐标来表达它们间的距离 d, 我们过 M_1, M_2 各作三个分别垂直于三条坐标轴的平面. 这六个平面围成一个以 $M_1 M_2$ 为对角线的长方体 (图 7.4). 根据勾股定理, 有

$$|M_1 M_2|^2 = |M_1 N|^2 + |N M_2|^2$$
$$= |M_1 P|^2 + |M_1 Q|^2 + |M_1 R|^2.$$

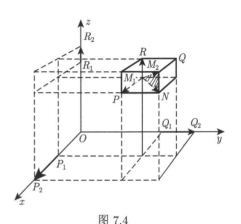

图 7.4

由于

$$|M_1 P| = |P_1 P_2| = |x_2 - x_1|,$$

$$|M_1 Q| = |Q_1 Q_2| = |y_2 - y_1|,$$

$$|M_1 R| = |R_1 R_2| = |z_2 - z_1|,$$

所以

$$d = |M_1 M_2| = \sqrt{(x_2 - x_1)^2 + (y_2 - y_1)^2 + (z_2 - z_1)^2},$$

这就是**两点间的距离公式**.

特别地, 点 $M(x, y, z)$ 与坐标原点 $O(0, 0, 0)$ 的距离为

$$d = |OM| = \sqrt{x^2 + y^2 + z^2}.$$

7.1.2 向量的概念

在实际应用中, 我们遇到的物理量有两种: 一种是只有大小的量, 叫做**数量**, 如时间、温度、距离、质量等; 另一种是不仅有大小而且有方向的量, 叫做**向量**或**矢量**, 如速度、加速度、力等.

在数学上, 常用一条有向线段来表示向量, 有向线段的长度表示向量的大小, 有向线段的方向表示向量的方向. 以 M_1 为始点, M_2 为终点的有向线段所表示的向量, 用记号 $\overrightarrow{M_1M_2}$ 表示 (图 7.5); 有时也用一个黑体字母或上面加箭头的字母来表示向量. 例如向量 a, b, i, u 或 $\vec{a}$, $\vec{b}$, $\vec{i}$, $\vec{u}$ 等.

向量的长度叫做向量的**模**, 向量 $\overrightarrow{M_1M_2}$, a 的模分别记为 $|\overrightarrow{M_1M_2}|$, $|a|$.

图 7.5

在研究向量的运算时, 将会用到以下几种特殊向量:

单位向量　模等于 1 的向量称为单位向量.

逆向量 (或负向量)　与向量 a 的模相等而方向相反的向量称为 a 的逆向量, 记为 $-a$.

零向量　模等于零的向量称为零向量, 记作 $\mathbf{0}$, 零向量没有确定的方向, 也可以说它的方向是任意的.

平行向量　两个向量同向或反向, 也称两向量共线.

相等向量　两个向量 a 与 b, 如果它们方向相同且模相等, 就说这两个向量相等, 记作 $a = b$.

两向量的夹角　设有两个非零向量 a 和 b, 任取空间一点 O, 作 $\overrightarrow{OA} = a$, $\overrightarrow{OB} = b$, 则称这两向量正向间的夹角 θ 为两个向量 a 与 b 的夹角 (图 7.6), 记作 $\theta = \widehat{(a, b)}$ 或 $\theta = \widehat{(b, a)}$, $0 \leqslant \theta \leqslant \pi$. 特别地, 当 a 与 b 同向时, $\theta = 0$; 当 a 与 b 反向时, $\theta = \pi$. 此时称向量 a 与 b 平行, 记作 $a /\!/ b$; 当 $\theta = \dfrac{\pi}{2}$ 时, 称向量 a 与 b 垂直, 记作 $a \perp b$.

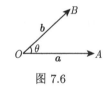

图 7.6

自由向量　与始点位置无关的向量称为自由向量 (即向量可以在空间平行移动, 所得向量与原向量相等). 我们研究的向量均为自由向量, 今后, 必要时我们可以把一个向量平行移动到空间任一位置.

7.1.3　向量的线性运算

1. 向量的加 (减) 法

仿照物理学中力的合成, 我们可如下规定向量加 (减) 法.

定义 7.1　设 a, b 为两个 (非零) 向量, 把 a, b 平行移动使它们的始点重合于 M, 并以 a, b 为邻边作平行四边形, 把以点 M 为一端的对角线向量 $\overrightarrow{MN}$ 定义为 a, b 的和, 记为 $a + b$ (图 7.7). 这样用平行四边形的对角线来定义两个向量的和的方法叫做**平行四边形法则**.

由于平行四边形的对边平行且相等, 所以从图 7.7 可以看出, $a + b$ 也可以按下列方法得出: 把 b 平行移动, 使它的始点与 a 的终点重合, 这时, 从 a 的始点到

b 的终点的有向线段 $\overrightarrow{MN}$ 就表示向量 a 与 b 的和 $a+b$ (图 7.8). 这个方法叫做**三角形法则**.

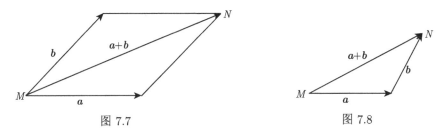

图 7.7　　　　　　　　　　　　　　　图 7.8

定义 7.2　向量 a 与 b 的差规定为 a 与 b 的逆向量 $-b$ 的和

$$a - b = a + (-b).$$

按定义容易用作图法得到向量 a 与 b 的差, 把向量 a 与 b 的起点放在一起, 则由 b 的终点到 a 的终点的向量就是 a 与 b 的差 $a - b$ (图 7.9).

向量的加法满足下列性质:

$$a + b = b + a; \quad (交换律)$$

$$(a + b) + c = a + (b + c); \quad (结合律)$$

$$a - b = a + (-b);$$

$$a - a = a + (-a) = 0.$$

三个向量相加是有意义的, 并可推广到有限个向量 $a_1, a_2, \cdots, a_n$ 相加的情形: 只要以任何次序首尾顺次相接, 作出这 n 个向量, 则从第一个向量的始点到最后一个向量的终点所作成的向量即为这 n 个向量之和, 如图 7.10 有 $s = a_1 + a_2 + a_3 + a_4 + a_5$.

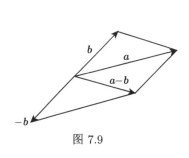

图 7.9

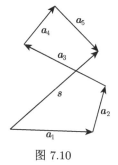

图 7.10

2. 向量与数的乘法

定义 7.3 设 λ 是一实数, 向量 a 与 λ 的乘积 λa 是一个这样的向量:

当 $\lambda > 0$ 时, λa 的方向与 a 的方向相同, 它的模等于 $|a|$ 的 λ 倍, 即 $|\lambda a| = \lambda|a|$;

当 $\lambda < 0$ 时, λa 的方向与 a 的方向相反, 它的模等于 $|a|$ 的 $-\lambda$ 倍, 即 $|\lambda a| = -\lambda|a|$;

当 $\lambda = 0$ 时, λa 是零向量, 即 $\lambda a = \mathbf{0}$.

由上述定义可知, 两向量 a 与 b 平行的充要条件是: 存在唯一的实数 λ, 使 $b = \lambda a$.

设 e_a 是与 a 同向的单位向量, 根据向量与数量乘法的定义, 可以将 a 写成

$$a = |a|e_a,$$

这样, 就把一个向量的大小和方向都明显地表示出来.

当 $\lambda \neq 0$ 时, 记 $\dfrac{a}{\lambda} = \dfrac{1}{\lambda}a$, 则上式可写成

$$e_a = \frac{a}{|a|},$$

因此, 把一个非零向量除以它的模就得到与它同方向的单位向量.

向量与数量的乘法满足下列性质 (λ, μ 为实数):

$$\lambda(\mu a) = (\lambda\mu)a; \quad (\text{结合律})$$
$$(\lambda + \mu)a = \lambda a + \mu a; \quad (\text{分配律})$$
$$\lambda(a + b) = \lambda a + \lambda b. \quad (\text{分配律})$$

7.1.4　利用坐标作向量的线性运算

1. 向量的坐标表示

1) 向量的分解

设空间直角坐标系, 以 i, j, k, 分别表示沿 x 轴、y 轴、z 轴正向的单位向量, 并称它们为这一坐标系的基本单位向量. 始点固定在原点 O, 终点为 M 的向量 $r = \overrightarrow{OM}$ 称为点 M 关于点 O 的**向径**.

设向径 $\overrightarrow{OM}$ 的终点 M 的坐标为 (x, y, z). 过点 M 分别作与三个坐标轴垂直的平面, 依次交坐标轴于点 P, Q, R (图 7.11), 根据向量的加法, 有

$$r = \overrightarrow{OM} = \overrightarrow{OP} + \overrightarrow{PM'} + \overrightarrow{M'M},$$

由于

$$\overrightarrow{PM'} = \overrightarrow{OR}, \quad \overrightarrow{M'M} = \overrightarrow{OQ},$$

所以
$$r = \overrightarrow{OP} + \overrightarrow{OQ} + \overrightarrow{OR},$$

其中, 向量 $\overrightarrow{OP}, \overrightarrow{OQ}, \overrightarrow{OR}$ 分别称为向量 $r = \overrightarrow{OM}$ 在 x 轴、y 轴、z 轴上的分向量, 根据数与向量的乘法关系得

$$\overrightarrow{OP} = x\boldsymbol{i}, \quad \overrightarrow{OQ} = y\boldsymbol{j}, \quad \overrightarrow{OR} = z\boldsymbol{k},$$

则
$$\overrightarrow{OM} = r = x\boldsymbol{i} + y\boldsymbol{j} + z\boldsymbol{k}.$$

这就是向量 r 在坐标系中的分解式.

一般地, 设向量 $\boldsymbol{a} = \overrightarrow{M_1M_2}$, M_1, M_2 的坐标分别为 $M_1(x_1, y_1, z_1)$ 及 $M_2(x_2, y_2, z_2)$, 如图 7.12 所示, 由于

$$\overrightarrow{M_1M_2} = \overrightarrow{OM_2} - \overrightarrow{OM_1} = r_2 - r_1,$$

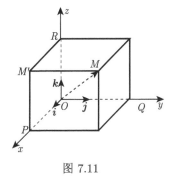

图 7.11

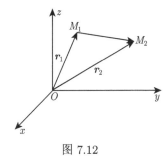

图 7.12

而
$$r_1 = x_1\boldsymbol{i} + y_1\boldsymbol{j} + z_1\boldsymbol{k},$$

$$r_2 = x_2\boldsymbol{i} + y_2\boldsymbol{j} + z_2\boldsymbol{k},$$

所以
$$\boldsymbol{a} = \overrightarrow{M_1M_2} = (x_2\boldsymbol{i} + y_2\boldsymbol{j} + z_2\boldsymbol{k}) - (x_1\boldsymbol{i} + y_1\boldsymbol{j} + z_1\boldsymbol{k})$$

$$= (x_2 - x_1)\boldsymbol{i} + (y_2 - y_1)\boldsymbol{j} + (z_2 - z_1)\boldsymbol{k}.$$

上式称为向量 $\overrightarrow{M_1M_2}$ 按基本单位向量的分解式. 其中记三个数量 $x_2 - x_1 = a_x$, $y_2 - y_1 = a_y$, $z_2 - z_1 = a_z$, 我们也可以将向量 $\boldsymbol{a}$ 的分解式写成

$$\boldsymbol{a} = a_x\boldsymbol{i} + a_y\boldsymbol{j} + a_z\boldsymbol{k},$$

叫做向量 a 的坐标分解式, $a_x i$, $a_y j$, $a_z k$ 叫做向量 a 沿三个坐标轴方向的分向量.

2) 向量的坐标表示

给定向量 a, 可以确定三个分向量 $a_x i$, $a_y j$, $a_z k$, 进而确定三个有序数 a_x, a_y, a_z; 反之, 给定三个有序数 a_x, a_y, a_z, 也就唯一确定了向量 a. 于是向量 a 与三个有序数 a_x, a_y, a_z 之间存在一一对应关系, 有序数 a_x, a_y, a_z 叫做**向量 a 的坐标**, 记作

$$a = (a_x, a_y, a_z). \tag{7.1}$$

类似地, 基本单位向量的坐标

$$i = (1,0,0), \quad j = (0,1,0), \quad k = (0,0,1).$$

零向量的坐标为 $\mathbf{0} = (0,0,0)$.

起点 $M_1(x_1, y_1, z_1)$、终点 $M_2(x_2, y_2, z_2)$ 的向量的坐标为

$$\overrightarrow{M_1 M_2} = (x_2 - x_1, y_2 - y_1, z_2 - z_1).$$

特别地, 向径 $\overrightarrow{OM}$ 的坐标就是终点 M 的坐标, 即

$$\overrightarrow{OM} = (x, y, z).$$

2. 用坐标作向量的线性运算

利用向量的坐标分解式, 向量的线性运算可以化为代数运算.

设两个向量的坐标分解式为

$$a = a_x i + a_y j + a_z k, \quad b = b_x i + b_y j + b_z k,$$

则

$$a \pm b = (a_x i + a_y j + a_z k) \pm (b_x i + b_y j + b_z k)$$
$$= (a_x \pm b_x) i + (a_y \pm b_y) j + (a_z \pm b_z) k;$$

设 λ 是一常数, 则有

$$\lambda a = \lambda(a_x i + a_y j + a_z k) = \lambda a_x i + \lambda a_y j + \lambda a_z k$$

或

$$(a_x, a_y, a_z) \pm (b_x, b_y, b_z) = (a_x \pm b_x, a_y \pm b_y, a_z \pm b_z),$$

$$\lambda(a_x, a_y, a_z) = (\lambda a_x, \lambda a_y, \lambda a_z).$$

这就是说, 两个向量之和 (差) 的坐标等于两个向量对应坐标分量之和 (差); 数与向量之积的坐标等于此数乘以向量的每一个坐标分量.

根据向量坐标的线性运算可得, 两向量平行的充要条件为

$$\boldsymbol{a}//\boldsymbol{b} \Leftrightarrow (a_x, a_y, a_z) = (\lambda b_x, \lambda b_y, \lambda b_z),$$

即

$$\boldsymbol{a}//\boldsymbol{b} \Leftrightarrow \frac{a_x}{b_x} = \frac{a_y}{b_y} = \frac{a_z}{b_z}.$$

7.1.5　向量的模、方向角、投影

1. 向量的模

向量的长度被称为向量的模. 对于向量 $\boldsymbol{a} = a_x \boldsymbol{i} + a_y \boldsymbol{j} + a_z \boldsymbol{k}$, 由向量分解式的构成方法, 向量 $\boldsymbol{a}$ 的模可表示为

$$|\boldsymbol{a}| = \sqrt{a_x^2 + a_y^2 + a_z^2}.$$

设点 $M_1(x_1, y_1, z_1)$ 和点 $M_2(x_2, y_2, z_2)$, 则点 M_1 与点 M_2 间的距离就是向量 $\overrightarrow{M_1M_2}$ 的模, 即

$$|\overrightarrow{M_1M_2}| = \sqrt{(x_2 - x_1)^2 + (y_2 - y_1)^2 + (z_2 - z_1)^2}.$$

2. 方向角与方向余弦

向量有多种表示方法, 可以用模和同方向的单位向量表示, 也可以用坐标表示. 我们已找出向量的坐标与向量模的关系, 下面通过图像找出向量坐标与其方向之间的联系, 介绍一种表达空间向量方向的方法.

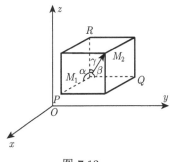

图 7.13

与平面解析几何里用倾角表示直线对坐标轴的倾斜程度相类似, 选取向量 $\boldsymbol{a} = \overrightarrow{M_1M_2}$ 与三条坐标轴 (正向) 的夹角 α, β, γ 来表示此向量的方向, 并规定 $0 \leqslant \alpha \leqslant \pi, 0 \leqslant \beta \leqslant \pi, 0 \leqslant \gamma \leqslant \pi$ (图 7.13), α, β, γ 叫做**向量 $\boldsymbol{a}$ 的方向角**.

过点 M_1, M_2 各作垂直于三个坐标轴的平面, 如图 7.13 所示, 可以看出由于 $\angle PM_1M_2 = \alpha$, 连接 M_2P, 则 $\overrightarrow{M_2P} \perp \overrightarrow{M_1P}$, 所以

$$a_x = |\overrightarrow{M_1P}| = |\overrightarrow{M_1M_2}| \cos \alpha = |\boldsymbol{a}| \cos \alpha,$$

同理

$$a_y = |\overrightarrow{M_1Q}| = |\overrightarrow{M_1M_2}| \cos\beta = |\boldsymbol{a}| \cos\beta,$$

$$a_z = |\overrightarrow{M_1R}| = |\overrightarrow{M_1M_2}| \cos\gamma = |\boldsymbol{a}| \cos\gamma.$$

上式中出现的是方向角 α, β, γ 的余弦, 因而, 常用数组 $\cos\alpha$, $\cos\beta$, $\cos\gamma$ 来表示向量 $\boldsymbol{a}$ 的方向, 叫做**向量 $\boldsymbol{a}$ 的方向余弦**.

将上式代入向量的坐标 (7.1) 式, 就可以用向量的模及方向余弦来表示向量: 即

$$\boldsymbol{a} = (|\boldsymbol{a}| \cos\alpha, |\boldsymbol{a}| \cos\beta, |\boldsymbol{a}| \cos\gamma)$$

$$= |\boldsymbol{a}|(\cos\alpha, \cos\beta, \cos\gamma), \tag{7.2}$$

而向量 $\boldsymbol{a}$ 的模为

$$|\boldsymbol{a}| = |\overrightarrow{M_1M_2}| = \sqrt{|\overrightarrow{M_1P}|^2 + |\overrightarrow{M_1Q}|^2 + |\overrightarrow{M_1R}|^2},$$

即

$$|\boldsymbol{a}| = \sqrt{a_x^2 + a_y^2 + a_z^2}, \tag{7.3}$$

从而由 (7.1)—(7.3) 可得向量 $\boldsymbol{a}$ 的方向余弦

$$\cos\alpha = \frac{a_x}{|\boldsymbol{a}|} = \frac{a_x}{\sqrt{a_x^2 + a_y^2 + a_z^2}},$$

$$\cos\beta = \frac{a_y}{|\boldsymbol{a}|} = \frac{a_y}{\sqrt{a_x^2 + a_y^2 + a_z^2}}, \tag{7.4}$$

$$\cos\gamma = \frac{a_z}{|\boldsymbol{a}|} = \frac{a_z}{\sqrt{a_x^2 + a_y^2 + a_z^2}}.$$

把公式 (7.4) 的三个等式合并计算, 可得

$$\cos^2\alpha + \cos^2\beta + \cos^2\gamma = 1,$$

即任一向量的方向余弦的平方和等于 1, 且方向不变. 因此, 由任一向量 $\boldsymbol{a}$ 的方向余弦所组成的向量 $(\cos\alpha, \cos\beta, \cos\gamma)$ 可以作为自身的单位向量, 即

$$\boldsymbol{e_a} = \cos\alpha\boldsymbol{i} + \cos\beta\boldsymbol{j} + \cos\gamma\boldsymbol{k}.$$

例 7.1　设向量 $\overrightarrow{AB} = 4\boldsymbol{i} - 4\boldsymbol{j} + 7\boldsymbol{k}$ 的终点 B 的坐标为 $(2, 1, -7)$. 求 (1) 始点 A 的坐标;　(2) $|\overrightarrow{AB}|$;　(3) 向量 $\overrightarrow{AB}$ 的方向余弦;

(4) 与向量 $\overrightarrow{AB}$ 方向一致的单位向量.

解 (1) 设始点 A 的坐标为 (x, y, z), 则有 $2 - x = 4$, $1 - y = -4$, $-7 - z = 7$, 得 $x = -2$, $y = 5$, $z = -14$, 所以始点 A 的坐标为 $(-2, 5, -14)$;

(2) $|\overrightarrow{AB}| = \sqrt{4^2 + (-4)^2 + 7^2} = 9$;

(3) $\cos\alpha = \dfrac{4}{9}$, $\cos\beta = -\dfrac{4}{9}$, $\cos\gamma = \dfrac{7}{9}$;

(4) $\overrightarrow{AB}^0 = \dfrac{\overrightarrow{AB}}{|\overrightarrow{AB}|} = \dfrac{1}{9}(4\boldsymbol{i} - 4\boldsymbol{j} + 7\boldsymbol{k})$.

3. 向量在轴上的投影

1) 点在轴 u 上的投影

过一点 A 作与轴 u 垂直的平面, 与轴 u 交于点 A', 则点 A' 称为点 A 在轴 u 上的**投影** (图 7.14).

2) 向量在轴 u 上的投影

我们引进轴上有向线段值的概念.

设有一轴 u, $\overrightarrow{AB}$ 是轴 u 上的有向线段. 如果数 λ 满足 $|\lambda| = |\overrightarrow{AB}|$, 且当 $\overrightarrow{AB}$ 与 u 轴同向时 λ 是正的; 当 $\overrightarrow{AB}$ 与 u 轴反向时 λ 是负的, 那么数 λ 叫做轴 u 上有向线段 $\overrightarrow{AB}$ 的值, 记作 AB, 即 $\lambda = AB$.

设 A, B 两点在轴 u 上的投影分别为 A', B'(图 7.15), 则有向线段 $\overrightarrow{A'B'}$ 的值 $A'B'$ 称为向量 $\overrightarrow{AB}$ 在轴 u 上的投影, 记作 $\mathrm{Prj}_u\overrightarrow{AB} = A'B'$, 轴 u 叫做**投影轴**.

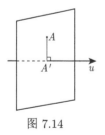

图 7.14

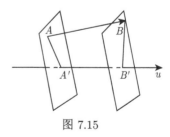

图 7.15

特别指出: 投影不是向量, 也不是长度, 而是数量, 它可正、可负, 也可以是零.

关于向量的投影有如下两个定理.

定理 7.1 向量 $\overrightarrow{AB}$ 在轴 u 上的投影等于向量 $\overrightarrow{AB}$ 的模乘以 u 与向量 $\overrightarrow{AB}$ 的夹角 α 的余弦, 即

$$\mathrm{Prj}_u\overrightarrow{AB} = |\overrightarrow{AB}|\cos\alpha.$$

证 过 A 作与轴 u 平行且有相同正向的轴 u', 则轴 u 与向量 $\overrightarrow{AB}$ 间的夹角

α 是轴 u' 与向量 $\overrightarrow{AB}$ 间的夹角 (图 7.16). 从而有

$$\mathrm{Prj}_u\overrightarrow{AB} = \mathrm{Prj}_{u'}\overrightarrow{AB} = AB'' = |\overrightarrow{AB}| \cos\alpha.$$

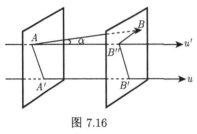

图 7.16

显然, 当 α 是锐角时, 投影为正值; 当 α 是钝角时, 投影为负值; 当 α 是直角时, 投影为零.

定理 7.2   两个向量的和在轴 u 上的投影等于这两个向量在该轴上投影的和, 即

$$\mathrm{Prj}_u(\boldsymbol{a}_1 + \boldsymbol{a}_2) = \mathrm{Prj}_u\boldsymbol{a}_1 + \mathrm{Prj}_u\boldsymbol{a}_2.$$

证   设有两个向量 $\boldsymbol{a}_1$, $\boldsymbol{a}_2$ 及 u 轴, 如图 7.17 可知

$$\mathrm{Prj}_u(\boldsymbol{a}_1 + \boldsymbol{a}_2) = \mathrm{Prj}_u(\overrightarrow{AB} + \overrightarrow{BC}) = \mathrm{Prj}_u\overrightarrow{AC} = A'C',$$

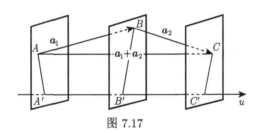

图 7.17

又

$$\mathrm{Prj}_u\boldsymbol{a}_1 = \mathrm{Prj}_u\overrightarrow{AB} = A'B', \quad \mathrm{Prj}_u\boldsymbol{a}_2 = \mathrm{Prj}_u\overrightarrow{BC} = B'C',$$

$$\mathrm{Prj}_u\boldsymbol{a}_1 + \mathrm{Prj}_u\boldsymbol{a}_2 = A'B' + B'C' = A'C',$$

所以

$$\mathrm{Prj}_u(\boldsymbol{a}_1 + \boldsymbol{a}_2) = \mathrm{Prj}_u\boldsymbol{a}_1 + \mathrm{Prj}_u\boldsymbol{a}_2.$$

显然, 定理 7.2 可推广到有限个向量的情形, 即

$$\mathrm{Prj}_u(\boldsymbol{a}_1 + \boldsymbol{a}_2 + \cdots + \boldsymbol{a}_n) = \mathrm{Prj}_u\boldsymbol{a}_1 + \mathrm{Prj}_u\boldsymbol{a}_2 + \cdots + \mathrm{Prj}_u\boldsymbol{a}_n.$$

例 7.2   已知 $\boldsymbol{a} = 2\boldsymbol{i} - \boldsymbol{j} + 2\boldsymbol{k}, \boldsymbol{b} = 3\boldsymbol{i} + 4\boldsymbol{j} - 5\boldsymbol{k}$, 求 $\boldsymbol{c} = 3\boldsymbol{a} - \boldsymbol{b}$ 在 x 轴上的投影和在 y 轴上的分向量.

解   因为

$$\boldsymbol{c} = 3\boldsymbol{a} - \boldsymbol{b} = 3(2\boldsymbol{i} - \boldsymbol{j} + 2\boldsymbol{k}) - (3\boldsymbol{i} + 4\boldsymbol{j} - 5\boldsymbol{k})$$

$$= 3\boldsymbol{i} - 7\boldsymbol{j} + 11\boldsymbol{k},$$

于是向量 c 在 x 轴上的投影为 3, 在 y 轴上的分向量为 $-7j$.

例 7.3   从点 $A(2,-1,7)$ 沿向量 $a = 8i + 9j - 12k$ 的方向取线段 AB, 使 $|\overrightarrow{AB}| = 34$, 求点 B 的坐标.

解   设点 B 的坐标为 (x, y, z), 则

$$\overrightarrow{AB} = (x - 2, y + 1, z - 7).$$

由题意可知 $\overrightarrow{AB}$ 上的单位向量与 a 上的单位向量相等, 即

$$e_{\overrightarrow{AB}} = e_a.$$

而 $|\overrightarrow{AB}| = 34$, $|a| = \sqrt{8^2 + 9^2 + (-12)^2} = 17$, 所以

$$e_{\overrightarrow{AB}} = \frac{\overrightarrow{AB}}{|\overrightarrow{AB}|} = \left(\frac{x-2}{34}, \frac{y+1}{34}, \frac{z-7}{34} \right),$$

$$e_a = \frac{a}{|a|} = \left(\frac{8}{17}, \frac{9}{17}, \frac{-12}{17} \right),$$

比较以上两式得

$$\frac{x-2}{34} = \frac{8}{17},$$

$$\frac{y+1}{34} = \frac{9}{17},$$

$$\frac{z-7}{34} = -\frac{12}{17}.$$

解得 $x = 18$, $y = 17$, $z = -17$. 所以点 B 的坐标为 $(18, 17, -17)$.

习　题　7.1

基础题

1. 在空间直角坐标系中, 确定下列各点的位置:

$A(1, 5, 8)$; $B(2, -1, 6)$; $C(0, -4, 5)$;

$D(-4, 0, 5)$; $E(-4, 5, 0)$; $F(0, 0, 3)$.

2. 点 $(-3, 5, 1)$ 关于 yOz 面的对称点是_____, 关于原点的对称点是_____, 到 x 轴的距离是_____.

3. 在 z 轴上求与两点 $A(-4, 1, 7)$ 及 $B(3, 5, -2)$ 等距离的点的坐标为_____.

4. 证明以三点 $A(4, 1, 9)$, $B(10, -1, 6)$, $C(2, 4, 3)$ 为顶点的三角形是等腰直角三角形.

5. 已知 $a = 2i - j + 2k$, $b = 3i + 4j - 5k$, 求 $c = 3a - b$ 的单位向量.

6. 设向量 $\overrightarrow{OM}$ 的模是 10, 它与投影轴的夹角是 $\dfrac{\pi}{6}$, 求该向量在投影轴上的投影.

7. 已知两点 $M_1(2, 5, -3)$, $M_2(3, -2, 5)$, 点 M 在线段 M_1M_2 上, 且 $\overrightarrow{M_1M} = 3\overrightarrow{MM_2}$, 求向径 $\overrightarrow{OM}$ 的坐标.

8. 设 $\boldsymbol{u} = \boldsymbol{a} - \boldsymbol{b} + 2\boldsymbol{c}$, $\boldsymbol{v} = -\boldsymbol{a} + 5\boldsymbol{b} - 3\boldsymbol{c}$. 试用 $\boldsymbol{a}, \boldsymbol{b}, \boldsymbol{c}$ 表示 $3\boldsymbol{u} - 2\boldsymbol{v}$.

9. 已知向量 $\overrightarrow{P_1P_2}$ 的始点为 $P_1(2, -2, 5)$, 终点为 $P_2(-1, 4, 7)$, 试求:

(1) 向量 $\overrightarrow{P_1P_2}$ 的坐标;

(2) 向量 $\overrightarrow{P_1P_2}$ 的模;

(3) 向量 $\overrightarrow{P_1P_2}$ 的方向余弦;

(4) 与向量 $\overrightarrow{P_1P_2}$ 方向一致的单位向量.

提高题

1. 证明: 以向量 $\boldsymbol{a}, \boldsymbol{b}$ 为邻边的平行四边形的对角线互相平分.

7.2   数量积与向量积*、混合积

7.2.1   向量的数量积

1. 概念的引入及定义

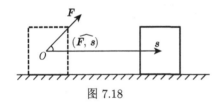

图 7.18

物理学中, 我们知道当物体在力 $\boldsymbol{F}$ 的作用下 (图 7.18), 产生位移 $\boldsymbol{s}$ 时, 力 $\boldsymbol{F}$ 所做的功

$$W = |\boldsymbol{F}| \cos(\widehat{\boldsymbol{F}, \boldsymbol{s}}) \cdot |\boldsymbol{s}|$$
$$= |\boldsymbol{F}||\boldsymbol{s}| \cos(\widehat{\boldsymbol{F}, \boldsymbol{s}}).$$

这样, 由两个向量 $\boldsymbol{F}$ 和 $\boldsymbol{s}$ 决定了一个数量 $|\boldsymbol{F}||\boldsymbol{s}| \cos(\widehat{\boldsymbol{F}, \boldsymbol{s}})$. 针对这类实际问题, 我们把由两个向量 $\boldsymbol{F}$ 和 $\boldsymbol{s}$ 所确定的数量 $|\boldsymbol{F}||\boldsymbol{s}| \cos(\widehat{\boldsymbol{F}, \boldsymbol{s}})$ 定义为两向量 $\boldsymbol{F}$ 与 $\boldsymbol{s}$ 的数量积.

定义 7.4   两个向量 $\boldsymbol{a}$ 与 $\boldsymbol{b}$, 它们的模与其夹角余弦值的乘积, 叫做 $\boldsymbol{a}$ 与 $\boldsymbol{b}$ 的**数量积**或**点积**, 记为 $\boldsymbol{a} \cdot \boldsymbol{b}$, 即

$$\boldsymbol{a} \cdot \boldsymbol{b} = |\boldsymbol{a}||\boldsymbol{b}| \cos(\widehat{\boldsymbol{a}, \boldsymbol{b}}),$$

其中的 $|\boldsymbol{b}| \cos(\widehat{\boldsymbol{a}, \boldsymbol{b}})$ 是向量 $\boldsymbol{b}$ 在向量 $\boldsymbol{a}$ 方向上的投影, 故数量积又可表示为

$$\boldsymbol{a} \cdot \boldsymbol{b} = |\boldsymbol{a}|\mathrm{Prj}_{\boldsymbol{a}}\boldsymbol{b},$$

同理

$$\boldsymbol{a} \cdot \boldsymbol{b} = |\boldsymbol{b}|\mathrm{Prj}_{\boldsymbol{b}}\boldsymbol{a}.$$

2. 数量积的性质与运算

1) 利用定义可以证明数量积满足下列运算性质:

$$\boldsymbol{a} \cdot \boldsymbol{b} = \boldsymbol{b} \cdot \boldsymbol{a}; \quad (\text{交换律})$$
$$\boldsymbol{a} \cdot (\boldsymbol{b} + \boldsymbol{c}) = \boldsymbol{a} \cdot \boldsymbol{b} + \boldsymbol{a} \cdot \boldsymbol{c}; \quad (\text{分配律})$$
$$(\lambda \boldsymbol{a}) \cdot \boldsymbol{b} = \lambda(\boldsymbol{a} \cdot \boldsymbol{b}) = \boldsymbol{a} \cdot (\lambda \boldsymbol{b}). \quad (\text{结合律})$$

由数量积的定义, 可得如下结论:

$$\boldsymbol{a} \cdot \boldsymbol{a} = |\boldsymbol{a}|^2 \quad \text{或} \quad |\boldsymbol{a}| = \sqrt{\boldsymbol{a} \cdot \boldsymbol{a}}.$$

特别地,

$$\boldsymbol{i} \cdot \boldsymbol{i} = \boldsymbol{j} \cdot \boldsymbol{j} = \boldsymbol{k} \cdot \boldsymbol{k} = 1. \tag{7.5}$$

两个非零向量 $\boldsymbol{a}$ 与 $\boldsymbol{b}$ 互相垂直的充要条件是它们的数量积为零, 即

$$\boldsymbol{a} \perp \boldsymbol{b} \Leftrightarrow \boldsymbol{a} \cdot \boldsymbol{b} = 0.$$

特别地,

$$\boldsymbol{i} \cdot \boldsymbol{j} = \boldsymbol{j} \cdot \boldsymbol{k} = \boldsymbol{k} \cdot \boldsymbol{i} = 0. \tag{7.6}$$

2) 数量积的坐标表示

设 $\boldsymbol{a} = a_x \boldsymbol{i} + a_y \boldsymbol{j} + a_z \boldsymbol{k}$, $\boldsymbol{b} = b_x \boldsymbol{i} + b_y \boldsymbol{j} + b_z \boldsymbol{k}$, 根据数量积的性质可得

$$\begin{aligned}
\boldsymbol{a} \cdot \boldsymbol{b} &= (a_x \boldsymbol{i} + a_y \boldsymbol{j} + a_z \boldsymbol{k}) \cdot (b_x \boldsymbol{i} + b_y \boldsymbol{j} + b_z \boldsymbol{k}) \\
&= a_x b_x \boldsymbol{i} \cdot \boldsymbol{i} + a_x b_y \boldsymbol{i} \cdot \boldsymbol{j} + a_x b_z \boldsymbol{i} \cdot \boldsymbol{k} \\
&\quad + a_y b_x \boldsymbol{j} \cdot \boldsymbol{i} + a_y b_y \boldsymbol{j} \cdot \boldsymbol{j} + a_y b_z \boldsymbol{j} \cdot \boldsymbol{k} \\
&\quad + a_z b_x \boldsymbol{k} \cdot \boldsymbol{i} + a_z b_y \boldsymbol{k} \cdot \boldsymbol{j} + a_z b_z \boldsymbol{k} \cdot \boldsymbol{k}.
\end{aligned}$$

结合 (7.5) 式和 (7.6) 式得

$$\boldsymbol{a} \cdot \boldsymbol{b} = a_x b_x + a_y b_y + a_z b_z,$$

即两个向量的数量积等于它们对应坐标的乘积之和.

若向量 $\boldsymbol{a}, \boldsymbol{b}$ 都是非零向量, 由定义式可得两个向量夹角余弦的坐标计算公式

$$\cos(\widehat{\boldsymbol{a}, \boldsymbol{b}}) = \frac{\boldsymbol{a} \cdot \boldsymbol{b}}{|\boldsymbol{a}||\boldsymbol{b}|} = \frac{a_x b_x + a_y b_y + a_z b_z}{\sqrt{a_x^2 + a_y^2 + a_z^2}\sqrt{b_x^2 + b_y^2 + b_z^2}}.$$

由上式可得两非零向量互相垂直的充要条件为

$$a_x b_x + a_y b_y + a_z b_z = 0.$$

向量 a 在 b 上的投影, 可表示为

$$\mathrm{Prj}_b a = \frac{a \cdot b}{|b|} = \frac{a_x b_x + a_y b_y + a_z b_z}{\sqrt{b_x^2 + b_y^2 + b_z^2}};$$

同理, 向量 b 在 a 上的投影, 可表示为

$$\mathrm{Prj}_a b = \frac{a \cdot b}{|a|} = \frac{a_x b_x + a_y b_y + a_z b_z}{\sqrt{a_x^2 + a_y^2 + a_z^2}}.$$

例 7.4　求向量 $a = (2, -3, \sqrt{3})$ 分别与 x 轴正向和负向的夹角.

解　设 $b = (1, 0, 0)$, $c = (-1, 0, 0)$. 向量 a 与 x 轴正向的夹角等于 a, b 的夹角, 所以

$$\cos(\widehat{a, b}) = \frac{a \cdot b}{|a||b|} = \frac{2 \times 1 - 3 \times 0 + \sqrt{3} \times 0}{\sqrt{2^2 + (-3)^2 + (\sqrt{3})^2}} = \frac{2}{4} = \frac{1}{2},$$

故其夹角

$$(\widehat{a, b}) = \frac{\pi}{3};$$

同理, 向量 a 与 x 轴负向的夹角等于 a, c 的夹角, 所以

$$\cos(\widehat{a, c}) = -\frac{1}{2},$$

$$(\widehat{a, c}) = \frac{2\pi}{3}.$$

例 7.5　求向量 $a = (-4, 2, 1)$ 在 $b = (3, 1, 0)$ 上的投影.

解　因为

$$a \cdot b = -4 \times 3 + 2 \times 1 + 1 \times 0 = -10,$$

$$|b| = \sqrt{3^2 + 1^2 + 0^2} = \sqrt{10},$$

所以

$$\mathrm{Prj}_b a = \frac{a \cdot b}{|b|} = \frac{-10}{\sqrt{10}} = -\sqrt{10},$$

投影可以是负数.

例 7.6　求与 $a = (1, -2, 3)$ 共线, 且 $a \cdot b = 28$ 的向量 b.

解 由于 $\boldsymbol{b}$ 与 $\boldsymbol{a}$ 共线, 所以可设

$$\boldsymbol{b} = \lambda\boldsymbol{a} = (\lambda, -2\lambda, 3\lambda),$$

由 $\boldsymbol{a} \cdot \boldsymbol{b} = 28$, 得

$$(1, -2, 3) \cdot (\lambda, -2\lambda, 3\lambda) = 28,$$

即 $\lambda + 4\lambda + 9\lambda = 28$, 所以 $\lambda = 2$, 从而

$$\boldsymbol{b} = (2, -4, 6).$$

例 7.7 在 xOz 平面上求一单位向量与 $\boldsymbol{p} = (-4, 7, 3)$ 垂直.

解 用待定系数法.

设所求向量为 (a, b, c), 因为它在 xOz 平面上, 所以 $b = 0$. 又 $(a, 0, c)$ 与 $\boldsymbol{p} = (-4, 7, 3)$ 垂直, 且是单位向量, 故有

$$\begin{cases} -4a + 3c = 0, \\ a^2 + c^2 = 1, \end{cases}$$

解得

$$\begin{cases} a = \pm\dfrac{3}{5}, \\ c = \pm\dfrac{4}{5}. \end{cases}$$

所求向量为

$$\left(\pm\frac{3}{5}, 0, \pm\frac{4}{5}\right).$$

7.2.2 向量的向量积

1. 概念的引入及定义

在研究物体的转动问题时, 不但要考虑物体的受力情况, 还要分析力所产生的力矩, 它是一个具有大小和方向的量. 下面举例说明表示力矩的方法.

设 O 为杠杆 L 上的支点, 力 $\boldsymbol{F}$ 作用于杠杆 P 点处, 且与 $\overrightarrow{OP}$ 的夹角为 θ(图 7.19). 根据物理学知识, 力 $\boldsymbol{F}$ 对支点 O 的力矩是一向量 $\boldsymbol{M}$.

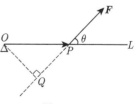

图 7.19

$$|\boldsymbol{M}| = |OQ||\boldsymbol{F}| = |\overrightarrow{OP}||\boldsymbol{F}|\sin\theta.$$

M 的方向垂直于 $\overrightarrow{OP}$ 与 F 所确定的平面 (即 M 既垂直于 $\overrightarrow{OP}$, 又垂直于 F), M 的指向按右手规则, 即当右手的四个手指从 $\overrightarrow{OP}$ 以不超过 π 的角转向 F 握拳时, 大拇指的指向就是 M 的方向.

由两个已知向量按上述规则来确定另一向量, 在其他物理问题中也会遇到, 抽象出来, 就是两个向量的向量积的概念.

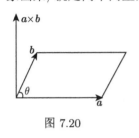

图 7.20

定义 7.5　两非零向量 a 与 b 的**向量积**是一个向量 c, 记为 $c = a \times b$ (读作 a 叉乘 b), 它的模与方向规定如下:

(i) $|c| = |a \times b| = |a||b| \sin(\widehat{a,\,b})$, $0 \leqslant (\widehat{a,\,b}) \leqslant \pi$;

(ii) $c \perp a$ 且 $c \perp b$, 并且按顺序 a, b, $a \times b$ 符合右手法则 (图 7.20).

注　(1) 根据向量积的定义, 引例的力矩可记为 $M = \overrightarrow{OP} \times F$;

(2) $|a \times b|$ 的几何意义: 以向量 a, b 为邻边的平行四边形的面积;

(3) $a \times b$ 是一个既垂直于 a, 又垂直于 b 的向量;

(4) 三点 M_1, M_2, M_3 共线 $\Leftrightarrow$ 两向量 $\overrightarrow{M_1M_2}, \overrightarrow{M_1M_3}$ 共线

$$\Leftrightarrow |\overrightarrow{M_1M_2} \times \overrightarrow{M_1M_3}| = 0 \text{ 或 } \overrightarrow{M_1M_2} \times \overrightarrow{M_1M_3} = \boldsymbol{0}.$$

2. 向量积的性质与运算

1) 向量积满足如下运算律:

(1) $a \times b = -b \times a.$ (反交换律) $\hfill (7.7)$

(2) $(a + b) \times c = a \times c + b \times c.$ (分配律)

(3) $\lambda(a \times b) = (\lambda a) \times b = a \times (\lambda b)$, 其中 λ 为常数. (结合律)

由向量积的定义, 容易得出下面的结论:

(4) $a \times a = \boldsymbol{0}.$ 特别地, 有 $i \times i = j \times j = k \times k = \boldsymbol{0}.$

(5) 两个非零向量 a 与 b 互相平行的充要条件是 $a \times b = \boldsymbol{0}.$ $\hfill (7.8)$

(6) $i \times j = k$, $j \times k = i$, $k \times i = j.$ $\hfill (7.9)$

2) 向量积的坐标表示

设 $a = a_x i + a_y j + a_z k$, $b = b_x i + b_y j + b_z k$, 则

$$a \times b = (a_x i + a_y j + a_z k) \times (b_x i + b_y j + b_z k)$$

$$= a_x b_x (i \times i) + a_x b_y (i \times j) + a_x b_z (i \times k)$$

$$+ a_y b_x (j \times i) + a_y b_y (j \times j) + a_y b_z (j \times k)$$

$$+ a_z b_x (k \times i) + a_z b_y (k \times j) + a_z b_z (k \times k).$$

结合 (7.7) 式和 (7.9) 式可得

$$a \times b = (a_y b_z - a_z b_y)i + (a_z b_x - a_x b_z)j + (a_x b_y - a_y b_x)k.$$

可将 $a \times b$ 表示成一个三阶行列式的形式, 计算时, 只需将其按第一行展开. 即

$$a \times b = \begin{vmatrix} i & j & k \\ a_x & a_y & a_z \\ b_x & b_y & b_z \end{vmatrix}.$$

结合 (7.8) 式可知, 用坐标表示两非零向量 a 和 b 互相平行的条件为

$$a_y b_z - a_z b_y = 0, \quad a_z b_x - a_x b_z = 0, \quad a_x b_y - a_y b_x = 0,$$

即

$$\frac{a_x}{b_x} = \frac{a_y}{b_y} = \frac{a_z}{b_z}.$$

例 7.8 已知 $a = (2, 1, 1)$, $b = (1, -1, 1)$, 求与 a 和 b 都垂直的单位向量.

解 设 $c = a \times b$, 则 $c \perp a$ 且 $c \perp b$, 于是, c 的单位向量就是所求的单位向量.

$$c = a \times b = 2i - j - 3k,$$

$$|c| = \sqrt{2^2 + (-1)^2 + (-3)^2} = \sqrt{14},$$

所以

$$e_c = \frac{c}{|c|} = \left(\frac{2}{\sqrt{14}}, \frac{-1}{\sqrt{14}}, \frac{-3}{\sqrt{14}} \right)$$

及

$$-e_c = \left(\frac{-2}{\sqrt{14}}, \frac{1}{\sqrt{14}}, \frac{3}{\sqrt{14}} \right)$$

都是所求的单位向量.

例 7.9 求以 $A(3, 0, 2)$, $B(5, 3, 1)$, $C(0, -1, 3)$ 为顶点的三角形的面积 S.

解 $\overrightarrow{AB} = (2, 3, -1)$, $\overrightarrow{AC} = (-3, -1, 1)$ 由向量积的几何意义知, 三角形面积

$$S = \frac{1}{2}|\overrightarrow{AB} \times \overrightarrow{AC}|,$$

而

$$\overrightarrow{AB} \times \overrightarrow{AC} = \begin{vmatrix} i & j & k \\ 2 & 3 & -1 \\ -3 & -1 & 1 \end{vmatrix} = 2i + j + 7k,$$

所以

$$S = \frac{1}{2}|2\boldsymbol{i} + \boldsymbol{j} + 7\boldsymbol{k}| = \frac{3}{2}\sqrt{6}.$$

例 7.10　已知向量 $\boldsymbol{a}$ 与向量 $\boldsymbol{b} = 3\boldsymbol{i} + 6\boldsymbol{j} + 8\boldsymbol{k}$ 及 x 轴均垂直, 且 $|\boldsymbol{a}| = 2$, 求出向量 $\boldsymbol{a}$.

解　因为 $\boldsymbol{a} \perp \boldsymbol{b}$, $\boldsymbol{a} \perp \boldsymbol{i}$ (垂直于 x 轴), 故 $\boldsymbol{a}$ 与向量 $\boldsymbol{b} \times \boldsymbol{i}$ 平行. 由两个向量平行的充要条件, 可知 $\boldsymbol{a} = \lambda(\boldsymbol{b} \times \boldsymbol{i})$, 即

$$\boldsymbol{a} = \lambda \begin{vmatrix} \boldsymbol{i} & \boldsymbol{j} & \boldsymbol{k} \\ 3 & 6 & 8 \\ 1 & 0 & 0 \end{vmatrix} = \lambda(8\boldsymbol{j} - 6\boldsymbol{k}).$$

由题设 $|\boldsymbol{a}| = 2$, 得

$$\sqrt{(8\lambda)^2 + (-6\lambda)^2} = 2,$$
$$\lambda^2(8^2 + 6^2) = 4,$$
$$\lambda = \pm\frac{1}{5},$$

从而得 $\boldsymbol{a} = \frac{8}{5}\boldsymbol{j} - \frac{6}{5}\boldsymbol{k}$ 或 $\boldsymbol{a} = -\frac{8}{5}\boldsymbol{j} + \frac{6}{5}\boldsymbol{k}$.

7.2.3　混合积

定义 7.6　已知三向量 $\boldsymbol{a}$, $\boldsymbol{b}$, $\boldsymbol{c}$, 数量 $(\boldsymbol{a} \times \boldsymbol{b}) \cdot \boldsymbol{c}$ 称为三向量的**混合积**, 记作 $[\boldsymbol{a}\ \boldsymbol{b}\ \boldsymbol{c}]$.

1. 混合积的几何意义

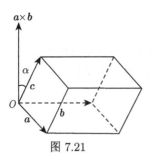

图 7.21

以 $\boldsymbol{a}$, $\boldsymbol{b}$, $\boldsymbol{c}$ 为棱作平行六面体 (图 7.21), 则其底面积 $A = |\boldsymbol{a} \times \boldsymbol{b}|$, 高 $h = |\boldsymbol{c}|\,|\cos\alpha|$, 故平行六面体体积为

$$V = Ah = |\boldsymbol{a} \times \boldsymbol{b}||\boldsymbol{c}||\cos\alpha|$$
$$= |(\boldsymbol{a} \times \boldsymbol{b}) \cdot \boldsymbol{c}|$$
$$= |[\boldsymbol{a}\ \boldsymbol{b}\ \boldsymbol{c}]|.$$

2. 混合积的坐标表示

设 $\boldsymbol{a} = a_x\boldsymbol{i} + a_y\boldsymbol{j} + a_z\boldsymbol{k}$, $\boldsymbol{b} = b_x\boldsymbol{i} + b_y\boldsymbol{j} + b_z\boldsymbol{k}$, $\boldsymbol{c} = c_x\boldsymbol{i} + c_y\boldsymbol{j} + c_z\boldsymbol{k}$, 则

$$\boldsymbol{a} \times \boldsymbol{b} = \begin{vmatrix} \boldsymbol{i} & \boldsymbol{j} & \boldsymbol{k} \\ a_x & a_y & a_z \\ b_x & b_y & b_z \end{vmatrix} = \left(\begin{vmatrix} a_y & a_z \\ b_y & b_z \end{vmatrix}, - \begin{vmatrix} a_x & a_z \\ b_x & b_z \end{vmatrix}, \begin{vmatrix} a_x & a_y \\ b_x & b_y \end{vmatrix} \right),$$

$$[\boldsymbol{a}\,\boldsymbol{b}\,\boldsymbol{c}] = (\boldsymbol{a}\times\boldsymbol{b})\cdot\boldsymbol{c} = \begin{vmatrix} a_y & a_z \\ b_y & b_z \end{vmatrix} c_x - \begin{vmatrix} a_x & a_z \\ b_x & b_z \end{vmatrix} c_y + \begin{vmatrix} a_x & a_y \\ b_x & b_y \end{vmatrix} c_z = \begin{vmatrix} a_x & a_y & a_z \\ b_x & b_y & b_z \\ c_x & c_y & c_z \end{vmatrix}.$$

3. 混合积的性质

三个非零向量 $\boldsymbol{a}, \boldsymbol{b}, \boldsymbol{c}$ 共面的充要条件是

$$[\boldsymbol{a}\,\boldsymbol{b}\,\boldsymbol{c}] = 0;$$

轮换对称性 (图 7.22) (用三阶行列式推出):

$$[\boldsymbol{a}\,\boldsymbol{b}\,\boldsymbol{c}] = [\boldsymbol{b}\,\boldsymbol{c}\,\boldsymbol{a}] = [\boldsymbol{c}\,\boldsymbol{a}\,\boldsymbol{b}].$$

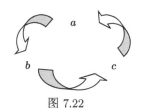

图 7.22

例 7.11 设向量 $\boldsymbol{m}, \boldsymbol{n}, \boldsymbol{p}$ 两两垂直, 符合右手法则, 且 $|\boldsymbol{m}| = 4$, $|\boldsymbol{n}| = 2$, $|\boldsymbol{p}| = 3$, 计算 $[\boldsymbol{m}\,\boldsymbol{n}\,\boldsymbol{p}]$.

解 因为 $|\boldsymbol{m} \times \boldsymbol{n}| = |\boldsymbol{m}||\boldsymbol{n}| \sin(\widehat{\boldsymbol{m},\boldsymbol{n}}) = 4 \times 2 \times 1 = 8$, 依题意知 $\boldsymbol{m} \times \boldsymbol{n}$ 与 $\boldsymbol{p}$ 同向, 所以 $\cos(\widehat{\boldsymbol{m} \times \boldsymbol{n},\boldsymbol{p}}) = 1$,

$$[\boldsymbol{m}\,\boldsymbol{n}\,\boldsymbol{p}] = (\boldsymbol{m} \times \boldsymbol{n}) \cdot \boldsymbol{p} = |\boldsymbol{m} \times \boldsymbol{n}||\boldsymbol{p}| \cos(\widehat{\boldsymbol{m} \times \boldsymbol{n},\boldsymbol{p}}) = 8 \times 3 \times 1 = 24.$$

习 题 7.2

基础题

1. 设 $\boldsymbol{a} = 2\boldsymbol{i} + \boldsymbol{j} - \boldsymbol{k}$, $\boldsymbol{b} = \boldsymbol{i} - 6\boldsymbol{j} + 2\boldsymbol{k}$, 计算 $\boldsymbol{a} \times \boldsymbol{b}$.

2. 求以 $A(1,2,3)$, $B(3,4,5)$, $C(2,4,7)$ 为顶点的三角形的面积 S.

3. 已知 $\boldsymbol{a}, \boldsymbol{b}$ 的夹角 $\varphi = \dfrac{2\pi}{3}$, 且 $|\boldsymbol{a}| = 3$, $|\boldsymbol{b}| = 4$. 计算

(1) $\boldsymbol{a} \cdot \boldsymbol{b}$;   (2) $(3\boldsymbol{a} - 2\boldsymbol{b}) \cdot (3\boldsymbol{a} + 2\boldsymbol{b})$.

4. 已知 $\boldsymbol{a} = (4, -2, 4)$, $\boldsymbol{b} = (6, -3, 2)$. 计算

(1) $\boldsymbol{a} \cdot \boldsymbol{b}$;   (2) $(3\boldsymbol{a} - 2\boldsymbol{b}) \cdot (\boldsymbol{a} + \boldsymbol{b})$;   (3) $|\boldsymbol{a} - \boldsymbol{b}|^2$.

5. 设 $\boldsymbol{a} = \boldsymbol{i} + \boldsymbol{j} - 4\boldsymbol{k}$, $\boldsymbol{b} = 2\boldsymbol{i} - 2\boldsymbol{j} + \boldsymbol{k}$, 求

(1) 与 $\boldsymbol{a}, \boldsymbol{b}$ 都垂直的单位向量 $\boldsymbol{n}^0$;

(2) $\boldsymbol{a}$ 与 $\boldsymbol{b}$ 之间夹角的余弦 $\cos(\widehat{\boldsymbol{a},\boldsymbol{b}})$;

(3) 以 $\boldsymbol{a}, \boldsymbol{b}$ 为邻边的平行四边形的对角线之间的夹角正弦.

6. 根据条件求向量 $\boldsymbol{a}$:

(1) $|\boldsymbol{a}| = 1$, $\boldsymbol{a}$ 同时垂直向量 $\boldsymbol{b} = 2\boldsymbol{i} + \boldsymbol{j} + 3\boldsymbol{k}$, $\boldsymbol{c} = -5\boldsymbol{j} + \boldsymbol{k}$;

(2) $\text{Prj}_{\boldsymbol{e}}\boldsymbol{a} = \sqrt{2}$, $\boldsymbol{e} = (1, 0, 1)$, $\boldsymbol{a}$ 同时垂直向量 $\boldsymbol{b} = 2\boldsymbol{i} + \boldsymbol{j} + 3\boldsymbol{k}$, $\boldsymbol{c} = -5\boldsymbol{j} + \boldsymbol{k}$;

(3) $|a| = 6$, a 与 x 轴垂直, 与 z 轴夹角 $60°$, 且在 y 轴上的投影为正.

7. 已知 $a = 2i - j + 2k$, $b = 3i + 4j - 5k$, 求 $c = 3a - b$ 在向量 b 上的投影 $\text{Prj}_b c$.

提高题

1. 设 $a = (3, 5, -2)$, $b = (2, 1, 4)$, 问 λ 与 μ 有怎样的关系, 才能使得 $\lambda a + \mu b$ 与 z 轴垂直.

7.3 曲面及其方程

7.3.1 曲面方程的概念

平面解析几何把曲线看作动点的轨迹, 类似地, 空间解析几何可把曲面当作一个动点或一条动曲线按一定规律运动产生的轨迹.

1. 曲面及其方程的定义

定义 7.7 一般地, 如果曲面 S 与三元方程 $F(x, y, z) = 0$ 之间存在如下关系:

(i) 曲面 S 上任一点的坐标都满足方程 $F(x, y, z) = 0$;

(ii) 不在曲面 S 上的点的坐标都不满足这个方程, 满足方程的点都在曲面上.

那么, 称 $F(x, y, z) = 0$ 为**曲面 S 的方程**, 而曲面 S 称为**方程的图形**.

2. 常见空间曲面及其方程

例 7.12 求动点到定点 $M_0(x_0, y_0, z_0)$ 距离为 R 的轨迹方程.

解 设 $M(x, y, z)$ 是所求轨迹上的任一点, 那么 $|M_0 M| = R$, 而

$$|M_0 M| = \sqrt{(x - x_0)^2 + (y - y_0)^2 + (z - z_0)^2},$$

所以

$$\sqrt{(x - x_0)^2 + (y - y_0)^2 + (z - z_0)^2} = R$$

或

$$(x - x_0)^2 + (y - y_0)^2 + (z - z_0)^2 = R^2.$$

这就是球面上的点的坐标所满足的方程, 而不在球面上的点的坐标都不满足这个方程.

方程 $z = \sqrt{R^2 - (x^2 + y^2)}$ 表示上半球面, 方程 $z = -\sqrt{R^2 - (x^2 + y^2)}$ 表示下半球面.

例 7.13 求方程 $x^2 + y^2 + z^2 - 2x + 4y - 6z - 2 = 0$ 表示怎样的曲面.

解 原方程可以改写为 $(x - 1)^2 + (y + 2)^2 + (z - 3)^2 = 16$. 此方程表示球心在点 $M_0(1, -2, 3)$, 半径为 $R = 4$ 的球面.

注 (1) 若球心在原点, 则球面方程为 $x^2 + y^2 + z^2 = R^2$;

(2) 形如 $A(x^2 + y^2 + z^2) + Dx + Ey + Fz + G = 0$ $(A \neq 0)$ 的三元二次方程都可通过配方研究它的图像, 其图像可能是一个球, 或点, 或虚轨迹;

(3) 该方程的特点是平方项的系数相同, 且缺少交叉项.

3. 曲面研究的两个基本问题:

(1) 已知一曲面作为动点的轨迹时, 建立该曲面的方程, 如例 7.12.

(2) 已知一曲面的方程时, 研究这这方程所表示曲面的形状, 如例 7.13.

下面将讨论常见的曲面 —— 旋转曲面、柱面、二次曲面, 其中旋转曲面是基本问题 (1) 的例子, 而柱面和二次曲面则是基本问题 (2) 的例子.

7.3.2 旋转曲面

定义 7.8 一平面曲线 C 绕与其在同一平面上的直线 L 旋转一周所形成的曲面称为**旋转曲面**, 曲线 C 称为旋转曲面的**母线**, 直线 L 称为旋转曲面的**轴**.

下面我们讨论母线在坐标面上, 绕所在平面内的坐标轴旋转形成的旋转曲面方程.

设在 yOz 坐标面上有一条已知曲线 C, 它在 yOz 坐标面上的方程是 $f(y, z) = 0$, $M_1(0, y_1, z_1)$ 是 C 上一点, 则有 $f(y_1, z_1) = 0$. 旋转曲面上任意一点 $M(x, y, z)$ 可看作点 M_1 绕 z 轴旋转而得. 此时, C 上每一点的竖坐标保持不变 $(z = z_1)$, 点 M 到 z 轴的距离 $\sqrt{x^2 + y^2}$ 等于点 M_1 到 z 轴的距离 $|y_1|(\sqrt{x^2 + y^2} = |y_1|)$(图 7.23), 即 $f(\pm\sqrt{x^2 + y^2}, z) = 0$.

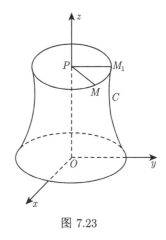

图 7.23

由此可知, 将已知曲线的变量作相应替换, 即在 yOz 坐标面上曲线 C 的方程 $f(y, z) = 0$ 中把 y 换成 $\pm\sqrt{x^2 + y^2}$, 就可得到曲线 C 绕 z 轴旋转的旋转曲面方程 $f(\pm\sqrt{x^2 + y^2}, z) = 0$. 同理, 曲线 C 绕 y 轴旋转的旋转曲面方程为 $f\left(y, \pm\sqrt{x^2 + z^2}\right) = 0$. 对于其他坐标面上的曲线, 用上述方法可得到绕其坐标平面上任何一条坐标轴旋转所生成的旋转曲面. 请同学们思考母线 C 在另外两个坐标面的情形, 并总结规律.

特别地, 一直线绕与它相交的一条定直线旋转一周就得到**圆锥面**, 动直线与定直线的交点叫做**圆锥面的顶点**.

例 7.14 求双曲线 $\dfrac{x^2}{a^2} - \dfrac{z^2}{b^2} = 1$ 分别绕 x 轴和 z 轴旋转一周形成的曲面方程.

解　绕 x 轴, 将方程中的 z 换成 $\pm\sqrt{y^2+z^2}$, 就可得到双曲线绕 x 轴旋转的旋转曲面方程 $\dfrac{x^2}{a^2}-\dfrac{(\pm\sqrt{y^2+z^2})^2}{b^2}=1$, 即 $\dfrac{x^2}{a^2}-\dfrac{y^2+z^2}{b^2}=1$ 或 $\dfrac{x^2}{a^2}-\dfrac{y^2}{b^2}-\dfrac{z^2}{b^2}=1$.

绕 z 轴, 将方程中的 x 换成 $\pm\sqrt{x^2+y^2}$, 就可得到双曲线绕 z 轴旋转的旋转曲面方程 $\dfrac{(\pm\sqrt{x^2+y^2})^2}{a^2}-\dfrac{z^2}{b^2}=1$, 即 $\dfrac{x^2+y^2}{a^2}-\dfrac{z^2}{b^2}=1$ 或 $\dfrac{x^2}{a^2}+\dfrac{y^2}{a^2}-\dfrac{z^2}{b^2}=1$.

7.3.3　柱面

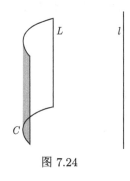

图 7.24

已知定直线 l 和一条曲线 C, 则平行于 l 的直线 L 沿曲线 C 移动所形成的曲面称为柱面. 定曲线 C 称为柱面的**准线**, 动直线 L 称为柱面的**母线** (图 7.24).

如果柱面的准线 C 在 xOy 坐标面上的方程为 $f(x,y)=0$, 那么以 C 为准线, 母线平行于 z 轴的柱面方程就是 $f(x,y)=0$; 同样地, 方程 $g(y,z)=0$ 表示母线平行于 x 轴的柱面方程; 方程 $h(x,z)=0$ 表示母线平行于 y 轴的柱面方程. 一般地, 在空间直角坐标系中, 含有两个变量的方程就是柱面方程, 且在其方程中缺哪个变量, 此柱面的母线就平行于哪一个坐标轴.

如图 7.25, 方程 $\dfrac{x^2}{a^2}+\dfrac{y^2}{b^2}=1$, $\dfrac{x^2}{a^2}-\dfrac{y^2}{b^2}=1$, $x^2-2py=0 \ (p>0)$ 分别表示母线平行于 z 轴的椭圆柱面 (a)、双曲柱面 (b) 和抛物柱面 (c). 请大家体会图像中母线沿着准线滑动形成曲面的过程.

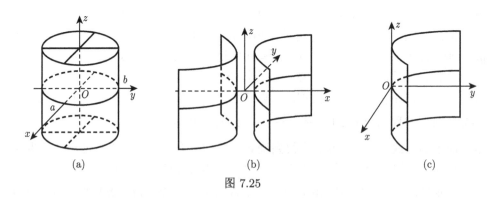

图 7.25

7.3.4　二次曲面

截痕法　平面与曲面的交线叫做**截痕**, 通过截痕的变化了解曲面形状的方法叫做**截痕法**.

通常用垂直于坐标轴的平面与所给曲面相交, 画出交线, 了解曲面形状, 根据截痕表示的曲线得到曲面的名称.

例如: 对于曲面 $\dfrac{x^2}{a^2} + \dfrac{y^2}{b^2} = z$, 以垂直于 z 轴的平面 $z = t$ 截此曲面, 当 $t = 0$ 时, 得一点 $(0,0,0)$; 当 $t \neq 0$ 时, 得平面 $z = t$ 上的椭圆 $\dfrac{x^2}{a^2 t} + \dfrac{y^2}{b^2 t} = 1$. 当 t 在定义域内变化时, 上式表示一族长短轴比例不变的椭圆, 当 $|t|$ 从大到小变为 0 时, 这族椭圆随着 t 的变化由大变小并缩为一点. 因此, 曲面由一族椭圆线组成. 同理, 以垂直于 x 轴的平面截此曲面得到一族平行于 yOz 面的抛物线; 以垂直于 y 轴的平面截此曲面得到一族平行于 xOz 面的抛物线. 由此可知, 该空间曲面由椭圆和抛物线构成, 称为**椭圆抛物面** (图 7.26).

几种常见的曲面方程.

在空间直角坐标系中, 如果 $F(x, y, z) = 0$ 是二次方程, 则它的图形称为**二次曲面**. 我们介绍几种常见的二次曲面及其方程.

1) 球面方程

以 $P_0(x_0, y_0, z_0)$ 为球心, R 为球半径的球面方程为

$$(x - x_0)^2 + (y - y_0)^2 + (z - z_0)^2 = R^2.$$

2) 椭球面方程

椭球面方程为

$$\frac{x^2}{a^2} + \frac{y^2}{b^2} + \frac{z^2}{c^2} = 1 \quad (a > 0,\ b > 0,\ c > 0),$$

其中 a, b, c 称为椭球面的半轴 (图 7.27).

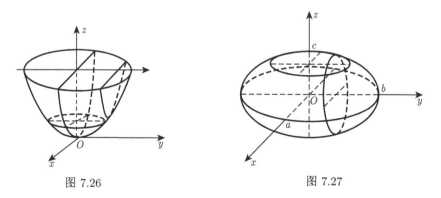

图 7.26   图 7.27

3) 圆柱面方程

设一个圆柱面的母线平行于 z 轴, 准线 C 是在 xOy 坐标面上的以原点为圆心, R 为半径的圆, 即准线 C 在 xOy 坐标面上的方程为 $x^2 + y^2 = R^2$, 其圆柱面

方程为

$$x^2 + y^2 = R^2.$$

4) 椭圆双曲面方程

单叶双曲面 (图 7.28)

$$\frac{x^2}{a^2} + \frac{y^2}{b^2} - \frac{z^2}{c^2} = 1 \quad (a > 0,\ b > 0,\ c > 0);$$

双叶双曲面 (图 7.29)

$$\frac{x^2}{a^2} + \frac{y^2}{b^2} - \frac{z^2}{c^2} = -1 \quad (a > 0,\ b > 0,\ c > 0);$$

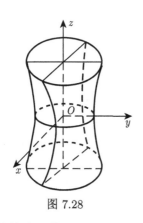

图 7.28

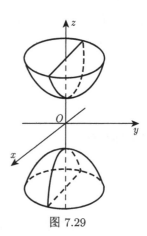

图 7.29

旋转单叶双曲面 (图 7.28 中椭圆特殊为圆)

$$\frac{x^2}{a^2} + \frac{y^2}{a^2} - \frac{z^2}{c^2} = 1 \quad (a = b > 0,\ c > 0).$$

5) 锥面方程

顶点在原点, 对称轴为 z 轴的圆锥面方程为

$$z^2 = k^2(x^2 + y^2) \quad (k \neq 0\ 且\ k\ 为常数).$$

6) 椭圆抛物面方程 (图 7.26)

由椭圆和抛物线形成的曲面

$$\frac{x^2}{a^2} + \frac{y^2}{b^2} = 2pz \quad (a > 0,\ b > 0,\ p > 0),$$

当 $a = b$ 时, 原方程化为 $x^2 + y^2 = 2qz$ ($q > 0$, 其中 $q = a^2 p$), 它由抛物线绕 z 轴旋转而成, 称为**旋转抛物面**.

7) 双曲抛物面方程

$$\frac{x^2}{p} - \frac{y^2}{q} = 2z \quad (p > 0, \ q > 0).$$

双曲抛物面也称为**马鞍面** (图 7.30).

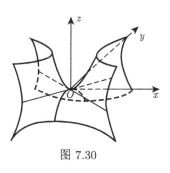

图 7.30

习 题 7.3

基础题

1. 将下列空间曲面名称、方程形式、特征及图像补充完整.

名称	方程形式	方程特征	图像
柱面	$F(x,y) = 0$	准线 $\begin{cases} F(x,y) = 0 \\ z = 0 \end{cases}$ 母线平行 z 轴 方程中不含变量 z	(图)
		yOz 面曲线 L : $y = \dfrac{z^2}{9}$ 绕 z 轴旋转	
	$\dfrac{x^2}{a^2} + \dfrac{y^2}{b^2} + \dfrac{z^2}{c^2} = 1$ $(a, b, c > 0)$	x, y, z 的平方项系数同号	
	$z = \dfrac{x^2}{2p} + \dfrac{y^2}{2q}$ $(p, q > 0)$		
单叶双曲面		x, y 的平方项系数与 z 的平方项系数异号	
锥面			(图) $z = ky$

2. 建立以点 $(0, -3, 4)$ 为球心, 且通过坐标原点的球面方程.

3. 指出下列方程各表示哪种曲面.

(1) $y^2 + z^2 = 2z$;　　　　　　　　　　(2) $x^2 - \dfrac{y^2}{4} + \dfrac{z^2}{9} = 1$;

(3) $x^2 - \dfrac{y^2}{4} - \dfrac{z^2}{9} = 1$;　　　　　　(4) $x^2 - \dfrac{y^2}{4} = \dfrac{z^2}{9}$.

4. 说明下列旋转曲面是怎样形成的, 并指出曲面名称.

(1) $\dfrac{x^2}{4} + \dfrac{y^2}{9} + \dfrac{z^2}{9} = 1$;　　　　　(2) $(z - a)^2 = x^2 + y^2$.

5. 求 xOz 坐标面上的抛物线 $x^2 = 3z$ 绕 z 轴旋转一周形成的曲面方程.

6. 求 xOy 坐标面上的椭圆 $4x^2 + 9y^2 = 36$ 分别绕 x 轴和 y 轴旋转一周形成的曲面方程.

7. 指出下列方程在平面和空间各表示什么图形.

(1) $y = 2$;　　　　　　　　　　　　(2) $x = y + 1$;

(3) $x^2 - \dfrac{y^2}{4} = 1$;　　　　　　　　(4) $1 - y^2 = 3x$.

8. 求与坐标原点 O 及点 $(2, 3, 4)$ 的距离之比为 $1 : 2$ 的点的全体所组成的曲面方程, 它表示怎样的曲面?

提高题

1. 求直线 $\dfrac{x}{3} = \dfrac{y}{-2} = \dfrac{z}{6}$ 绕 y 轴旋转而成的旋转曲面方程.

7.4　空间曲线及其方程

7.4.1　空间曲线的一般方程

空间曲线可以看作两个曲面的交线. 设两曲面方程分别为 $F_1(x, y, z) = 0$ 和 $F_2(x, y, z) = 0$, 则它们的交线 C 上的点同时在这两个曲面上, 其坐标必同时满足这两个方程; 反之, 坐标同时满足两个曲面方程的点也一定在它们的交线 C 上. 因此, 联立方程组

$$\begin{cases} F_1(x, y, z) = 0, \\ F_2(x, y, z) = 0, \end{cases} \tag{7.10}$$

即为空间曲线 C 的方程, 称为**空间曲线的一般方程**.

例 7.15　分析方程组 $\begin{cases} x^2 + y^2 + z^2 = 2, \\ z = 1 \end{cases}$ 表示怎样的曲线?

解　第一个方程 $x^2 + y^2 + z^2 = 2$ 表示以原点为球心、$\sqrt{2}$ 为半径的球面; 第二个方程 $z = 1$ 表示垂直于 z 轴且截距为 1 的平面. 方程组表示上述球面与平面的交线. 将 $z = 1$ 代入第一个方程中, 得 $x^2 + y^2 = 1$, 所以该曲线是平面 $z = 1$ 上以 $(0, 0, 1)$ 为圆心的单位圆 (图 7.31).

例 7.16 分析方程组 $\begin{cases} x^2 + y^2 - ax = 0, \\ z = \sqrt{a^2 - x^2 - y^2} \end{cases}$ $(a > 0)$ 表示怎样的曲线?

解 第一个方程 $x^2 + y^2 - ax = 0$, 即 $\left(x - \dfrac{a}{2}\right)^2 + y^2 = \left(\dfrac{a}{2}\right)^2$, 表示准线在 xOy 面上, 母线平行 z 轴的柱面; 第二个方程 $z = \sqrt{a^2 - x^2 - y^2}$ 表示以原点为球心、半径为 a 的上半球面. 方程组表示上述柱面与球面的交线 (图 7.32), 是一条空间曲线.

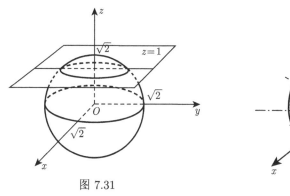

图 7.31

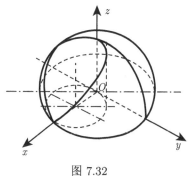

图 7.32

7.4.2 空间曲线的参数方程

空间曲线 C 可以用一般方程 (7.10) 表示, 也可以用参数式方程表示, 即将空间曲线 C 上点的坐标 x, y, z 表示为同一参数 t 的函数.

$$\begin{cases} x = x(t), \\ y = y(t), \qquad (t_1 \leqslant t \leqslant t_2). \\ z = z(t) \end{cases} \tag{7.11}$$

当给定 t 的一个值时, 由 (7.11) 式得到曲线 C 上的一个点的坐标, 当参数 t 在区间 $[t_1, t_2]$ 上变动时, 就得到曲线 C 上的所有点. 方程组 (7.11) 叫做**空间曲线的参数方程**.

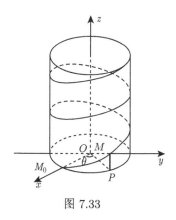

图 7.33

例 7.17 设空间一动点 M 在圆柱面 $x^2 + y^2 = a^2 (a > 0)$ 上以角速度 ω 绕 z 轴旋转, 同时又以线速度 v 沿平行于 z 轴的正方向上升 (其中 ω, v 都是常数), 则动点 M 的轨迹叫做**螺旋线**. 试求该螺旋线的参数方程.

解 取时间 t 为参数, 设运动开始时 $(t = 0)$ 动点的位置在 $M_0(a, 0, 0)$, 经过时间 t, 动点的位置移动到 $M(x, y, z)$(图 7.33), 点 M 在 xOy 面上的投影为

$P(x, y, 0)$. 由于 $\angle M_0 OP = \omega t$, 于是有

$$
\begin{cases}
x = a\cos\omega t, \\
y = a\sin\omega t.
\end{cases}
$$

由于动点同时以线速度 v 沿平行于 z 轴的正方向上升, 有

$$
z = |PM| = vt,
$$

因此, 螺旋线的参数方程为

$$
\begin{cases}
x = a\cos\omega t, \\
y = a\sin\omega t, \\
z = vt.
\end{cases}
$$

如果令 $\theta = \omega t$, 以 θ 为参数, 则螺旋线的参数方程为

$$
\begin{cases}
x = a\cos\theta, \\
y = a\sin\theta, \\
z = b\theta,
\end{cases}
$$

其中

$$
b = \frac{v}{\omega}.
$$

　　螺旋线是空间曲线的一种, 它有圆柱螺旋线、圆锥螺旋线等多种形式. 在建筑与机械工程中常见的是圆柱螺旋线, 如上例. 生活中, 我们用的平头螺丝钉的外缘曲线就是螺旋线. 当我们拧紧平头螺丝钉时, 它的外缘曲线上的任意一点 M, 一方面绕螺丝钉的轴旋转, 另一方面沿平行于轴线的方向行进, 点 M 就走出一段螺旋线.

　　螺旋线有一个重要性质: 当 θ 从 θ_0 变到 $\theta_0 + \Delta\theta$ 时, z 由 $b\theta_0$ 变到 $b\theta_0 + b\Delta\theta$. 说明当 OP 转过角 $\Delta\theta$ 时, 点 M 沿螺旋线上升了 $b\Delta\theta$, 即上升的高度与旋转角度成正比. 若旋转角度为 2π 时, 点 M 沿螺旋线上升的高度 $2\pi b$, 在工程技术中被称为**螺距**.

　　例 7.18　将曲线的一般式方程 $\begin{cases} x^2 + y^2 + z^2 = 2, \\ z = 1 \end{cases}$ 化为参数式方程.

　　解　把 $z = 1$ 代入第一个方程, 得到等价方程组

$$
\begin{cases}
x^2 + y^2 = 1, \\
z = 1.
\end{cases}
$$

该曲线为平面 $z = 1$ 上的一个单位圆, 从而已知曲线的参数方程为

$$
\begin{cases}
x = \cos t, \\
y = \sin t, \quad (0 \leqslant t \leqslant 2\pi). \\
z = 1
\end{cases}
$$

7.4.3 空间曲线在坐标面上的投影

已知空间曲线的一般方程 (7.10), 求它在 xOy 坐标面上的投影曲线方程.

作曲线 C 在 xOy 面上的投影时, 要通过曲线 C 上每一点作 xOy 面上的垂线, 这相当于作一个母线平行于 z 轴且通过曲线 C 的柱面, 该柱面与 xOy 面的交线就是曲线 C 在 xOy 面上的投影曲线, 所以关键在于求这个柱面的方程. 由于母线平行于 z 轴的柱面方程中不含 z, 所以从方程 (7.10) 中消去变量 z, 得到

$$F(x, y) = 0. \tag{7.12}$$

方程 (7.12) 即为所求柱面, 且此柱面必定包含曲线 C, 叫做曲线 C 关于 xOy 面的**投影柱面**. 它与 xOy 面的交线就是空间曲线 C 在 xOy 面上的**投影曲线**, 简称**投影**. 曲线 C 在 xOy 面上的投影曲线方程为

$$
\begin{cases}
F(x, y) = 0, \\
z = 0,
\end{cases}
$$

其中 $F(x, y) = 0$ 可从方程 (7.10) 消去 z 而得到.

同理, 分别从方程 (7.10) 消去 x 与 y 得到 $G(y, z) = 0$ 和 $H(x, z) = 0$, 则曲线 C 在 yOz 和 xOz 坐标面上的投影曲线方程分别为

$$
\begin{cases}
G(y, z) = 0, \\
x = 0
\end{cases}
$$

和

$$
\begin{cases}
H(x, z) = 0, \\
y = 0.
\end{cases}
$$

例 7.19 已知两球面的方程为

$$x^2 + y^2 + z^2 = 1 \tag{7.13}$$

和

$$x^2 + (y - 1)^2 + (z - 1)^2 = 1, \tag{7.14}$$

求它们的交线在 xOy 面上的投影方程.

解　先求包含两球面的交线且母线平行于 z 轴的柱面方程. 联立方程 (7.13) 和方程 (7.14) 消去 z, 为此可从方程 (7.13) 减去方程 (7.14) 并化简, 得到

$$y + z = 1,$$

再将 $z = 1 - y$ 代入方程 (7.13) 或 (7.14) 即得所求的柱面方程为

$$x^2 + 2y^2 - 2y = 0.$$

则两球面的交线在 xOy 面上的投影方程是

$$\begin{cases} x^2 + 2y^2 - 2y = 0, \\ z = 0. \end{cases}$$

习　题　7.4

基础题

1. 画出下列曲线的图形.

(1) $\begin{cases} x = 2, \\ z = -3; \end{cases}$
　　　　　　　　(2) $\begin{cases} z = \sqrt{9 - x^2 - y^2}, \\ y = x; \end{cases}$

(3) $\begin{cases} x^2 + y^2 = 1, \\ y = x^2; \end{cases}$
　　　　　　　　(4) $\begin{cases} z = \sqrt{4 - x^2 - y^2}, \\ z = \sqrt{3(x^2 + y^2)}. \end{cases}$

2. 指出下列方程组在平面解析几何与在空间解析几何中分别表示什么图形.

(1) $\begin{cases} y = x + 3, \\ y = 2x - 1; \end{cases}$
　　　　　　　　(2) $\begin{cases} \dfrac{x^2}{9} - y^2 = 1, \\ y = 2. \end{cases}$

3. 分别求母线平行于 x 轴及 y 轴且通过曲线 $\begin{cases} 2x^2 + y^2 + z^2 = 16, \\ z = \sqrt{2(x^2 + y^2)} \end{cases}$ 的柱面方程.

4. 将下列曲线的一般方程化为参数方程.

(1) $\begin{cases} x^2 + y^2 + z^2 = 4, \\ z = x; \end{cases}$
　　　　　　　　(2) $\begin{cases} (x - 1)^2 + y^2 + (z + 1)^2 = 5, \\ x = 0. \end{cases}$

5. 将曲线的参数方程 $\begin{cases} x = 3\cos\theta, \\ y = 3\sin\theta, \\ z = \cos\theta \end{cases}$　化为一般方程.

提高题

1. 求旋转抛物面 $z = x^2 + y^2 (0 \leqslant z \leqslant 1)$ 在三坐标面上的投影.

7.5 平面及其方程

前面介绍了曲面及其方程的相关概念, 并讨论了几种特殊曲面的方程、名称及图像, 如旋转曲面、柱面以及二次曲面. 作为曲面的特殊情形, 也是最简单的一类曲面, 本节我们研究平面及其方程.

7.5.1 平面的点法式方程

设有平面 Π, 若非零向量 $\boldsymbol{n}$ 垂直于平面 Π, 记作 $\boldsymbol{n}\perp\Pi$, 则称 $\boldsymbol{n}$ 为**平面 Π 的法向量**. 容易看出, 平面上的任一向量都与该平面的法向量垂直.

过空间一点有且只有一张平面与已知直线垂直. 所以当平面 Π 上的一点 $M_0(x_0, y_0, z_0)$ 和它的法向量 $\boldsymbol{n} = (A, B, C)$ 为已知时, 平面 Π 的位置就唯一确定了.

设 $M_0(x_0, y_0, z_0)$ 是平面 Π 上一已知点, $\boldsymbol{n} = (A, B, C)$ 是它的法向量 (图 7.34), 对于平面 Π 上的任意一点 $M(x, y, z)$, 它与定点 M_0 (x_0, y_0, z_0) 组成的向量 $\overrightarrow{M_0M}$ 必与平面 Π 的法向量 $\boldsymbol{n}$ 垂直, 即它们的数量积等于零: $\boldsymbol{n} \cdot \overrightarrow{M_0M} = 0$. 由于 $\overrightarrow{M_0M} = (x-x_0, y-y_0, z-z_0)$, $\boldsymbol{n} = (A, B, C)$, 所以有

图 7.34

$$A(x - x_0) + B(y - y_0) + C(z - z_0) = 0. \quad (7.15)$$

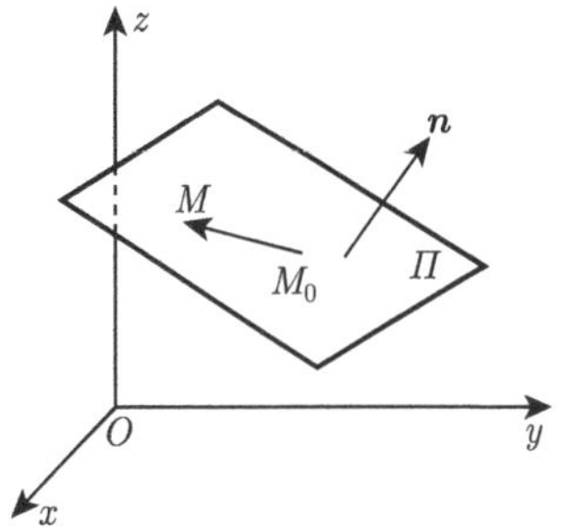

平面 Π 上任一点的坐标都满足方程 (7.15), 不在平面 Π 上的点的坐标都不满足方程 (7.15), 则方程 (7.15) 就是所求的平面方程. 因为已知条件是一定点 $M_0(x_0, y_0, z_0)$ 和一个法向量 $\boldsymbol{n} = (A, B, C)$, 所以方程 (7.15) 叫做**平面的点法式方程**.

例 7.20 求过点 $(2, -3, 0)$ 且以 $\boldsymbol{n} = (1, -2, 3)$ 为法向量的平面方程.

解 根据平面的点法式方程 (7.15), 得所求平面的方程为

$$1(x - 2) - 2(y + 3) + 3(z - 0) = 0,$$

即

$$x - 2y + 3z - 8 = 0.$$

例 7.21 求过三点 $M_1(1, 0, 2)$, $M_2(2, -3, 1)$ 和 $M_3(4, 1, 3)$ 的平面方程.

解 由以上三点可构造两个向量 $\overrightarrow{M_1M_2} = (1, -3, -1)$, $\overrightarrow{M_2M_3} = (2, 4, 2)$. 而平面的法向量 $\boldsymbol{n}$ 与向量 $\overrightarrow{M_1M_2}$ 和 $\overrightarrow{M_2M_3}$ 都垂直, 可将 $\boldsymbol{n}$ 向量视为它们的向量

积, 即

$$\boldsymbol{n} = \overrightarrow{M_1M_2} \times \overrightarrow{M_2M_3} = \begin{vmatrix} \boldsymbol{i} & \boldsymbol{j} & \boldsymbol{k} \\ 1 & -3 & -1 \\ 2 & 4 & 2 \end{vmatrix} = -2\boldsymbol{i} - 4\boldsymbol{j} + 10\boldsymbol{k}.$$

根据平面的点法式方程得

$$-2(x-1) - 4(y-0) + 10(z-2) = 0,$$

则平面的方程为

$$x + 2y - 5z + 9 = 0.$$

7.5.2　平面的一般方程

将方程 (7.15) 展开, 得

$$Ax + By + Cz - Ax_0 - By_0 - Cz_0 = 0,$$

其中令 $-Ax_0 - By_0 - Cz_0 = D$, 即三元一次方程

$$Ax + By + Cz + D = 0, \tag{7.16}$$

(7.16) 式称为**平面的一般方程**.

由于方程 (7.16) 是 x, y, z 的一次方程, 所以任何平面都可以用三元一次方程来表示.

反之, 对于任给的一个三元一次方程 (7.16), 选取满足该方程的一组解 x_0, y_0, z_0, 则

$$Ax_0 + By_0 + Cz_0 + D = 0. \tag{7.17}$$

方程 (7.16) 减去方程 (7.17), 得

$$A(x - x_0) + B(y - y_0) + C(z - z_0) = 0. \tag{7.18}$$

类比方程 (7.15), 可知方程 (7.18) 是通过点 $M_0(x_0, y_0, z_0)$ 且以 $\boldsymbol{n} = (A, B, C)$ 为法向量的平面方程. 因为方程 (7.16) 与方程 (7.18) 同解, 所以任意一个三元一次方程 (7.16) 的图形是一个平面. 其中 x, y, z 的系数就是该平面的法向量 $\boldsymbol{n}$ 的坐标, 即 $\boldsymbol{n} = (A, B, C)$.

例 7.22　已知平面 $\varPi$ 在三个坐标轴上的截距分别为 a, b, c, 求此平面的方程 (其中 $abc \neq 0$)(图 7.35).

解　因为 a, b, c 分别表示平面 $\varPi$ 在 x 轴、y 轴、z 轴上的截距, 所以平面 $\varPi$ 通过三点 $A = (a, 0, 0)$, $B = (0, b, 0)$, $C = (0, 0, c)$, 且这三点不在同一直线上.

确定平面的法向量: 由于法向量 $\boldsymbol{n}$ 与向量 $\overrightarrow{AB}$ 和 $\overrightarrow{AC}$ 都垂直, 取 $\boldsymbol{n}=\overrightarrow{AB}\times\overrightarrow{AC}$, 已知三点的坐标, 则 $\overrightarrow{AB}=(-a,b,0)$, $\overrightarrow{AC}=(-a,0,c)$, 所以

$$\overrightarrow{AB}\times\overrightarrow{AC}=\begin{vmatrix} \boldsymbol{i} & \boldsymbol{j} & \boldsymbol{k} \\ -a & b & 0 \\ -a & 0 & c \end{vmatrix}=bc\boldsymbol{i}+ac\boldsymbol{j}+ab\boldsymbol{k}.$$

再根据平面的点法式方程 (7.15), 得此平面的方程为

$$bc(x-a)+ac(y-0)+ab(z-0)=0.$$

由于 $abc\neq 0$, 上式可改写成

$$\frac{x}{a}+\frac{y}{b}+\frac{z}{c}=1. \tag{7.19}$$

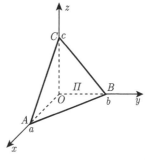

图 7.35

(7.19) 式叫做**平面的截距式方程**, 由此方程可以直接写出平面与三个坐标轴的交点坐标.

注 已知平面上不共线三点的坐标, 可以采用:

(1) 待定系数法求该平面方程. 即将点的坐标代入一般方程, 得到方程组求解;

(2) 三向量共面的充要条件, 混合积为零, 即向量坐标对应的行列式值为零.

下面讨论特殊位置的平面方程

1. 过原点的平面方程

因为平面通过原点, 所以将 $x=y=z=0$ 代入方程 (7.16), 得 $D=0$. 故过原点的平面方程为

$$Ax+By+Cz=0.$$

特点: 方程中不含 D.

2. 平行于坐标轴的平面方程

平面平行于 x 轴, 则平面的法向量 $\boldsymbol{n}=(A,B,C)$ 与 x 轴的单位向量 $\boldsymbol{i}=(1,0,0)$ 垂直, 故

$$\boldsymbol{n}\cdot\boldsymbol{i}=0,$$

即

$$A\cdot 1+B\cdot 0+C\cdot 0=0,$$

因此,

$$A=0,$$

从而得到平行于 x 轴的平面方程为

$$By + Cz + D = 0,$$

特点: 方程中不含 x.

类似地, 平行于 y 轴的平面方程 $Ax + Cz + D = 0$ 中不含 y; 平行于 z 轴的平面方程 $Ax + By + D = 0$ 中不含 z.

3. 过坐标轴的平面方程

因为过坐标轴的平面必过原点 $(D = 0)$, 且与该坐标轴平行 (方程中缺少此轴变量). 过 x 轴的平面方程为

$$By + Cz = 0;$$

过 y 轴的平面方程为

$$Ax + Cz = 0;$$

过 z 轴的平面方程为

$$Ax + By = 0.$$

4. 垂直于坐标轴的平面方程

如果平面垂直于 z 轴, 则该平面的法向量 $\boldsymbol{n}$ 可取与 z 轴平行的任一非零向量 $(0, 0, C)$, 故平面方程为 $Cz + D = 0$, 即 $z = -\dfrac{D}{C}$; 类似地, 垂直于 x 轴的平面方程为 $x = -\dfrac{D}{A}$; 垂直于 y 轴的平面方程为 $y = -\dfrac{D}{B}$; $z = 0$ 表示 xOy 坐标面; $x = 0$ 表示 yOz 坐标面; $y = 0$ 表示坐标面 xOz.

例 7.23　指出下列平面位置的特点, 并作出其图形:

(1) $x + y = 4$;　　(2) $z = 2$.

解　(1) $x + y = 4$, 由于方程中不含 z 项, 因此平面平行于 z 轴 (图 7.36).

(2) $z = 2$, 表示过点 $(0, 0, 2)$ 且垂直于 z 轴的平面 (图 7.37).

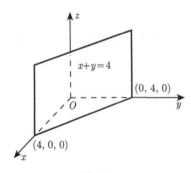

图 7.36

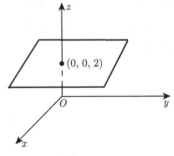

图 7.37

7.5.3 两平面的夹角

两平面法向量的夹角 (通常指锐角) 称为**两平面的夹角**.

已知平面 Π_1: $A_1x + B_1y + C_1z + D_1 = 0$ 与 Π_2: $A_2x + B_2y + C_2z + D_2 = 0$, 它们的法向量分别为 $\boldsymbol{n}_1 = (A_1, B_1, C_1)$ 和 $\boldsymbol{n}_2 = (A_2, B_2, C_2)$. 如果两平面相交, 那么它们之间的夹角 θ 等于 $(\widehat{\boldsymbol{n}_1, \boldsymbol{n}_2})$ 和 $\pi - (\widehat{\boldsymbol{n}_1, \boldsymbol{n}_2})$, 规定两平面的夹角为其法向量所夹锐角 (图 7.38). 根据两向量夹角的余弦公式, 有

$$\cos\theta = |\cos(\widehat{\boldsymbol{n}_1, \boldsymbol{n}_2})| = \frac{|A_1A_2 + B_1B_2 + C_1C_2|}{\sqrt{A_1^2 + B_1^2 + C_1^2}\sqrt{A_2^2 + B_2^2 + C_2^2}}. \tag{7.20}$$

由两非零向量垂直、平行的条件可推得两平面垂直、平行的条件.

两平面 Π_1, Π_2 互相垂直的充要条件是

$$\boldsymbol{n}_1 \cdot \boldsymbol{n}_2 = 0,$$

即

$$A_1A_2 + B_1B_2 + C_1C_2 = 0;$$

两平面 Π_1, Π_2 互相平行的充要条件是

$$\boldsymbol{n}_1 \times \boldsymbol{n}_2 = \boldsymbol{0},$$

即

$$\frac{A_1}{A_2} = \frac{B_1}{B_2} = \frac{C_1}{C_2}.$$

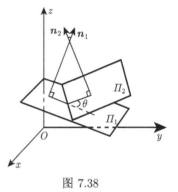

图 7.38

例 7.24 设平面 Π_1 与 Π_2 的方程分别为 $x+y+2z-6 = 0$ 及 $2x-y+z-5 = 0$, 求它们的夹角.

解 由方程可知平面的法向量 $\boldsymbol{n}_1 = (1, 1, 2)$, $\boldsymbol{n}_2 = (2, -1, 1)$, 根据公式 (7.20) 得

$$\cos\theta = \frac{|1\times 2 + 1\times(-1) + 2\times 1|}{\sqrt{1^2 + 1^2 + 2^2}\sqrt{2^2 + (-1)^2 + 1^2}} = \frac{1}{2},$$

所以平面 Π_1 与 Π_2 的夹角为 $\theta = \dfrac{\pi}{3}$.

例 7.25 一平面通过点 $P_1(1,1,1)$ 和 $P_2(0,1,-1)$, 且垂直于平面 $x + 2y + z - 3 = 0$, 求这平面的方程.

解　已知平面 $x+2y+z-3=0$ 的法向量为 $\boldsymbol{n}_1=(1,2,1)$，又向量 $\overrightarrow{P_1P_2}=(-1,0,-2)$ 在所求平面上，设所求平面的法向量为 $\boldsymbol{n}$，它同时垂直于向量 $\overrightarrow{P_1P_2}$ 及 $\boldsymbol{n}_1$，所以取

$$\boldsymbol{n}=\boldsymbol{n}_1\times\overrightarrow{P_1P_2}=\begin{vmatrix} \boldsymbol{i} & \boldsymbol{j} & \boldsymbol{k} \\ 1 & 2 & 1 \\ -1 & 0 & -2 \end{vmatrix}=(-4,1,2),$$

由平面的点法式方程可得所求平面方程为

$$-4(x-1)+(y-1)+2(z-1)=0,$$

即

$$4x-y-2z-1=0.$$

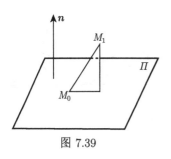

图 7.39

例 7.26　设平面 Π 的方程为 $Ax+By+Cz+D=0$，$M_1(x_1,y_1,z_1)$ 是平面外的一点，试求 M_1 到平面 Π 的距离 d.

解　设平面的法向量为 $\boldsymbol{n}$，则 $\boldsymbol{n}=(A,B,C)$. 任取一点 $M_0(x_0,y_0,z_0)\in\Pi$(图 7.39)，则 $\overrightarrow{M_0M_1}=(x_1-x_0,y_1-y_0,z_1-z_0)$，点 M_1 到平面 Π 的距离为向量 $\overrightarrow{M_0M_1}$ 在 $\boldsymbol{n}$ 上的投影，即

$$d=|\operatorname{Prj}_{\boldsymbol{n}}\overrightarrow{M_0M_1}|=\frac{|\boldsymbol{n}\cdot\overrightarrow{M_0M_1}|}{|\boldsymbol{n}|},$$

而

$$|\boldsymbol{n}\cdot\overrightarrow{M_0M_1}|=|A(x_1-x_0)+B(y_1-y_0)+C(z_1-z_0)|$$
$$=|Ax_1+By_1+Cz_1-Ax_0-By_0-Cz_0|.$$

由于点 $M_0(x_0,y_0,z_0)\in\Pi$，则

$$Ax_0+By_0+Cz_0+D=0,$$

即

$$-Ax_0-By_0-Cz_0=D,$$

得

$$|\boldsymbol{n}\cdot\overrightarrow{M_0M_1}|=|Ax_1+By_1+Cz_1+D|,$$

所以

$$d = \frac{|Ax_1 + By_1 + Cz_1 + D|}{\sqrt{A^2 + B^2 + C^2}}. \tag{7.21}$$

公式 (7.21) 称为**点到平面的距离公式**.

习 题 7.5

基础题

1. 求过点 $(4, 1, -2)$ 且与平面 $3x - 2y + 6z = 11$ 平行的平面方程.

2. 求过点 $M_1(2, -1, 4)$, $M_2(-1, 3, -2)$, $M_3(0, 2, 3)$ 的平面方程.

3. 求过点 $M_1(1, 2, -1)$ 和 $M_2(-5, 2, 7)$ 且平行于 x 轴的平面方程.

4. 设平面过点 $(1, 2, -1)$, 且在 x 轴和 z 轴上的截距都等于在 y 轴上的截距的两倍, 求此平面方程.

5. 确定下列方程中的 l 和 m:

(1) 平面 $2x + ly + 3z - 5 = 0$ 和平面 $mx - 6y - z + 2 = 0$ 平行;

(2) 平面 $3x - 5y + lz - 3 = 0$ 和平面 $x + 3y + 2z + 5 = 0$ 垂直.

6. 求平面 $2x - y - z = 6$ 与平面 $x + y - 2z = 0$ 的夹角.

7. 求点 $(2, 0, 1)$ 到平面 $x + 2y + 2z - 10 = 0$ 的距离.

提高题

1. 求通过点 $(1, -1, 1)$ 且垂直于两平面 $x - y + z - 1 = 0$ 和 $2x + y + z + 1 = 0$ 的平面.

7.6   直线及其方程

7.6.1   空间直线的一般方程

空间曲线可看作是两曲面的交线. 特别地, 空间直线也可以看作是两平面的交线. 如果两个相交平面 Π_1 和 Π_2 的方程分别为 $A_1x + B_1y + C_1z + D_1 = 0$ 和 $A_2x + B_2y + C_2z + D_2 = 0$, 那么其交线 L 上点的坐标应同时满足这两个平面方程, 即满足方程组

$$\begin{cases} A_1x + B_1y + C_1z + D_1 = 0, \\ A_2x + B_2y + C_2z + D_2 = 0. \end{cases} \tag{7.22}$$

反之, 不在直线 L 上的点, 不可能同时在两平面上, 所以它的坐标不满足方程组 (7.22). 因此, 直线 L 可以用方程组 (7.22) 来表示; 方程组 (7.22) 叫做**空间直线的一般方程** (或**交面式方程**). 过空间同一直线的平面有无限多个, 只要找到其中的任意两个平面, 将它们的方程联立, 即为所求的空间直线方程.

7.6.2   空间直线的对称式方程与参数方程

1. 空间直线的对称式方程

为了建立直线的对称式方程, 我们先引入直线的方向向量的概念.

如果一个非零向量平行于一条已知直线, 这个向量就叫做这条**直线的方向向量**. 显然, 直线上的任一向量都平行于该直线的方向向量.

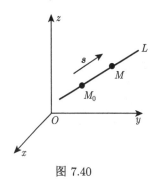

图 7.40

我们知道, 过空间一点有且只有一条直线与已知直线平行, 即已知直线 L 上一点 $M_0(x_0, y_0, z_0)$ 和它的方向向量 $\boldsymbol{s} = (m, n, p)$ 时, 直线 L 的位置就被唯一确定 (图 7.40). 下面我们利用向量平行的结论来建立直线方程.

设 $M(x, y, z)$ 是直线 L 上的任意一点, 则向量 $\overrightarrow{M_0M}$ 与 L 的方向向量 $\boldsymbol{s}$ 平行, 所以两向量的对应坐标成比例. 因 $\overrightarrow{M_0M} = (x - x_0, y - y_0, z - z_0)$, $\boldsymbol{s} = (m, n, p)$, 故有

$$\frac{x - x_0}{m} = \frac{y - y_0}{n} = \frac{z - z_0}{p}. \tag{7.23}$$

若将方程 (7.23) 改写为

$$\begin{cases} \dfrac{x - x_0}{m} = \dfrac{y - y_0}{n}, \\ \dfrac{y - y_0}{n} = \dfrac{z - z_0}{p}. \end{cases}$$

便得到空间直线 L 的一般方程, 两相交平面分别是母线平行于 z 轴和 x 轴的柱面. 上式表明任一空间直线总可以用母线分别平行于某个坐标轴的两平面的交线来表示.

若 m, n, p 中有一个为零, 例如当 $m = 0$, 而 $np \neq 0$ 时, 方程组即为

$$\begin{cases} x - x_0 = 0, \\ \dfrac{y - y_0}{n} = \dfrac{z - z_0}{p}; \end{cases}$$

若 m, n, p 中有两个为零, 例如当 $m = n = 0$, 而 $p \neq 0$ 时, 即为

$$\begin{cases} x - x_0 = 0, \\ y - y_0 = 0, \end{cases}$$

方程组表示的直线均由特殊平面相交形成.

如果点 M 不在直线 L 上, 则 $\overrightarrow{M_0M}$ 与 s 不平行, 这两向量的对应坐标就不成比例. 因此, 方程组 (7.23) 表示直线 L 的方程, 称为空间直线的**对称式方程**或**点向式方程**. 其中直线的任一方向向量 s 的坐标 m, n, p 称为直线的一组**方向数**, 向量 s 的方向余弦称为**直线的方向余弦**.

例 7.27 求过两点 $M_1(x_1, y_1, z_1)$ 和 $M_2(x_2, y_2, z_2)$ 的直线方程.

解 可以取方向向量

$$s = \overrightarrow{M_1M_2} = (x_2 - x_1, y_2 - y_1, z_2 - z_1).$$

由直线的对称式方程可知, 过已知两点 M_1, M_2 的直线方程为

$$\frac{x - x_1}{x_2 - x_1} = \frac{y - y_1}{y_2 - y_1} = \frac{z - z_1}{z_2 - z_1}. \tag{7.24}$$

方程 (7.24) 称为**空间直线的两点式方程**.

例 7.28 求过点 $(3, -2, 5)$ 且垂直于平面 $2x + y - 7z = 6$ 的直线方程.

解 所求直线垂直于已知平面, 则平面的法向量可以作为直线的方向向量, 即

$$s = n = (2, 1, -7),$$

由直线的点向式方程可得

$$\frac{x - 3}{2} = \frac{y + 2}{1} = \frac{z - 5}{-7}$$

为所求直线方程.

2. 空间直线的参数方程

直线 L 上点的坐标 x, y, z 还可以用另一变量 t (称为参数) 的函数来表达. 当直线方程为对称式时, 可以假设

$$\frac{x - x_0}{m} = \frac{y - y_0}{n} = \frac{z - z_0}{p} = t,$$

则有

$$\begin{cases} x = x_0 + mt, \\ y = y_0 + nt, \\ z = z_0 + pt. \end{cases} \tag{7.25}$$

方程 (7.25) 称为**空间直线的参数方程**.

例 7.29 将直线的一般方程分别化为对称式方程和参数方程.

$$\begin{cases} x + y + z + 1 = 0, \\ 2x + y + 3z + 5 = 0. \end{cases}$$

解　先找出直线上的一点 (x_0, y_0, z_0). 例如, 可以取 $x_0 = 0$, 代入方程组, 得

$$\begin{cases} y_0 + z_0 = -1, \\ y_0 + 3z_0 = -5. \end{cases}$$

解这个二元一次方程组, 得

$$y_0 = 1, \quad z_0 = -2,$$

即 $(0, 1, -2)$ 是方程组表示的直线上的一点.

下面求直线的方向向量 $\boldsymbol{s}$, 注意到两平面的交线与这两平面的法向量 $\boldsymbol{n}_1 = (1, 1, 1)$ 和 $\boldsymbol{n}_2 = (2, 1, 3)$ 都垂直, 所以有

$$\boldsymbol{s} = \boldsymbol{n}_1 \times \boldsymbol{n}_2 = \begin{vmatrix} \boldsymbol{i} & \boldsymbol{j} & \boldsymbol{k} \\ 1 & 1 & 1 \\ 2 & 1 & 3 \end{vmatrix} = 2\boldsymbol{i} - \boldsymbol{j} - \boldsymbol{k},$$

即

$$\boldsymbol{s} = (2, -1, -1).$$

因此, 所给直线的对称式方程为

$$\frac{x}{2} = \frac{y - 1}{-1} = \frac{z + 2}{-1}.$$

令上式等于 t, 则所给直线的参数方程为

$$\begin{cases} x = 2t, \\ y = 1 - t, \\ z = -2 - t. \end{cases}$$

注　本例提供了化直线的一般方程为对称方程和参数方程的方法, 请对比各类方程间相关量的关系, 实现直线方程三种形式的互化.

7.6.3　两直线的夹角

设两直线 L_1 和 L_2 的方程分别为

$$\frac{x - x_1}{m_1} = \frac{y - y_1}{n_1} = \frac{z - z_1}{p_1}$$

和

$$\frac{x-x_2}{m_2} = \frac{y-y_2}{n_2} = \frac{z-z_2}{p_2},$$

两直线的方向向量 $\boldsymbol{s}_1 = (m_1, n_1, p_1)$ 与 $\boldsymbol{s}_2 = (m_2, n_2, p_2)$ 的夹角 (这里指锐角或直角) 称为**两直线的夹角**, 记为 θ, 则

$$\cos\theta = \frac{|m_1 m_2 + n_1 n_2 + p_1 p_2|}{\sqrt{m_1^2 + n_1^2 + p_1^2}\sqrt{m_2^2 + n_2^2 + p_2^2}}. \tag{7.26}$$

由此推出, 两直线互相垂直的充要条件是

$$m_1 m_2 + n_1 n_2 + p_1 p_2 = 0.$$

两直线互相平行的充要条件是

$$\boldsymbol{s}_1 \times \boldsymbol{s}_2 = \boldsymbol{0} \quad \text{或} \quad \frac{m_1}{m_2} = \frac{n_1}{n_2} = \frac{p_1}{p_2}.$$

例 7.30 求直线 L_1: $\dfrac{x-1}{1} = \dfrac{y}{-4} = \dfrac{z+3}{1}$ 和直线 L_2: $\dfrac{x}{2} = \dfrac{y+2}{-2} = \dfrac{z}{-1}$ 的夹角.

解 直线 L_1 的方向向量为 $\boldsymbol{s}_1 = (1, -4, 1)$, 直线 L_2 的方向向量为 $\boldsymbol{s}_2 = (2, -2, -1)$, 故直线 L_1 与 L_2 夹角 θ 的余弦为

$$\cos\theta = \frac{|1 \times 2 + (-4) \times (-2) + 1 \times (-1)|}{\sqrt{1^2 + (-4)^2 + 1^2}\sqrt{2^2 + (-2)^2 + (-1)^2}} = \frac{\sqrt{2}}{2},$$

所以

$$\theta = \frac{\pi}{4}.$$

例 7.31 求经过点 $(2, 0, -1)$ 且与直线

$$\begin{cases} 2x - 3y + z - 6 = 0, \\ 4x - 2y + 3z + 9 = 0 \end{cases}$$

平行的直线方程.

解 两平面法向量 $\boldsymbol{n}_1 = (2, -3, 1)$, $\boldsymbol{n}_2 = (4, -2, 3)$ 均与已知直线垂直, 也垂直于所求直线, 故其方向向量可取为

$$\boldsymbol{s} = \boldsymbol{n}_1 \times \boldsymbol{n}_2 = \begin{vmatrix} \boldsymbol{i} & \boldsymbol{j} & \boldsymbol{k} \\ 2 & -3 & 1 \\ 4 & -2 & 3 \end{vmatrix} = -7\boldsymbol{i} - 2\boldsymbol{j} + 8\boldsymbol{k}.$$

根据直线的点向式方程, 得所求直线为

$$\frac{x-2}{-7} = \frac{y}{-2} = \frac{z+1}{8}.$$

7.6.4　直线与平面的夹角

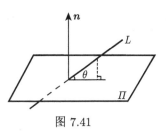

图 7.41

直线 L 与它在平面 Π 上的投影所成的角称为**直线 L 与平面 Π 的夹角**, 通常取锐角 (图 7.41); 若直线与平面垂直, 则夹角为 90°; 若直线与平面平行, 则夹角为 0°.

设直线 L 的方程为 $\dfrac{x-x_0}{m} = \dfrac{y-y_0}{n} = \dfrac{z-z_0}{p}$, 其方向向量 $\boldsymbol{s} = (m, n, p)$.

平面 Π 的方程为 $Ax + By + Cz + D = 0$, 其法向量 $\boldsymbol{n} = (A, B, C)$, 因为 $\boldsymbol{n}$ 与 $\boldsymbol{s}$ 的夹角为 $\dfrac{\pi}{2} \pm \theta$, 所以

$$\cos\left(\frac{\pi}{2} - \theta\right) = \frac{|\boldsymbol{n} \cdot \boldsymbol{s}|}{|\boldsymbol{n}||\boldsymbol{s}|},$$

即

$$\sin\theta = \frac{|Am + Bn + Cp|}{\sqrt{A^2 + B^2 + C^2}\sqrt{m^2 + n^2 + p^2}}. \tag{7.27}$$

从而得直线 L 与平面 Π 平行的充要条件是

$$Am + Bn + Cp = 0;$$

直线 L 与平面 Π 垂直的充要条件是

$$\boldsymbol{n} \times \boldsymbol{s} = \boldsymbol{0} \quad \text{或} \quad \frac{A}{m} = \frac{B}{n} = \frac{C}{p}.$$

设 (x_0, y_0, z_0) 是直线上一点, 则直线 L 与平面 Π 的相关位置有:

当 $Am + Bn + Cp \neq 0$ 时, 直线 L 与平面 Π 相交;

当 $Am + Bn + Cp = 0$, 而 $Ax_0 + By_0 + Cz_0 + D \neq 0$ 时, 直线 L 在平面外且与 Π 平行;

当 $Am + Bn + Cp = 0$ 且 $Ax_0 + By_0 + Cz_0 + D = 0$ 时, 直线 L 在平面 Π 上.

例 7.32　求直线 $\dfrac{x-1}{1} = \dfrac{y-2}{3} = \dfrac{z-3}{-2}$ 与平面 $2x - y + 3z + 5 = 0$ 的夹角.

解 直线的方向向量 $s = (1, 3, -2)$, 平面的法向量 $n = (2, -1, 3)$, 由夹角公式 (7.27), 得

$$\sin\theta = \frac{|2 \times 1 - 1 \times 3 + 3 \times (-2)|}{\sqrt{2^2 + (-1)^2 + 3^2}\sqrt{1^2 + 3^2 + (-2)^2}} = \frac{7}{14} = \frac{1}{2},$$

即

$$\theta = \frac{\pi}{6}.$$

思考题 求点 $M_1(x_1, y_1, z_1)$ 在直线

$$L : \frac{x - x_0}{m} = \frac{y - y_0}{n} = \frac{z - z_0}{p}$$

上的投影及点 M_1 到直线 L 的距离.

提示 过点 M_1 作与直线 L 垂直的平面 Π, 与直线 L 交于点 Q, 平面 Π 的法向量 n 即已知直线 L 的方向向量 $s = (m, n, p)$, 交点 Q 即点 M_1 在直线 L 上的投影. 联立直线的参数方程和平面 Π 的方程求出投影点 Q 的坐标, 从而得点 M_1 到直线 L 的距离 $d = |M_1Q|$, 由两点 M_1 和 Q 所确定的直线方程即过点 M_1 且与直线 L 垂直相交的直线方程.

为解决直线在任意平面的投影问题, 下面介绍平面束及其方程.

设互不平行的两平面 Π_1 与 Π_2 相交于直线 L, 它的一般方程为

$$\begin{cases} A_1x + B_1y + C_1z + D_1 = 0 & (\Pi_1), \\ A_2x + B_2y + C_2z + D_2 = 0 & (\Pi_2), \end{cases}$$

其中系数 A_1, B_1, C_1 与 A_2, B_2, C_2 不成比例.

考察三元一次方程

$$A_1x + B_1y + C_1z + D_1 + \lambda(A_2x + B_2y + C_2z + D_2) = 0, \tag{7.28}$$

其中 λ 为任意常数, 因为 A_1, B_1, C_1 与 A_2, B_2, C_2 不成比例, 所以对于任一 λ 的取值, 上述方程的系数 $A_1 + \lambda A_2, B_1 + \lambda B_2, C_1 + \lambda C_2$ 不全为零 (否则 A_1, B_1, C_1 与 A_2, B_2, C_2 成比例), 所以方程 (7.28) 表示一系列的平面. 若点在直线 L 上, 则点的坐标满足方程 (7.28), 故方程 (7.28) 表示通过直线 L 的一族平面 (平面 Π_2 除外); 反之, 通过直线 L 的任何平面 (平面 Π_2 除外) 都包含在方程 (7.28) 所表示的一族平面内. 我们把通过直线 L 的所有平面的全体称为过直线 L 的平面束, 而方程 (7.28) 则表示通过直线 L 的平面束方程 (缺少平面 Π_2).

例 7.33　求直线 $L_1 \begin{cases} x+y-z-1=0, \\ x-y+z+1=0 \end{cases}$ 在平面 $\varPi : x+y+z=0$ 上的投影直线 L 的方程.

解　过直线 L_1 的平面束方程为

$$(x+y-z-1)+\lambda(x-y+z+1)=0 \quad (\lambda \text{ 为待定常数}),$$

即

$$(1+\lambda)x+(1-\lambda)y+(-1+\lambda)z+(-1+\lambda)=0.$$

直线 L_1 在平面 $\varPi$ 上的投影直线是指过 L_1 且垂直于 $\varPi$ 的平面 $\varPi_1$ 与平面 $\varPi$ 的交线. 因此, 在上述平面束中选出一个平面 $\varPi_1$, 使它与已知平面 $\varPi$ 垂直, 即 λ 满足

$$(1+\lambda)\cdot 1+(1-\lambda)\cdot 1+(-1+\lambda)\cdot 1=0.$$

解得 $\lambda = -1$. 代入平面束方程即得投影平面 $\varPi_1$ 的方程

$$y-z-1=0.$$

于是, 所求投影直线方程为

$$\begin{cases} y-z-1=0, \\ x+y+z=0. \end{cases}$$

习　题　7.6

基础题

1. 已知一直线 L 过点 $(3,4,-4)$, 其方向向量 s 的方向角依次为 $60°, 45°, 120°$. 求该直线的方程.

2. 用对称式方程和参数方程表示直线

$$\begin{cases} x-y-3z-4=0, \\ 3x-3y+5z+9=0. \end{cases}$$

3. 求直线 $\dfrac{x-1}{2}=\dfrac{y-2}{-1}=\dfrac{z-3}{3}$ 与平面 $2x-y+3z+5=0$ 的交点.

4. 求过原点且垂直于平面 $2y-z+2=0$ 的直线方程.

5. 求直线 $L: \dfrac{x-1}{-1}=\dfrac{y}{-1}=\dfrac{z-1}{1}$ 在平面 $\varPi : x-y+2z-1=0$ 上的投影直线方程.

提高题

1. 求过点 $(2,1,3)$ 且与直线 $\dfrac{x+1}{3}=\dfrac{y-1}{2}=\dfrac{z}{-1}$ 垂直相交的直线方程.

复习题 7

一、填空题

1. 已知 $a = (1, -1, \lambda)$ 与 $b = (2, 3, 2)$ 垂直, 则 $\lambda = $_____.

2. 已知 $|a| = 2$, $|b| = \sqrt{2}$, $a \cdot b = 2$, 则 $|a \times b| = $_____.

3. $(a - b) \cdot (a \times b) = $_____.

4. 曲线 $C : \begin{cases} z = 3 - (x^2 + y^2), \\ z = 2\sqrt{x^2 + y^2} \end{cases}$ 在 xOy 平面上的投影曲线为_____.

5. 已知 $a + b + c = 0$, 且 $|a| = 2$, $|b| = 3$, $|c| = 5$, 那么 $a \cdot b + b \cdot c + c \cdot a = $_____.

6. 设 $m = 2a + b$, $n = ka + b$, $|a| = 1$, $|b| = 2$, 且 $a \perp b$, 若 $m \perp n$, 则 $k = $_____.

7. 直线 $\begin{cases} A_1 x + B_1 y + C_1 z + D_1 = 0, \\ A_2 x + B_2 y + C_2 z + D_2 = 0 \end{cases}$ 经过原点, 那么其中各系数的关系是_____.

8. 过点 $P(1, 1, 1)$ 且与直线 $\dfrac{x}{1} = \dfrac{y}{1} = \dfrac{z+2}{-3}$ 垂直的平面方程是_____.

9. 与平面 $6x + 3y + 2z + 12 = 0$ 平行且到原点的距离为 1 的平面方程为_____.

10. 曲面 $x^2 + y^2 + z^2 = 4$ 与 $x^2 + y^2 = 2x$ 的交线在 xOy 面上的投影曲线为_____.

11. 直线 $\dfrac{x}{3} = \dfrac{y}{2} = \dfrac{z}{6}$ 绕 x 轴旋转而成的旋转曲面方程为_____.

12. 直线 $L : \begin{cases} x = 1, \\ 2y = 1 - z \end{cases}$ 绕 z 轴旋转而成的旋转曲面方程为_____.

二、选择题

1. 设 a, b 为非零向量, 且 $a \perp b$, 则 (　　).

A. $|a + b| = |a| + |b|$　　　　　　　　B. $|a + b| = |a - b|$

C. $|a - b| = |a| - |b|$　　　　　　　　D. $a + b = a - b$

2. 直线 $L_1 : \dfrac{x-4}{2} = \dfrac{y+2}{-1} = \dfrac{z+7}{2}$ 与 $L_2 : \dfrac{x-1}{-2} = \dfrac{y-5}{-2} = \dfrac{z+8}{1}$ 的夹角为 (　　).

A. $\dfrac{\pi}{6}$　　　　　B. $\dfrac{\pi}{4}$　　　　　C. $\dfrac{\pi}{3}$　　　　　D. $\dfrac{\pi}{2}$

3. 直线 $\dfrac{x+3}{2} = \dfrac{y+4}{7} = \dfrac{z}{-3}$ 与平面 $4x - 2y - 3z = 3$ 的位置关系是 (　　).

A. 平行, 但直线不在平面上　　　　　　B. 直线在平面上

C. 相交但不垂直　　　　　　　　　　　D. 垂直相交

4. 过点 $M(1, -2, 1)$ 与直线 $x = y - 1 = z - 1$ 垂直的平面方程是 (　　).

A. $x - y + z = 0$　　　　　　　　　　B. $x + y - z = 0$

C. $x - y - z = 0$　　　　　　　　　　D. $x + y + z = 0$

5. 平面 $3x - y + 2z - 6 = 0$ 与三个坐标平面所围的四面体体积为 (　　).

A. 1　　　　　B. 2　　　　　C. 3　　　　　D. 6

三、解答题

1. 设 $a = (-2, 7, 6)$, $b = (4, -3, -8)$. 证明以 a 与 b 为邻边的平行四边形的两条对角线互相垂直.

2. 求过直线 $\dfrac{x-3}{2} = \dfrac{y}{1} = \dfrac{z-1}{2}$ 及 $\dfrac{x+1}{2} = \dfrac{y-1}{1} = \dfrac{z}{2}$ 的平面方程.

3. 求过直线 $\begin{cases} 4x - y + 3z - 1 = 0, \\ x + 5y - z + 2 = 0 \end{cases}$ 且与平面 $2x - y + 5z + 2 = 0$ 垂直的平面方程.

4. 已知平面在 x 轴上的截距为 2, 且过点 $(0, -1, 0)$ 和 $(2, 1, 3)$, 求此平面方程.

5. 三个力 $\boldsymbol{F}_1 = (1, 2, 3)$, $\boldsymbol{F}_2 = (-2, 3, -4)$, $\boldsymbol{F}_3 = (3, -4, 5)$ 同时作用于一点, 求合力 $\boldsymbol{R}$ 的大小和方向余弦.

6. 已知点 P 到点 $A(0, 0, 12)$ 的距离是 7, $\overrightarrow{OP}$ 的方向余弦是 $\dfrac{2}{7}, \dfrac{3}{7}, \dfrac{6}{7}$, 求点 P 的坐标.

7. 若向量 $\boldsymbol{a} + 3\boldsymbol{b}$ 垂直于向量 $7\boldsymbol{a} - 5\boldsymbol{b}$, 向量 $\boldsymbol{a} - 4\boldsymbol{b}$ 垂直于向量 $7\boldsymbol{a} - 2\boldsymbol{b}$, 求向量 $\boldsymbol{a}$ 和 $\boldsymbol{b}$ 的夹角.

8. 已知向量 $\boldsymbol{a}$ 和 $\boldsymbol{b}$ 互相垂直, 且 $|\boldsymbol{a}| = 3$, $|\boldsymbol{b}| = 4$, 计算:

(1) $|(\boldsymbol{a} + \boldsymbol{b}) \times (\boldsymbol{a} - \boldsymbol{b})|$;

(2) $|(3\boldsymbol{a} + \boldsymbol{b}) \cdot (\boldsymbol{a} - 2\boldsymbol{b})|$;

(3) $[\boldsymbol{a}\ \boldsymbol{b}\ \boldsymbol{a} + \boldsymbol{b}]$.

9. 求过 $(1, 1, -1)$, $(-2, -2, 2)$ 和 $(1, -1, 2)$ 三点的平面方程.

10. 指出下列各平面的特殊位置, 并画出其图形:

(1) $y = 3$;

(2) $2x - 1 = 0$;

(3) $3x - 2y - 6 = 0$;

(4) $z = y$;

(5) $2x - 3y + 4z = 0$.

11. 求通过下列两个已知点的直线方程:

(1) $(1, -1, 2)$, $(3, 0, -1)$;

(2) $(0, -1, 0)$, $(0, 2, 0)$.

12. 求直线 $\begin{cases} 2x + 3y - z - 4 = 0, \\ 3x - 5y + 2z + 1 = 0 \end{cases}$ 的点向式方程和参数方程.

13. 求下列直线与平面的交点:

(1) $\dfrac{x - 1}{1} = \dfrac{y + 1}{-2} = \dfrac{z}{6}$, $2x + 3y + z - 1 = 0$;

(2) $\dfrac{x + 2}{2} = \dfrac{y - 1}{3} = \dfrac{z - 3}{2}$, $x + 2y - 2z + 6 = 0$.

14. 求满足下列各组条件的直线方程:

(1) 经过点 $(2, -3, 4)$ 且与平面 $3x - y + 2z - 4 = 0$ 垂直;

(2) 过点 $(0, 2, 4)$ 且与两平面 $x + 2z = 1$ 和 $y - 3z = 2$ 平行;

(3) 过点 $(-1, 2, 1)$ 且与直线 $\dfrac{x}{2} = \dfrac{y - 3}{-1} = \dfrac{z - 1}{3}$ 平行.

15. 求点 $(1, 2, 1)$ 到平面 $x + 2y + 2z - 10 = 0$ 的距离.

16. 求点 $(3, -1, 2)$ 到直线 $\begin{cases} x + y - z + 1 = 0, \\ 2x - y + z - 4 = 0 \end{cases}$ 的距离.

17. 指出下列方程所表示的曲面:

(1) $\left(x - \dfrac{a}{2}\right)^2 + y = \left(\dfrac{a}{2}\right)^2$;

(2) $-\dfrac{x^2}{4} + \dfrac{y^2}{9} = 1$;

(3) $\dfrac{x^2}{9} + \dfrac{z^2}{4} = 1$;

(4) $z = y^2$;

(5) $x^2 - y^2 = 0$;

(6) $x^2 + \dfrac{y^2}{4} + \dfrac{z^2}{9} = 1$;

(7) $9x^2 + 36y^2 - 4z = 36$;

(8) $9x^2 + 36y^2 - 4z = 0$;

(9) $x^2 + \dfrac{y^2}{4} - \dfrac{z^2}{9} = 1$;

(10) $x^2 - \dfrac{y^2}{4} - \dfrac{z^2}{9} = 1$;

(11) $x^2 - y^2 + 4z^2 = 0$;

(12) $x^2 + \dfrac{y^2}{4} - \dfrac{z^2}{9} = 0$.

18. 证明: 直线 $\begin{cases} 2x + y - 1 = 0, \\ 3x + z - 2 = 0 \end{cases}$ 与平面 $x + 2y - z = 1$ 平行.

19. 证明: 直线 $L_1 : \dfrac{x-3}{2} = \dfrac{y}{4} = \dfrac{z+1}{3}$ 与 $L_2 : \begin{cases} x = 2t - 1, \\ y = 3, \\ z = t + 2 \end{cases}$ 是异面直线.

20. 求两直线 $L_1 : \begin{cases} x + 2y + 5 = 0, \\ 2y - z - 4 = 0 \end{cases}$ 与 $L_2 : \begin{cases} y = 0, \\ x + 2z + 4 = 0 \end{cases}$ 的公垂线方程.

21. 求过点 $P(2, 2, 2)$ 且与直线 $\dfrac{x}{1} = \dfrac{y}{1} = \dfrac{z+2}{-3}$ 垂直相交的直线方程.

本章提要

习题答案

第 8 章 多元函数微分法及其应用

前面所研究的函数都只有一个自变量, 称为一元函数. 但在生产实践和工程技术中经常出现的是两个或多个自变量的情形, 这就提出了多元函数以及多元函数微分、积分的问题. 本章将在一元函数微分学的基础上, 重点研究二元函数的微分学及其应用.

8.1 多元函数的基本概念

8.1.1 平面点集的基本概念

1. 平面点集

坐标平面上具有某种性质 P 的点的集合, 称为**平面点集**, 记作

$$E = \{(x,y) \mid (x,y) \text{ 所具有的性质} P\}.$$

例如, 平面上以原点 O 为中心, r 为半径的圆内所有点的集合是

$$E = \left\{(x,y) \mid x^2 + y^2 < r^2\right\}.$$

如果我们以点 P 表示 (x,y), $|OP|$ 表示点 P 到原点 O 的距离, 那么集合 E 也可表示成

$$E = \{P \mid |OP| < r\}.$$

2. 邻域

与数轴上邻域的概念类似, 现在我们引入平面上点的邻域的概念.

设 $P_0(x_0, y_0)$ 是 xOy 平面上的一个点, δ 是某一正数. 以 $P_0(x_0, y_0)$ 为圆心, δ 为半径的开圆域叫做点 P_0 的 δ **邻域** (图 8.1), 记作 $U(P_0, \delta)$, 即

$$U(P_0, \delta) = \left\{(x,y) \mid \sqrt{(x-x_0)^2 + (y-y_0)^2} < \delta\right\}.$$

不包括点 P_0 的邻域称为 P_0 的**空心** (**去心**) δ **邻域** (图 8.2), 记作 $\overset{\circ}{U}(P_0, \delta)$, 即

$$\overset{\circ}{U}(P_0, \delta) = \left\{(x,y) \mid 0 < \sqrt{(x-x_0)^2 + (y-y_0)^2} < \delta\right\}.$$

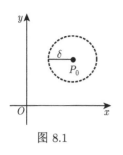

图 8.1

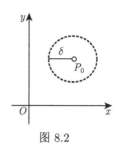

图 8.2

如果不需要强调邻域的半径 δ, 则用 $U(P_0)$ 表示点 P_0 的某个邻域, 用 $\overset{\circ}{U}(P_0)$ 表示点 P_0 的去心邻域.

3. 点与点集的关系

下面利用邻域来描述点和点集之间的关系.

任意一点 $P \in \mathbf{R}^2$ 与任意一个点集 $E \subset \mathbf{R}^2$ 之间必有以下三种关系中的一种.

内点 如果存在点 P 的某个邻域 $U(P)$, 使得 $U(P) \subset E$, 则称 P 为 E 的内点 (图 8.3 中 P_1).

外点 如果存在点 P 的某个邻域 $U(P)$, 使得 $U(P) \cap E = \varnothing$, 则称 P 为 E 的外点 (图 8.3 中 P_2).

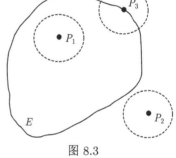

图 8.3

边界点 如果点 P 的任一邻域 $U(P)$ 内既含有属于 E 的点, 又含有不属于 E 的点, 则称 P 为 E 的边界点 (图 8.3 中 P_3).

4. 常用平面点集

根据点集所属点的特征, 我们再来定义一些重要的平面点集.

开集 如果点集 E 的点都是 E 的内点, 则称 E 为开集.

闭集 如果点集 E 的边界 $\partial E \subset E$, 则称 E 为闭集.

连通集 如果点集 E 内任意两点, 都可用折线连接起来, 且该折线上的点都属于 E, 则称 E 为连通集.

开区域 (或**区域**) 连通的开集称为区域或开区域.

闭区域 (或**闭域**) 开区域连同它的边界一起构成的点集称为闭区域.

有界区域 如果平面点集 E 可包含在以原点为中心的某个圆内, 即存在某一正数 r, 使得

$$E \subset U(O, r),$$

其中 O 是坐标原点, 则称 E 为有界区域, 否则, 称 E 为无界区域.

聚点　记 E 是平面上的一个点集, P 是平面上的一个点. 如果点 P 的任一去心邻域内总有点集 E 中的点, 则称 P 为 E 的聚点.

显然, E 的内点一定是 E 的聚点, 此外, E 的边界点也可能是 E 的聚点.

例如, 设 $E = \{(x,y) \mid 0 < x^2 + y^2 \leqslant 1\}$, 那么点 $(0,0)$ 既是 E 的边界点又是 E 的聚点, 但 E 的这个聚点不属于 E; 又例如, 圆周 $x^2 + y^2 = 1$ 上的每个点既是 E 的边界点, 又是 E 的聚点, 这些聚点都属于 E. 由此可见, 点集 E 的聚点可以属于 E, 也可以不属于 E.

8.1.2　多元函数的概念

很多自然现象及实际问题中, 经常会遇到多个变量之间的依赖关系, 看如下例子.

引例 8.1　矩形的面积 s 与它的长 x 和宽 y 的关系是

$$s = xy,$$

其中 x, y 是两个独立的自变量, 对于 x 与 y 在一定范围 $(x > 0, y > 0)$ 内的每一对数值, 都有 s 的一个确定值与它对应.

引例 8.2　一定量的理想气体的体积 V 与绝对温度 T 和压强 p 之间的关系为

$$V = k\frac{T}{p},$$

这里 k 是正的常数, T 与 p 是两个独立变量. 当 T 与 p 在其变化范围 $(T > 0, p > 0)$ 内取定一组数值时, V 就有一个确定的值与之对应.

1. 二元函数定义

上面两个例子的具体意义虽各不相同, 但它们却有共同的特性, 对照一元函数, 可给出二元函数的定义如下.

定义 8.1　设 D 是平面上的一个点集, 如果对于每个点 $P(x,y) \in D$, 按照一定的对应法则 f, 变量 z 总有唯一确定的数值和它对应, 则称 f 为定义在集合 D 上的一个二元函数, 也称 z 是变量 x, y 的**二元函数** (或点 P 的函数), 记为

$$z = f(x, y) \quad \text{或} \quad z = f(P),$$

集合 D 称为该函数的**定义域**, x 和 y 称为**自变量**, z 称为**因变量**.

当 $(x_0, y_0) \in D$ 时, 与它对应的数值 $z_0 = f(x_0, y_0)$ 称为函数值, 所有函数值构成的集合

$$Z = \{z \mid z = f(x, y), (x, y) \in D\},$$

称为函数的**值域**.

类似地, 可以定义三元函数、四元函数 $\cdots\cdots n$ 元函数, 它们分别记作 $w = f(x,y,z)$, $w = g(x,y,z,t)$, $\cdots$. 二元及二元以上的函数统称为**多元函数**.

由于实数 x 与数轴上的点, 有序数对 (x,y) 与平面上的点, 有序数组 (x,y,z) 与空间中的点之间有一一对应关系, 因此不论一元或多元函数都可统一视为点的函数, 记为 $u = f(P)$. 表示定义域内任一点 P, 按照法则 f, u 有唯一确定的数值与点 P 对应.

与一元函数类似, 对于实际问题所提出的多元函数, 应根据实际的情况来确定函数的定义域. 如引例 8.1 中的函数定义域是 $\{(x,y) \mid x > 0, y > 0\}$ (图 8.4). 对于一般的用解析式表示的函数, 其定义域就是使解析式有意义的那些自变量的取值范围.

例 8.1 求函数 $z = \sqrt{x^2 + y^2 - 1}$ 的定义域.

解 函数的定义域为满足条件 $x^2 + y^2 - 1 \geqslant 0$ 的点 (x,y) 的全体, 即平面点集

$$\{(x,y) \mid x^2 + y^2 \geqslant 1\} \quad (\text{图 8.5}).$$

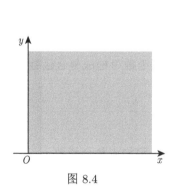

图 8.4

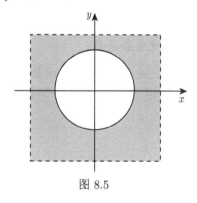

图 8.5

例 8.2 求函数 $z = \ln(1 - x^2 - y^2) - \sqrt{y - x}$ 的定义域.

解 函数的定义域为满足条件

$$1 - x^2 - y^2 > 0 \quad \text{与} \quad y - x \geqslant 0$$

的点 (x,y) 的全体, 即平面点集

$$D = \{(x,y) \mid y \geqslant x \text{ 且 } x^2 + y^2 < 1\} \quad (\text{图 8.6}).$$

2. 二元函数的几何表示

设函数 $z = f(x,y)$ 的定义域为 D, 对于任意取定的点 $P(x,y) \in D$, 对应的函数值为 $z = f(x,y)$. 这样, 以 x 为横坐标, y 为纵坐标, $z = f(x,y)$ 为竖坐标

在空间就可以确定一点 $M(x,y,z)$. 当 (x,y) 遍取 D 上的所有点时, 得到一个空间点集

$$\{(x,y,z) \mid z = f(x,y), (x,y) \in D\},$$

这个点集称为二元函数 $z = f(x,y)$ 的图形 (图 8.7). 通常我们说二元函数的图形是一个曲面, 而定义域就是该曲面在 xOy 坐标平面上的投影.

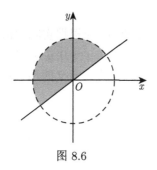

图 8.6

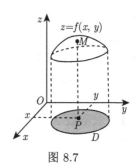

图 8.7

例如, 由空间解析几何知道, 线性函数 $z = ax + by + c$ 的图形是一个平面; 函数 $z = \sqrt{r^2 - x^2 - y^2}$ 的图形是球心在原点、半径为 r 的上半球面.

3. 多元复合函数

与一元函数类似, 多元函数与多元函数或一元函数可构成复合函数. 例如, 函数 $z = f(u)$ 与 $u = \phi(x,y)$ 可构成复合函数

$$z = f[\phi(x,y)],$$

而函数 $z = f(x,u,v)$ 与 $u = \phi(x,y)$, $v = \varphi(x,y)$ 可构成复合函数

$$z = f[x, \phi(x,y), \varphi(x,y)].$$

例 8.3　设 $f\left(x+y, \dfrac{y}{x}\right) = x^2 + y$, 求 $z = f(x-y, 2y)$.

解　令 $x + y = u, \dfrac{y}{x} = v$, 则 $x = \dfrac{u}{1+v}$, $y = \dfrac{uv}{1+v}$. 代入原函数可得

$$f(u,v) = \frac{u^2}{(1+v)^2} + \frac{uv}{1+v} = \frac{u^2 + uv + uv^2}{(1+v)^2},$$

于是

$$f(x-y, 2y) = \frac{(x-y)^2 + (x-y)2y + (x-y)(2y)^2}{(1+2y)^2} = \frac{(x-y)(x+y+4y^2)}{(1+2y)^2}.$$

8.1.3 多元函数的极限

二元函数极限定义

类似一元函数的极限, 我们给出二元函数的极限定义.

定义 8.2 设二元函数 $z = f(x, y)$ 在点 $P_0(x_0, y_0)$ 的某一空心邻域内有定义, 点 $P(x, y)$ 为该邻域内异于 P_0 的任意一点, 当 $(x, y) \to (x_0, y_0)$ 时, 即 $P \to P_0$, 函数 $f(x, y)$ 无限趋于常数 A, 则称常数 A 为**函数 $f(x, y)$ 当 $x \to x_0$, $y \to y_0$ 时的极限**, 记作

$$\lim_{\substack{x \to x_0 \\ y \to y_0}} f(x, y) = A \quad \text{或} \quad \lim_{P \to P_0} f(P) = A.$$

相应地有二元函数的 ε-δ 定义.

定义 8.2′ 设二元函数 $z = f(x, y)$ 在点 $P_0(x_0, y_0)$ 的某一空心邻域内有定义, 点 $P(x, y)$ 为该空心邻域内异于 P_0 的任意一点. 如果存在常数 A, 对于任意给定的正数 ε, 总存在一个正数 δ, 使得对于满足不等式

$$0 < |PP_0| = \sqrt{(x - x_0)^2 + (y - y_0)^2} < \delta$$

的一切点 $P(x, y) \in D$, 都有

$$|f(x, y) - A| < \varepsilon$$

成立, 则称常数 A 为**函数 $f(x, y)$ 当 $x \to x_0$, $y \to y_0$ 时的极限**, 记作

$$\lim_{\substack{x \to x_0 \\ y \to y_0}} f(x, y) = A.$$

为了区别于一元函数的极限, 我们把二元函数的极限叫做**二重极限**.

注 在一元函数 $y = f(x)$ 的极限定义中, 点 x 只是沿 x 轴趋向于 x_0, 而在二元函数极限的定义中, 要求平面上点 $P(x, y)$ 趋向于 $P_0(x_0, y_0)$ 的过程可以以任意方式、任何路径. 因此, 如果点 $P(x, y)$ 只取某些特殊方式, 例如, 沿平行于坐标轴的直线或沿某一条曲线趋向于点 $P_0(x_0, y_0)$, 即使这时函数趋向于某一确定的常数, 我们也不能断定函数极限就一定存在, 例如函数

$$f(x, y) = \begin{cases} \dfrac{xy}{x^2 + y^2}, & x^2 + y^2 \neq 0, \\ 0, & x^2 + y^2 = 0. \end{cases}$$

当点 P 沿 x 轴趋向于原点时, 即当 $y = 0$ 而 $x \to 0$ 时, 有

$$\lim_{\substack{x \to 0 \\ y = 0}} f(x, y) = \lim_{x \to 0} f(x, 0) = 0.$$

当点 P 沿 y 轴趋向于原点时, 即当 $x=0$ 而 $y \to 0$ 时, 有

$$\lim_{\substack{y \to 0 \\ x=0}} f(x,y) = \lim_{y \to 0} f(0,y) = 0.$$

它们的极限存在且相等 (均为 0).

但是, 当点 P 沿着直线 $y=x$ 趋向于原点时, 即当 $y=x$, 而 $x \to 0$ 时, 有

$$\lim_{\substack{x \to 0 \\ y=x \to 0}} f(x,y) = \lim_{x \to 0} \frac{x^2}{x^2 + x^2} = \frac{1}{2}.$$

说明 $P(x,y)$ 以不同方式趋向于 P_0 时, 二元函数 $f(x,y)$ 不是趋向于同一常数, 故 $\lim\limits_{\substack{x \to x_0 \\ y \to y_0}} f(x,y) = A$ 不存在.

二元函数的极限 $\lim\limits_{\substack{x \to x_0 \\ y \to y_0}} f(x,y) = A$ 或 $\lim\limits_{P \to P_0} f(P) = A$ 存在, 具体地讲就是: 点 $P(x,y)$ 以各种可能的方式趋向于 $P_0(x_0,y_0)$ 时, 函数 $f(x,y)$ 的极限不仅都要存在, 而且要相等.

以上关于二元函数极限的概念, 可相应推广到 n 元函数 $u = f(P)$ 即 $f(x_1, x_2, \cdots, x_n)$ 上去.

例 8.4 证明 $\lim\limits_{\substack{x \to 3 \\ y \to 1}} (2x - 3y) = 3$.

证 因为

$$|(2x-3y)-3| = |2(x-3) - 3(y-1)| \leqslant 2|x-3| + 3|y-1|,$$

而且 $|x-3| \leqslant \sqrt{(x-3)^2 + (y-1)^2}$, $|y-1| \leqslant \sqrt{(x-3)^2 + (y-1)^2}$, 所以, 当 $0 < \sqrt{(x-3)^2 + (y-1)^2} < \delta$ 时,

$$|(2x-3y)-3| < 2\delta + 3\delta = 5\delta.$$

对任给 $\varepsilon > 0$ 时, 只要取 $\delta = \frac{1}{5}\varepsilon$, 则当 $0 < \sqrt{(x-3)^2 + (y-1)^2} < \delta$ 时, 总有

$$|(2x-3y)-3| < \varepsilon$$

恒成立, 所以 $\lim\limits_{\substack{x \to 3 \\ y \to 1}} (2x - 3y) = 3$.

例 8.5 求下列函数的极限.

(1) $\lim\limits_{(x,y) \to (0,0)} \dfrac{\sqrt{xy+1}-1}{xy}$; 　　　　　(2) $\lim\limits_{(x,y) \to (0,2)} \dfrac{\sin xy}{x}$.

解　(1) $\lim\limits_{(x,y)\to(0,0)} \dfrac{\sqrt{xy+1}-1}{xy} = \lim\limits_{(x,y)\to(0,0)} \dfrac{\left(\sqrt{xy+1}-1\right)\left(\sqrt{xy+1}+1\right)}{xy\left(\sqrt{xy+1}+1\right)}$

$$= \lim\limits_{(x,y)\to(0,0)} \dfrac{1}{\sqrt{xy+1}+1} = \dfrac{1}{2}.$$

(2) $\lim\limits_{(x,y)\to(0,2)} \dfrac{\sin(xy)}{x} = \lim\limits_{(x,y)\to(0,2)} \dfrac{\sin(xy)}{xy}\cdot y$

$$= \lim\limits_{(x,y)\to(0,2)} \dfrac{\sin(xy)}{xy}\cdot \lim\limits_{(x,y)\to(0,2)} y = 1\times 2 = 2.$$

8.1.4　多元函数的连续性

1. 二元函数连续定义

定义 8.3　设函数 $z = f(x,y)$ 在点 $P_0(x_0,y_0)$ 的某邻域内有定义, 若 $\lim\limits_{\substack{x\to x_0\\y\to y_0}} f(x,y) = f(x_0,y_0)$, 则称函数 $z = f(x,y)$ 在点 $P_0(x_0,y_0)$ 处**连续**, $P_0(x_0,y_0)$ 称为函数 $f(x,y)$ 的**连续点**.

以上定义也可以用改变量的形式表示

$$\Delta z = f(x_0+\Delta x, y_0+\Delta y) - f(x_0,y_0),$$

Δz 称为函数 $z = f(x,y)$ 在点 $P_0(x_0,y_0)$ 处的全改变量或全增量, 记作

$$x = x_0+\Delta x, \quad y = y_0+\Delta y,$$

则定义中 $\lim\limits_{\substack{x\to x_0\\y\to y_0}} f(x,y) = f(x_0,y_0)$ 相当于

$$\lim\limits_{\substack{\Delta x\to 0\\\Delta y\to 0}} [f(x_0+\Delta x, y_0+\Delta y) - f(x_0,y_0)] = 0, \quad 即 \quad \lim\limits_{\substack{\Delta x\to 0\\\Delta y\to 0}} \Delta z = 0.$$

所以与上面连续定义等价的另一个定义是:

定义 8.4　若函数 $z = f(x,y)$ 在点 $P_0(x_0,y_0)$ 的某邻域内有定义, 如果 $\lim\limits_{\substack{\Delta x\to 0\\\Delta y\to 0}} \Delta z = 0$, 则称函数 $z = f(x,y)$ 在点 $P_0(x_0,y_0)$ 处**连续**.

如果函数 $f(x,y)$ 在点 $P_0(x_0,y_0)$ 处不连续, 则称点 P_0 为函数 $f(x,y)$ 的**间断点**.

如果函数 $f(x,y)$ 在区域 D 上每一点都连续, 则称函数 $z = f(x,y)$ 在区域 D 上连续.

二元连续函数的图像为无孔隙、无裂缝的曲面.

以上关于二元函数的连续性概念, 可相应地推广到 n 元函数 $f(P)$ 上去.

2. 多元连续函数的性质

类似一元连续函数的情形, 可以证明多元连续函数的和、差、积、商 (分母不为零) 仍为连续函数, 多元连续函数的复合函数也是连续函数.

与一元初等函数相类似, **多元初等函数**也是由一个式子所表示的多元函数, 而这个式子是由常数及具有不同自变量的一元基本初等函数经过有限次的四则运算和复合运算而构成的. 例如, $\dfrac{x^2+y^2}{1+x^2}, \sin(x+y), \mathrm{e}^{x+y}, \ln\left(1+x^2+y^2\right)$ 等都是多元初等函数.

根据上面指出的连续函数四则运算和复合函数的连续性, 以及基本初等函数的连续性, 我们进一步可得下面的结论.

一切多元初等函数在其定义区域内是连续的. 所谓定义区域是指包含在定义域内的区域. 此外, 在有界闭区域上连续的多元函数, 也有类似于闭区间上一元连续函数的一些重要性质.

性质 1(最大值和最小值定理)　有界闭区域 D 上的多元连续函数, 在 D 上一定有最大值和最小值.

性质 2 (介值定理)　有界闭区域 D 上的多元连续函数, 必取得介于最大值和最小值之间的任何值.

习　题　8.1

基础题

1. 求下列函数的定义域:

(1) $z=\sqrt{4x^2+y^2-1}$;

(2) $u=\dfrac{1}{\sqrt{x}}+\dfrac{1}{\sqrt{y}}+\dfrac{1}{\sqrt{z}}$;

(3) $z=\ln\left(y^2-4x+8\right)$;

(4) $u=\arccos\dfrac{z}{\sqrt{x^2+y^2}}$.

2. 设函数 $f(x,y)=\begin{cases} x\sin\dfrac{y}{x^2+y^2}, & x^2+y^2\neq 0, \\ 0, & x^2+y^2=0, \end{cases}$ 试求 $f(x,0), f(0,y)$.

3. 已知函数 $f(u,v,w)=u^w+w^{u+v}$, 试求 $f(x+y, x-y, xy)$.

4. 求下列极限:

(1) $\lim\limits_{(x,y)\to(2,0)}\dfrac{\tan(xy)}{y}$;

(2) $\lim\limits_{(x,y)\to(1,3)}\dfrac{3xy-x^2y}{x+y}$;

(3) $\lim\limits_{(x,y)\to(1,0)}\dfrac{\ln(1+xy)}{y}$;

(4) $\lim\limits_{(x,y)\to(0,0)}\dfrac{2-\sqrt{xy+4}}{xy}$.

提高题

1. 设函数 $f(x,y)=\displaystyle\int_x^y\dfrac{1}{t}\mathrm{d}t$, 求 $f(1,4)$.

2. 判断下列函数的极限是否存在, 并说明理由:

(1) $\lim\limits_{\substack{x\to 0\\ y\to 0}}\dfrac{x^2y}{x^2+y^2}$;

(2) $\lim\limits_{\substack{x\to 0\\ y\to 0}}\dfrac{x+y}{x-y}$.

3. 设函数 $f(x,y) = \begin{cases} \dfrac{xy}{\sqrt{x^2+y^2}}, & x^2+y^2 \neq 0, \\ 0, & x^2+y^2 = 0, \end{cases}$ 试判断 $f(x,y)$ 在点 $(0,0)$ 处的连续性.

8.2　偏　导　数

8.2.1　偏导数的概念

1. 偏导数的定义

多元函数的偏导数是指对一个自变量求导数, 而其他自变量都保持不变. 所以偏导数也是一元函数的导数. 所谓 "偏" 是指对其中一个自变量而言. 下面我们来定义偏导数.

定义 8.5　设函数 $z = f(x,y)$ 在点 $P_0(x_0, y_0)$ 的某一邻域内有定义, 当 x 在 x_0 处取得改变量 Δx, 而 $y = y_0$ 保持不变时, 相应的函数改变量 $f(x_0 + \Delta x, y_0) - f(x_0, y_0)$, 称为函数 z 对 x 的**偏改变量**或偏增量, 记为 $\Delta_x z$, 即

$$\Delta_x z = f(x_0 + \Delta x, y_0) - f(x_0, y_0).$$

如果 $\lim\limits_{\Delta x \to 0} \dfrac{\Delta_x z}{x}$ 存在, 则称此极限值为 $z = f(x,y)$ 在点 $P_0(x_0, y_0)$ 处对 x 的**偏导数**, 记作

$$\left.\frac{\partial z}{\partial x}\right|_{(x_0,y_0)}, \quad \left.\frac{\partial f}{\partial x}\right|_{(x_0,y_0)}, \quad z_x|_{(x_0,y_0)} \quad \text{或} \quad f_x(x_0,y_0),$$

即 $f_x(x_0, y_0) = \lim\limits_{\Delta x \to 0} \dfrac{f(x_0 + \Delta x, y_0) - f(x_0, y_0)}{\Delta x}$.

类似地, 如果极限

$$\lim_{\Delta y \to 0} \frac{f(x_0, y_0 + \Delta y) - f(x_0, y_0)}{\Delta y}$$

存在, 则称此极限为函数 $z = f(x,y)$ 在点 $P_0(x_0, y_0)$ 处对 y 的**偏导数**, 记作

$$\left.\frac{\partial x}{\partial y}\right|_{(x_0,y_0)}, \quad \left.\frac{\partial f}{\partial y}\right|_{(x_0,y_0)}, \quad z_y|_{(x_0,y_0)} \quad \text{或} \quad f_y(x_0,y_0).$$

如果函数 $z = f(x,y)$ 在平面区域 D 内每一点 (x,y) 处对 x 的偏导数都存在, 那么这个偏导数就是 x, y 的函数, 它称为函数 $z = f(x,y)$ 对自变量 x 的偏导数, 记作

$$\frac{\partial z}{\partial x}, \quad \frac{\partial f}{\partial x}, \quad z_x \quad \text{或} \quad f_x(x,y).$$

类似地, 可以定义函数 $z = f(x,y)$ 对自变量 y 的偏导数, 记作

$$\frac{\partial z}{\partial y}, \quad \frac{\partial f}{\partial y}, \quad z_y \ \text{或} \ f_y(x,y).$$

注 不能把偏导数的记号 $\frac{\partial z}{\partial x}$ 或 $\frac{\partial z}{\partial y}$ 理解为 ∂z 与 ∂x 或 ∂z 与 ∂y 之商, 只能看成是一种记号, 它与一元函数的导数记号 $\frac{\mathrm{d}y}{\mathrm{d}x}$ 可以看成两个微分 $\mathrm{d}y$ 与 $\mathrm{d}x$ 之商不同.

2. 偏导数的计算

根据偏导数定义, 求二元函数对某一自变量的偏导数, 只需将另一个自变量看成常数, 用一元函数求导法则计算.

例 8.6 设 $f(x,y) = x^3 - 2xy + 4y^2$, 求 $f_x(x,y), f_y(x,y)$ 以及 $f_x(1,1), f_y(0,2)$.

解 对 x 求偏导, 把 y 看作常数, 得

$$f_x(x,y) = 3x^2 - 2y, \quad f_x(1,1) = 1;$$

对 y 求偏导数, 把 x 看作常数, 得

$$f_y(x,y) = -2x + 8y, \quad f_y(0,2) = 16.$$

例 8.7 求函数 $z = x^y$ 的偏导数.

解 对 x 求偏导数时, 把 y 看作常数, 则 z 是幂函数, 对 y 求偏导数时, 把 x 看作常数, 则 z 是指数函数, 所以

$$\frac{\partial z}{\partial x} = yx^{y-1}, \quad \frac{\partial z}{\partial y} = x^y \ln x.$$

例 8.8 已知理想气体的状态方程 $pV = kT$ (k 为常数), 求证:

$$\frac{\partial p}{\partial V} \cdot \frac{\partial V}{\partial T} \cdot \frac{\partial T}{\partial p} = -1$$

证 由于

$$p = k \cdot \frac{T}{V}, \quad \frac{\partial p}{\partial V} = -k \cdot \frac{T}{V^2}, \quad V = k \cdot \frac{T}{p}, \quad \frac{\partial V}{\partial T} = \frac{k}{p}, \quad T = \frac{pV}{k}, \quad \frac{\partial T}{\partial p} = \frac{V}{k},$$

所以

$$\frac{\partial p}{\partial V} \cdot \frac{\partial V}{\partial T} \cdot \frac{\partial T}{\partial p} = -k \cdot \frac{T}{V^2} \cdot \frac{k}{p} \cdot \frac{V}{k} = -\frac{kT}{kT} = -1.$$

偏导数的概念可以推广到二元以上的函数, 例如, 三元函数 $w = f(x,y,z)$ 中 $\frac{\partial w}{\partial x}$ 就是把 y, z 看成常量而对 x 求导数, 它的求法仍是一元函数的微分法问题.

3. 偏导数的几何意义

二元函数 $z = f(x, y)$ 在点 (x_0, y_0) 的偏导数有下述几何意义.

设 $M_0(x_0, y_0, f(x_0, y_0))$ 为曲面 $z = f(x, y)$ 上的一点, 过 M_0 作平面 $y = y_0$, 截此曲面得一曲线, 此曲线在平面 $y = y_0$ 上的方程为 $z = f(x, y_0)$, 则导数 $\dfrac{\mathrm{d}}{\mathrm{d}x} f(x, y_0) \Big|_{x=x_0}$, 即偏导数 $f_x(x_0, y_0)$, 就是这曲线在点 M_0 处的切线 $M_0 T_x$ 对 x 轴的斜率 (图 8.8). 同样, 偏导数 $f_y(x_0, y_0)$ 的几何意义就是曲面被平面 $x = x_0$ 所截得的曲线在点 M_0 处的切线 $M_0 T_y$ 对 y 轴的斜率.

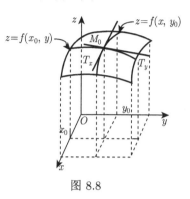

图 8.8

4. 偏导数与连续的关系

我们已经知道, 一元函数中 "可导 $\Rightarrow$ 连续". 但对于多元函数来说, 这个结论不一定成立. 这是因为各偏导数存在只能保证点 P 沿着平行于坐标轴的方向趋于 P_0 时, 函数值 $f(P)$ 趋于 $f(P_0)$, 但不能保证点 P 按任何方式趋于 P_0 时, 函数值 $f(P)$ 都趋于 $f(P_0)$.

例 8.9 考察 $f(x, y)$ 在点 $(0, 0)$ 的偏导数与连续性,

$$f(x, y) = \begin{cases} 2x + y + 1, & xy \neq 0, \\ 0, & xy = 0. \end{cases}$$

解 在点 $(0, 0)$ 对 x 的偏导数为

$$f_x(0, 0) = \lim_{\Delta x \to 0} \frac{f(0 + \Delta x, 0) - f(0, 0)}{\Delta x} = \lim_{\Delta x \to 0} \frac{0 - 0}{\Delta x} = 0,$$

同样有

$$f_y(0, 0) = \lim_{\Delta y \to 0} \frac{f(0, 0 + \Delta y) - f(0, 0)}{\Delta y} = \lim_{\Delta y \to 0} \frac{0 - 0}{\Delta y} = 0,$$

但是 $\lim\limits_{\substack{x \to 0 \\ y \to 0}} f(x, y)$ 不存在 (读者可以证明一下). 根据二元函数连续的定义, 函数 $f(x, y)$ 在 $(0, 0)$ 点不连续.

8.2.2 高阶偏导数

与一元函数的高阶导数类似, 多元函数也有高阶偏导数.

若二元函数 $z = f(x, y)$ 在区域 D 内偏导数存在, 则 $\dfrac{\partial z}{\partial x}$, $\dfrac{\partial z}{\partial y}$ 在区域 D 内仍是 x, y 的函数, 对这两个函数再求偏导数 (如果存在的话), 则称它们是 $f(x, y)$ 的**二阶偏导数**, 这样的二阶偏导数共有四个:

$$\frac{\partial}{\partial x}\left(\frac{\partial z}{\partial x}\right) = \frac{\partial^2 z}{\partial x^2} = f_{xx}(x, y),$$

$$\frac{\partial}{\partial y}\left(\frac{\partial z}{\partial x}\right) = \frac{\partial^2 z}{\partial x \partial y} = f_{xy}(x, y),$$

$$\frac{\partial}{\partial x}\left(\frac{\partial z}{\partial y}\right) = \frac{\partial^2 z}{\partial y \partial x} = f_{yx}(x, y),$$

$$\frac{\partial}{\partial y}\left(\frac{\partial z}{\partial y}\right) = \frac{\partial^2 z}{\partial y^2} = f_{yy}(x, y),$$

其中 $\dfrac{\partial^2 z}{\partial x \partial y}$ 与 $\dfrac{\partial^2 z}{\partial y \partial x}$ 称为 $f(x, y)$ 的二阶混合偏导数. 类似地, 可以定义三阶、四阶 $\cdots\cdots n$ 阶偏导数. 二阶及二阶以上的偏导数统称为**高阶偏导数**.

例 8.10 设函数 $z = x^4 + 3x^2y^2 + x^3y^5 - xy^3$, 求所有的二阶偏导数.

解 $\dfrac{\partial z}{\partial x} = 4x^3 + 6xy^2 + 3x^2y^5 - y^3, \dfrac{\partial z}{\partial y} = 6x^2y + 5x^3y^4 - 3xy^2,$

$$\frac{\partial^2 z}{\partial x^2} = 12x^2 + 6y^2 + 6xy^5, \quad \frac{\partial^2 z}{\partial y^2} = 6x^2 + 20x^3y^3 - 6xy,$$

$$\frac{\partial^2 z}{\partial x \partial y} = 12xy + 15x^2y^4 - 3y^2, \quad \frac{\partial^2 z}{\partial y \partial x} = 12xy + 15x^2y^4 - 3y^2.$$

从例 8.10 中我们看到两个混合偏导数相等, 即 $\dfrac{\partial^2 z}{\partial x \partial y} = \dfrac{\partial^2 z}{\partial y \partial x}$. 这并非偶然, 事实上, 我们有如下定理.

定理 8.1 若函数 $f(x, y)$ 在区域 D 上的二阶混合偏导数 $\dfrac{\partial^2 z}{\partial x \partial y}, \dfrac{\partial^2 z}{\partial y \partial x}$ 连续, 则在该区域内有

$$\frac{\partial^2 z}{\partial x \partial y} = \frac{\partial^2 z}{\partial y \partial x}.$$

证明从略.

定理 8.1 表明: 二阶混合偏导数在连续的条件下与求导的次序无关. 另外, 对于二元以上的函数, 也可以类似地定义高阶偏导数, 而且高阶混合偏导数在连续的条件下也与求导的次序无关.

例 8.11 设 $z = \ln(x^2 + y^2 - x)$，求 $\dfrac{\partial^2 z}{\partial x^2}, \dfrac{\partial^2 z}{\partial x \partial y}, \dfrac{\partial^2 z}{\partial y^2}$.

解
$$\frac{\partial z}{\partial x} = \frac{2x-1}{x^2+y^2-x}, \quad \frac{\partial z}{\partial y} = \frac{2y}{x^2+y^2-x},$$

$$\frac{\partial^2 z}{\partial x^2} = \frac{\partial}{\partial x}\left(\frac{\partial z}{\partial x}\right) = \frac{\partial}{\partial x}\left(\frac{2x-1}{x^2+y^2-x}\right)$$

$$= \frac{2 \cdot (x^2+y^2-x) - (2x-1) \cdot (2x-1)}{(x^2+y^2-x)^2}$$

$$= \frac{-2x^2 + 2x + 2y^2 - 1}{(x^2+y^2-x)^2};$$

$$\frac{\partial^2 z}{\partial x \partial y} = \frac{-2(2x-1)y}{(x^2+y^2-x)^2};$$

$$\frac{\partial^2 z}{\partial y^2} = \frac{2(x^2+y^2-x) - 2y \cdot 2y}{(x^2+y^2-x)^2} = \frac{2x^2 - 2y^2 - 2x}{(x^2+y^2-x)^2}.$$

习 题 8.2

基础题

1. 求下列函数的偏导数:

(1) $z = \dfrac{x+y}{x-y}$；
(2) $z = \ln\dfrac{y}{x}$；
(3) $z = 4^{3x+4y}$；
(4) $z = \mathrm{e}^{-x}\sin y$；
(5) $z = \sin(xy) + \cos^2(xy)$；
(6) $z = xy\ln(x+y)$.

2. 设 $f(x,y) = \sqrt{x^4 - \sin^2 y}$，求 $f_{xx}(1,0), f_{xy}(1,0), f_{yy}(1,0)$.

3. 求下列函数的二阶偏导数:

(1) $z = x^{2y}$；
(2) $z = \arctan\dfrac{y}{x}$；
(3) $z = \sin^2(ax+by)$ $(a, b$ 均为常数$)$；
(4) $z = x^4 + y^4 - 4x^2y^2$.

提高题

1. 证明: $z = \ln(\mathrm{e}^x + \mathrm{e}^y)$ 满足方程

$$\frac{\partial^2 z}{\partial x^2} \cdot \frac{\partial^2 z}{\partial y^2} - \left(\frac{\partial^2 z}{\partial x \partial y}\right)^2 = 0.$$

2. 已知 $f(x,y) = x + (y-1)\arcsin\sqrt{\dfrac{x}{y}}$，求 $f_x(x,1)$.

8.3　全　微　分

8.3.1　全微分的概念

1. 全微分定义

若一元函数 $y = f(x)$ 在点 x_0 处的导数 $f'(x_0)$ 存在, 且函数 $y = f(x)$ 在点 x_0 的改变量 Δy 可以写为

$$\Delta y = f'(x_0)\Delta x + o(\Delta x),$$

其中 $o(\Delta x)$ 表示当 $\Delta x \to 0$ 时比 Δx 高阶的无穷小量, 则 $\mathrm{d}y = f'(x_0)\Delta x$ 称为函数 $f(x)$ 在点 x_0 处的微分, 当 $|\Delta x|$ 很小时, 可以用 $\mathrm{d}y$ 近似地表示 Δy.

对于二元函数也有相似的情形. 例如, 用 S 表示边长分别为 x 与 y 的矩形面积, 显然 $S = xy$. 如果边长 x 与 y 分别取得改变量 Δx 与 Δy, 则面积 S 相应地有改变量

$$\Delta S = (x + \Delta x)(y + \Delta y) - xy$$

$$= y\Delta x + x\Delta y + \Delta x \cdot \Delta y.$$

从上式可以看出 ΔS 包括两部分:

(1) $y\Delta x + x\Delta y$ 是 Δx, Δy 的线性函数;

(2) $\Delta x \Delta y$ 是比 $\rho = \sqrt{\Delta^2 x + \Delta^2 y}$ 高阶的无穷小量.

如果 Δx, Δy 很微小时, 可以用 $y\Delta x + x\Delta y$ 近似表示 ΔS.

类似地, 我们引入二元函数的微分定义.

定义 8.6　如果函数 $z = f(x, y)$ 在定义域 D 内的点 (x_0, y_0) 处的全增量

$$\Delta z = f(x_0 + \Delta x, y_0 + \Delta y) - f(x_0, y_0)$$

可表示为

$$\Delta z = A\Delta x + B\Delta y + o(\rho),$$

其中 A, B 不依赖于 Δx, Δy, 只与点 (x_0, y_0) 有关, $\rho = \sqrt{(\Delta x)^2 + (\Delta y)^2}$, 而 $o(\rho)$ 是比 $\rho = \sqrt{(\Delta x)^2 + (\Delta y)^2}$ 高阶的无穷小量 $(\rho \to 0)$, 则称函数 $f(x, y)$ 在点 (x_0, y_0) 处可微, 而线性部分 $A\Delta x + B\Delta y$ 称为 $f(x, y)$ 在点 (x_0, y_0) 处的**全微分**, 记为 $\mathrm{d}z$, 即

$$\mathrm{d}z|_{(x_0, y_0)} = A\Delta x + B\Delta y.$$

如果函数 $z = f(x, y)$ 在区域 D 内每一点都可微, 则称 $f(x, y)$ 在区域 D 内可微, 也称 $f(x, y)$ 是 D 内的可微函数.

2. 二元函数可微的条件

定理 8.2　若函数 $z = f(x, y)$ 在点 (x_0, y_0) 处可微, 则函数 $z = f(x, y)$ 在点 (x_0, y_0) 处连续.

证　因为函数 $z = f(x, y)$ 在 (x_0, y_0) 处可微, 所以

$$\Delta z = A\Delta x + B\Delta y + o(\rho),$$

当 $\Delta x \to 0, \Delta y \to 0$ 时, 即当 $\rho \to 0$ 时, 有

$$\lim_{\substack{\Delta x \to 0 \\ \Delta y \to 0}} \Delta z = \lim_{\substack{\Delta x \to 0 \\ \Delta y \to 0}} [A\Delta x + B\Delta y + o(\rho)] = \lim_{\substack{\Delta x \to 0 \\ \Delta y \to 0}} [A\Delta x + B\Delta y] + \lim_{\rho \to 0} o(\rho) = 0,$$

所以函数 $z = f(x, y)$ 在点 (x_0, y_0) 处连续.

定理 8.3 (可微的必要条件)　若函数 $z = f(x, y)$ 在 (x_0, y_0) 处可微, 则函数 $z = f(x, y)$ 在 (x_0, y_0) 处的两个偏导数存在, 且有

$$A = \left.\frac{\partial z}{\partial x}\right|_{(x_0, y_0)}, \quad B = \left.\frac{\partial z}{\partial y}\right|_{(x_0, y_0)}.$$

证　因为函数 $z = f(x, y)$ 在点 (x_0, y_0) 处可微, 由定义有

$$\Delta z = A\Delta x + B\Delta y + o(\rho),$$

上式对任意的 $\Delta x, \Delta y$ 都成立, 特别地令 $\Delta y = 0$, 于是得到函数关于 x 的偏增量

$$\Delta_x z = f(x_0 + \Delta x, y_0) - f(x_0, y_0) = A\Delta x + o(|\Delta x|),$$

两边除以 Δx, 再令 $\Delta x \to 0$, 得

$$\lim_{\Delta x \to 0} \frac{f(x_0 + \Delta x, y_0) - f(x_0, y_0)}{\Delta x} = \lim_{\Delta x \to 0} \frac{A\Delta x + o(|\Delta x|)}{\Delta x}$$

$$= A + \lim_{\Delta x \to 0} \frac{o(|\Delta x|)}{|\Delta x|} \cdot \frac{|\Delta x|}{\Delta x} = A.$$

即 $\left.\dfrac{\partial z}{\partial x}\right|_{(x_0, y_0)} = A.$

同理可得 $\left.\dfrac{\partial z}{\partial y}\right|_{(x_0, y_0)} = B.$

定理 8.3 告诉我们, 如果函数 $z = f(x, y)$ 可微, 则全微分为 $\mathrm{d}z = \dfrac{\partial z}{\partial x}\Delta x + \dfrac{\partial z}{\partial y}\Delta y$. 类似于一元函数微分的情形, 规定自变量的微分等于自变量的改变量, 即

$\mathrm{d}x = \Delta x, \mathrm{d}y = \Delta y$, 于是有

$$\mathrm{d}z = \frac{\partial z}{\partial x}\mathrm{d}x + \frac{\partial z}{\partial y}\mathrm{d}y.$$

注意定理 8.3 的逆命题不一定成立, 即偏导数存在, 函数不一定可微, 这就是说偏导数存在仅仅是可微的必要条件, 非充分条件.

定理 8.4 (可微的充分条件)   如果函数 $z = f(x, y)$ 在 (x, y) 处的偏导数 $\dfrac{\partial z}{\partial x}$, $\dfrac{\partial z}{\partial y}$ 连续, 则函数 $z = f(x, y)$ 在该点可微.

例 8.12   求 $z = x^2 y + x + y$ 在点 $(1, 2)$ 处的全微分.

解   因为 $\dfrac{\partial z}{\partial x} = 2xy + 1, \dfrac{\partial z}{\partial y} = x^2 + 1$, 所以

$$\frac{\partial z}{\partial x}\bigg|_{(1,2)} = 5, \quad \frac{\partial z}{\partial y}\bigg|_{(1,2)} = 2,$$

于是

$$\mathrm{d}z = \frac{\partial z}{\partial x}\bigg|_{(1,2)}\mathrm{d}x + \frac{\partial z}{\partial y}\bigg|_{(1,2)}\mathrm{d}y = 5\mathrm{d}x + 2\mathrm{d}y.$$

例 8.13   求函数 $z = x \ln y$ 的全微分.

解   因为 $\dfrac{\partial z}{\partial x} = \ln y, \dfrac{\partial z}{\partial y} = \dfrac{x}{y}$, 所以全微分

$$\mathrm{d}z = \frac{\partial z}{\partial x}\mathrm{d}x + \frac{\partial z}{\partial y}\mathrm{d}y = \ln y \mathrm{d}x + \frac{x}{y}\mathrm{d}y.$$

例 8.14   求函数 $z = x^y$ 的全微分.

解   因为 $\dfrac{\partial z}{\partial x} = yx^{y-1}, \dfrac{\partial z}{\partial y} = x^y \ln x$, 所以

$$\mathrm{d}z = yx^{y-1}\mathrm{d}x + x^y \ln x \mathrm{d}y.$$

以上关于二元函数的全微分的概念及结论, 可以推广到三元和三元以上的函数. 例如, 若三元函数 $u = f(x, y, z)$ 在点 (x, y, z) 处可微, 则它的全微分为

$$\mathrm{d}u = \frac{\partial u}{\partial x}\mathrm{d}x + \frac{\partial u}{\partial y}\mathrm{d}y + \frac{\partial u}{\partial z}\mathrm{d}z.$$

对于四元 $\cdots\cdots$ n 元函数可依次类推.

8.3.2 全微分在近似计算中的应用

由于函数 $z = f(x,y)$ 在点 (x_0, y_0) 处的全微分与全增量的差是 $\rho = \sqrt{(\Delta x)^2 + (\Delta y)^2}$ 的高阶无穷小量, 所以当 $|\Delta x|$, $|\Delta y|$ 都很小时, Δz 可以用 $\mathrm{d}z$ 近似代替

$$\Delta z \approx \mathrm{d}z = f_x(x_0, y_0)\Delta x + f_y(x_0, y_0)\Delta y,$$

上式也可以写成

$$f(x_0 + \Delta x, y_0 + \Delta y) \approx f(x_0, y_0) + f_x(x_0, y_0)\Delta x + f_y(x_0, y_0)\Delta y. \tag{8.1}$$

例 8.15 求 $1.01^{2.98}$ 的近似值.

解 设函数 $f(x,y) = x^y$, 要计算的值就是函数 $f(x,y)$ 在 $x = 1.01$, $y = 2.98$ 时的函数值 $f(1.01, 2.98)$. 取 $x_0 = 1$, $y_0 = 3$, $\Delta x = 0.01$, $\Delta y = -0.02$, 由于 $f(1,3) = 1$,

$$f_x(x,y) = yx^{y-1}, \quad f_y(x,y) = x^y \ln x,$$

$$f_x(1,3) = 3, \quad f_y(1,3) = 0,$$

由公式 (8.1) 得 $1.01^{2.98} \approx 1 + 3 \times 0.01 + 0 \times (-0.02) = 1.03$.

例 8.16 有一圆柱体受压变形, 它的半径 r 由 20cm 减少到 19.9cm, 高度 h 由 40cm 增加到 40.2cm, 求此圆柱体体积变化的近似值.

解 圆柱体体积计算公式

$$V = f(r,h) = \pi r^2 h,$$

取 $r_0 = 20$, $h_0 = 40$, 则 $\Delta r = -0.1$, $\Delta h = 0.2$, 因为

$$\left.\frac{\partial V}{\partial r}\right|_{(20,40)} = 2\pi rh\big|_{(20,40)} = 1600\pi,$$

$$\left.\frac{\partial V}{\partial h}\right|_{(20,40)} = \pi r^2\big|_{(20,40)} = 400\pi,$$

由公式 (8.1) 得

$$\Delta V \approx 1600\pi \times (-0.1) + 400\pi \times 0.2 = -80\pi\ (\mathrm{cm}^3),$$

即体积减小约 $80\pi \mathrm{cm}^3$.

习 题 8.3

基础题

1. 求函数 $z = \ln\sqrt{1 + x^2 + y^2}$ 在点 $(1, 1)$ 处的全微分.

2. 求下列函数的全微分:

(1) $z = x^2 y^2$;

(2) $z = xy + \dfrac{x}{y}$;

(3) $z = y^x$;

(4) $z = \ln(x^2 + 3y^2)$;

(5) $z = \sin(xy)$;

(6) $z = e^{\frac{y}{x}}$.

3. 求函数 $z = e^{xy}$ 当 $x = 1, y = 1, \Delta x = 0.15, \Delta y = 0.1$ 的全微分.

提高题

1. 设 $u = \left(\dfrac{x}{y}\right)^z$, 求 $\mathrm{d}u|_{(1,1,1)}$.

2. 计算 $(1.97)^{1.05}$ 的近似值 $(\ln 2 \approx 0.693)$.

3. 计算 $\sqrt{(1.02)^3 + (1.97)^3}$ 的近似值.

8.4　复合函数微分法

我们知道, 求偏导数与一元函数的求导数实质上没有什么区别, 因而对于一元函数适用的微分法包括复合函数的微分法在内, 在多元函数的微分法中仍适用. 现在要将一元函数微分学中复合函数的求导法则推广到多元复合函数的情形.

8.4.1　多元复合函数的求导法则

下面按照多元复合函数不同的复合情形, 分三种情况讨论.

1. 复合函数的中间变量均为一元函数的情形

定理 8.5　若函数 $z = f(u, v)$, 其中 $u = \varphi(x)$, $v = \psi(x)$. 如果函数 $u = \varphi(x)$, $v = \psi(x)$ 都在 x 点可导, 函数 $z = f(u, v)$ 在对应的点 (u, v) 处具有连续偏导数, 则复合函数 $z = f(\varphi(x), \psi(x))$ 在 x 处可导, 且

$$\frac{\mathrm{d}z}{\mathrm{d}x} = \frac{\partial z}{\partial u} \cdot \frac{\mathrm{d}u}{\mathrm{d}x} + \frac{\partial z}{\partial v} \cdot \frac{\mathrm{d}v}{\mathrm{d}x}. \tag{8.2}$$

证　设自变量 x 的增量为 Δx, 中间变量 $u = \varphi(x)$ 和 $v = \psi(x)$ 的相应增量分别为 Δu 和 Δv, 函数 z 的全增量为 Δz. 因为函数 $z = f(u, v)$ 在对应的点 (u, v) 处具有连续偏导数, 所以 $z = f(u, v)$ 在点 (u, v) 处可微, 且

$$\Delta z = \frac{\partial z}{\partial u}\Delta u + \frac{\partial z}{\partial v}\Delta v + o(\rho),$$

其中 $\rho = \sqrt{(\Delta u)^2 + (\Delta v)^2}$, 且 $\lim\limits_{\rho \to 0} \dfrac{o(\rho)}{\rho} = 0$, 故有

$$\frac{\Delta z}{\Delta x} = \frac{\partial z}{\partial u}\frac{\Delta u}{\Delta x} + \frac{\partial z}{\partial v}\frac{\Delta v}{\Delta x} + \frac{o(\rho)}{\rho}\frac{\rho}{|\Delta x|}\frac{|\Delta x|}{\Delta x}.$$

因为 $u = \varphi(x)$ 和 $v = \psi(x)$ 在点 x 处可导, 故当时 $\Delta x \to 0$ 时, 有

$$\Delta u \to 0, \quad \Delta v \to 0, \quad \rho \to 0, \quad \frac{\Delta u}{\Delta x} \to \frac{\mathrm{d}u}{\mathrm{d}x}, \quad \frac{\Delta v}{\Delta x} \to \frac{\mathrm{d}v}{\mathrm{d}x},$$

$$\frac{\rho}{|\Delta x|} = \frac{\sqrt{(\Delta u)^2 + (\Delta v)^2}}{|\Delta x|} = \sqrt{\left(\frac{\Delta u}{\Delta x}\right)^2 + \left(\frac{\Delta v}{\Delta x}\right)^2} \to \sqrt{\left(\frac{\mathrm{d}u}{\mathrm{d}x}\right)^2 + \left(\frac{\mathrm{d}v}{\mathrm{d}x}\right)^2}.$$

$\frac{|\Delta x|}{\Delta x}$ 是有界量, $\frac{o(\rho)}{\rho}$ 为无穷小. 所以

$$\lim_{\Delta x \to 0} \frac{\Delta z}{\Delta x} = \frac{\partial z}{\partial u} \frac{\mathrm{d}u}{\mathrm{d}x} + \frac{\partial z}{\partial v} \frac{\mathrm{d}v}{\mathrm{d}x}.$$

这就证明了复合函数 $z = f(\varphi(x), \psi(x))$ 在 x 处可导, 且其导数公式为式 (8.2).

式 (8.2) 称为多元复合函数求导的**链式法则**.

用同样的方法, 可把定理推广到复合函数的中间变量多于两个的情形. 例如, 设 $z = f(u, v, w), u = u(x), v = v(x), \omega = \omega(x)$ 复合而得复合函数

$$z = f(u(x), v(x), \omega(x)),$$

则在与定理相类似的条件下, 这复合函数在点 x 可导, 且其导数可用下列公式计算:

$$\frac{\mathrm{d}z}{\mathrm{d}x} = \frac{\partial z}{\partial u} \frac{\mathrm{d}u}{\mathrm{d}x} + \frac{\partial z}{\partial v} \frac{\mathrm{d}v}{\mathrm{d}x} + \frac{\partial z}{\partial \omega} \frac{\mathrm{d}\omega}{\mathrm{d}x}. \tag{8.3}$$

在式 (8.2) 及式 (8.3) 中的导数称为**全导数**.

正确使用复合求导公式的关键是理清变量间的关系, 明确哪些是中间变量, 哪些是自变量. 为此, 式 (8.2) 及式 (8.3) 可借助引入树形图 (图 8.9), 来帮助分析.

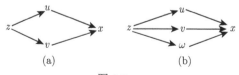

$$\text{(a)} \qquad\qquad\qquad \text{(b)}$$

图 8.9

例 8.17 设 $z = u^2 - v^2, u = \sin x, v = \cos x$, 求 $\dfrac{\mathrm{d}z}{\mathrm{d}x}$.

解 因为 $\dfrac{\partial z}{\partial u} = 2u, \dfrac{\partial z}{\partial v} = -2v, \dfrac{\mathrm{d}u}{\mathrm{d}x} = \cos x, \dfrac{\mathrm{d}v}{\mathrm{d}x} = -\sin x$, 所以

$$\frac{\mathrm{d}z}{\mathrm{d}x} = \frac{\partial z}{\partial u} \frac{\mathrm{d}u}{\mathrm{d}x} + \frac{\partial z}{\partial v} \frac{\mathrm{d}v}{\mathrm{d}x} = 2u \cos x + (-2v)(-\sin x)$$

$$= 2 \sin x \cos x + 2 \sin x \cos x = 2 \sin 2x.$$

2. 复合函数的中间变量均为多元函数的情形

定理 8.5 还可推广到中间变量依赖两个自变量 x 和 y 的情形. 关于这种复合函数的求偏导问题, 有如下定理.

定理 8.6 如果函数 $u = u(x,y)$ 及 $v = v(x,y)$ 都在点 (x,y) 具有对 x 及对 y 的偏导数, 函数 $z = f(u,v)$ 在对应点 (u,v) 具有连续偏导数, 则复合函数 $z = f(u(x,y),v(x,y))$ 在点 (x,y) 的两个偏导数存在, 且有

$$\frac{\partial z}{\partial x} = \frac{\partial z}{\partial u} \cdot \frac{\partial u}{\partial x} + \frac{\partial z}{\partial v} \cdot \frac{\partial v}{\partial x}, \tag{8.4}$$

$$\frac{\partial z}{\partial y} = \frac{\partial z}{\partial u} \cdot \frac{\partial u}{\partial y} + \frac{\partial z}{\partial v} \cdot \frac{\partial v}{\partial y}. \tag{8.5}$$

可以这样来理解式 (8.4): 求 $\dfrac{\partial z}{\partial x}$ 时, 将 y 看作常量, 那么中间变量 u 和 v 是 x 的一元函数, 应用定理 8.5 即可得到 $\dfrac{\partial z}{\partial x}$. 但考虑到复合函数 $z = f(u(x,y), v(x,y))$ 以及 $u = u(x,y)$ 与 $v = v(x,y)$ 都是 x, y 的二元函数, 所以应把式 (8.2) 的导数符号 "d" 改为偏导数符号 "∂". 同理, 由式 (8.2) 可得式 (8.5).

定理也可推广到中间变量多于两个的情形. 例如, 设 $u = u(x,y)$, $v = v(x,y)$ 及 $\omega = \omega(x,y)$ 都在点 (x,y) 具有对 x 及对 y 的偏导数, 函数 $z = f(u,v,\omega)$ 在对应点 (u,v,ω) 具有连续偏导数, 则复合函数

$$z = f(u(x,y), v(x,y), \omega(x,y))$$

在点 (x,y) 的两个偏导数存在, 且有

$$\frac{\partial z}{\partial x} = \frac{\partial z}{\partial u} \cdot \frac{\partial u}{\partial x} + \frac{\partial z}{\partial v} \cdot \frac{\partial v}{\partial x} + \frac{\partial z}{\partial \omega} \cdot \frac{\partial \omega}{\partial x}, \tag{8.6}$$

$$\frac{\partial z}{\partial y} = \frac{\partial z}{\partial u} \cdot \frac{\partial u}{\partial y} + \frac{\partial z}{\partial v} \cdot \frac{\partial v}{\partial y} + \frac{\partial z}{\partial \omega} \cdot \frac{\partial \omega}{\partial y}. \tag{8.7}$$

3. 复合函数的中间变量既有一元函数, 又有多元函数的情形

定理 8.7 如果函数 $u = u(x,y)$ 在点 (x,y) 具有对 x 及对 y 的偏导数, 函数 $v = v(y)$ 在点 y 可导, 函数 $z = f(u,v)$ 在对应点 (u,v) 具有连续偏导数, 则复合函数 $z = f(u(x,y),v(y))$ 在点 (x,y) 的两个偏导数存在, 且有

$$\frac{\partial z}{\partial x} = \frac{\partial z}{\partial u} \cdot \frac{\partial u}{\partial x}, \tag{8.8}$$

$$\frac{\partial z}{\partial y} = \frac{\partial z}{\partial u} \cdot \frac{\partial u}{\partial y} + \frac{\partial z}{\partial v} \cdot \frac{\mathrm{d}v}{\mathrm{d}y}. \tag{8.9}$$

上述情形实际上是情形 2 的一种特例, 即在情形 2 中, 如变量 v 与 x 无关, 从而 $\frac{\partial v}{\partial x} = 0$; 在 v 对 y 求导时, 由于 v 是 y 的一元函数, 故 $\frac{\partial v}{\partial y}$ 换成了 $\frac{\mathrm{d}v}{\mathrm{d}y}$.

在情形 3 中, 还会遇到这样的情形: 复合函数的某些中间变量本身又是复合函数的自变量. 例如, 设 $z = f(u, x, y)$ 具有连续偏导数, $u = u(x, y)$ 在点 (x, y) 具有对 x 及对 y 的偏导数, 则复合函数 $z = f(u(x, y), x, y)$ 可看作情形 2 中当 $v = x, \omega = y$ 的特殊情形. 因此

$$\frac{\partial v}{\partial x} = 1, \quad \frac{\partial \omega}{\partial x} = 0,$$

$$\frac{\partial v}{\partial y} = 0, \quad \frac{\partial \omega}{\partial y} = 1.$$

从而复合函数 $z = f(u(x, y), x, y)$ 具有对自变量 x 及 y 的偏导数, 且由公式 (8.6), (8.7) 得

$$\frac{\partial z}{\partial x} = \frac{\partial f}{\partial u} \cdot \frac{\partial u}{\partial x} + \frac{\partial f}{\partial x}, \tag{8.10}$$

$$\frac{\partial z}{\partial y} = \frac{\partial f}{\partial u} \cdot \frac{\partial u}{\partial y} + \frac{\partial f}{\partial y}. \tag{8.11}$$

注 这里 $\frac{\partial z}{\partial x}$ 与 $\frac{\partial f}{\partial x}$ 是不同的, $\frac{\partial z}{\partial x}$ 是把复合函数 $z = f(u(x, y), x, y)$ 中的 y 看作不变而对 x 的偏导数, $\frac{\partial f}{\partial x}$ 是把 $z = f(u, x, y)$ 中的 u 及 y 看作不变而对 x 的偏导数. $\frac{\partial z}{\partial y}$ 与 $\frac{\partial f}{\partial y}$ 也有类似的区别. 式 (8.10) 及式 (8.11) 可借助树形图 8.10, 来帮助理解.

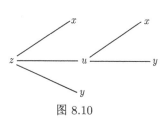

图 8.10

例 8.18 设 $z = \mathrm{e}^u \sin v$, 其中 $u = xy$, $v = x + y$, 求 $\frac{\partial z}{\partial x}, \frac{\partial z}{\partial y}$.

解 $\frac{\partial z}{\partial x} = \frac{\partial z}{\partial u}\frac{\partial u}{\partial x} + \frac{\partial z}{\partial v}\frac{\partial v}{\partial x} = \mathrm{e}^u \sin v \cdot y + \mathrm{e}^u \cos v \cdot 1$
$= \mathrm{e}^{xy}[y \sin(x+y) + \cos(x+y)],$

$\frac{\partial z}{\partial y} = \frac{\partial z}{\partial u}\frac{\partial u}{\partial y} + \frac{\partial z}{\partial v}\frac{\partial v}{\partial y} = \mathrm{e}^u \sin v \cdot x + \mathrm{e}^u \cos v \cdot 1 = \mathrm{e}^{xy}[x \sin(x+y) + \cos(x+y)].$

例 8.19 设 $u = f(x, y, z) = \mathrm{e}^{x^2 + y^2 + z^2}$, 且 $z = x^2 \sin y$, 求 $\frac{\partial u}{\partial x}, \frac{\partial u}{\partial y}$.

解　$\dfrac{\partial u}{\partial x} = \dfrac{\partial f}{\partial x} + \dfrac{\partial f}{\partial z}\dfrac{\partial z}{\partial x} = 2xe^{x^2+y^2+z^2} + 2ze^{x^2+y^2+z^2}2x\sin y$

$$= 2x(1 + 2x^2 \cdot \sin^2 y)e^{x^2+y^2+x^4\sin^2 y},$$

$$\dfrac{\partial u}{\partial y} = \dfrac{\partial f}{\partial y} + \dfrac{\partial f}{\partial z}\dfrac{\partial z}{\partial y} = 2ye^{x^2+y^2+z^2} + 2ze^{x^2+y^2+z^2}x^2\cos y$$

$$= 2\left(y + x^4\sin y\cos y\right)e^{x^2+y^2+x^4\sin^2 y}.$$

例 8.20　设 $z = f(u,v)$ 二阶偏导数连续, 求 $z = f\left(e^x\sin y, x^2 + y^2\right)$ 对 x 及 y 的偏导数以及 $\dfrac{\partial^2 z}{\partial y\partial x}$.

解　令 $u = e^x\sin y, v = x^2 + y^2$, 则 $z = f(u,v)$.

为表达简便起见, 引入以下记号:

$$f_1' = \dfrac{\partial f(u,v)}{\partial u}, \quad f_2' = \dfrac{\partial f(u,v)}{\partial v}, \quad f_{12}'' = \dfrac{\partial^2 f(u,v)}{\partial u\partial v},$$

这里下标 1 表示对第一个变量 u 求偏导数, 下标 2 表示对第二个变量 v 求偏导数. 同理有 f_{11}'', f_{22}'' 等. 从而

$$\dfrac{\partial z}{\partial x} = \dfrac{\partial f}{\partial u}e^x\sin y + \dfrac{\partial f}{\partial v}2x$$

$$= e^x\sin y f_1'\left(e^x\sin y, x^2 + y^2\right) + 2xf_2'\left(e^x\sin y, x^2 + y^2\right),$$

$$\dfrac{\partial z}{\partial y} = \dfrac{\partial f}{\partial u}e^x\cos y + \dfrac{\partial f}{\partial v}2y$$

$$= e^x\cos y f_1'\left(e^x\sin y, x^2 + y^2\right) + 2yf_2'\left(e^x\sin y, x^2 + y^2\right),$$

$$\dfrac{\partial^2 z}{\partial y\partial x} = \dfrac{\partial}{\partial x}\left(\dfrac{\partial z}{\partial y}\right) = \dfrac{\partial}{\partial x}\left(e^x\cos y f_1' + 2yf_2'\right)$$

$$= e^x\cos y f_1' + e^x\cos y\left(f_{11}''\dfrac{\partial u}{\partial x} + f_{12}''\dfrac{\partial v}{\partial x}\right) + 2y\left(f_{21}''\dfrac{\partial u}{\partial x} + f_{22}''\dfrac{\partial v}{\partial x}\right)$$

$$= e^x\cos y f_1' + e^x\cos y\left(f_{11}''e^x\sin y + f_{12}''2x\right) + 2y\left(f_{21}''e^x\sin y + f_{22}''2x\right).$$

又因为 f 的二阶偏导数连续, 则 $f_{12}'' = f_{21}''$, 从而

$$\dfrac{\partial^2 z}{\partial y\partial x} = e^x\cos y f_1' + e^{2x}\cos y\sin y f_{11}'' + 2e^x\left(x\cos y + y\sin y\right)f_{12}'' + 4xyf_{22}''$$

8.4.2 多元复合函数的全微分

全微分形式不变性 对于一元函数的一阶微分形式具有不变性, 多元函数的全微分形式同样也具有不变性. 下面以二元函数为例.

设函数 $z = f(u, v)$ 具有连续偏导数, 则有全微分

$$\mathrm{d}z = \frac{\partial z}{\partial u}\mathrm{d}u + \frac{\partial z}{\partial v}\mathrm{d}v.$$

如果 u, v 是中间变量, 即 $u = \varphi(x, y)$, $v = \psi(x, y)$, 且这两个函数也具有连续偏导数, 则复合函数 $z = f(\varphi(x, y), \psi(x, y))$ 的全微分为

$$\begin{aligned}
\mathrm{d}z &= \frac{\partial z}{\partial x}\mathrm{d}x + \frac{\partial z}{\partial y}\mathrm{d}y \\
&= \left(\frac{\partial z}{\partial u}\frac{\partial u}{\partial x} + \frac{\partial z}{\partial v}\frac{\partial v}{\partial x}\right)\mathrm{d}x + \left(\frac{\partial z}{\partial u}\frac{\partial u}{\partial y} + \frac{\partial z}{\partial v}\frac{\partial v}{\partial y}\right)\mathrm{d}y \\
&= \frac{\partial z}{\partial u}\left(\frac{\partial u}{\partial x}\mathrm{d}x + \frac{\partial u}{\partial y}\mathrm{d}y\right) + \frac{\partial z}{\partial v}\left(\frac{\partial v}{\partial x}\mathrm{d}x + \frac{\partial v}{\partial y}\mathrm{d}y\right) \\
&= \frac{\partial z}{\partial u}\mathrm{d}u + \frac{\partial z}{\partial v}\mathrm{d}v.
\end{aligned}$$

由此可见, 无论 z 是自变量 u, v 的函数或中间变量 u, v 的函数, 它的全微分形式是一样的. 这个性质叫做多元函数的**全微分形式不变性**.

例 8.21 利用全微分形式不变性求解本节的例 8.18.

解 $\mathrm{d}z = \mathrm{d}(\mathrm{e}^u \sin v) = \mathrm{e}^u \sin v \mathrm{d}u + \mathrm{e}^u \cos v \mathrm{d}v$, 而

$$\mathrm{d}u = \mathrm{d}(xy) = y\mathrm{d}x + x\mathrm{d}y, \quad \mathrm{d}v = \mathrm{d}(x + y) = \mathrm{d}x + \mathrm{d}y,$$

代入后整理可得

$$\mathrm{d}z = (\mathrm{e}^u \sin v \cdot y + \mathrm{e}^u \cos v)\,\mathrm{d}x + (\mathrm{e}^u \sin v \cdot x + \mathrm{e}^u \cos v)\,\mathrm{d}y,$$

即

$$\begin{aligned}
\frac{\partial z}{\partial x}\mathrm{d}x + \frac{\partial z}{\partial y}\mathrm{d}y &= \mathrm{e}^{xy}\left[y\sin(x+y) + \cos(x+y)\right]\mathrm{d}x \\
&\quad + \mathrm{e}^{xy}\left[x\sin(x+y) + \cos(x+y)\right]\mathrm{d}y.
\end{aligned}$$

比较上式两边的 $\mathrm{d}x$ 和 $\mathrm{d}y$ 的系数, 就同时得到两个偏导数 $\dfrac{\partial z}{\partial x}$ 和 $\dfrac{\partial z}{\partial y}$, 它们与例 8.18 的结果一样.

习　题　8.4

基础题

1. 设 $z = \dfrac{u}{v}, u = \ln x, v = \mathrm{e}^x$, 求 $\dfrac{\partial z}{\partial x}$.

2. 设 $z = u^2 v - u v^2$, 而 $u = x \cos y, v = x \sin y$, 求 $\dfrac{\partial z}{\partial x}, \dfrac{\partial z}{\partial y}$.

3. 设 $z = u^2 \ln v$, 而 $u = \dfrac{x}{y}, v = 3x - 2y$, 求 $\dfrac{\partial z}{\partial x}, \dfrac{\partial z}{\partial y}$.

4. 设 $z = \arcsin(x - y)$, 而 $x = 3t, y = 4t^3$, 求 $\dfrac{\mathrm{d}z}{\mathrm{d}t}$.

5. 设 $u = \dfrac{\mathrm{e}^{ax}(y - z)}{a^2 + 1}$, 而 $y = a \sin x, z = \cos x$, 求 $\dfrac{\mathrm{d}u}{\mathrm{d}x}$.

6. 求下列函数的一阶偏导数 (其中 f 具有一阶连续偏导数):
(1) $u = f(x^2 - y^2, \mathrm{e}^{xy})$;						(2) $u = f(x, xy, xyz)$.

提高题

1. 设 $z = xy + xF(u), u = \dfrac{y}{x}, F(u)$ 为可导函数, 证明: $x\dfrac{\partial z}{\partial x} + y\dfrac{\partial z}{\partial y} = z + xy$.

2. 设 $z = f(x^2 + y^2)$, 其中 f 具有二阶导数, 求 $\dfrac{\partial^2 z}{\partial x^2}, \dfrac{\partial^2 z}{\partial x \partial y}, \dfrac{\partial^2 z}{\partial y^2}$.

3. 设 $z = f(xy, y)$, 其中 f 具有二阶连续偏导数, 求 $\dfrac{\partial^2 z}{\partial x^2}, \dfrac{\partial^2 z}{\partial x \partial y}, \dfrac{\partial^2 z}{\partial y^2}$.

8.5　隐函数的微分法

在一元函数微分法中已介绍过用复合函数求导法则求由方程 $F(x, y) = 0$ 确定的隐函数 $y = f(x)$ 的导数的方法, 但没有给出一般的求导公式. 现在介绍隐函数存在定理, 并根据多元复合函数的求导法则来导出隐函数求导公式.

8.5.1　一个方程确定隐函数的情形

定理 8.8 (隐函数存在定理 1)　设函数 $F(x, y)$ 在点 $P_0(x_0, y_0)$ 的某一邻域内具有连续偏导数, 且 $F(x_0, y_0) = 0, F_y(x_0, y_0) \neq 0$, 则方程 $F(x, y) = 0$ 在点 (x_0, y_0) 的某邻域内唯一确定一个连续且具有连续导数的函数 $y = f(x)$, 它满足条件 $y_0 = f(x_0)$, 并且有

$$\frac{\mathrm{d}y}{\mathrm{d}x} = -\frac{F_x}{F_y}. \tag{8.12}$$

式 (8.12) 就是隐函数的求导公式.

隐函数存在定理不作证明, 仅对式 (8.12) 进行推导.

将方程 $F(x, y) = 0$ 确定的函数 $y = f(x)$ 代入方程得恒等式

$$F(x, f(x)) \equiv 0,$$

其左端可以看作是 x 的一个复合函数, 求这个函数的全导数, 得

$$\frac{\partial F}{\partial x} + \frac{\partial F}{\partial y} \frac{\mathrm{d}y}{\mathrm{d}x} = 0.$$

由于 F_y 连续, 且 $F_y(x_0, y_0) \neq 0$, 所以存在 (x_0, y_0) 的一个邻域, 在这个邻域内 $F_y \neq 0$, 所以有

$$\frac{\mathrm{d}y}{\mathrm{d}x} = -\frac{F_x}{F_y}.$$

如果 $F(x, y)$ 的二阶偏导数也都连续, 我们可以把等式 (8.12) 的两端看作 x 的复合函数再一次求导, 即得

$$\begin{aligned}
\frac{\mathrm{d}^2 y}{\mathrm{d}x^2} &= \frac{\partial}{\partial x}\left(-\frac{F_x}{F_y}\right) + \frac{\partial}{\partial y}\left(-\frac{F_x}{F_y}\right)\frac{\mathrm{d}y}{\mathrm{d}x} \\
&= -\frac{F_{xx}F_y - F_{yx}F_x}{F_y^2} - \frac{F_{xy}F_y - F_{yy}F_x}{F_y^2}\left(-\frac{F_x}{F_y}\right) \\
&= -\frac{F_{xx}F_y^2 - 2F_{xy}F_xF_y + F_{yy}F_x^2}{F_y^3}.
\end{aligned}$$

例 8.22 验证方程 $x^2 + y^2 - 1 = 0$ 在点 $(0, 1)$ 的某一邻域内能唯一确定一个有连续导数的隐函数 $y = f(x)$, 且 $x = 0$ 时 $y = 1$, 并求这个函数的一阶与二阶导数在 $x = 0$ 的值.

解 设 $F(x, y) = x^2 + y^2 - 1$, 则 $F_x = 2x, F_y = 2y, F(0, 1) = 0, F_y(0, 1) = 2 \neq 0$. 因此由隐函数存在定理 1 可知, 方程 $x^2 + y^2 - 1 = 0$ 在点 $(0, 1)$ 的某一邻域内能唯一确定一个有连续导数, 且当 $x = 0$ 时 $y = 1$ 的函数 $y = f(x)$.

下面求这个函数的一阶与二阶导数.

$$\frac{\mathrm{d}y}{\mathrm{d}x} = -\frac{F_x}{F_y} = -\frac{x}{y}, \quad \left.\frac{\mathrm{d}y}{\mathrm{d}x}\right|_{\substack{x=0 \\ y=1}} = 0;$$

$$\frac{\mathrm{d}^2 y}{\mathrm{d}x^2} = -\frac{y - xy'}{y^2} = -\frac{y - x\left(-\dfrac{x}{y}\right)}{y^2} = -\frac{y^2 + x^2}{y^3} = -\frac{1}{y^3},$$

$$\left.\frac{\mathrm{d}^2 y}{\mathrm{d}x^2}\right|_{\substack{x=0 \\ y=1}} = -1.$$

例 8.23 设 $x\sin y + y\mathrm{e}^x = 0$, 求 $\dfrac{\mathrm{d}y}{\mathrm{d}x}$.

解　令 $F(x,y) = x\sin y + y\mathrm{e}^x$, 则

$$F_x = \sin y + y\mathrm{e}^x, \quad F_y = x\cos y + \mathrm{e}^x.$$

则由隐函数存在定理 1 得

$$\frac{\mathrm{d}y}{\mathrm{d}x} = -\frac{F_x}{F_y} = -\frac{\sin y + y\mathrm{e}^x}{x\cos y + \mathrm{e}^x}.$$

隐函数存在定理 1 还可以推广到多元函数. 下面介绍三元方程确定二元隐函数的定理.

定理 8.9 (隐函数存在定理 2)　设函数 $F(x,y,z)$ 在点 $P_0(x_0,y_0,z_0)$ 的某一邻域内具有连续偏导数, 且 $F(x_0,y_0,z_0) = 0$, $F_z(x_0,y_0,z_0) \neq 0$, 则方程 $F(x,y,z) = 0$ 在点 (x_0,y_0,z_0) 的某邻域内唯一确定一个连续且具有连续导数的函数 $z = f(x,y)$, 它满足条件 $z_0 = f(x_0,y_0)$, 并且有

$$\frac{\partial z}{\partial x} = -\frac{F_x}{F_z}, \quad \frac{\partial z}{\partial y} = -\frac{F_y}{F_z}. \tag{8.13}$$

式 (8.13) 就是隐函数的求导公式.

与定理 8.8 类似, 这里仅对式 (8.13) 进行推导.

将函数 $z = f(x,y)$ 代入方程 $F(x,y,z) = 0$ 得恒等式

$$F(x,y,f(x,y)) \equiv 0.$$

其左端可以看作是 x 和 y 的一个复合函数, 这个恒等式两端对 x 和 y 分别求导, 得

$$F_x + F_z\frac{\partial z}{\partial x} = 0, \quad F_y + F_z\frac{\partial z}{\partial y} = 0.$$

由于 F_x 连续, 且 $F_z(x_0,y_0,z_0) \neq 0$, 因此存在点 (x_0,y_0,z_0) 的一个邻域, 在这个邻域内 $F_z \neq 0$, 所以有

$$\frac{\partial z}{\partial x} = -\frac{F_x}{F_z}, \quad \frac{\partial z}{\partial y} = -\frac{F_y}{F_z}.$$

例 8.24　设 $\mathrm{e}^z - z^2 = x^2 + y^2$, 求 $\dfrac{\partial z}{\partial x}, \dfrac{\partial z}{\partial y}$.

解　令 $F = \mathrm{e}^z - z^2 - x^2 - y^2$, 则

$$F_x = -2x, \quad F_y = -2y, \quad F_z = \mathrm{e}^z - 2z.$$

由隐函数存在定理 2 得

$$\frac{\partial z}{\partial x} = -\frac{F_x}{F_z} = \frac{2x}{\mathrm{e}^z - 2z}, \quad \frac{\partial z}{\partial y} = -\frac{F_y}{F_z} = \frac{2y}{\mathrm{e}^z - 2z}.$$

例 8.25 设 $f(x-y, y-z) = 0$ 确定的隐函数 $z = f(x, y)$ 可微, 证明: $\dfrac{\partial z}{\partial x} + \dfrac{\partial z}{\partial y} = 1$.

证 令 $F(x, y, z) = f(x-y, y-z)$, $u = x-y, v = y-z$, 于是

$$F_x = \frac{\partial f}{\partial u} \times 1 + \frac{\partial f}{\partial v} \times 0 = \frac{\partial f}{\partial u}, \quad F_y = \frac{\partial f}{\partial u} \times (-1) + \frac{\partial f}{\partial v} \times 1 = -\frac{\partial f}{\partial u} + \frac{\partial f}{\partial v},$$

$$F_z = \frac{\partial f}{\partial u} \times 0 + \frac{\partial f}{\partial v} \times (-1) = -\frac{\partial f}{\partial v};$$

$$\frac{\partial z}{\partial x} = \frac{F_x}{F_z} = -\frac{\dfrac{\partial f}{\partial u}}{-\dfrac{\partial f}{\partial v}} = \frac{\dfrac{\partial f}{\partial u}}{\dfrac{\partial f}{\partial v}}, \quad \frac{\partial z}{\partial y} = -\frac{F_y}{F_z} = -\frac{-\dfrac{\partial f}{\partial u} + \dfrac{\partial f}{\partial v}}{-\dfrac{\partial f}{\partial v}} = \frac{-\dfrac{\partial f}{\partial u}}{\dfrac{\partial f}{\partial v}} + 1.$$

所以

$$\frac{\partial z}{\partial x} + \frac{\partial z}{\partial y} = \frac{\dfrac{\partial f}{\partial u}}{\dfrac{\partial f}{\partial v}} - \frac{\dfrac{\partial f}{\partial u}}{\dfrac{\partial f}{\partial v}} + 1 = 1.$$

8.5.2 方程组的情形

下面我们将隐函数的定理作另一方面的推广. 我们不仅增加方程中变量的个数, 而且增加方程的个数. 例如, 考虑方程组

$$\begin{cases} F(x, y, u, v) = 0, \\ G(x, y, u, v) = 0. \end{cases} \tag{8.14}$$

这时, 在四个变量中, 一般只能有两个变量独立变化, 因此方程组 (8.14) 就有可能确定两个二元函数. 在这种情况下, 我们可以由函数 F, G 的性质来断定由方程组 (8.14) 所确定的两个二元函数的存在, 以及它们的性质. 我们有下面的定理.

定理 8.10 (隐函数存在定理 3) 设函数 $F(x, y, u, v)$, $G(x, y, u, v)$ 在点 $P(x_0, y_0, u_0, v_0)$ 的某一邻域内具有对各个变量的连续偏导数, 又 $F(x_0, y_0, u_0, v_0) = 0$, $G(x_0, y_0, u_0, v_0) = 0$, 且偏导数组成的函数行列式 (称为雅可比式):

$$J = \frac{\partial(F, G)}{\partial(u, v)} = \begin{vmatrix} \dfrac{\partial F}{\partial u} & \dfrac{\partial F}{\partial v} \\ \dfrac{\partial G}{\partial u} & \dfrac{\partial G}{\partial v} \end{vmatrix}$$

在点 $P(x_0, y_0, u_0, v_0)$ 不等于零, 则方程组 (8.14) 在点 (x_0, y_0, u_0, v_0) 的某邻域内唯一确定一组具有连续偏导数的函数 $u = u(x,y)$, $v = v(x,y)$, 它们满足 $u_0 = u(x_0, y_0)$, $v_0 = v(x_0, y_0)$, 且有

$$\frac{\partial u}{\partial x} = -\frac{1}{J}\frac{\partial(F,G)}{\partial(x,v)} = -\frac{\begin{vmatrix} F_x & F_v \\ G_x & G_v \end{vmatrix}}{\begin{vmatrix} F_u & F_v \\ G_u & G_v \end{vmatrix}},$$

$$\frac{\partial v}{\partial x} = -\frac{1}{J}\frac{\partial(F,G)}{\partial(u,x)} = -\frac{\begin{vmatrix} F_u & F_x \\ G_u & G_x \end{vmatrix}}{\begin{vmatrix} F_u & F_v \\ G_u & G_v \end{vmatrix}}, \qquad (8.15)$$

$$\frac{\partial u}{\partial y} = -\frac{1}{J}\frac{\partial(F,G)}{\partial(y,v)} = -\frac{\begin{vmatrix} F_y & F_v \\ G_y & G_v \end{vmatrix}}{\begin{vmatrix} F_u & F_v \\ G_u & G_v \end{vmatrix}},$$

$$\frac{\partial v}{\partial y} = -\frac{1}{J}\frac{\partial(F,G)}{\partial(u,y)} = -\frac{\begin{vmatrix} F_u & F_y \\ G_u & G_y \end{vmatrix}}{\begin{vmatrix} F_u & F_v \\ G_u & G_v \end{vmatrix}}.$$

下面推导式 (8.15), 由于

$$\begin{cases} F(x,y,u(x,y),v(x,y)) \equiv 0, \\ G(x,y,u(x,y),v(x,y)) \equiv 0, \end{cases}$$

将恒等式两边分别对 x 求导, 应用复合函数求导法则得

$$\begin{cases} F_x + F_u\dfrac{\partial u}{\partial x} + F_v\dfrac{\partial v}{\partial x} = 0, \\ G_x + G_u\dfrac{\partial u}{\partial x} + G_v\dfrac{\partial v}{\partial x} = 0. \end{cases}$$

这是关于 $\dfrac{\partial u}{\partial x}, \dfrac{\partial v}{\partial x}$ 的线性方程组, 由假设可知在点 $P(x_0, y_0, u_0, v_0)$ 的一个邻域内, 系数行列式

$$J = \begin{vmatrix} F_u & F_v \\ G_u & G_v \end{vmatrix} \neq 0,$$

从而可解出 $\dfrac{\partial u}{\partial x}, \dfrac{\partial v}{\partial x}$, 得

$$\frac{\partial u}{\partial x} = -\frac{1}{J}\frac{\partial(F,G)}{\partial(x,v)} = -\frac{\begin{vmatrix} F_x & F_v \\ G_x & G_v \end{vmatrix}}{\begin{vmatrix} F_u & F_v \\ G_u & G_v \end{vmatrix}},$$

$$\frac{\partial v}{\partial x} = -\frac{1}{J}\frac{\partial(F,G)}{\partial(u,x)} = -\frac{\begin{vmatrix} F_u & F_x \\ G_u & G_x \end{vmatrix}}{\begin{vmatrix} F_u & F_v \\ G_u & G_v \end{vmatrix}},$$

同理可得 $\dfrac{\partial u}{\partial y}, \dfrac{\partial v}{\partial y}$.

例 8.26 设 $xu - yv = 0, yu + xv = 1$, 求 $\dfrac{\partial u}{\partial x}, \dfrac{\partial v}{\partial x}, \dfrac{\partial u}{\partial y}$ 和 $\dfrac{\partial v}{\partial y}$.

解 将所给方程两边对 x 求导, 得

$$\begin{cases} u + x\dfrac{\partial u}{\partial x} - y\dfrac{\partial v}{\partial x} = 0, \\ y\dfrac{\partial u}{\partial x} + v + x\dfrac{\partial v}{\partial x} = 0. \end{cases}$$

这是关于 $\dfrac{\partial u}{\partial x}, \dfrac{\partial v}{\partial x}$ 的线性方程组, 在其系数行列式 $J = \begin{vmatrix} x & -y \\ y & x \end{vmatrix} = x^2 + y^2 \neq 0$ 的条件下, 方程组有唯一解

$$\frac{\partial u}{\partial x} = \frac{\begin{vmatrix} -u & -y \\ -v & x \end{vmatrix}}{J} = -\frac{xu + yv}{x^2 + y^2},$$

$$\frac{\partial v}{\partial x} = \frac{\begin{vmatrix} x & -u \\ y & -v \end{vmatrix}}{J} = \frac{yu - xv}{x^2 + y^2}.$$

将所给方程的两边对 y 求导. 用同样的方法在 $J = x^2 + y^2 \neq 0$ 的条件下可得

$$\frac{\partial u}{\partial y} = \frac{xv - yu}{x^2 + y^2}, \quad \frac{\partial v}{\partial y} = -\frac{xu + yv}{x^2 + y^2}.$$

在方程组 (8.14) 中, 函数 F, G 的变量减少一个, 得到方程组

$$\begin{cases} F(x, y, z) = 0, \\ G(x, y, z) = 0, \end{cases}$$

变量 x, y, z 中只能有一个变量独立变化, 因此方程组就可以确定两个一元函数 $y = y(x)$, $z = z(x)$. 同定理 8.10 类似, 可得到相应的隐函数存在定理.

一般求方程组所确定的隐函数的导数 (或偏导数), 通常不用隐函数存在定理中的公式求解, 而是按照推导公式的过程进行计算, 即对各方程的两边关于自变量求导 (或偏导数), 得到所求导数 (或偏导数) 的方程组, 再解出所求量.

习　题　8.5

基础题

1. 设 $\cos x + \sin y = \mathrm{e}^{xy}$, 求 $\dfrac{\mathrm{d}y}{\mathrm{d}x}$.

2. 设 $\ln \sqrt{x^2 + y^2} = \arctan \dfrac{y}{x}$, 求 $\dfrac{\mathrm{d}y}{\mathrm{d}x}$.

3. 设 $\cos^2 x + \cos^2 y + \cos^2 z = 1$, 求 $\dfrac{\partial z}{\partial x}, \dfrac{\partial z}{\partial y}$.

4. 设 $\mathrm{e}^x = xyz$, 求 $\dfrac{\partial z}{\partial x}, \dfrac{\partial z}{\partial y}$.

5. 设 $\dfrac{x}{z} = \ln \dfrac{z}{y}$, 求 $\dfrac{\partial z}{\partial x}, \dfrac{\partial z}{\partial y}$.

6. 设 $x = x(z, y), y = y(x, z), z = z(x, y)$ 都是由方程 $F(x, y, z) = 0$ 所确定的具有连续偏导数的函数, 证明 $\dfrac{\partial x}{\partial y} \cdot \dfrac{\partial y}{\partial z} \cdot \dfrac{\partial z}{\partial x} = -1$.

提高题

1. 求由方程组 $\begin{cases} z = x^2 + y^2, \\ x^2 + 2y^2 + 3z^2 = 20 \end{cases}$ 所确定的函数的导数 $\dfrac{\mathrm{d}y}{\mathrm{d}x}, \dfrac{\mathrm{d}z}{\mathrm{d}x}$.

2. 求由方程组 $\begin{cases} x = \mathrm{e}^u + u \sin v, \\ y = \mathrm{e}^u - u \cos v \end{cases}$ 所确定的函数的导数 $\dfrac{\partial u}{\partial x}, \dfrac{\partial u}{\partial y}, \dfrac{\partial v}{\partial x}, \dfrac{\partial v}{\partial y}$.

3. 设 $x^2 + y^2 + z^2 - 4z = 0$, 求 $\dfrac{\partial^2 z}{\partial x^2}, \dfrac{\partial^2 z}{\partial y^2}$.

8.6　多元函数微分学的几何应用

类似于一元函数的微分法可以求平面曲线的切线方程和法线方程, 多元函数的微分法同样可以求出空间曲线的切线和法平面方程以及空间曲面的切平面和法线方程.

8.6.1 空间曲线的切线与法平面

类似于平面曲线, 空间曲线在其上点 M_0 的**切线**定义为割线的极限位置 (极限存在时), 过 M_0 且与切线垂直的平面称为曲线在点 M_0 的**法平面**, 如图 8.11 所示.

1. 若空间曲线 Γ 的参数方程为

$$\begin{cases} x = \varphi(t), \\ y = \psi(t), \quad (\alpha \leqslant t \leqslant \beta), \\ z = \omega(t) \end{cases} \tag{8.16}$$

这里假定 (8.16) 式的三个函数都在 $[\alpha, \beta]$ 上可导且导数不同时为零.

现在要求曲线 Γ 上一点 $M_0(x_0, y_0, z_0)$ 处的切线和法平面方程. 这里

$$x_0 = \varphi(t_0), y_0 = \psi(t_0), z = \omega(t_0) \quad (\alpha \leqslant t_0 \leqslant \beta).$$

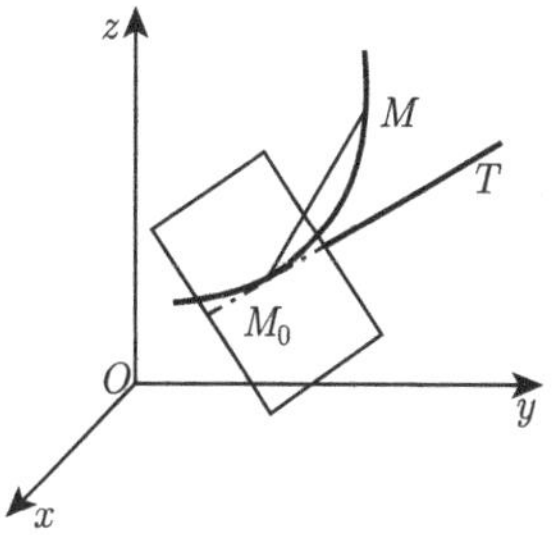

在曲线 Γ 上点 $M_0(x_0, y_0, z_0)$ 的附近取一点 $M(x_0 + \Delta x, y_0 + \Delta y, z_0 + \Delta z)$, 对应的参数是 $t_0 + \Delta t \, (\Delta t \neq 0)$. 根据空间解析几何, 曲线的割线 MM_0 的方程是

图 8.11

$$\frac{x - x_0}{\Delta x} = \frac{y - y_0}{\Delta y} = \frac{z - z_0}{\Delta z},$$

其中 $\Delta x = \varphi(t_0 + \Delta t) - \varphi(t_0), \Delta y = \psi(t_0 + \Delta t) - \psi(t_0), \Delta z = \omega(t_0 + \Delta t) - \omega(t_0)$.

用 Δt 除上式的各分母, 得

$$\frac{x - x_0}{\dfrac{\Delta x}{\Delta t}} = \frac{y - y_0}{\dfrac{\Delta y}{\Delta t}} = \frac{z - z_0}{\dfrac{\Delta z}{\Delta t}}.$$

当 M 沿着曲线 Γ 趋于 M_0 时, 割线 MM_0 的极限位置 MT 就是曲线 Γ 在点 M_0 处的切线. 令 $M \to M_0$ (这时 $\Delta t \to 0$), 通过对上式取极限, 即得曲线 Γ 在点 M_0 处的切线方程为

$$\frac{x - x_0}{\varphi'(t_0)} = \frac{y - y_0}{\psi'(t_0)} = \frac{z - z_0}{\omega'(t_0)}.$$

这里要假定 $\varphi'(t_0), \psi'(t_0)$ 及 $\omega'(t_0)$ 不能都为零. 如果个别为零, 则应按空间解析几何中有关直线的对称式方程的说明来理解.

曲线 Γ 切线的方向向量称为曲线的**切向量**. 向量

$$\boldsymbol{T} = \left(\varphi'\left(t_0\right), \psi'\left(t_0\right), \omega'\left(t_0\right)\right)$$

就是曲线 Γ 在点 M_0 处的一个切向量.

通过点 M_0 而与切线垂直的平面称为曲线 Γ 在点 M_0 处的法平面, 它是通过点 $M_0\left(x_0, y_0, z_0\right)$ 而以 $\boldsymbol{T}$ 为法向量的平面, 因此曲线 Γ 在点 M_0 处的**法平面的方程**为

$$\varphi'\left(t_0\right)\left(x - x_0\right) + \psi'\left(t_0\right)\left(y - y_0\right) + \omega'\left(t_0\right)\left(z - z_0\right) = 0. \tag{8.17}$$

例 8.27　求曲线 $x = t, y = t^2, z = t^3$ 在点 $(1, 1, 1)$ 处的切线及法平面方程.

解　因为

$$x'\left(t\right) = 1, \quad y'\left(t\right) = 2t, \quad z'\left(t\right) = 3t^2,$$

而点 $(1,\ 1,\ 1)$ 所对应的参数 $t = 1$, 所以切线的方向向量为 $\boldsymbol{T} = (1,\ 2,\ 3)$. 于是, 切线方程为

$$\frac{x-1}{1} = \frac{y-1}{2} = \frac{z-1}{3},$$

法平面方程为

$$(x-1) + 2\left(y-1\right) + 3\left(z-1\right) = 0,$$

即

$$x + 2y + 3z = 6.$$

现在我们再来讨论空间曲线 Γ 的方程以另外两种形式给出的情形.

2. 如果空间曲线 Γ 的方程为

$$\begin{cases} y = \varphi\left(x\right), \\ z = \psi\left(x\right), \end{cases}$$

取 x 为参数, 它就可以表示为参数方程的形式

$$\begin{cases} x = x, \\ y = \varphi\left(x\right), \\ z = \psi\left(x\right), \end{cases}$$

若 $\varphi\left(x\right), \psi\left(x\right)$ 都在 $x = x_0$ 处可导, 那么根据上面的讨论可知, 曲线的切向量为

$$\boldsymbol{T} = \left(1, \varphi'\left(x_0\right), \psi'\left(x_0\right)\right).$$

因此, 曲线 Γ 在点 $M_0\left(x_0, y_0, z_0\right)$ 处的**切线方程**为

$$\frac{x-x_0}{1}=\frac{y-y_0}{\varphi'\left(x_0\right)}=\frac{z-z_0}{\psi'\left(x_0\right)}. \tag{8.18}$$

在点 $M_0\left(x_0, y_0, z_0\right)$ 处的**法平面方程**为

$$\left(x-x_0\right)+\varphi'\left(x_0\right)\left(y-y_0\right)+\psi'\left(x_0\right)\left(z-z_0\right)=0. \tag{8.19}$$

3. 如果曲线 Γ 的方程为

$$\begin{cases} F\left(x, y, z\right)=0, \\ G\left(x, y, z\right)=0, \end{cases} \tag{8.20}$$

$M_0\left(x_0, y_0, z_0\right)$ 是曲线 Γ 上的一个点. 设 F, G 有对各个变量的连续偏导数, 且

$$\left.\begin{vmatrix} F_y & F_z \\ G_y & G_z \end{vmatrix}\right|_{M_0} \neq 0.$$

这时方程组 (8.20) 在点 $M_0\left(x_0, y_0, z_0\right)$ 的某一邻域内确定了一组函数 $y=\varphi\left(x\right)$, $z=\psi\left(x\right)$. 要求曲线 Γ 在点 M_0 处的切线方程和法平面方程, 只要求出 $\varphi'\left(x_0\right)$, $\psi'\left(x_0\right)$, 然后分别代入式 (8.18)、式 (8.19) 就行了. 为此, 我们在恒等式

$$\begin{cases} F\left[x, \varphi\left(x\right), \psi\left(x\right)\right] \equiv 0, \\ G\left[x, \varphi\left(x\right), \psi\left(x\right)\right] \equiv 0, \end{cases}$$

两边分别对 x 求导, 得

$$\begin{cases} \dfrac{\partial F}{\partial x}+\dfrac{\partial F}{\partial y}\dfrac{\mathrm{d}y}{\mathrm{d}x}+\dfrac{\partial F}{\partial z}\dfrac{\mathrm{d}z}{\mathrm{d}x}=0, \\ \dfrac{\partial G}{\partial x}+\dfrac{\partial G}{\partial y}\dfrac{\mathrm{d}y}{\mathrm{d}x}+\dfrac{\partial G}{\partial z}\dfrac{\mathrm{d}z}{\mathrm{d}x}=0, \end{cases}$$

由假设可知, 在点 M_0 的某个邻域内

$$\left.\begin{vmatrix} F_y & F_z \\ G_y & G_z \end{vmatrix}\right|_{M_0} \neq 0,$$

故可解得

$$\frac{\mathrm{d}y}{\mathrm{d}x}=-\frac{\begin{vmatrix} F_x & F_z \\ G_x & G_z \end{vmatrix}}{\begin{vmatrix} F_y & F_z \\ G_y & G_z \end{vmatrix}}=\frac{\begin{vmatrix} F_z & F_x \\ G_z & G_x \end{vmatrix}}{\begin{vmatrix} F_y & F_z \\ G_y & G_z \end{vmatrix}}, \quad \frac{\mathrm{d}z}{\mathrm{d}x}=-\frac{\begin{vmatrix} F_y & F_x \\ G_y & G_x \end{vmatrix}}{\begin{vmatrix} F_y & F_z \\ G_y & G_z \end{vmatrix}}=\frac{\begin{vmatrix} F_x & F_y \\ G_x & G_y \end{vmatrix}}{\begin{vmatrix} F_y & F_z \\ G_y & G_z \end{vmatrix}}.$$

因此, 曲线 Γ 在点 M_0 处的切向量为

$$
\boldsymbol{T} = \left(1, \dfrac{\begin{vmatrix} F_z & F_x \\ G_z & G_x \end{vmatrix}_{M_0}}{\begin{vmatrix} F_y & F_z \\ G_y & G_z \end{vmatrix}_{M_0}}, \dfrac{\begin{vmatrix} F_x & F_y \\ G_x & G_y \end{vmatrix}_{M_0}}{\begin{vmatrix} F_y & F_z \\ G_y & G_z \end{vmatrix}_{M_0}}\right),
$$

或

$$
\boldsymbol{T} = \left(\begin{vmatrix} F_y & F_z \\ G_y & G_z \end{vmatrix}_{M_0}, \begin{vmatrix} F_z & F_x \\ G_z & G_x \end{vmatrix}_{M_0}, \begin{vmatrix} F_x & F_y \\ G_x & G_y \end{vmatrix}_{M_0}\right),
$$

其中 $\begin{vmatrix} F_y & F_z \\ G_y & G_z \end{vmatrix}_{M_0}, \begin{vmatrix} F_z & F_x \\ G_z & G_x \end{vmatrix}_{M_0}, \begin{vmatrix} F_x & F_y \\ G_x & G_y \end{vmatrix}_{M_0}$ 不全为零.

由此可写出曲线 Γ 在点 M_0 处的切线方程为

$$
\frac{x - x_0}{\begin{vmatrix} F_y & F_z \\ G_y & G_z \end{vmatrix}_{M_0}} = \frac{y - y_0}{\begin{vmatrix} F_z & F_x \\ G_z & G_x \end{vmatrix}_{M_0}} = \frac{z - z_0}{\begin{vmatrix} F_x & F_y \\ G_x & G_y \end{vmatrix}_{M_0}}, \tag{8.21}
$$

曲线 Γ 在点 M_0 处的法平面方程为

$$
\begin{vmatrix} F_y & F_z \\ G_y & G_z \end{vmatrix}_{M_0}(x - x_0) + \begin{vmatrix} F_z & F_x \\ G_z & G_x \end{vmatrix}_{M_0}(y - y_0) + \begin{vmatrix} F_x & F_y \\ G_x & G_y \end{vmatrix}_{M_0}(z - z_0) = 0. \tag{8.22}
$$

例 8.28　求曲线 $\begin{cases} x^2 + y^2 + z^2 = 6, \\ x + y + z = 0 \end{cases}$ 在点 $M(1, -2, 1)$ 处的切线及法平面方程.

解　设 $\begin{cases} F(x, y, z) = x^2 + y^2 + z^2 - 6, \\ G(x, y, z) = x + y + z, \end{cases}$ 它们在点 $M(1, -2, 1)$ 处的偏导数分别为

$$
\left.\frac{\partial F}{\partial x}\right|_M = 2, \quad \left.\frac{\partial F}{\partial y}\right|_M = -4, \quad \left.\frac{\partial F}{\partial z}\right|_M = 2,
$$

$$
\left.\frac{\partial G}{\partial x}\right|_M = 1, \quad \left.\frac{\partial G}{\partial y}\right|_M = 1, \quad \left.\frac{\partial G}{\partial z}\right|_M = 1.
$$

空间曲线在点 $M(1,-2,1)$ 处的切向量为

$$\boldsymbol{T} = \left(\left| \begin{matrix} F_y & F_z \\ G_y & G_z \end{matrix} \right|_M, \left| \begin{matrix} F_z & F_x \\ G_z & G_x \end{matrix} \right|_M, \left| \begin{matrix} F_x & F_y \\ G_x & G_y \end{matrix} \right|_M \right)$$

$$= \left(\left| \begin{matrix} -4 & 2 \\ 1 & 1 \end{matrix} \right|, \left| \begin{matrix} 2 & 2 \\ 1 & 1 \end{matrix} \right|, \left| \begin{matrix} 2 & -4 \\ 1 & 1 \end{matrix} \right| \right) = 6(-1,0,1).$$

所求切线方程为

$$\frac{x-1}{-1} = \frac{y+2}{0} = \frac{z-1}{1},$$

法平面方程为

$$(x-1) + 0 \cdot (y+2) - (z-1) = 0,$$

即

$$x - z = 0.$$

8.6.2 空间曲面的切平面与法线

设 $M_0(x_0, y_0, z_0)$ 是曲面 Σ 上的一点, 若 Σ 上任意一条过点 M_0 的曲线在点 M_0 有切线, 且这些切线均在同一平面内, 则称此平面为曲面 Σ 在点 M_0 的**切平面**, 称过 M_0 而垂直于切平面的直线为 Σ 在点 M_0 的**法线**. 称法线的方向向量 (切平面的法向量) 为曲面 Σ 在点 M_0 的**法向量**, 如图 8.12 所示.

如何求曲面 Σ 在点 M_0 的法向量呢?

我们先讨论由隐式给出曲面方程

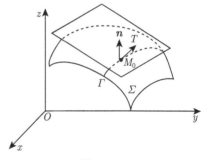

图 8.12

$$F(x, y, z) = 0 \tag{8.23}$$

的情形, 然后把由显式给出的曲面方程 $z = f(x, y)$ 作为它的特殊情形.

1. **考虑曲面 Σ 由方程 (8.23) 给出**

$M_0(x_0, y_0, z_0)$ 是曲面 Σ 上的一点, 并设函数 $F(x, y, z)$ 的偏导数在该点连续且不同时为零. 在曲面 Σ 上, 通过点 M_0 任意引一条曲线 Γ(图 8.12), 假定曲线 Γ 的参数方程为

$$x = \varphi(t), \quad y = \psi(t), \quad z = \omega(t) \quad (\alpha \leqslant t \leqslant \beta), \tag{8.24}$$

$t = t_0$ 对应于点 $M_0(x_0, y_0, z_0)$ 且 $\varphi'(t_0), \psi'(t_0), \omega'(t_0)$ 不全为零.

曲线 Γ 在点 $M_0\left(x_0, y_0, z_0\right)$ 的切向量为 $\boldsymbol{T}=\left(\varphi'\left(t_0\right), \psi'\left(t_0\right), \omega'\left(t_0\right)\right)$, 由式 (8.18) 可得这曲线的切线方程为

$$\frac{x-x_0}{\varphi'\left(t_0\right)}=\frac{y-y_0}{\psi'\left(t_0\right)}=\frac{z-z_0}{\omega'\left(t_0\right)}.$$

我们现在要证明, 在曲面 Σ 上通过点 M_0 且在点 M_0 处具有切线的任何曲线, 它们在点 M_0 处的切线都在同一个平面. 事实上, 因为曲线 Γ 完全在曲面 Σ 上, 所以有恒等式

$$F\left[\varphi\left(t\right), \psi\left(t\right), \omega\left(t\right)\right] \equiv 0,$$

又因为 $F\left(x, y, z\right)$ 在点 $M_0\left(x_0, y_0, z_0\right)$ 处有连续偏导数, 且 $\varphi'\left(t_0\right), \psi'\left(t_0\right)$ 和 $\omega'\left(t_0\right)$ 存在, 所以这恒等式左边的复合函数在 $t=t_0$ 时有全导数, 且这全导数等于零

$$\left.\frac{\mathrm{d}}{\mathrm{d} t} F\left[\varphi\left(t\right), \psi\left(t\right), \omega\left(t\right)\right]\right|_{t=t_0}=0,$$

即有

$$F_x\left(x_0, y_0, z_0\right) \varphi'\left(t_0\right)+F_y\left(x_0, y_0, z_0\right) \psi'\left(t_0\right)+F_z\left(x_0, y_0, z_0\right) \omega'\left(t_0\right)=0. \quad (8.25)$$

引入向量

$$\boldsymbol{n}=\left(F_x\left(x_0, y_0, z_0\right), F_y\left(x_0, y_0, z_0\right), F_z\left(x_0, y_0, z_0\right)\right).$$

则式 (8.25) 说明 $\boldsymbol{n}$ 与 $\boldsymbol{T}$ 垂直. 因为曲线 Γ 是曲面 Σ 上通过点 M_0 的任意一条曲线, 它们在点 M_0 的切线都与向量 $\boldsymbol{n}$ 垂直, 所以曲面上通过点 M_0 的一切曲线在点 M_0 的切线都在同一个平面上, 这个平面称为曲面 Σ 在点 M_0 的**切平面**, $\boldsymbol{n}$ 为切平面的**法向量**.

因此, 曲面 Σ 上过点 $M_0\left(x_0, y_0, z_0\right)$ 的**切平面的方程**是

$$F_x\left(x_0, y_0, z_0\right)\left(x-x_0\right)+F_y\left(x_0, y_0, z_0\right)\left(y-y_0\right)+F_z\left(x_0, y_0, z_0\right)\left(z-z_0\right)=0.$$
$$(8.26)$$

通过点 $M_0\left(x_0, y_0, z_0\right)$ 而垂直于切平面 (8.26) 的直线称为曲面在该点的**法线**, 法线方程是

$$\frac{x-x_0}{F_x\left(x_0, y_0, z_0\right)}=\frac{y-y_0}{F_y\left(x_0, y_0, z_0\right)}=\frac{z-z_0}{F_z\left(x_0, y_0, z_0\right)}. \quad (8.27)$$

垂直于曲面上切平面的向量称为**曲面的法向量**. 向量

$$\boldsymbol{n}=\left(F_x\left(x_0, y_0, z_0\right), F_y\left(x_0, y_0, z_0\right), F_z\left(x_0, y_0, z_0\right)\right)$$

就是曲面 Σ 在点 M_0 处的一个**法向量**.

2. 考虑曲面方程

$$z = f(x, y) \tag{8.28}$$

令 $F(x, y, z) = f(x, y) - z$, 可见

$$F_x(x, y, z) = f_x(x, y), \quad F_y(x, y, z) = f_y(x, y), \quad F_z(x, y, z) = -1.$$

于是, 当函数 $f(x, y)$ 的偏导数 $f_x(x, y)$, $f_y(x, y)$ 在点 (x_0, y_0) 连续时, 曲面 (8.28) 在点 $M_0(x_0, y_0, z_0)$ 处的法向量为

$$\boldsymbol{n} = (f_x(x_0, y_0), f_y(x_0, y_0), -1).$$

切平面方程为

$$f_x(x_0, y_0)(x - x_0) + f_y(x_0, y_0)(y - y_0) - (z - z_0) = 0,$$

或

$$z - z_0 = f_x(x_0, y_0)(x - x_0) + f_y(x_0, y_0)(y - y_0),$$

法线方程为

$$\frac{x - x_0}{f_x(x_0, y_0)} = \frac{y - y_0}{f_y(x_0, y_0)} = \frac{z - z_0}{-1}.$$

例 8.29 求椭球面 $x^2 + 2y^2 + 3z^2 = 6$ 在点 $(1, 1, 1)$ 处的切平面及法线方程.

解 令 $F(x, y, z) = x^2 + 2y^2 + 3z^2 - 6$, 则法向量

$$\boldsymbol{n} = (F_x, F_y, F_z) = (2x, 4y, 6z),$$

$$\boldsymbol{n}\big|_{(1,1,1)} = (2, 4, 6).$$

所以在点 $(1, 1, 1)$ 处的切平面方程为

$$2(x - 1) + 4(y - 1) + 6(z - 1) = 0,$$

即 $x + 2y + 3z - 6 = 0$.

法线方程为

$$\frac{x - 1}{1} = \frac{y - 1}{2} = \frac{z - 1}{3}.$$

例 8.30 求旋转抛物面 $z = x^2 + y^2 - 1$ 在点 $(2, 1, 4)$ 处的切平面及法线方程.

解 $f(x, y) = x^2 + y^2 - 1$,

$$\boldsymbol{n} = (f_x, f_y, -1) = (2x, 2y, -1),$$

$$n|_{(2,1,4)} = (4, 2, -1).$$

所以在点 $(2,1,4)$ 处的切平面方程为

$$4(x-2) + 2(y-1) - (z-4) = 0,$$

即 $4x + 2y - z - 6 = 0$.

法线方程为

$$\frac{x-2}{4} = \frac{y-1}{2} = \frac{z-4}{-1}.$$

习　题　8.6

基础题

1. 求螺旋线 $x = 2\cos\theta, y = 2\sin\theta, z = 3\theta \ (k > 0)$ 在 $\theta = \dfrac{\pi}{3}$ 处的切线与法平面方程.

2. 求曲线 $y^2 = 2mx, z^2 = m - x$ 在点 (x_0, y_0, z_0) 处的切线与法平面方程.

3. 求曲线 $\begin{cases} x^2 + y^2 + z^2 = 50, \\ x^2 + y^2 = z^2 \end{cases}$ 在点 $(3, 4, 5)$ 处的切线与法平面方程.

4. 求曲面 $y - \mathrm{e}^{2x-z} = 0$ 在点 $(1, 1, 2)$ 处的切平面和法线方程.

5. 求球面 $x^2 + y^2 + z^2 = 14$ 在点 $(1, 2, 3)$ 处的切平面和法线方程.

提高题

1. 求曲面 $x^2 + 2y^2 + 3z^2 = 21$ 上平行于平面 $x + 4y + 6z = 0$ 的切平面方程.

2. 求旋转椭球面 $3x^2 + y^2 + z^2 = 16$ 上点 $(-1, -2, 3)$ 处的切平面与 xOy 面的夹角的余弦.

3. 试证曲面 $\sqrt{x} + \sqrt{y} + \sqrt{z} = \sqrt{a}\,(a > 0)$ 上任何点处的切平面在各坐标轴上的截距之和等于 a.

8.7　方向导数与梯度

　　偏导数反映的是多元函数沿坐标轴方向的变化率. 但在科学技术的许多领域, 只考虑函数沿坐标轴方向的变化率是不够的. 例如, 在气象学中, 为了预报某地的风速和风向, 就要研究气压在该地沿不同方向变化的快慢; 在热传导问题中, 需要研究在某点的温度沿不同方向升高或降低的速度等. 因此, 我们有必要来讨论函数沿任一指定方向的变化率问题, 这就是有关方向导数的问题.

8.7.1　方向导数

　　1. 方向导数的定义

　　定义 8.7　设函数 $z = f(x, y)$ 在点 $P_0(x_0, y_0)$ 的某一邻域内有定义, 自 P_0 点引射线 l, 在 l 上任取一点 $P(x_0 + \Delta x, y_0 + \Delta y)$, 若 P 沿着 l 趋近于 P_0 时, 即当

$$\rho = \sqrt{(\Delta x)^2 + (\Delta y)^2} \to 0$$

时, 极限

$$\lim_{\rho \to 0^+} \frac{f(x_0 + \Delta x, y_0 + \Delta y) - f(x_0, y_0)}{\rho} \tag{8.29}$$

存在, 则称此极限为函数 $f(x, y)$ 在点 P_0 沿着方向 l 的**方向导数**, 记作 $\left. \dfrac{\partial f}{\partial l} \right|_{(x_0, y_0)}$, 即

$$\left. \frac{\partial f}{\partial l} \right|_{(x_0, y_0)} = \lim_{\rho \to 0^+} \frac{f(x_0 + \Delta x, y_0 + \Delta y) - f(x_0, y_0)}{\rho}.$$

从方向导数的定义可知, 方向导数 $\left. \dfrac{\partial f}{\partial l} \right|_{(x_0, y_0)}$ 就是函数 $z = f(x, y)$ 在点 $P_0(x_0, y_0)$ 处沿方向 l 的变化率. 特别地, 若函数 $z = f(x, y)$ 在点 $P_0(x_0, y_0)$ 处的偏导数存在, 取 $e_l = i = (1, 0)$, 则 $\Delta y = 0, \rho = \Delta x$, 有

$$\begin{aligned} \left. \frac{\partial f}{\partial l} \right|_{(x_0, y_0)} &= \lim_{\rho \to 0^+} \frac{f(x_0 + \Delta x, y_0 + \Delta y) - f(x_0, y_0)}{\rho} \\ &= \lim_{\Delta x \to 0^+} \frac{f(x_0 + \Delta x, y_0) - f(x_0, y_0)}{\Delta x} = f_x(x_0, y_0); \end{aligned}$$

若取 $e_l = j = (0, 1)$, 则 $\Delta x = 0, \rho = \Delta y$, 有

$$\begin{aligned} \left. \frac{\partial f}{\partial l} \right|_{(x_0, y_0)} &= \lim_{\rho \to 0^+} \frac{f(x_0 + \Delta x, y_0 + \Delta y) - f(x_0, y_0)}{\rho} \\ &= \lim_{\Delta y \to 0^+} \frac{f(x_0, y_0 + \Delta y) - f(x_0, y_0)}{\Delta y} = f_y(x_0, y_0). \end{aligned}$$

也就是说函数 $z = f(x, y)$ 在点 $P_0(x_0, y_0)$ 处的偏导数存在, 能保证函数沿着两个坐标轴的正向的方向导数存在. 但反之, 若函数沿着两个坐标轴的正向的方向导数存在, 即 $e_l = i, \left. \dfrac{\partial f}{\partial l} \right|_{(x_0, y_0)}$ 存在, 而 $f_x(x_0, y_0)$ 未必存在; $e_l = j, \left. \dfrac{\partial f}{\partial l} \right|_{(x_0, y_0)}$ 存在, 而 $f_y(x_0, y_0)$ 未必存在. 例如, 圆锥曲面 $z = \sqrt{x^2 + y^2}$ 在点 $O(0, 0)$ 处沿 $e_l = i$ 方向的方向导数 $\left. \dfrac{\partial f}{\partial l} \right|_{(0, 0)} = 1$, 但偏导数 $f_x(0, 0)$ 不存在.

2. 方向导数的计算

定理 8.11 如果函数 $z = f(x, y)$ 在点 $P_0(x_0, y_0)$ 可微分, 那么函数 $z = f(x, y)$ 在该点沿任一方向 l 的方向导数存在, 且有

$$\left. \frac{\partial f}{\partial l} \right|_{(x_0, y_0)} = f_x(x_0, y_0) \cos \alpha + f_y(x_0, y_0) \cos \beta, \tag{8.30}$$

其中 $\cos\alpha, \cos\beta$ 是方向 l 的方向余弦.

证 因为函数 $z = f(x, y)$ 在点 $P_0(x_0, y_0)$ 可微分, 所以有

$$f(x_0 + \Delta x, y_0 + \Delta y) - f(x_0, y_0) = f_x(x_0, y_0)\Delta x + f_y(x_0, y_0)\Delta y + o(\rho).$$

上式两端同时除以 ρ 并取极限 $(\rho \to 0)$, 得

$$\lim_{\rho \to 0^+} \frac{f(x_0 + \Delta x, y_0 + \Delta y) - f(x_0, y_0)}{\rho}$$

$$= \lim_{\rho \to 0^+} \left(f_x(x_0, y_0)\frac{\Delta x}{\rho} + f_y(x_0, y_0)\frac{\Delta y}{\rho} + \frac{o(\rho)}{\rho} \right)$$

$$= f_x(x_0, y_0)\cos\alpha + f_y(x_0, y_0)\cos\beta.$$

故方向导数存在, 且其值为 $\left.\dfrac{\partial f}{\partial l}\right|_{(x_0, y_0)} = f_x(x_0, y_0)\cos\alpha + f_y(x_0, y_0)\cos\beta.$

例 8.31 求函数 $z = xe^{2y}$ 在点 $P(1, 0)$ 处沿从点 $P(1, 0)$ 到点 $Q(2, -1)$ 方向的方向导数.

解 这里方向 l 即向量 $\overrightarrow{PQ} = (1, -1)$ 的方向, 与 l 同向的单位向量为 $e_l = \left(\dfrac{1}{\sqrt{2}}, -\dfrac{1}{\sqrt{2}}\right)$. 因为函数可微分, 且

$$\left.\frac{\partial z}{\partial x}\right|_{(1,0)} = \left.e^{2y}\right|_{(1,0)} = 1, \quad \left.\frac{\partial z}{\partial y}\right|_{(1,0)} = \left.2xe^{2y}\right|_{(1,0)} = 2,$$

故所求方向导数为

$$\frac{\partial z}{\partial l} = 1 \cdot \frac{1}{\sqrt{2}} + 2 \cdot \left(-\frac{1}{\sqrt{2}}\right) = -\frac{\sqrt{2}}{2}.$$

3. 三元函数的方向导数

三元函数 $u = f(x, y, z)$ 在空间一点 $P(x, y, z)$ 沿方向 l (设方向 l 的方向角为 α, β, γ) 的方向导数, 同样定义为

$$\frac{\partial f}{\partial l} = \lim_{\rho \to 0^+} \frac{f(x + \Delta x, y + \Delta y, z + \Delta z) - f(x, y, z)}{\rho},$$

其中 $\rho = \sqrt{(\Delta x)^2 + (\Delta y)^2 + (\Delta z)^2}$.

同样可以证明: 若函数 $f(x, y, z)$ 在点 $P(x, y, z)$ 可微分, 则函数在该点沿着方向 $e_l = (\cos\alpha, \cos\beta, \cos\gamma)$ 的方向导数计算公式为

$$\frac{\partial f}{\partial l} = \frac{\partial f}{\partial x}\cos\alpha + \frac{\partial f}{\partial y}\cos\beta + \frac{\partial f}{\partial z}\cos\gamma. \tag{8.31}$$

例 8.32 求 $f(x,y,z) = xy + yz + zx$ 在点 $(1,1,2)$ 沿方向 l 的方向导数, 其中 l 的方向角分别为 $60°, 45°, 60°$.

解 与 l 同向的单位向量 $e_l = (\cos 60°, \cos 45°, \cos 60°) = \left(\frac{1}{2}, \frac{\sqrt{2}}{2}, \frac{1}{2}\right)$.

因为函数可微分, 且

$$f_x(1,1,2) = (y+z)\big|_{(1,1,2)} = 3,$$
$$f_y(1,1,2) = (x+z)\big|_{(1,1,2)} = 3,$$
$$f_z(1,1,2) = (y+x)\big|_{(1,1,2)} = 2.$$

由公式 (8.31), 得

$$\frac{\partial f}{\partial l}\bigg|_{(1,1,2)} = 3 \times \frac{1}{2} + 3 \times \frac{\sqrt{2}}{2} + 2 \times \frac{1}{2} = \frac{1}{2}\left(5 + 3\sqrt{2}\right).$$

8.7.2 梯度

由公式 (8.30) 和公式 (8.31) 可知, 为了求函数在某点处沿给定的方向的方向导数, 关键在于求出该函数在此点的偏导数. 一个函数在同一点沿不同方向的方向导数是不同的, 在许多实际问题中需要讨论函数沿什么方向的方向导数最大? 例如, 在热传导问题中, 不但需要研究热量向四周扩散时, 温度沿不同方向变化的快慢, 而且需要知道沿什么方向变化最快以及温度的最大变化率; 在气象预报中, 需要研究气压沿什么方向变化最快 (风向) 以及气压的最大变化率 (风力) 等. 下面, 我们就来讨论这个问题.

1. 梯度定义

定义 8.8 设函数 $z = f(x,y)$ 在平面区域 D 内具有一阶连续偏导数, 则对于每一点 $P_0(x_0, y_0) \in D$ 都可确定出一个向量

$$f_x(x_0, y_0)\boldsymbol{i} + f_y(x_0, y_0)\boldsymbol{j},$$

这个向量称为函数 $z = f(x,y)$ 在点 $P_0(x_0, y_0)$ 的**梯度**, 记作 $\mathbf{grad}f(x_0, y_0)$ 或 $\nabla f(x_0, y_0)$, 即

$$\mathbf{grad}f(x_0, y_0) = f_x(x_0, y_0)\boldsymbol{i} + f_y(x_0, y_0)\boldsymbol{j}.$$

2. 梯度与方向导数的关系

设 $e_l = \cos\alpha\boldsymbol{i} + \cos\beta\boldsymbol{j}$ 是与 l 同方向的单位向量, 则由方向导数的计算公式得

$$\frac{\partial f}{\partial l}\bigg|_{(x_0,y_0)} = f_x(x_0, y_0)\cos\alpha + f_y(x_0, y_0)\cos\beta$$

$$= (f_x(x_0, y_0), f_y(x_0, y_0)) \cdot (\cos\alpha, \cos\beta)$$

$$= \mathbf{grad}f(x_0, y_0) \cdot \boldsymbol{e}_l = |\mathbf{grad}f(x_0, y_0)|\cos\theta$$

$$= \mathrm{Prj}_l\mathbf{grad}f(x_0, y_0),$$

其中 θ 是梯度 $\mathbf{grad}f(x_0, y_0)$ 与 $\boldsymbol{e}_l$ 的夹角, 可见, 方向导数 $\dfrac{\partial f}{\partial l}$ 就是梯度在方向 l 上的投影.

由上述梯度与方向导数的关系可知:

(1) 当 $\theta = 0$, 即方向 $\boldsymbol{e}_l$ 与**梯度$\mathbf{grad}f(x_0, y_0)$** 的方向相同时, 函数 $f(x, y)$ 增加最快. 此时, 函数在这个方向的方向导数达到最大值, 这个最大值就是梯度的模 $|\mathbf{grad}f(x_0, y_0)|$, 即

$$\left.\frac{\partial f}{\partial l}\right|_{(x_0, y_0)} = |\mathbf{grad}f(x_0, y_0)|.$$

这个结果也表示: 函数 $f(x, y)$ 在一点的梯度 $\mathbf{grad}f$ 是这样一个向量, 它的方向是函数在这点的方向导数取得最大值的方向, 它的模就等于方向导数的最大值.

(2) 当 $\theta = \pi$, 即方向 $\boldsymbol{e}_l$ 与梯度 $\mathbf{grad}f(x_0, y_0)$ 的方向相反时, 函数 $f(x, y)$ 减少最快. 此时, 函数在这个方向的方向导数达到最小值, 即

$$\left.\frac{\partial f}{\partial l}\right|_{(x_0, y_0)} = -|\mathbf{grad}f(x_0, y_0)|.$$

(3) 当 $\theta = \dfrac{\pi}{2}$, 即方向 $\boldsymbol{e}_l$ 与梯度 $\mathbf{grad}f(x_0, y_0)$ 的方向正交时, 函数 $f(x, y)$ 的变化率为零, 即

$$\left.\frac{\partial f}{\partial l}\right|_{(x_0, y_0)} = |\mathbf{grad}f(x_0, y_0)|\cos\theta = 0.$$

例 8.33　求函数 $f(x, y) = x^2y + 2y$ 在点 $(2, -1)$ 处的梯度以及函数在该点处沿梯度方向的方向导数.

解　函数 f 在点 $(2, -1)$ 处的梯度为

$$\mathbf{grad}f(2, -1) = (f_x, f_y)|_{(2, -1)} = (2xy, x^2 + 2)|_{(2, -1)} = (-4, 6).$$

函数 f 在点 $(2, -1)$ 处沿梯度方向的方向导数等于函数在该点处梯度的模, 故所求方向导数为

$$|\mathbf{grad}f(2, -1)| = \sqrt{(-4)^2 + (6)^2} = 2\sqrt{13}.$$

3. 梯度的几何意义

一般地, 二元函数 $z = f(x,y)$ 在几何上表示一个曲面, 这曲面被平面 $z = c$(c 是常数) 所截得的曲线 L 的方程为

$$\begin{cases} z = f(x,y), \\ z = c, \end{cases}$$

这条曲线 L 在 xOy 面上的投影是一条平面曲线 L^*(图 8.13), 它在 xOy 平面直角坐标系中的方程为

$$f(x,y) = c.$$

对于曲线 L^* 上的一切点, 对应的函数值都是 c, 所以称曲线 L^* 为**函数 $z = f(x,y)$ 的等值线**.

若 f_x, f_y 不同时为零, 则等值线 L^* 上任一点 P_0 (x_0, y_0) 处的一个单位法向量为

$$\boldsymbol{n} = \frac{1}{\sqrt{f_x^2(x_0,y_0) + f_y^2(x_0,y_0)}} (f_x(x_0,y_0), f_y(x_0,y_0))$$

$$= \frac{\mathbf{grad}f(x_0,y_0)}{|\mathbf{grad}f(x_0,y_0)|}.$$

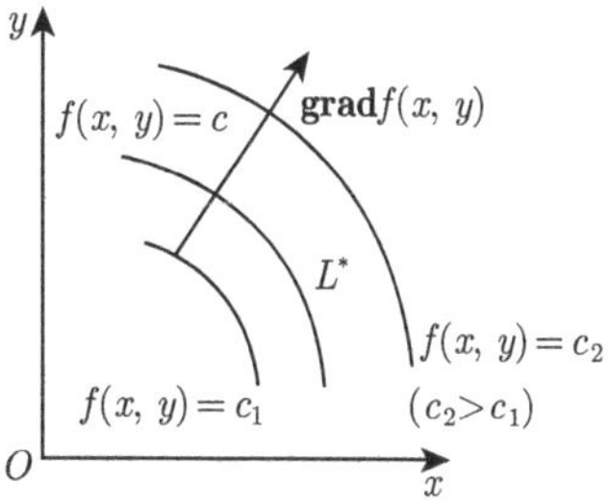

图 8.13

这表明函数 $f(x,y)$ 在一点 $P_0(x_0,y_0)$ 的梯度 $\mathbf{grad}f(x_0,y_0)$ 的方向与等值线上这点的一个法线方向相同, 而沿这个方向的方向导数 $\frac{\partial f}{\partial n}$ 就等于 $|\mathbf{grad}f(x_0,y_0)|$, 于是

$$\mathbf{grad}f(x_0,y_0) = \frac{\partial f}{\partial n}\boldsymbol{n}.$$

这一关系式表明了函数在一点的梯度与过这点的等值线、方向导数间的关系. 这就是说: 函数在一点的梯度方向与等值线在这点的一个法线方向相同, 它的指向为从数值较低的等值线指向数值较高的等值线, 梯度的模就等于函数在这个法线方向的方向导数.

4. 三元函数的梯度

上面讨论的梯度概念可以类似地推广到三元函数的情形. 设函数 $f(x,y,z)$ 在空间区域 G 内具有一阶连续偏导数, 则对于每一点 $P_0(x_0,y_0,z_0) \in G$, 都可定出一个向量

$$f_x(x_0,y_0,z_0)\boldsymbol{i} + f_y(x_0,y_0,z_0)\boldsymbol{j} + f_z(x_0,y_0,z_0)\boldsymbol{k},$$

这个向量称为函数 $f(x, y, z)$ 在点 $P_0(x_0, y_0, z_0)$ 的**梯度**, 记作 $\mathbf{grad}f(x_0, y_0, z_0)$ 或 $\nabla f(x_0, y_0, z_0)$, 即

$$\mathbf{grad}f(x_0, y_0, z_0) = f_x(x_0, y_0, z_0)\,\boldsymbol{i} + f_y(x_0, y_0, z_0)\,\boldsymbol{j} + f_z(x_0, y_0, z_0)\,\boldsymbol{k}.$$

经过与二元函数的情形完全类似的讨论可知, 三元函数的梯度也是这样一个向量, 它的方向与取得最大方向导数的方向一致, 而它的模为方向导数的最大值.

习　题　8.7

基础题

1. 求函数 $z = x^2 + y^2$ 在点 $(1, 2)$ 处沿从点 $(1, 2)$ 到点 $\left(2, 2 + \sqrt{3}\right)$ 的方向的方向导数.

2. 求函数 $u = xyz$ 在点 $(5, 1, 2)$ 处沿从点 $(5, 1, 2)$ 到点 $(9, 4, 14)$ 的方向的方向导数.

3. 求函数 $u = xy^2 + z^3 - xyz$ 在点 $(1, 1, 2)$ 处沿方向角为 $\alpha = \dfrac{\pi}{3}, \beta = \dfrac{\pi}{4}, \gamma = \dfrac{\pi}{3}$ 的方向的方向导数.

4. 设 $u = \sqrt{x^2 + y^2 + z^2}$, 求 $\mathbf{grad}u, \mathbf{grad}\dfrac{1}{u}$.

5. 设 $f(x, y, z) = x^2 + 2y^2 + 3z^2 + xy + 3x - 2y - 6z$, 求 $\mathbf{grad}f(0, 0, 0), \mathbf{grad}f(1, 1, 1)$.

6. 求函数 $u = xy^2z$ 在点 $P_0(1, -1, 2)$ 处变化最快的方向, 并求沿这个方向的方向导数.

提高题

1. 求函数 $u = x + y + z$ 在球面 $x^2 + y^2 + z^2 = 1$ 上点 (x_0, y_0, z_0) 处, 沿球面在该点的外法线方向的方向导数.

2. 设函数 $u(x, y, z), v(x, y, x)$ 的各个偏导数都存在且连续, 证明

(1) $\nabla(cu) = c \cdot \nabla u$(其中 c 为常数);

(2) $\nabla(u \pm v) = \nabla u + \nabla v$;

(3) $\nabla(uv) = v \cdot \nabla u + u \cdot \nabla v$;

(4) $\nabla\left(\dfrac{u}{v}\right) = \dfrac{v \cdot \nabla u - u \cdot \nabla v}{v^2}$.

8.8　多元函数的极值与最值

在实际问题中经常会遇到求多元函数的最大值、最小值问题. 与一元函数类似, 多元函数的最大值、最小值与极大值、极小值有着密切的联系. 本节我们将以二元函数为例, 利用多元函数微分学的相关知识研究多元函数的极值与最值问题.

8.8.1　多元函数的极值

定义 8.9　设函数 $z = f(x, y)$ 的定义域为 D, $P_0(x_0, y_0)$ 为 D 的内点. 若存在 $P_0(x_0, y_0)$ 的某个邻域内 $U(P_0) \subset D$, 对于该邻域内异于 $P_0(x_0, y_0)$ 的任意点 (x, y), 都有

$$f(x, y) < f(x_0, y_0) \quad (或 f(x, y) > f(x_0, y_0)),$$

则称函数 $f(x,y)$ 在点 $P_0(x_0,y_0)$ 有**极大值** (或**极小值**)$f(x_0,y_0)$, 点 $P_0(x_0,y_0)$ 为函数 $f(x,y)$ 的**极大值点** (或**极小值点**).

极大值和极小值统称为函数的**极值**, 使函数取得极值的点称为函数的**极值点**.

引例 8.3 函数 $z = 3x^2 + 4y^2$ 在点 $(0,0)$ 处有极小值. 因为对于点 $(0,0)$ 的任一邻域内异于 $(0,0)$ 的点, 函数值都为正, 而在点 $(0,0)$ 处的函数值为零. 从几何上看这是显然的, 因为点 $(0,0,0)$ 是开口朝上的椭圆抛物面 $z = 3x^2 + 4y^2$ 的顶点.

引例 8.4 函数 $z = -\sqrt{x^2 + y^2}$ 在点 $(0,0)$ 处有极大值. 因为在点 $(0,0)$ 处函数值为零, 而对于点 $(0,0)$ 的任一邻域内异于 $(0,0)$ 的点, 函数值都为负. 点 $(0,0,0)$ 是位于 xOy 平面下方的锥面 $z = -\sqrt{x^2 + y^2}$ 的顶点.

引例 8.5 函数 $z = xy$ 在点 $(0,0)$ 处既不取得极大值也不取得极小值. 因为在点 $(0,0)$ 处的函数值为零, 而在点 $(0,0)$ 的任一邻域内, 总有使函数值为正的点, 也有使函数值为负的点.

以上关于二元函数的极值概念, 可推广到 n 元函数. 设 n 元函数 $u = f(P)$ 的定义域为 D, P_0 为 D 的内点. 若存在 P_0 的某个邻域 $U(P_0) \subset D$, 使得该邻域内异于 P_0 的任何点 P, 都有

$$f(P) < f(P_0) \quad (\text{或} f(P) > f(P_0)),$$

则称函数 $f(P)$ 在点 P_0 有极大值 (或极小值)$f(P_0)$.

如何去寻找极值点呢? 下面给出有关二元函数极值的两个定理, 使我们能够利用二元函数的偏导数来研究二元函数的极值.

定理 8.12 (极值存在的必要条件) 设函数 $z = f(x,y)$ 在点 $P_0(x_0,y_0)$ 的两个偏导数存在, 且点 $P_0(x_0,y_0)$ 是极值点, 则

$$f_x(x_0,y_0) = 0, \quad f_y(x_0,y_0) = 0.$$

证 若点 $P_0(x_0,y_0)$ 是 $z = f(x,y)$ 的极值点, 则当 y 保持常数 y_0 时, 一元函数 $z = f(x,y_0)$ 在 $x = x_0$ 处必取得极值. 根据一元函数极值存在的必要条件, 有

$$f_x(x_0,y_0) = 0,$$

同理有 $f_y(x_0,y_0) = 0$.

使 $f_x(x_0,y_0) = 0$, $f_y(x_0,y_0) = 0$ 同时成立的点 $P_0(x_0,y_0)$ 称为函数 $z = f(x,y)$ 的**驻点**.

类似地, 如果三元函数 $u = f(x,y,z)$ 在点 (x_0,y_0,z_0) 处偏导数都存在, 则其具有极值的必要条件是

$$f_x(x_0,y_0,z_0) = 0, \quad f_y(x_0,y_0,z_0) = 0, \quad f_z(x_0,y_0,z_0) = 0.$$

于是点 (x_0, y_0, z_0) 是函数 $u = f(x, y, z)$ 的**驻点**.

定理 8.12 告诉我们, 偏导数存在的函数的极值点必是驻点, 但反过来驻点却不一定是极值点. 例如, 函数 $z = xy$, 容易算出点 $(0, 0)$ 处 $z_x|_{(0,0)} = 0$, $z_y|_{(0,0)} = 0$, 但点 $(0, 0)$ 不是函数的极值点. 事实上, 在点 $O(0, 0)$ 的任一邻域内, 若 x, y 同号, 则有 $f(x, y) > f(0, 0) = 0$; 若 x, y 异号, 则有 $f(x, y) < f(0, 0) = 0$. 所以由极值定义可知点 $O(0, 0)$ 不是极值点.

怎样判定一个驻点是否为极值点呢? 下面给出二元函数极值存在的充分条件.

定理 8.13　设函数 $z = f(x, y)$ 在点 $P_0(x_0, y_0)$ 的某邻域内有连续的二阶偏导数, 且 $P_0(x_0, y_0)$ 是驻点, 即 $f_x(x_0, y_0) = 0$, $f_y(x_0, y_0) = 0$, 记

$$f_{xx}(x_0, y_0) = A, \quad f_{xy}(x_0, y_0) = B, \quad f_{yy}(x_0, y_0) = C,$$

(1) 如果 $B^2 - AC < 0$, 则 $f(x, y)$ 在点 (x_0, y_0) 处取得极值, 且当 $A > 0$ 时, $f(x_0, y_0)$ 为极小值; 当 $A < 0$ 时, $f(x_0, y_0)$ 为极大值.

(2) 如果 $B^2 - AC > 0$, 则 $f(x, y)$ 在点 (x_0, y_0) 处不取得极值.

(3) 如果 $B^2 - AC = 0$, 则 $f(x, y)$ 在点 (x_0, y_0) 处可能取得极值, 也可能不取得极值.

结合极值存在的充分条件, 我们可以总结出**求函数极值的步骤**如下:

(1) 计算函数 $z = f(x, y)$ 的偏导数 $f_x f_y$, 解方程组 $\begin{cases} f_x = 0, \\ f_y = 0, \end{cases}$ 求得驻点 (x_0, y_0).

(2) 计算所有二阶偏导数, 在每一个驻点 (x_0, y_0) 处, 记

$$f_{xx}(x_0, y_0) = A, \quad f_{xy}(x_0, y_0) = B, \quad f_{yy}(x_0, y_0) = C,$$

利用极值存在的充分条件判断其是否为极值点.

(3) 计算函数的极值.

例 8.34　求函数 $z = x^3 + y^3 - 3xy$ 的极值.

解　令

$$\begin{cases} \dfrac{\partial z}{\partial x} = 3x^2 - 3y = 0, \\[2mm] \dfrac{\partial z}{\partial y} = 3y^2 - 3x = 0, \end{cases}$$

得驻点 $(0, 0), (1, 1)$. 又

$$\frac{\partial^2 z}{\partial x^2} = 6x, \quad \frac{\partial^2 z}{\partial x \partial y} = -3, \quad \frac{\partial^2 z}{\partial y^2} = 6y,$$

在点 $(0,0)$ 处, $B^2 - AC = 9 > 0$, 函数在该点不取得极值.

在点 $(1,1)$ 处, $B^2 - AC = -27 < 0, A = 6 > 0$, 所以函数在该点取得极小值 $f(1,1) = -1$.

需要指出的是, 在讨论函数的极值问题时, 如果函数存在偏导数, 则由定理 8.12 知, 极值点只有驻点处取得. 如果函数在某个点处偏导数不存在, 但也可能是极值点, 如 $z = \sqrt{x^2 + y^2}$ 在点 $(0,0)$ 的偏导数不存在, 但该函数在点 $(0,0)$ 却取得极小值. 因此, 在求函数极值时, 对函数偏导数不存在的点也应考虑是否为函数的极值点.

8.8.2 多元函数的最值

在一元函数的情形中, 函数的最值由区间内的极值及区间两端点处的函数值比较而得. 对于闭区域 D 上的连续函数 $z = f(x,y)$, 在区域 D 上必然取得最大值与最小值. 具体求法是: 将 $f(x,y)$ 在驻点与不可导点的函数值, 与 $f(x,y)$ 在 D 边界上的最大及最小值进行比较, 最大者即为函数的最大值, 最小者即为函数的最小值.

求二元函数在闭区域上的最值往往比较复杂, 在解决实际问题时, 常常要根据问题的性质来确定最大值和最小值. 如果知道函数 $f(x,y)$ 在区域 D 内存在最大值 (或最小值), 又知函数在 D 内可微, 且只有唯一驻点, 则该点处的函数值就是函数的最大值 (或最小值).

例 8.35 求函数 $z = \left(x^2 + y^2 - 2x\right)^2$ 在圆域 $x^2 + y^2 \leqslant 2x$ 上的最大值和最小值.

解 $\dfrac{\partial z}{\partial x} = 2\left(x^2 + y^2 - 2x\right)(2x - 2), \dfrac{\partial z}{\partial y} = 2\left(x^2 + y^2 - 2x\right)2y$. 令 $\dfrac{\partial z}{\partial x} = \dfrac{\partial z}{\partial y} = 0$, 在圆域 $x^2 + y^2 \leqslant 2x$ 内求得驻点为 $(1,0)$.

显然函数 $z \geqslant 0$, 且在闭域 $x^2 + y^2 \leqslant 2x$ 上连续, 所以最大值和最小值存在. 在区域内, 函数值 $z > 0$, 在区域边界 $x^2 + y^2 = 2x$ 上, 函数值 $z = 0$, 即为最小值. 最大值一定在区域内部. 因为函数驻点 $(1,0)$ 是唯一的, 从而知道最大值为 $z(1,0) = 1$, 故函数 $z = \left(x^2 + y^2 - 2x\right)^2$ 在闭域 $x^2 + y^2 \leqslant 2x$ 上的最大值为 1, 最小值为 0.

例 8.36 要制作容积为 V_0 的无盖长方形容器, 如何选取长、宽、高才能使用料最少?

解 设容器的长、宽、高分别为 x, y, z, 则体积为

$$V = xyz,$$

表面积为 $S = xy + 2(yz + zx)$. 因为 $V = V_0$, 所以 $z = \dfrac{V_0}{xy}$, 代入上式得

$$S = xy + 2V_0\left(\frac{1}{x} + \frac{1}{y}\right),$$

而 $\dfrac{\partial S}{\partial x} = y - \dfrac{2V_0}{x^2}, \dfrac{\partial S}{\partial y} = x - \dfrac{2V_0}{y^2}$. 令 $\dfrac{\partial S}{\partial x} = 0, \dfrac{\partial S}{\partial y} = 0$. 解得驻点为 $x_0 = \sqrt[3]{2V_0}, y_0 = \sqrt[3]{2V_0}$.

由问题的实际意义知, 表面积的最小值一定存在, 且驻点唯一, 从而该驻点就是最小值点, 即当 $x_0 = y_0 = \sqrt[3]{2V_0}, z_0 = \sqrt[3]{\dfrac{V_0}{4}}$ 时, 所用材料最少.

例 8.37　某公司生产甲、乙两种产品, 生产 x 单位的甲产品与生产 y 单位的乙产品的总成本为

$$C(x, y) = 20000 + 30x + 20y + x^2 + xy + 2y^2,$$

产品甲、产品乙的销售单价分别为 350 元、600 元. 如果生产的产品可全部售出, 那么两种产品的产量定为多少时, 总利润最大?

解　设 $L(x, y)$ 表示产品甲、乙分别生产 x、y 单位时的总利润函数. 总利润函数等于总收益函数减去总成本函数, 即

$$L(x, y) = (350x + 600y) - \left(20000 + 30x + 20y + x^2 + xy + 2y^2\right)$$
$$= 320x + 580y - x^2 - xy - 2y^2 - 20000,$$

而 $L_x(x, y) = 320 - 2x - y, L_y(x, y) = 580 - 4y - x$. 令 $L_x(x, y) = 0, L_y(x, y) = 0$, 解得唯一驻点 $x = 100, y = 120$.

又因 $A = L_{xx} = -2 < 0, B = L_{xy} = -1 < 0, C = L_{yy} = -4 < 0$, 而

$$B^2 - AC = (-1)^2 - (-2) \times (-4) = -7 < 0.$$

所以, $L(100, 120) = 45200$ (元) 是极大值也是最大值. 所以, 生产 100 单位甲产品, 且生产 120 单位乙产品时所得利润最大.

8.8.3　条件极值

以上讨论的极值问题, 除了函数自变量限制在函数的定义域内以外, 没有其他约束条件, 这种极值称为**无条件极值**. 但在实际问题中, 往往会遇到对函数的自变量还有附加条件限制的极值问题, 这类极值称为**条件极值**.

引例 8.6 要制作一个容积为 $2\mathrm{m}^3$ 的有盖圆柱形容器, 如何选取尺寸才能使用料最少?

分析 设容器的高为 $h(\mathrm{m})$, 底半径 $r(\mathrm{m})$, 则体积为 $\pi r^2 h = 2$, 表面积为

$$S = 2\pi r^2 + 2\pi rh,$$

所求问题转化为求函数 $S = 2\pi r^2 + 2\pi rh$ 在附加条件 $\pi r^2 h = 2$ 下的极小值问题.

此问题的直接做法是消去约束条件, 从 $\pi r^2 h = 2$ 中求得 $h = \dfrac{2}{\pi r^2}$, 将此式代入表面积函数中得

$$S = 2\pi r^2 + \frac{4}{r}.$$

这样把条件极值问题转化为无条件极值问题. 按照一元函数的极值求法, 令 $4\pi r - \dfrac{4}{r^2} = 0$, 得 $r = \dfrac{1}{\sqrt[3]{\pi}}$ 为唯一驻点, 根据问题实际意义知, 此唯一驻点就是所求最小值点, 将 $r = \dfrac{1}{\sqrt[3]{\pi}}$ 代入附加条件得 $h = \dfrac{2}{\sqrt[3]{\pi}}$. 因此, 当 $r = \dfrac{1}{\sqrt[3]{\pi}}\mathrm{m}$, $h = \dfrac{2}{\sqrt[3]{\pi}}\mathrm{m}$ 时用料最少.

但在很多情形下, 将条件极值转化为无条件极值并不简单. 我们介绍另一种求条件极值的方法——**拉格朗日乘数法**, 这种方法可以不用先把问题转化为无条件极值的问题.

先讨论函数

$$z = f(x, y) \tag{8.32}$$

在条件

$$\varphi(x, y) = 0 \tag{8.33}$$

下取得极值的必要条件.

如果函数 $z = f(x, y)$ 在 (x_0, y_0) 处取得极值, 则有

$$\varphi(x_0, y_0) = 0. \tag{8.34}$$

假定在 (x_0, y_0) 的某一邻域内函数 $f(x, y)$ 与 $\varphi(x, y)$ 均有连续的一阶偏导数, 且 $\varphi_y(x_0, y_0) \neq 0$. 由隐函数存在定理可知, 方程 $\varphi(x, y) = 0$ 确定一个连续且具有连续导数的函数 $y = \psi(x)$, 将其代入 $z = f(x, y)$, 得

$$z = f(x, \psi(x)). \tag{8.35}$$

函数 $z = f(x, y)$ 在 (x_0, y_0) 处取得极值, 相当于 $z = f(x, \psi(x))$ 在点 $x = x_0$ 取得极值. 由一元可导函数取得极值的必要条件可知

$$\left.\frac{\mathrm{d}z}{\mathrm{d}x}\right|_{x=x_0} = f_x(x_0, y_0) + f_y(x_0, y_0)\left.\frac{\mathrm{d}y}{\mathrm{d}x}\right|_{x=x_0}. \tag{8.36}$$

而由 (8.33) 用隐函数求导公式, 有

$$\frac{\mathrm{d}y}{\mathrm{d}x}\bigg|_{x=x_0} = -\frac{\varphi_x(x_0, y_0)}{\varphi_y(x_0, y_0)}.$$

把上式代入 (8.36) 式, 得

$$f_x(x_0, y_0) - f_y(x_0, y_0)\frac{\varphi_x(x_0, y_0)}{\varphi_y(x_0, y_0)} = 0. \tag{8.37}$$

(8.34) 和 (8.37) 两式就是函数 $z = f(x, y)$ 在条件 $\varphi(x, y) = 0$ 下在点 (x_0, y_0) 取得极值的必要条件.

设 $\dfrac{f_y(x_0, y_0)}{\varphi_y(x_0, y_0)} = -\lambda$, 上述必要条件就变为

$$\begin{cases} f_x(x_0, y_0) + \lambda\varphi_x(x_0, y_0) = 0, \\ f_y(x_0, y_0) + \lambda\varphi_y(x_0, y_0) = 0, \\ \varphi(x_0, y_0) = 0. \end{cases} \tag{8.38}$$

引进辅助函数

$$L(x, y) = f(x, y) + \lambda\varphi(x, y).$$

则不难看出, (8.38) 中前两式就是

$$L_x(x_0, y_0) = 0, \quad L_y(x_0, y_0) = 0.$$

函数 $L(x, y)$ 称为**拉格朗日函数**, 参数 λ 称为**拉格朗日乘子**.

根据以上讨论可知, 求函数 $z = f(x, y)$ 在条件 $\varphi(x, y) = 0$ 下的极值的拉格朗日乘数法的步骤如下:

(1) 构造拉格朗日函数

$$L(x, y) = f(x, y) + \lambda\varphi(x, y),$$

其中 λ 为待定参数.

(2) 解方程组

$$\begin{cases} L_x(x, y) = f_x(x, y) + \lambda\varphi_x(x, y) = 0, \\ L_y(x, y) = f_y(x, y) + \lambda\varphi_y(x, y) = 0, \\ \varphi(x, y) = 0 \end{cases}$$

得 x, y 值, 则 (x, y) 就是所求的可能的极值点.

(3) 判断所求的点是否为极值点.

例 8.38 用拉格朗日乘数法解 8.8.3 节中的引例 8.6.

解 构造拉格朗日函数

$$L\left(r,h\right) = 2\pi r^2 + 2\pi rh + \lambda(\pi r^2 h - 2),$$

则有

$$\begin{cases} L_r = 4\pi r + 2\pi h + 2\lambda\pi rh = 0, & (8.39) \\ L_h = 2\pi r + \lambda\pi r^2 = 0, & (8.40) \\ \pi r^2 h = 2, & (8.41) \end{cases}$$

解方程组 (8.39) 和 (8.40),得 $h = 2r$,将其代入 (8.41) 中,得

$$r = \frac{1}{\sqrt[3]{\pi}}, \quad h = \frac{2}{\sqrt[3]{\pi}}.$$

由题意可知点 $\left(\dfrac{1}{\sqrt[3]{\pi}}, \dfrac{2}{\sqrt[3]{\pi}}\right)$ 是函数的唯一可能的极值点. 应用二元函数极值的充分条件可知,点 $\left(\dfrac{1}{\sqrt[3]{\pi}}, \dfrac{2}{\sqrt[3]{\pi}}\right)$ 是极小值点. 因此,当 $r = \dfrac{1}{\sqrt[3]{\pi}}$m,$h = \dfrac{2}{\sqrt[3]{\pi}}$m 时用料最少.

例 8.39 形状为椭球形 $4x^2 + y^2 + 4z^2 \leqslant 16$ 的空气探测器进入地球大气层,其表面开始受热,1 小时后在探测器的点 (x, y, z) 处的温度 $T = 8x^2 + 4yz - 16z + 600$,求探测器表面最热的点.

解 构造拉格朗日函数

$$L\left(x, y, z\right) = 8x^2 + 4yz - 16z + 600 + \lambda\left(4x^2 + y^2 + 4z^2 - 16\right),$$

则有

$$\begin{cases} L_x = 16x + 8\lambda x = 0, & (8.42) \\ L_y = 4z + 2\lambda y = 0, & (8.43) \\ L_z = 4y - 16 + 8\lambda z = 0, & (8.44) \\ 4x^2 + y^2 + 4z^2 = 16. & (8.45) \end{cases}$$

解方程组 (8.42)—(8.44),得 $y = z = -\dfrac{4}{3}$,将其代入式 (8.45),得 $x = \pm\dfrac{4}{3}$,由此得到点 $\left(\pm\dfrac{4}{3}, -\dfrac{4}{3}, -\dfrac{4}{3}\right)$ 是函数可能的极值点,应用二元函数极值的充分条件可知,点 $\left(\pm\dfrac{4}{3}, -\dfrac{4}{3}, -\dfrac{4}{3}\right)$ 是极大值点. 因此,探测器表面最热的点是 $\left(\pm\dfrac{4}{3}, -\dfrac{4}{3}, -\dfrac{4}{3}\right)$.

拉格朗日乘数法可以推广到两个以上自变量或约束条件多于一个的情形 (约束条件的个数一般应少于未知量的个数).

如求函数 $u = f(x, y, z)$ 满足条件 $\varphi(x, y, z) = 0$ 和 $\psi(x, y, z) = 0$ 下的条件极值, 方法如下.

(1) 构造拉格朗日函数

$$L(x, y, z) = f(x, y, z) + \lambda_1 \varphi(x, y, z) + \lambda_2 \psi(x, y, z),$$

其中 λ_1, λ_2 为待定参数.

(2) 解方程组

$$\begin{cases} L_x = f_x(x, y, z) + \lambda_1 \varphi_x(x, y, z) + \lambda_2 \psi_x(x, y, z) = 0, \\ L_y = f_y(x, y, z) + \lambda_1 \varphi_y(x, y, z) + \lambda_2 \psi_y(x, y, z) = 0, \\ L_z = f_z(x, y, z) + \lambda_1 \varphi_z(x, y, z) + \lambda_2 \psi_z(x, y, z) = 0, \\ \varphi(x, y, z) = 0, \\ \psi(x, y, z) = 0 \end{cases}$$

得 x, y, z 值, 则 (x, y, z) 就是所求的可能的极值点.

(3) 判断所求得的点是否为极值点, 为极大值点还是极小值点.

习　题　8.8

基础题

1. 求函数 $f(x, y) = 4x - 4y - x^2 - y^2$ 的极值.

2. 求函数 $f(x, y) = (6x - x^2)(4y - y^2)$ 的极值.

3. 求函数 $f(x, y) = \mathrm{e}^{2x}(x + y^2 + 2y)$ 的极值.

4. 求函数 $z = xy$ 在条件 $x + y = 1$ 下的极大值.

5. 求函数 $f(x, y) = x^2 y(4 - x - y)$ 在区域 $D = \{(x, y) | x \geqslant 0, y \geqslant 0, x + y \leqslant 6\}$ 上的最值.

6. 从斜边之长为 l 的一切直角三角形中, 求有最大周长的直角三角形.

提高题

1. 求表面积为 a^2 且体积为最大的长方体的体积.

2. 试在球面 $x^2 + y^2 + z^2 = 4$ 上求出与点 $(3, 1, -1)$ 距离最近和最远的点.

复 习 题 8

一、填空题

1. $\displaystyle \lim_{\substack{x \to 0 \\ y \to 0}} (x + y) \sin \frac{1}{x^2 + y^2} = \underline{\qquad\qquad}$.

2. 若 $f\left(x, \dfrac{y}{x}\right) = xy$, 则 $f(x, y) = \underline{\qquad\qquad}$.

3. 设函数 $f(x,y)$ 在点 $(0,0)$ 处的偏导数存在, 则 $\lim\limits_{x \to 0} \dfrac{f(a+x,b) - f(a-x,b)}{x} = $_____.

4. 设 $z = \ln(x-y)$, 则 $\mathrm{d}z = $_____.

5. 设 $z = x^y$, 则 $\dfrac{\partial^2 z}{\partial x \partial y} = $_____.

6. 曲线 $\sin(xy) + \ln(y-x) = x$ 在点 $(0,1)$ 处的切线方程为_____.

7. 函数 $u = \ln\left(x + \sqrt{y^2 + z^2}\right)$ 在点 $A(1,0,1)$ 处沿点 A 指向点 $B(3,-2,2)$ 方向的方向导数为_____.

8. 曲线 $x = \cos^4 t, y = \sin^4 t, z = \sin^2 t \cos^2 t$ 在对应于 $t = \dfrac{\pi}{4}$ 处的切线与平面 $4x + y + z = 1$ 的夹角为_____.

二、选择题

1. 二元函数 $y = \ln\sqrt{y - 2x}$ 的定义域为 (   ).

A. $\{(x,y) | y \geqslant 2x\}$ 　　　　　　 B. $\{(x,y) \mid y > 2x\}$

C. $\{(x,y) \mid |y - 2x| > 0\}$ 　　　　 D. $\{(x,y) | |y - 2x| \geqslant 0\}$

2. 设函数 $f(x,y) = \dfrac{xy}{x^2 + y^2}$, 则下列各式中正确的是 (   ).

A. $f\left(x, \dfrac{y}{x}\right) = f(x,y)$ 　　　　 B. $f(x+y, x-y) = f(x,y)$

C. $f(y,x) = f(x,y)$ 　　　　　　 D. $f(x,-y) = f(x,y)$

3. 设 $z = \mathrm{e}^x \cos y$, 则 $\dfrac{\partial^2 z}{\partial x \partial y} = $ (   ).

A. $\mathrm{e}^x \sin y$ 　　　 B. $\mathrm{e}^x + \mathrm{e}^x \sin y$ 　　　 C. $-\mathrm{e}^x \cos y$ 　　　 D. $-\mathrm{e}^x \sin y$

4. 考虑二元函数的下面四条性质:

① $f(x,y)$ 在点 (x_0, y_0) 处连续;

② $f(x,y)$ 在点 (x_0, y_0) 处两个偏导数连续;

③ $f(x,y)$ 在点 (x_0, y_0) 处可微;

④ $f(x,y)$ 在点 (x_0, y_0) 处两个偏导数存在.

则有 (   ).

A. ②⇒③⇒① 　　　　　　　　 B. ③⇒②⇒①

C. ③⇒④⇒① 　　　　　　　　 D. ③⇒①⇒④

5. 函数 $f(x,y) = \arctan\dfrac{x}{y}$ 在点 $(0,1)$ 处的梯度等于 (   ).

A. $\boldsymbol{i}$ 　　　　　 B. $-\boldsymbol{i}$ 　　　　　 C. $\boldsymbol{j}$ 　　　　　 D. $-\boldsymbol{j}$

6. 设 (x_0, y_0) 是函数 $z = f(x,y)$ 的驻点, 且有 $f_{xx}(x_0, y_0) = A \neq 0, f_{xy}(x_0, y_0) = B, f_{yy}(x_0, y_0) = C$, 若 $B^2 - AC < 0$, 则 $f(x_0, y_0)$ 一定 (   ).

A. 是极大值 　　　　　　　　 B. 是极小值

C. 不是极值 　　　　　　　　 D. 是极值

7. 对于函数 $z = xy$, 原点 $(0,0)$(   ).

A. 不是驻点 　　　　　　　　 B. 是驻点但非极值点

C. 是极大值点 　　　　　　　 D. 是极小值点

8. 下题中给出了四个结论, 从中选出一个正确的结论:

设函数 $f(x,y)$ 在点 $(0,0)$ 的某邻域内有定义, 且 $f_x(0,0) = 3, f_y(0,0) = -1$, 则有 (   ).

A. $dz|_{(0,0)} = 3dx - dy$

B. 曲面 $z = f(x, y)$ 在点 $(0, 0, f(0, 0))$ 的一个法向量为 $(3, -1, 1)$

C. 曲线 $\begin{cases} z = f(x, y), \\ y = 0 \end{cases}$ 在点 $(0, 0, f(0, 0))$ 的一个切向量为 $(1, 0, 3)$

D. 曲线 $\begin{cases} z = f(x, y), \\ y = 0 \end{cases}$ 在点 $(0, 0, f(0, 0))$ 的一个切向量为 $(3, 0, 1)$

三、解答题

1. 设

$$f(x, y) = \begin{cases} \dfrac{x^2 y}{x^2 + y^2}, & x^2 + y^2 \neq 0, \\ 0, & x^2 + y^2 = 0. \end{cases}$$

求 $f_x(x, y)$ 及 $f_y(x, y)$.

2. 求函数 $z = \dfrac{xy}{x^2 - y^2}$ 当 $x = 2, y = 1, \Delta x = 0.01, \Delta y = 0.03$ 时的全增量和全微分.

3. 设 $x + y + z = \ln(xyz)$, 求 $\dfrac{\partial z}{\partial x}, \dfrac{\partial z}{\partial y}$.

4. 设 $z = \ln(\sqrt{x} + \sqrt{y})$, 证明 $x\dfrac{\partial z}{\partial x} + y\dfrac{\partial z}{\partial y} = \dfrac{1}{2}$.

5. 在曲面 $z = xy$ 上求一点, 使这点处的法线垂直于平面 $x + 3y + z + 9 = 0$, 并写出这法线的方程.

6. 求曲面 $x^2 + y^2 - z^2 = 1$ 的与平面 $x + y + z = 0$ 平行的切平面方程.

7. 求曲线 $x = a\sin 2t, y = a\cos t, z = a\sin^2 t$ 在对应于点 $t = \dfrac{\pi}{2}$ 处的切线方程和法平面方程 (其中 $a \neq 0$).

8. 设 $\boldsymbol{e}_i = (\cos\theta, \sin\theta)$, 求函数 $f(x, y) = x^2 - xy + y^2$ 在点 $(1,1)$ 沿方向 l 的方向导数, 并分别确定角 θ, 使这导数有①最大值; ②最小值; ③等于 0.

9. 求函数 $f(x, y) = x^2\left(2 + y^2\right) + y\ln y$ 的极值.

10. 某厂家生产的一种产品同时在两个市场销售, 售价分别为 p_1 和 p_2, 销售量分别为 q_1 和 q_2, 需求函数分别为

$$q_1 = 24 - 0.2p_1, \quad q_2 = 10 - 0.05p_2,$$

总成本函数为

$$C = 35 + 40\left(q_1 + q_2\right).$$

试问: 厂家如何确定两个市场的售价, 能使其获得的总利润最大? 最大总利润为多少?

本章提要

习题答案

第 9 章　重　积　分

一元函数积分学中, 曾经用和式的极限来定义一元函数 $f(x,y)$ 在区间 $[a,b]$ 上的定积分, 并且已经建立了定积分理论, 将这种和的极限的概念推广到定义在区域、曲线及曲面上的多元函数的情形, 便可建立多元函数积分学理论.

本章将重点介绍重积分 (包括二重积分和三重积分) 的概念、性质、计算方法及简单应用.

9.1　二　重　积　分

9.1.1　二重积分的概念

1. 曲顶柱体的体积

设有一立体, 它的底是 xOy 面上的闭区域 D, 它的侧面是以 D 的边界曲线为准线而母线平行于 z 轴的柱面, 它的顶是曲面 $z = f(x,y)$, 这里 $f(x,y) \geqslant 0$ 且在 D 上连续 (图 9.1). 这种立体叫做**曲顶柱体**. 现在我们来讨论如何计算上述曲顶柱体的体积 V.

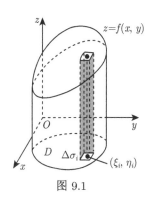

图 9.1

首先, 用一组曲线网把 D 分成 n 个小闭区域 $\Delta\sigma_1, \Delta\sigma_2, \cdots, \Delta\sigma_n$(小闭区域的面积也记作 $\Delta\sigma_i$). 分别以这些小闭区域的边界曲线为准线, 作母线平行于 z 轴的柱面, 这些柱面把原来的曲顶柱体分为 n 个细曲顶柱体. 当这些小闭区域的直径很小时, 由于 $f(x,y)$ 连续, 在同一个小闭区域上 $f(x,y)$ 变化很小, 这时细曲顶柱体可近似看作平顶柱体. 于是, 在每个 $\Delta\sigma_i$ 中任取一点 (ξ_i, η_i), 以 $f(\xi_i, \eta_i)$ 为高而底为 $\Delta\sigma_i$ 的平顶柱体的体积为

$$f(\xi_i, \eta_i)\,\Delta\sigma_i \quad (i = 1, 2, \cdots, n),$$

这 n 个平顶柱体体积之和可以认为是整个曲顶柱体体积的近似值

$$V \approx \sum_{i=1}^{n} f(\xi_i, \eta_i)\Delta\sigma_i,$$

为求得曲顶柱体体积的精确值, 将分割加密, 只需取极限, 即

$$V = \lim_{\lambda \to 0} \sum_{i=1}^{n} f(\xi_i, \eta_i) \Delta \sigma_i,$$

其中 λ 是 n 个小闭区域的直径中的最大值.

2. 平面薄片的质量

设有一平面薄片占有 xOy 面上的闭区域 D, 它在点 (x, y) 处的面密度为 $\mu(x, y)$, 这里 $\mu(x, y) > 0$ 且在 D 上连续. 现在要计算该薄片的质量 m.

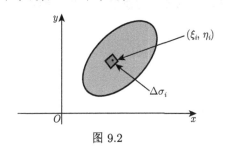

图 9.2

用一组曲线网把 D 分成 n 个小闭区域 $\Delta \sigma_1, \Delta \sigma_2, \cdots, \Delta \sigma_n$, 只要小闭区域 $\Delta \sigma_i$ 的直径很小, 这些小块就可以近似地看作均匀薄片. 在 $\Delta \sigma_i$ 上任取一点 (ξ_i, η_i), 将 $\mu(\xi_i, \eta_i) \Delta \sigma_i \, (i = 1, 2, \cdots, n)$ 看作第 i 个小块质量的近似值 (图 9.2), 则各小块质量的和可作为平面薄片的质量的近似值

$$m \approx \sum_{i=1}^{n} \mu(\xi_i, \eta_i) \Delta \sigma_i.$$

将分割加细, 取极限, 得到平面薄片的质量

$$m = \lim_{\lambda \to 0} \sum_{i=1}^{n} \mu(\xi_i, \eta_i) \Delta \sigma_i,$$

其中 λ 是各小闭区域的直径中的最大值.

上面两个问题的实际意义虽然不同, 但所求量都归结为同一形式的和的极限. 在几何、物理和工程技术中许多量都可归结为这一形式的和的极限, 为了更一般地研究这种和的极限, 便抽象出下列二重积分的定义.

定义 9.1 设 $f(x, y)$ 是有界闭区域 D 上的有界函数. 将闭区域 D 任意分成 n 个小闭区域

$$\Delta \sigma_1, \Delta \sigma_2, \cdots, \Delta \sigma_n,$$

其中 $\Delta \sigma_i$ 表示第 i 个小闭区域, 也表示它的面积. 在每个 $\Delta \sigma_i$ 上任取一点 (ξ_i, η_i), 作乘积 $f(\xi_i, \eta_i) \Delta \sigma_i \, (i = 1, 2, \cdots, n)$, 并作和 $\sum_{i=1}^{n} f(\xi_i, \eta_i) \Delta \sigma_i$. 如果当各小闭区域的直径中的最大值 λ 趋于零时, 这和的极限总存在, 且与闭区域 D 的分法及点

(ξ_i, η_i) 的取法无关, 那么称此极限为函数 $f(x, y)$ 在闭区域 D 上的**二重积分**, 记作 $\iint\limits_D f(x, y) \mathrm{d}\sigma$, 即

$$\iint\limits_D f(x, y)\mathrm{d}\sigma = \lim_{\lambda \to 0} \sum_{i=1}^{n} f(\xi_i, \eta_i) \Delta\sigma_i,$$

其中 $f(x, y)$ 叫做**被积函数**, $f(x, y)\mathrm{d}\sigma$ 叫做**被积表达式**, $\mathrm{d}\sigma$ 叫做**面积元素**, x 与 y 叫做**积分变量**, D 叫做**积分区域**, $\sum\limits_{i=1}^{n} f(\xi_i, \eta_i)\Delta\sigma_i$ 叫做**积分和**.

由二重积分的定义可知, 曲顶柱体的体积是函数 $f(x, y)$ 在底 D 上的二重积分

$$V = \iint\limits_D f(x, y)\mathrm{d}\sigma,$$

平面薄片的质量是它的面密度 $\mu(x, y)$ 在薄片所占闭区域 D 上的二重积分

$$m = \iint\limits_D \mu(x, y)\mathrm{d}\sigma.$$

二重积分的存在性: 当 $f(x, y)$ 在闭区域 D 上连续时, 积分和的极限是存在的, 也就是说函数 $f(x, y)$ 在 D 上的二重积分必定存在. 我们总假定函数 $f(x, y)$ 在闭区域 D 上连续, 所以 $f(x, y)$ 在 D 上的二重积分都是存在的.

二重积分的几何意义: 如果 $f(x, y) \geqslant 0$, 被积函数 $f(x, y)$ 可解释为曲顶柱体的顶在点 (x, y) 处的竖坐标, 所以二重积分的几何意义就是柱体的体积; 如果 $f(x, y)$ 是负的, 柱体就在 xOy 面的下方, 二重积分的绝对值仍等于柱体的体积, 但二重积分的值是负的; 如果 $f(x, y)$ 在 D 的若干部分区域上是正的, 而在其他的部分区域上是负的, 那么 $f(x, y)$ 在 D 上的二重积分就等于 xOy 面上方的柱体体积减去 xOy 面下方的柱体体积所得之差.

9.1.2 二重积分的性质

二重积分与定积分有类似的性质, 具体如下.

性质 1 设 c_1, c_2 为常数, 则

$$\iint\limits_D [c_1 f(x, y) + c_2 g(x, y)]\mathrm{d}\sigma = c_1 \iint\limits_D f(x, y)\mathrm{d}\sigma + c_2 \iint\limits_D g(x, y)\mathrm{d}\sigma.$$

性质 2 如果闭区域 D 被有限条曲线分为有限个部分闭区域, 那么在 D 上的二重积分等于在各部分闭区域上的二重积分的和.

例如, D 分为两个闭区域 D_1 与 D_2, 则

$$\iint\limits_{D} f(x,y)\mathrm{d}\sigma = \iint\limits_{D_1} f(x,y)\mathrm{d}\sigma + \iint\limits_{D_2} f(x,y)\mathrm{d}\sigma.$$

这个性质表明: 二重积分对于积分区域具有**可加性**.

性质 3 $\displaystyle\iint\limits_{D} 1 \cdot \mathrm{d}\sigma = \iint\limits_{D} \mathrm{d}\sigma = \sigma$ (σ 为 D 的面积).

性质 4 如果在 D 上, $f(x,y) \leqslant g(x,y)$, 则有不等式

$$\iint\limits_{D} f(x,y)\mathrm{d}\sigma \leqslant \iint\limits_{D} g(x,y)\mathrm{d}\sigma.$$

特殊地, 有

$$\left|\iint\limits_{D} f(x,y)\mathrm{d}\sigma\right| \leqslant \iint\limits_{D} |f(x,y)|\mathrm{d}\sigma.$$

性质 5 设 M 和 m 分别是 $f(x,y)$ 在闭区域 D 上的最大值和最小值, σ 为 D 的面积, 则有

$$m\sigma \leqslant \iint\limits_{D} f(x,y)\mathrm{d}\sigma \leqslant M\sigma.$$

这个不等式称为**二重积分的估值不等式**.

性质 6 (二重积分的中值定理) 设函数 $f(x,y)$ 在闭区域 D 上连续, σ 为 D 的面积, 则在 D 上至少存在一点 (ξ,η) 使得

$$\iint\limits_{D} f(x,y)\mathrm{d}\sigma = f(\xi,\eta)\sigma.$$

上述等式变形后可得到 $f(\xi,\eta) = \dfrac{1}{\sigma}\iint\limits_{D} f(x,y)\mathrm{d}\sigma$, 等式右端称为 $f(x,y)$ 在 D 上的平均值.

例 9.1 设平面区域 D 由直线 $x=0$, $y=0$, $x+y=\dfrac{1}{2}$, $x+y=1$ 所围成, 若 $I_1 = \iint\limits_{D} \ln(x+y)^3 \mathrm{d}\sigma$, $I_2 = \iint\limits_{D} \sin(x+y)^3 \mathrm{d}\sigma$, $I_3 = \iint\limits_{D} (x+y)^3 \mathrm{d}\sigma$, 请比较它们的大小.

解 因为在区域 D 上 $\dfrac{1}{2} \leqslant x+y \leqslant 1 \leqslant \mathrm{e}$, 故 $\ln{(x+y)^3} \leqslant 0$, 且 $(x+y)^3 > \sin{(x+y)^3} > 0$, 由性质 4 可知 $I_1 < 0$, 且 $I_3 > I_2 > 0$, 因此 $I_3 > I_2 > I_1$.

例 9.2 估计二重积分 $I = \displaystyle\iint\limits_{D} \sin^2 x \cos^2 x \mathrm{d}\sigma$ 的值的大小, 其中积分区域

$$D = \left\{ (x,y) \mid 0 \leqslant x \leqslant \pi, 0 \leqslant y \leqslant \pi \right\}.$$

解 因为在区域 D 上 $0 \leqslant \sin^2 x \cos^2 x \leqslant 1$, 而区域 D 的面积为 π^2, 由性质 5 有 $0 \leqslant I \leqslant \pi^2$.

习 题 9.1

基础题

1. 用二重积分表示下列立体的体积.

(1) 上半球体: $\left\{ (x,y,z) \mid x^2 + y^2 + z^2 \leqslant R^2; z \geqslant 0 \right\}$.

(2) 由抛物面 $z = 2 - x^2 - y^2$, 柱面 $x^2 + y^2 = 1$ 及 xOy 平面所围成的空间立体.

2. 根据二重积分的几何意义, 确定下列积分的值:

(1) $\displaystyle\iint\limits_{D} \sqrt{a^2 - x^2 - y^2} \mathrm{d}\sigma$, 其中 $D = \left\{ (x,y) \mid x^2 + y^2 \leqslant a^2 \right\}$;

(2) $\displaystyle\iint\limits_{D} (b - \sqrt{x^2 + y^2}) \mathrm{d}\sigma$, 其中 $D = \left\{ (x,y) \mid x^2 + y^2 \leqslant a^2, b > a > 0 \right\}$.

3. 利用二重积分性质, 比较下列各组二重积分的大小:

(1) $I_1 = \displaystyle\iint\limits_{D} (x+y)^2 \mathrm{d}\sigma$ 与 $I_2 = \displaystyle\iint\limits_{D} (x+y)^3 \mathrm{d}\sigma$, 其中 D 是由 x 轴、y 轴及直线 $x+y=1$ 所围成的区域;

(2) $I_1 = \displaystyle\iint\limits_{D} \ln(x+y+1) \mathrm{d}\sigma$ 与 $I_2 = \displaystyle\iint\limits_{D} \ln(x^2 + y^2 + 1) \mathrm{d}\sigma$, 其中 D 是矩形区域: $0 \leqslant x \leqslant 1, 0 \leqslant y \leqslant 1$;

(3) $I_1 = \displaystyle\iint\limits_{D} \sin^2(x+y) \mathrm{d}\sigma$ 与 $I_2 = \displaystyle\iint\limits_{D} (x+y)^2 \mathrm{d}\sigma$, 其中 D 是任一平面有界闭区域;

(4) $I_1 = \displaystyle\iint\limits_{D} \mathrm{e}^{xy} \mathrm{d}\sigma$ 与 $I_2 = \displaystyle\iint\limits_{D} \mathrm{e}^{2xy} \mathrm{d}\sigma$, 其中 D 是矩形区域: $-1 \leqslant x \leqslant 0, 0 \leqslant y \leqslant 1$.

4. 利用二重积分性质, 估计下列二重积分的值:

(1) $I = \displaystyle\iint\limits_{D} \dfrac{\mathrm{d}\sigma}{\ln(4 + x + y)}, D = \left\{ (x,y) \mid 0 \leqslant x \leqslant 4, 0 \leqslant y \leqslant 8 \right\}$;

(2) $I = \iint\limits_{D} \sin(x^2 + y^2)\mathrm{d}\sigma$, $D = \left\{(x, y) \,\middle|\, \dfrac{\pi}{4} \leqslant x^2 + y^2 \leqslant \dfrac{3\pi}{4}\right\}$.

提高题

1. 一带电薄板 (厚度忽略不计) 位于 xOy 平面上, 占有闭区域 D, 薄板上电荷分布的面密度为 $\mu = \mu(x, y)$, 且 $\mu(x, y)$ 在 D 上连续, 试用二重积分表示该薄板上的全部电荷 Q.

2. 设 $f(x, y)$ 是连续函数, 试求极限: $\lim\limits_{r \to 0^+} \dfrac{1}{\pi r^2} \iint\limits_{x^2 + y^2 \leqslant r^2} f(x, y)\mathrm{d}\sigma$.

3. 设 $f(x, y)$ 在有界闭区域 D 上非负连续, 证明:

(1) 若 $f(x, y)$ 不恒为零, 则 $\iint\limits_{D} f(x, y)\mathrm{d}\sigma > 0$;

(2) 若 $\iint\limits_{D} f(x, y)\mathrm{d}\sigma = 0$, 则 $f(x, y) \equiv 0$.

9.2 二重积分的计算

9.2.1 利用直角坐标计算二重积分

1. 积分区域的分类

在具体讨论二重积分的计算之前, 先来介绍 X-型区域和 Y-型区域的概念.

X-型区域 积分区域 D 可以用不等式 $\varphi_1(x) \leqslant y \leqslant \varphi_2(x), a \leqslant x \leqslant b$ 来表示 (图 9.3), 其中 $\varphi_1(x)$, $\varphi_2(x)$ 在区间 $[a, b]$ 上连续. 这种区域的特点是: 穿过区域 D 且平行于 y 轴的直线与区域的边界相交不多于两个交点.

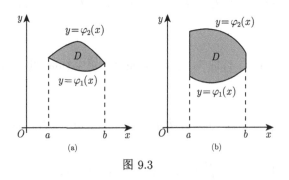

图 9.3

Y-型区域 积分区域 D 可以用不等式 $\psi_1(y) \leqslant x \leqslant \psi_2(y), c \leqslant y \leqslant d$ 来表示 (图 9.4), 其中 $\psi_1(y)$, $\psi_2(y)$ 在区间 $[a, b]$ 上连续. 这种区域的特点是: 穿过区域 D 且平行于 x 轴的直线与区域的边界相交不多于两个交点.

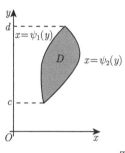 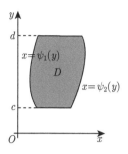

图 9.4

如果 D 既不是 X-型区域也不是 Y-型区域, 对于这种情形, 可以把 D 分成几部分, 使每个部分是 X-型区域或是 Y-型区域 (图 9.5).

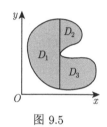

图 9.5

2. 直角坐标系中的面积元素

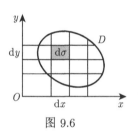

图 9.6

在二重积分的定义中对闭区域 D 的划分是任意的, 如果在直角坐标系中用平行于坐标轴的直线网来划分 D, 那么除了包含边界点的一些小闭区域外, 其余的小闭区域都是矩形闭区域 (图 9.6). 设矩形闭区域 $\Delta\sigma_i$ 的边长为 Δx_i 和 Δy_i, 则 $\Delta\sigma_i = \Delta x_i \Delta y_i$, 因此在直角坐标系中, 有时也把面积元素 $\mathrm{d}\sigma$ 记作 $\mathrm{d}x\mathrm{d}y$, 而把二重积分记作

$$\iint\limits_{D} f(x,y)\mathrm{d}x\mathrm{d}y,$$

其中 $\mathrm{d}x\mathrm{d}y$ 叫做**直角坐标系中的面积元素**.

3. 化二重积分为二次积分

设 $f(x,y) \geqslant 0$, D 为 X-型区域: $\varphi_1(x) \leqslant y \leqslant \varphi_2(x), a \leqslant x \leqslant b$. 此时二重积分 $\iint\limits_{D} f(x,y)\mathrm{d}\sigma$ 在几何上表示以曲面 $z = f(x,y)$ 为顶, 区域 D 为底的曲顶柱体 (图 9.7) 的体积. 下面我们应用计算 "平行截面面积为已知的立体的体积" 的方法来计算这个曲顶柱体的体积.

先计算截面面积. 在 $[a,b]$ 上任取一点 x_0, 作平行于 yOz 面的平面 $x = x_0$, 该平面截曲顶柱体所得的截面是一个以区间 $[\varphi_1(x_0), \varphi_2(x_0)]$ 为底、以曲线 $z =$

$f(x_0, y)$ 为曲边的曲边梯形 (图 9.7 中阴影部分), 所以该截面的面积为

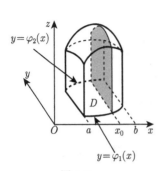

图 9.7

$$A(x_0) = \int_{\varphi_1(x_0)}^{\varphi_2(x_0)} f(x_0, y)\mathrm{d}y.$$

一般地, 过区间 $[a, b]$ 上任一点 x 且平行于 yOz 面的平面截曲顶柱体所得的截面面积为

$$A(x) = \int_{\varphi_1(x)}^{\varphi_2(x)} f(x, y)\mathrm{d}y.$$

于是, 应用计算平行截面面积为已知的立体体积的方法, 得曲顶柱体体积为

$$V = \int_a^b A(x)\mathrm{d}x = \int_a^b \left[\int_{\varphi_1(x)}^{\varphi_2(x)} f(x, y)\mathrm{d}y \right] \mathrm{d}x.$$

这个体积也就是所求二重积分的值, 即

$$\iint\limits_D f(x, y)\mathrm{d}\sigma = \int_a^b \left[\int_{\varphi_1(x)}^{\varphi_2(x)} f(x, y)\mathrm{d}y \right] \mathrm{d}x, \tag{9.1}$$

可记为

$$\iint\limits_D f(x, y)\mathrm{d}\sigma = \int_a^b \mathrm{d}x \int_{\varphi_1(x)}^{\varphi_2(x)} f(x, y)\mathrm{d}y, \tag{9.1'}$$

这就是把二重积分化为先对 y 后对 x 的二次积分的公式.

类似地, 如果区域 D 为 Y-型区域: $\psi_1(y) \leqslant x \leqslant \psi_2(y), c \leqslant y \leqslant d.$ 则有

$$\iint\limits_D f(x, y)\mathrm{d}\sigma = \int_c^d \left[\int_{\psi_1(y)}^{\psi_2(y)} f(x, y)\mathrm{d}x \right] \mathrm{d}y, \tag{9.2}$$

可记为

$$\iint\limits_D f(x, y)\mathrm{d}\sigma = \int_c^d \mathrm{d}y \int_{\psi_1(y)}^{\psi_2(y)} f(x, y)\mathrm{d}x, \tag{9.2'}$$

这就是把二重积分化为先对 x 后对 y 的二次积分的公式.

例 9.3 计算 $\displaystyle\iint_D xy\mathrm{d}\sigma$, 其中 D 是由直线 $y=1$, $x=2$ 及 $y=x$ 所围成的闭区域.

解 **方法一** 画出区域 D. 可把 D 看成是 X-型区域 (图 9.8): $1 \leqslant x \leqslant 2$, $1 \leqslant y \leqslant x$, 于是

$$\iint_D xy\mathrm{d}\sigma = \int_1^2 \left[\int_1^x xy\mathrm{d}y\right]\mathrm{d}x$$

$$= \int_1^2 \left[x \cdot \frac{y^2}{2}\right]_1^x \mathrm{d}x$$

$$= \frac{1}{2}\int_1^2 (x^3 - x)\mathrm{d}x$$

$$= \frac{1}{2}\left[\frac{x^4}{4} - \frac{x^2}{2}\right]_1^2$$

$$= \frac{9}{8}.$$

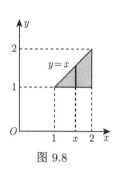

图 9.8

注 积分还可以写成 $\displaystyle\iint_D xy\mathrm{d}\sigma = \int_1^2 \mathrm{d}x \int_1^x xy\mathrm{d}y = \int_1^2 x\mathrm{d}x \int_1^x y\mathrm{d}y = \frac{9}{8}$.

方法二 也可把 D 看成是 Y-型区域 (图 9.9): $1 \leqslant y \leqslant 2, y \leqslant x \leqslant 2$, 于是

$$\iint_D xy\mathrm{d}\sigma = \int_1^2 \left[\int_y^2 xy\mathrm{d}x\right]\mathrm{d}y$$

$$= \int_1^2 \left[y \cdot \frac{x^2}{2}\right]_y^2 \mathrm{d}y$$

$$= \int_1^2 \left(2y - \frac{y^3}{2}\right)\mathrm{d}y$$

$$= \left[y^2 - \frac{y^4}{8}\right]_1^2$$

$$= \frac{9}{8}.$$

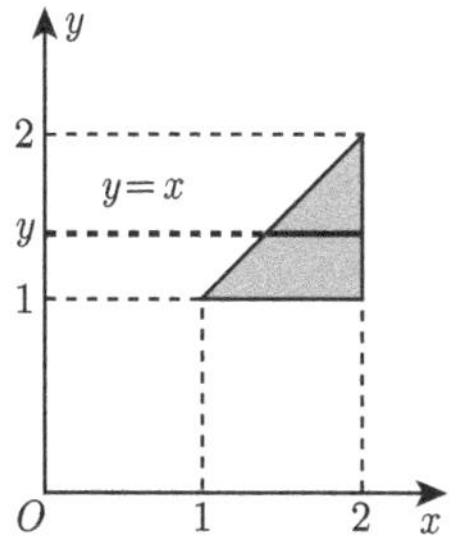

图 9.9

例 9.4 计算 $\displaystyle\iint_D xy\mathrm{d}\sigma$, 其中 D 是由直线 $y = x - 2$ 及抛物线 $y^2 = x$ 所围成的闭区域.

解　画出区域 D, 可把 D 看成是 X-型区域 (图 9.10), 积分区域可以表示为 $D = D_1 + D_2$, 其中

$$D_1:0 \leqslant x \leqslant 1, -\sqrt{x} \leqslant y \leqslant \sqrt{x}; \quad D_2:1 \leqslant x \leqslant 4,\ x - 2 \leqslant y \leqslant \sqrt{x}.$$

于是

$$\iint\limits_{D} xy\mathrm{d}\sigma = \int_0^1 \mathrm{d}x \int_{-\sqrt{x}}^{\sqrt{x}} xy\mathrm{d}y + \int_1^4 \mathrm{d}x \int_{x-2}^{\sqrt{x}} xy\mathrm{d}y.$$

需要计算两个二次积分.

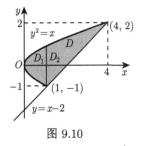

图 9.10

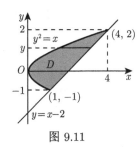

图 9.11

把 D 看成是 Y-型区域 (图 9.11), 积分区域也可以表示为 $D : -1 \leqslant y \leqslant 2$, $y^2 \leqslant x \leqslant y + 2$. 于是

$$\iint\limits_{D} xy\mathrm{d}\sigma = \int_{-1}^2 \mathrm{d}y \int_{y^2}^{y+2} xy\mathrm{d}x$$

$$= \int_{-1}^2 \left[\frac{x^2}{2}y\right]_{y^2}^{y+2} \mathrm{d}y$$

$$= \frac{1}{2}\int_{-1}^2 \left[y\left(y+2\right)^2 - y^5\right]\mathrm{d}y$$

$$= \frac{1}{2}\left[\frac{y^4}{4} + \frac{4}{3}y^3 + 2y^2 - \frac{y^6}{6}\right]_{-1}^2$$

$$= \frac{45}{8}.$$

例 9.5　计算 $\displaystyle\iint\limits_{D} \mathrm{e}^{y^2}\mathrm{d}x\mathrm{d}y$, 其中 D 由直线 $y = x$, $y = 1$ 及 y 轴所围成.

解 画出积分区域 D(图 9.12), 可把 D 看成是 X-型区域: $0 \leqslant x \leqslant 1, x \leqslant y \leqslant 1$, 于是

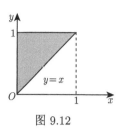

$$\iint\limits_{D} \mathrm{e}^{y^2}\mathrm{d}x\mathrm{d}y = \int_0^1 \left[\int_x^1 \mathrm{e}^{y^2}\mathrm{d}y\right]\mathrm{d}x.$$

图 9.12

因为 $\int \mathrm{e}^{y^2}\mathrm{d}y$ 的原函数不能用初等函数表示, 所以应选择另外一种积分次序.

把 D 看成是 Y-型区域, 积分区域可以表示为 $0 \leqslant y \leqslant 1, 0 \leqslant x \leqslant y$, 于是

$$\iint\limits_{D} \mathrm{e}^{y^2}\mathrm{d}x\mathrm{d}y = \int_0^1 \left[\int_0^y \mathrm{e}^{y^2}\mathrm{d}x\right]\mathrm{d}y$$

$$= \int_0^1 y\mathrm{e}^{y^2}\mathrm{d}y$$

$$= \frac{1}{2}\left(\mathrm{e}-1\right).$$

上述几个例子说明, 在化二重积分为二次积分时, 为了计算简便, 需要选择恰当的二次积分的次序. 这时, 既要考虑积分区域 D 的形状, 又要考虑被积函数 $f(x, y)$ 的特性.

讨论 积分次序的选择.

例 9.6 求两个底圆半径都等于 R 的直交圆柱面所围成的立体的体积.

解 设这两个圆柱面的方程分别为 $x^2+y^2=R^2$ 及 $x^2+z^2=R^2$. 利用立体关于坐标平面的对称性, 只要算出它在第 I 卦限部分 (图 9.13) 的体积 V_1, 然后再乘以 8 即可.

第 I 卦限部分是以 $D=\{(x,y)|0 \leqslant y \leqslant \sqrt{R^2-x^2}, 0 \leqslant x \leqslant R\}$ 为底, 以 $z=\sqrt{R^2-x^2}$ 为顶的曲顶柱体. 于是

$$V_1 = \iint\limits_{D} \sqrt{R^2-x^2}\mathrm{d}\sigma$$

$$= \int_0^R \left[\int_0^{\sqrt{R^2-x^2}} \sqrt{R^2-x^2}\mathrm{d}y\right]\mathrm{d}x$$

$$= \int_0^R (R^2-x^2)\mathrm{d}x = \frac{2}{3}R^3.$$

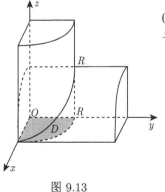

图 9.13

从而所求立体体积为

$$V = 8V_1 = \frac{16}{3}R^3.$$

9.2.2 交换二次积分次序

从前面几个例子我们看到, 计算二重积分时, 合理选择积分次序是比较关键的一步, 积分次序选择不当可能会使计算烦琐甚至无法计算出结果. 因此, 对给定的二次积分交换其积分次序是常见的一种题型.

通常情况下, 交换给定的二次积分的积分次序的步骤为:

(1) 对于给定的二次积分

$$\int_a^b \mathrm{d}x \int_{\varphi_1(x)}^{\varphi_2(x)} f(x,y)\mathrm{d}y,$$

根据其积分限 $\varphi_1(x) \leqslant y \leqslant \varphi_2(x), a \leqslant x \leqslant b$, 画出积分区域 D.

(2) 根据积分区域的形状, 换新的次序确定积分区域 D 的积分限

$$\psi_1(y) \leqslant x \leqslant \psi_2(y), \quad c \leqslant y \leqslant d.$$

(3) 写出结果 $\displaystyle\int_a^b \mathrm{d}x \int_{\varphi_1(x)}^{\varphi_2(x)} f(x,y)\mathrm{d}y = \int_c^d \mathrm{d}y \int_{\psi_1(y)}^{\psi_2(y)} f(x,y)\mathrm{d}x.$

例 9.7 交换二次积分 $\displaystyle\int_0^1 \mathrm{d}x \int_{x^2}^x f(x,y)\,\mathrm{d}y$ 的积分次序.

解 题设二次积分的积分限为 $0 \leqslant x \leqslant 1, x^2 \leqslant y \leqslant x$, 画出积分区域 D(图 9.14), 重新确定积分区域 D 的积分限 $0 \leqslant y \leqslant 1, y \leqslant x \leqslant \sqrt{y}$, 所以

$$\int_0^1 \mathrm{d}x \int_{x^2}^x f(x,y)\,\mathrm{d}y = \int_0^1 \mathrm{d}y \int_y^{\sqrt{y}} f(x,y)\,\mathrm{d}x.$$

例 9.8 证明 $\displaystyle\int_0^a \mathrm{d}y \int_0^y \mathrm{e}^{b(x-a)} f(x)\,\mathrm{d}x = \int_0^a (a-x)\,\mathrm{e}^{b(x-a)} f(x)\,\mathrm{d}x$, 其中 a, b 均为常数, 且 $a > 0$.

证 根据等式左边二次积分的积分限 $0 \leqslant y \leqslant a, 0 \leqslant x \leqslant y$, 画出积分区域 (图 9.15), 重新确定积分区域的积分限为 $0 \leqslant x \leqslant a, x \leqslant y \leqslant a$, 于是得到

$$\int_0^a \mathrm{d}y \int_0^y \mathrm{e}^{b(x-a)} f(x) \, \mathrm{d}x = \int_0^a \mathrm{d}x \int_x^a \mathrm{e}^{b(x-a)} f(x) \, \mathrm{d}y$$

$$= \int_0^a \left[\mathrm{e}^{b(x-a)} f(x) \int_x^a \mathrm{d}y \right] \mathrm{d}x$$

$$= \int_0^a (a-x) \mathrm{e}^{b(x-a)} f(x) \, \mathrm{d}x.$$

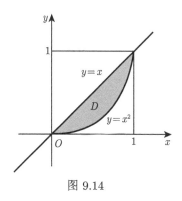

图 9.14

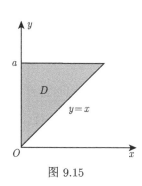

图 9.15

9.2.3　利用对称性和奇偶性化简二重积分的计算

利用被积函数的奇偶性和积分区域 D 的对称性, 常常会大大化简二重积分的计算. 在例 9.6 中, 我们就应用了对称性来解决所给的问题. 与处理关于原点对称的区间的奇偶函数的定积分类似, 对二重积分也要同时兼顾到被积函数 $f(x,y)$ 的奇偶性和积分区域 D 的对称性两方面. 为了应用方便, 我们给出如下结论.

设二元函数 $f(x,y)$ 在平面区域 D 上连续, 任意给定 D 内一点 (x,y), 则

(1) 如果积分区域 D 关于 x 轴对称, 则

(a) 当 $f(x,-y) = -f(x,y)$(即 $f(x,y)$ 是关于 y 的奇函数) 时, 有

$$\iint\limits_D f(x,y)\mathrm{d}x\mathrm{d}y = 0.$$

(b) 当 $f(x,-y) = f(x,y)$(即 $f(x,y)$ 是关于 y 的偶函数) 时, 有

$$\iint\limits_D f(x,y)\mathrm{d}x\mathrm{d}y = 2\iint\limits_{D_1} f(x,y)\mathrm{d}x\mathrm{d}y,$$

其中 $D_1 = \{(x,y)|\,(x,y) \in D, y \geqslant 0\}$.

(2) 如果积分区域 D 关于 y 轴对称, 则

(a) 当 $f(-x,y) = -f(x,y)$ (即 $f(x,y)$ 是关于 x 的奇函数) 时, 有

$$\iint\limits_{D} f(x,y)\mathrm{d}x\mathrm{d}y = 0.$$

(b) 当 $f(-x,y) = f(x,y)$ (即 $f(x,y)$ 是关于 x 的偶函数) 时, 有

$$\iint\limits_{D} f(x,y)\mathrm{d}x\mathrm{d}y = 2\iint\limits_{D_2} f(x,y)\mathrm{d}x\mathrm{d}y,$$

其中 $D_2 = \{(x,y)\,|\,(x,y) \in D, x \geqslant 0\}$.

例 9.9　计算 $\displaystyle\iint\limits_{D} y\left[1 + xf\left(x^2 + y^2\right)\right]\mathrm{d}x\mathrm{d}y$, 其中积分区域 D 由曲线 $y = x^2$ 与 $y = 1$ 所围成.

解　因为积分区域 D (图 9.16) 关于 y 轴对称, 令 $g(x,y) = xyf\left(x^2 + y^2\right)$, 则 $g(x,y)$ 是关于 x 的奇函数, 所以 $\displaystyle\iint\limits_{D} xyf\left(x^2 + y^2\right)\mathrm{d}x\mathrm{d}y = 0$. 从而

$$\begin{aligned}
\iint\limits_{D} y\left[1 + xf\left(x^2 + y^2\right)\right]\mathrm{d}x\mathrm{d}y &= \iint\limits_{D} y\mathrm{d}x\mathrm{d}y = \int_{-1}^{1} \mathrm{d}x \int_{x^2}^{1} y\mathrm{d}y \\
&= \frac{1}{2}\int_{-1}^{1} \left(1 - x^4\right)\mathrm{d}x = \frac{4}{5}.
\end{aligned}$$

例 9.10　计算二重积分 $I = \displaystyle\iint\limits_{D} (|x| + |y|)\mathrm{d}x\mathrm{d}y$, 其中 D: $|x| + |y| \leqslant 1$.

解　如图 9.17 所示, D 关于 x 轴和 y 轴均对称, 且被积函数关于 x 和 y 均为偶函数, 所以题设积分等于在区域 D_1 上积分的 4 倍, 其中 D_1 是 D 的第一象限部分, 即

$$I = \iint\limits_{D} (|x| + |y|)\mathrm{d}x\mathrm{d}y = 4\iint\limits_{D_1} (|x| + |y|)\mathrm{d}x\mathrm{d}y = \frac{4}{3}.$$

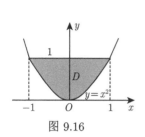

图 9.16

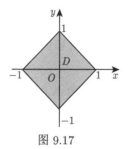

图 9.17

9.2.4 利用极坐标计算二重积分

1. 二重积分在极坐标系下的表示

有些二重积分, 积分区域 D 的边界曲线用极坐标方程来表示比较方便, 且被积函数用极坐标变量 ρ 和 θ 表达比较简单. 这时我们就可以考虑利用极坐标来计算二重积分 $\iint\limits_{D} f(x,y)\mathrm{d}\sigma$. 按二重积分的定义 $\iint\limits_{D} f(x,y)\mathrm{d}\sigma = \lim\limits_{\lambda\to 0}\sum\limits_{i=1}^{n} f(\xi_i,\eta_i)\Delta\sigma_i$, 下面我们来研究这个和的极限在极坐标系中的形式.

假定从极点 O 出发且穿过闭区域 D 内部的射线与 D 的边界曲线相交不多于两点. 用从极点 O 出发的一族射线及以极点为中心的一族同心圆构成的网将区域 D 分为 n 个小闭区域 (图 9.18), 除了包含边界点的一些小闭区域外, 小闭区域的面积 $\Delta\sigma_i$ 可计算如下:

$$\begin{aligned}\Delta\sigma_i &= \frac{1}{2}(\rho_i+\Delta\rho_i)^2\cdot\Delta\theta_i - \frac{1}{2}\cdot\rho_i^2\cdot\Delta\theta_i\\ &= \frac{1}{2}(2\rho_i+\Delta\rho_i)\Delta\rho_i\cdot\Delta\theta_i\\ &= \frac{\rho_i+(\rho_i+\Delta\rho_i)}{2}\cdot\Delta\rho_i\cdot\Delta\theta_i\\ &= \bar\rho_i\Delta\rho_i\Delta\theta_i,\end{aligned}$$

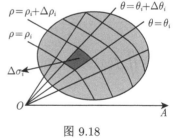

图 9.18

其中 $\bar\rho_i$ 表示相邻两圆弧的半径的平均值.

在 $\Delta\sigma_i$ 内取圆周 $\rho=\bar\rho_i$ 上的一点 $(\bar\rho_i,\bar\theta_i)$, 设其直角坐标为 (ξ_i,η_i), 则由直角坐标与极坐标之间的关系有 $\xi_i=\bar\rho_i\cos\bar\theta_i, \eta_i=\bar\rho_i\sin\bar\theta_i$. 于是

$$\lim_{\lambda\to 0}\sum_{i=1}^{n} f(\xi_i,\eta_i)\Delta\sigma_i = \lim_{\lambda\to 0}\sum_{i=1}^{n} f(\bar\rho_i\cos\bar\theta_i,\bar\rho_i\sin\bar\theta_i)\bar\rho_i\Delta\rho_i\Delta\theta_i,$$

即

$$\iint\limits_{D} f(x,y)\mathrm{d}\sigma = \iint\limits_{D} f(\rho\cos\theta,\rho\sin\theta)\rho\mathrm{d}\rho\mathrm{d}\theta.$$

这里我们把点 (ρ, θ) 看作是在同一平面上的点 (x, y) 的极坐标表示, 所以上式右端的积分区域仍然记作 D. 因为在直角坐标系中 $\iint\limits_D f(x, y)\mathrm{d}\sigma$ 可常记作 $\iint\limits_D f(x, y)\mathrm{d}x\mathrm{d}y$, 所以上式又可写成

$$\iint\limits_D f(x, y)\mathrm{d}x\mathrm{d}y = \iint\limits_D f(\rho\cos\theta, \rho\sin\theta)\rho\mathrm{d}\rho\mathrm{d}\theta. \tag{9.3}$$

这就是二重积分的变量从直角坐标变换为极坐标的变换公式, 其中 $\rho\mathrm{d}\rho\mathrm{d}\theta$ 就是**极坐标系中的面积元素**.

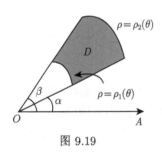

图 9.19

极坐标系中的二重积分同样可化为二次积分来计算, 现分几种情况来讨论.

(1) 积分区域 D 可以用不等式 $\rho_1(\theta) \leqslant \rho \leqslant \rho_2(\theta), \alpha \leqslant \theta \leqslant \beta$ 来表示 (图 9.19), 其中 $\rho_1(\theta), \rho_2(\theta)$ 在区间 $[\alpha, \beta]$ 上连续.

先在区间 $[\alpha, \beta]$ 上任意取定一个 θ 值, 对应于这个 θ 值, D 上的点的极径 ρ 从 $\rho_1(\theta)$ 变到 $\rho_2(\theta)$. 又因为 θ 是在区间 $[\alpha, \beta]$ 上任意取定的, 所以 θ 的变化范围是区间 $[\alpha, \beta]$. 于是二重积分化为二次积分的公式为

$$\iint\limits_D f(\rho\cos\theta, \rho\sin\theta)\rho\mathrm{d}\rho\mathrm{d}\theta = \int_\alpha^\beta \left[\int_{\rho_1(\theta)}^{\rho_2(\theta)} f(\rho\cos\theta, \rho\sin\theta)\rho\mathrm{d}\rho\right]\mathrm{d}\theta$$

$$= \int_\alpha^\beta \mathrm{d}\theta \int_{\rho_1(\theta)}^{\rho_2(\theta)} f(\rho\cos\theta, \rho\sin\theta)\rho\mathrm{d}\rho. \tag{9.3'}$$

(2) 积分区域是图 9.20 所示的曲边扇形, 可以把它看作 (1) 中当 $\rho_1(\theta) = 0$, $\rho_2(\theta) = \rho(\theta)$ 时的特例, 这时闭区域 D 可以用不等式 $0 \leqslant \rho \leqslant \rho(\theta), \alpha \leqslant \theta \leqslant \beta$ 来表示. 于是

$$\iint\limits_D f(\rho\cos\theta, \rho\sin\theta)\rho\mathrm{d}\rho\mathrm{d}\theta = \int_\alpha^\beta \mathrm{d}\theta \int_0^{\rho(\theta)} f(\rho\cos\theta, \rho\sin\theta)\rho\mathrm{d}\rho.$$

(3) 积分区域 D 如图 9.21 所示, 极点在 D 的内部, 那么可以把它看作 (2) 中当 $\alpha = 0, \beta = 2\pi$ 时的特例, 这时闭区域 D 可以用不等式 $0 \leqslant \rho \leqslant \rho(\theta), 0 \leqslant \theta \leqslant 2\pi$

来表示. 于是

$$\iint\limits_{D} f(\rho\cos\theta, \rho\sin\theta)\rho\mathrm{d}\rho\mathrm{d}\theta = \int_0^{2\pi} \mathrm{d}\theta \int_0^{\rho(\theta)} f(\rho\cos\theta, \rho\sin\theta)\rho\mathrm{d}\rho.$$

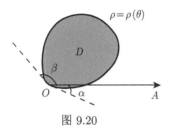

图 9.20

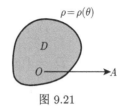

图 9.21

讨论　如何确定积分限?

2. 二重积分在极坐标系下的计算

例 9.11　计算 $\iint\limits_{D} \mathrm{e}^{-x^2-y^2}\mathrm{d}x\mathrm{d}y$, 其中 D 是由圆
心在原点、半径为 a 的圆周所围成的闭区域.

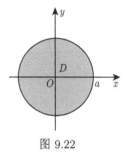

图 9.22

解　在极坐标系中, 闭区域 D (图 9.22) 可表示为
$0 \leqslant \rho \leqslant a, 0 \leqslant \theta \leqslant 2\pi$. 于是

$$\iint\limits_{D} \mathrm{e}^{-x^2-y^2}\mathrm{d}x\mathrm{d}y = \iint\limits_{D} \mathrm{e}^{-\rho^2}\rho\mathrm{d}\rho\mathrm{d}\theta$$

$$= \int_0^{2\pi} \left[\int_0^a \mathrm{e}^{-\rho^2}\rho\mathrm{d}\rho \right] \mathrm{d}\theta$$

$$= \int_0^{2\pi} \left[-\frac{1}{2}\mathrm{e}^{-\rho^2} \right]_0^a \mathrm{d}\theta$$

$$= \frac{1}{2}(1-\mathrm{e}^{-a^2}) \int_0^{2\pi} \mathrm{d}\theta$$

$$= \pi(1-\mathrm{e}^{-a^2}).$$

注　此处积分 $\iint\limits_{D} \mathrm{e}^{-x^2-y^2}\mathrm{d}x\mathrm{d}y$ 也常写成 $\iint\limits_{x^2+y^2\leqslant a^2} \mathrm{e}^{-x^2-y^2}\mathrm{d}x\mathrm{d}y$.

本题如果用直角坐标计算, 因为积分 $\int \mathrm{e}^{-x^2}\mathrm{d}x$ 不能用初等函数表示, 所以算不出来. 现在我们利用上面的结果 $\displaystyle\iint\limits_{x^2+y^2\leqslant a^2} \mathrm{e}^{-x^2-y^2}\mathrm{d}x\mathrm{d}y = \pi(1 - \mathrm{e}^{-a^2})$ 来计算工

程中常用的反常积分 $\displaystyle\int_0^{+\infty} \mathrm{e}^{-x^2}\mathrm{d}x$.

设

$$D_1 = \{(x,y)\,|\,x^2 + y^2 \leqslant R^2, x \geqslant 0, y \geqslant 0\},$$

$$D_2 = \{(x,y)\,|\,0 \leqslant x \leqslant R, 0 \leqslant y \leqslant R\},$$

$$D_3 = \{(x,y)\,|\,x^2 + y^2 \leqslant 2R^2, x \geqslant 0, y \geqslant 0\},$$

显然 $D_1 \subset D_2 \subset D_3$ (图 9.23). 由于 $\mathrm{e}^{-x^2-y^2} > 0$, 所以在这些闭区域上的二重积分之间有不等式

$$\iint\limits_{D_1} \mathrm{e}^{-x^2-y^2}\mathrm{d}x\mathrm{d}y < \iint\limits_{D_2} \mathrm{e}^{-x^2-y^2}\mathrm{d}x\mathrm{d}y < \iint\limits_{D_3} \mathrm{e}^{-x^2-y^2}\mathrm{d}x\mathrm{d}y.$$

因为 $\displaystyle\iint\limits_{D_2} \mathrm{e}^{-x^2-y^2}\mathrm{d}x\mathrm{d}y = \int_0^R \mathrm{e}^{-x^2}\mathrm{d}x \int_0^R \mathrm{e}^{-y^2}\mathrm{d}y = \left(\int_0^R \mathrm{e}^{-x^2}\mathrm{d}x\right)^2$, 又应用上面已

得的结果有

$$\iint\limits_{D_1} \mathrm{e}^{-x^2-y^2}\mathrm{d}x\mathrm{d}y = \frac{\pi}{4}\left(1 - \mathrm{e}^{-R^2}\right), \quad \iint\limits_{D_3} \mathrm{e}^{-x^2-y^2}\mathrm{d}x\mathrm{d}y = \frac{\pi}{4}\left(1 - \mathrm{e}^{-2R^2}\right),$$

于是上面的不等式可写成

$$\frac{\pi}{4}(1 - \mathrm{e}^{-R^2}) < \left(\int_0^R \mathrm{e}^{-x^2}\mathrm{d}x\right)^2 < \frac{\pi}{4}(1 - \mathrm{e}^{-2R^2}),$$

令 $R \to +\infty$, 上式两端趋于同一极限 $\dfrac{\pi}{4}$, 从而 $\displaystyle\int_0^{+\infty} \mathrm{e}^{-x^2}\mathrm{d}x = \dfrac{\sqrt{\pi}}{2}$.

　　例 9.12　求球体 $x^2 + y^2 + z^2 \leqslant 4a^2$ 被圆柱面 $x^2 + y^2 = 2ax\,(a > 0)$ 所截得的 (含在圆柱面内的部分) 立体的体积 (图 9.24).

　　解　由对称性, 所求立体体积为第一卦限部分的 4 倍.

$$V = 4 \iint\limits_{D} \sqrt{4a^2 - x^2 - y^2}\mathrm{d}x\mathrm{d}y,$$

其中 D 为半圆周 $y = \sqrt{2ax - x^2}$ 及 x 轴所围成的闭区域. 在极坐标系中 D 可表示为

$$0 \leqslant \theta \leqslant \frac{\pi}{2}, \quad 0 \leqslant \rho \leqslant 2a\cos\theta.$$

于是

$$V = 4 \iint\limits_{D} \sqrt{4a^2 - \rho^2}\rho\mathrm{d}\rho\mathrm{d}\theta = 4 \int_0^{\frac{\pi}{2}} \mathrm{d}\theta \int_0^{2a\cos\theta} \sqrt{4a^2 - \rho^2}\rho\mathrm{d}\rho$$

$$= \frac{32}{3}a^3 \int_0^{\frac{\pi}{2}} (1 - \sin^3\theta)\mathrm{d}\theta = \frac{32}{3}a^3 \left(\frac{\pi}{2} - \frac{2}{3} \right).$$

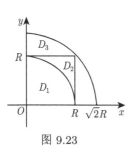

图 9.23

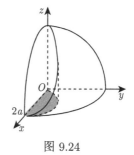

图 9.24

习 题 9.2

基础题

1. 计算下列二重积分:

(1) $\iint\limits_{D} x\sin y\mathrm{d}\sigma, D = \left\{ (x,y) \mid 1 \leqslant x \leqslant 2, 0 \leqslant y \leqslant \frac{\pi}{2} \right\}$;

(2) $\iint\limits_{D} x\mathrm{d}\sigma, D = \left\{ (x,y) \mid x^2 + y^2 \geqslant 2, x^2 + y^2 \leqslant 2x \right\}$;

(3) $\iint\limits_{D} (x^2 + y^2)\,\mathrm{d}\sigma, D = \{ (x,y) \mid |x| \leqslant 1, |y| \leqslant 1 \}$;

(4) $\iint\limits_{D} (3x + 2y)\mathrm{d}\sigma$, 其中 D 是由两坐标轴及直线 $x + y = 2$ 所围成的闭区域.

2. 画出下列各题中给出的区域 D, 并将二重积分 $\iint\limits_{D} f(x,y)\mathrm{d}\sigma$ 化为两种次序不同的二次积分:

(1) D 由曲线 $y = \ln x$, 直线 $x = 2$ 及 x 轴所围成;

(2) D 由抛物线 $y = x^2$ 与直线 $2x + y = 3$ 所围成;

(3) D 由 $y = 0$ 及 $y = \sin x\,(0 \leqslant x \leqslant \pi)$ 所围成;

(4) D 由直线 $y = 0, y = 1, y = x, y = x - 2$ 所围成.

3. 计算下列二重积分:

(1) $\displaystyle\iint\limits_{D} \frac{x^2}{y^2}\mathrm{d}\sigma$, 其中 D 由双曲线 $xy = 1$ 与直线 $y = x, x = 2$ 围成;

(2) $\displaystyle\iint\limits_{D} x\cos(x + y)\mathrm{d}x\mathrm{d}y$, 其中 D 是由点 $(0,0)$, $(\pi,0)$, (π,π) 为顶点的三角形区域;

(3) $\displaystyle\iint\limits_{D} x\sqrt{y}\mathrm{d}\sigma$, 其中 D 由抛物线 $y = \sqrt{x}$ 和 $y = x^2$ 围成;

(4) $\displaystyle\iint\limits_{D} \mathrm{e}^{x+y}\mathrm{d}\sigma$, 其中 $D = \{(x,y)\,|\,|x| \leqslant 1, |y| \leqslant 1\}$.

4. 设 $f(x,y)$ 在 D 上连续, 其中 D 是由直线 $y = x$, $y = a$ 及 $x = b(b > a)$ 所围成的闭区域, 证明

$$\int_a^b \mathrm{d}x \int_a^x f(x,y)\mathrm{d}y = \int_a^b \mathrm{d}y \int_y^b f(x,y)\mathrm{d}x.$$

5. 交换下列二次积分的积分次序 (假定 $f(x)$ 在积分区域上连续):

(1) $\displaystyle\int_0^1 \mathrm{d}y \int_0^y f(x,y)\mathrm{d}x$;

(2) $\displaystyle\int_0^1 \mathrm{d}y \int_y^{\sqrt{y}} f(x,y)\mathrm{d}x$;

(3) $\displaystyle\int_0^1 \mathrm{d}y \int_{\sqrt{y}}^{2-y} f(x,y)\mathrm{d}x$;

(4) $\displaystyle\int_1^{\mathrm{e}} \mathrm{d}x \int_0^{\ln x} f(x,y)\mathrm{d}y$;

(5) $\displaystyle\int_0^1 \mathrm{d}x \int_{x-1}^{\sqrt{1-x^2}} f(x,y)\mathrm{d}y$.

6. 利用积分区域的对称性和被积函数关于 x 或 y 的奇偶性, 计算下列二重积分:

(1) $\displaystyle\iint\limits_{D} |xy|\mathrm{d}\sigma, D: x^2 + y^2 \leqslant R^2$;

(2) $\displaystyle\iint\limits_{D} (x^2\tan x + y^3 + 4)\mathrm{d}x\mathrm{d}y, D: x^2 + y^2 \leqslant 4$;

(3) $\displaystyle\iint\limits_{D} (|x| + y)\mathrm{d}x\mathrm{d}y, D: |x| + |y| \leqslant 1$;

(4) $\displaystyle\iint\limits_{D} \left|y - x^2\right|\mathrm{d}x\mathrm{d}y, D = \{(x,y)\,|\,0 \leqslant x \leqslant 1, 0 \leqslant y \leqslant 1\}$.

7. 利用极坐标化二重积分 $\displaystyle\iint\limits_{D} f(x,y)\mathrm{d}\sigma$ 为二次积分, 其中积分区域:

(1) $D: x^2 + y^2 \leqslant ax(a > 0)$;

(2) $D: 1 \leqslant x^2 + y^2 \leqslant 4$;

(3) $D: 0 \leqslant x \leqslant 1, 0 \leqslant y \leqslant 1 - x$;

(4) $D: x^2 + y^2 \leqslant 2(x + y)$.

8. 利用极坐标计算下列二重积分:

(1) $\displaystyle\iint\limits_{D} \sqrt{R^2 - x^2 - y^2}\mathrm{d}x\mathrm{d}y, D : x^2 + y^2 \leqslant Rx$;

(2) $\displaystyle\iint\limits_{D} (x^2 + y^2)\mathrm{d}x\mathrm{d}y, D : (x^2 + y^2)^2 \leqslant a^2(x^2 - y^2)$;

(3) $\displaystyle\iint\limits_{D} \arctan\frac{y}{x}\mathrm{d}x\mathrm{d}y, D : 1 \leqslant x^2 + y^2 \leqslant 4, y \geqslant 0, y \leqslant x$;

(4) $\displaystyle\iint\limits_{D} \frac{\mathrm{e}^{\arctan\frac{y}{x}}}{\sqrt{x^2 + y^2}}\mathrm{d}\sigma, D : 1 \leqslant x^2 + y^2 \leqslant 4, x \leqslant y \leqslant \sqrt{3}x$.

9. 选择适当坐标计算下列各题:

(1) $\displaystyle\iint\limits_{D} (x^2 + y^2 - x)\,\mathrm{d}\sigma$, 其中 D 由直线 $y = x, y = 2$ 及 $y = 2x$ 围成;

(2) $\displaystyle\iint\limits_{D} \sqrt{\frac{1 - x^2 - y^2}{1 + x^2 + y^2}}\mathrm{d}\sigma$, 其中 $D = \{(x, y)\,|\,x^2 + y^2 \leqslant 1, x \geqslant 0, y \geqslant 0\}$;

(3) $\displaystyle\iint\limits_{D} (x^2 + y^2)\mathrm{d}x\mathrm{d}y$, 其中 D 由直线 $y = x, y = x + a, y = a, y = 3a\,(a > 0)$ 围成;

(4) $\displaystyle\iint\limits_{D} xy\mathrm{d}x\mathrm{d}y$, 其中 $D = \{(x, y)\,|\,y \geqslant 0, x^2 + y^2 \geqslant 1, x^2 + y^2 \leqslant 2x\}$.

提高题

1. 计算下列二次积分.

(1) $\displaystyle\int_0^1 \mathrm{d}y \int_{y^{\frac{1}{3}}}^1 \sqrt{1 - x^4}\mathrm{d}x$;

(2) $\displaystyle\int_1^3 \mathrm{d}x \int_{x-1}^2 \mathrm{e}^{-y^2}\mathrm{d}y$;

(3) $\displaystyle\int_0^{\frac{\pi}{2}} \mathrm{d}y \int_y^{\frac{\pi}{2}} \frac{\sin x}{x}\mathrm{d}x$;

(4) $\displaystyle\int_0^2 \mathrm{d}x \int_x^2 2y^2\sin(xy)\mathrm{d}y$.

2. 设 r, θ 为极坐标, 在下列积分中交换积分次序.

(1) $\displaystyle\int_{-\frac{\pi}{2}}^{\frac{\pi}{2}} \mathrm{d}\theta \int_0^{a\cos\theta} f(r, \theta)\mathrm{d}r\,(a > 0)$;

(2) $\displaystyle\int_0^{\frac{\pi}{2}} \mathrm{d}\theta \int_0^{a\sqrt{\sin 2\theta}} f(r, \theta)\mathrm{d}r\,(a > 0)$;

(3) $\displaystyle\int_0^a \mathrm{d}\theta \int_0^\theta f(r, \theta)\mathrm{d}r\,(0 < a < 2\pi)$.

3. 利用二重积分求下列平面区域的面积.

(1) D 由曲线 $y = \mathrm{e}^x, y = \mathrm{e}^{-x}$ 及 $x = 1$ 围成;

(2) D 由曲线 $y = x + 1, y^2 = -x - 1$ 围成;

(3) D 由双纽线 $(x^2 + y^2)^2 = 4(x^2 - y^2)$ 围成;

(4) $D = \{(r\cos\theta, r\sin\theta)\,|\,2 \leqslant r \leqslant 4\sin\theta\}$.

4. 利用二重积分求下列各题中的立体 Ω 的体积.

(1) Ω 为第一卦限中由圆柱面 $y^2 + z^2 = 4$ 与平面 $x = 2y, x = 0, z = 0$ 所围成;

(2) Ω 由平面 $y = 0, z = 0, y = x$ 及 $6x + 2y + 3z = 6$ 围成;

(3) $\Omega = \{(x, y, z)\,|\,x^2 + y^2 \leqslant z \leqslant 1 + \sqrt{1 - x^2 - y^2}\}$.

5. 设 $f(x)$ 在 $[0]$ 上连续, D 由点 $(0,0),(1,0),(0,1)$ 为顶点的三角形区域, 证明:

$$\iint\limits_{D} f(x+y)\mathrm{d}\sigma = \int_0^1 uf(u)\mathrm{d}u.$$

6. 在曲线族 $y=c(1-x^2)\,(c>0)$ 中试选一条曲线, 使这条曲线和它在 $(-1,0)$ 及 $(1,0)$ 两点处的法线所围成的图形面积最小.

7. 设 $f(x)$ 是连续函数, 区域 D 由 $y=x^3, y=1, x=-1$ 围成, 计算二重积分

$$\iint\limits_{D} x[1+yf(x^2+y^2)]\mathrm{d}x\mathrm{d}y.$$

8. 设 $f(x),g(x)$ 在 $[0,1]$ 上连续且都是单调减少的, 试证:

$$\int_0^1 f(x)g(x)\mathrm{d}x \geqslant \int_0^1 f(x)\mathrm{d}x \int_0^1 g(x)\mathrm{d}x.$$

9.3   三　重　积　分

9.3.1   三重积分的概念

定积分及二重积分作为和的极限的概念, 可以很自然地推广到三重积分.

定义 9.2 设 $f(x,y,z)$ 是空间有界闭区域 Ω 上的有界函数. 将 Ω 任意分成 n 个小闭区域 $\Delta v_1, \Delta v_2, \cdots, \Delta v_n$, 其中 Δv_i 表示第 i 个小闭区域, 也表示它的体积. 在每个 Δv_i 上任取一点 (ξ_i, η_i, ζ_i), 作乘积 $f(\xi_i, \eta_i, \zeta_i)\Delta v_i\,(i=1,2,\cdots,n)$, 并作和 $\sum\limits_{i=1}^n f(\xi_i,\eta_i,\zeta_i)\Delta v_i$. 如果当各小闭区域的直径中的最大值 λ 趋于零时, 这和的极限总存在, 且与闭区域 Ω 的分法及点 (ξ_i,η_i,ζ_i) 的取法无关, 则称此极限为函数 $f(x,y,z)$ 在闭区域 Ω 上的**三重积分**, 记作 $\iiint\limits_{\Omega} f(x,y,z)\mathrm{d}v$. 即

$$\iiint\limits_{\Omega} f(x,y,z)\mathrm{d}v = \lim_{\lambda\to 0}\sum_{i=1}^n f(\xi_i,\eta_i,\zeta_i)\Delta v_i,$$

其中, $\iiint\limits_{\Omega}$ 叫做**积分号**, $f(x,y,z)$ 叫做**被积函数**, $f(x,y,z)\mathrm{d}v$ 叫做**被积表达式**, $\mathrm{d}v$ 叫做**体积元素**, x,y,z 叫做积分变量, Ω 叫做积分区域.

在直角坐标系中, 如果用平行于坐标面的平面来划分 Ω, 则除了包含 Ω 的边界点的一些不规则小闭区域外, 得到的小闭区域 Δv_i 均为长方体. 设长方体小闭

区域 Δv_i 的边长为 Δx_j, Δy_k, Δz_l, 则 $\Delta v_i = \Delta x_j \Delta y_k \Delta z_l$. 因此在直角坐标系中, 也把体积元素 $\mathrm{d}v$ 记为 $\mathrm{d}x\mathrm{d}y\mathrm{d}z$, 则三重积分记作

$$\iiint\limits_{\Omega} f(x,y,z)\mathrm{d}v = \iiint\limits_{\Omega} f(x,y,z)\mathrm{d}x\mathrm{d}y\mathrm{d}z,$$

其中 $\mathrm{d}x\mathrm{d}y\mathrm{d}z$ 叫做**直角坐标系中的体积元素**.

当函数 $f(x,y,z)$ 在闭区域 Ω 上连续时, 极限 $\lim\limits_{\lambda\to 0}\sum\limits_{i=1}^{n} f(\xi_i,\eta_i,\zeta_i)\Delta v_i$ 是存在的, 因此 $f(x,y,z)$ 在 Ω 上的三重积分是存在的, 以后也总假定 $f(x,y,z)$ 在闭区域 Ω 上是连续的.

三重积分的性质与二重积分的性质类似, 比如

$$\iiint\limits_{\Omega} [c_1 f(x,y,z) \pm c_2 g(x,y,z)]\mathrm{d}v = c_1 \iiint\limits_{\Omega} f(x,y,z)\mathrm{d}v \pm c_2 \iiint\limits_{\Omega} g(x,y,z)\mathrm{d}v;$$

$$\iiint\limits_{\Omega_1+\Omega_2} f(x,y,z)\mathrm{d}v = \iiint\limits_{\Omega_1} f(x,y,z)\mathrm{d}v + \iiint\limits_{\Omega_2} f(x,y,z)\mathrm{d}v;$$

$$\iiint\limits_{\Omega} \mathrm{d}v = V,$$

其中 V 为区域 Ω 的体积.

如果 $f(x,y,z)$ 表示某物体在点 (x,y,z) 处的密度, Ω 是该物体所占有的空间闭区域, $f(x,y,z)$ 在 Ω 上连续, 那么该物体的质量为 $m = \iiint\limits_{\Omega} f(x,y,z)\mathrm{d}v$, 这就是三重积分的物理意义.

9.3.2 三重积分的计算

计算三重积分的基本方法是将三重积分化为三次积分来计算. 下面利用不同的坐标来分别讨论将三重积分化为三次积分的方法.

1. 利用直角坐标计算三重积分

1) 投影法 (先一后二法)

假设平行于 z 轴且穿过闭区域 Ω 内部的直线与闭区域 Ω 的边界曲面 S 相交不多于两点, 把闭区域 Ω 投影到 xOy 面上, 得一平面闭区域 D_{xy}(图 9.25). 以 D_{xy} 的边界为准线作母线平行于 z 轴的柱面, 这柱面与曲面 S 的交线从 S 中分出的上、下两部分, 它们的方程分别为 $S_1: z = z_1(x,y)$, $S_2: z = z_2(x,y)$, 其中

$z_1(x, y)$ 与 $z_2(x, y)$ 都是 D_{xy} 上的连续函数, 且 $z_1(x, y) \leqslant z_2(x, y)$. 过 D_{xy} 内任一点 (x, y) 作平行于 z 轴的直线, 这直线通过曲面 S_1 穿入 Ω 内, 然后通过曲面 S_2 穿出 Ω 外, 穿入点与穿出点的竖坐标分别为 $z_1(x, y)$ 与 $z_2(x, y)$. 于是积分区域 Ω 可以表示为

$$\Omega = \{(x, y, z) \mid z_1(x, y) \leqslant z \leqslant z_2(x, y), (x, y) \in D_{xy}\}.$$

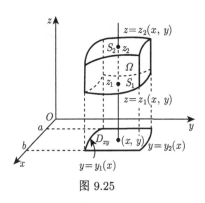

图 9.25

先将 x、y 看作定值, 将 $f(x, y, z)$ 只看作 z 的函数, 在区间 $[z_1(x, y), z_2(x, y)]$ 上对 z 积分, 得到一个二元函数 $F(x, y)$, 即

$$F(x, y) = \int_{z_1(x,y)}^{z_2(x,y)} f(x, y, z)\mathrm{d}z,$$

然后计算 $F(x, y)$ 在闭区域 D_{xy} 上的二重积分,

$$\iint\limits_{D_{xy}} F(x, y)\mathrm{d}\sigma = \iint\limits_{D_{xy}} \left[\int_{z_1(x,y)}^{z_2(x,y)} f(x, y, z)\mathrm{d}z\right]\mathrm{d}\sigma.$$

(1) 如果 D_{xy} 是 X-型区域: $\varphi_1(x) \leqslant y \leqslant \varphi_2(x), a \leqslant x \leqslant b$, 上面的二重积分化为二次积分就可得到三重积分的计算公式

$$\begin{aligned} \iiint\limits_{\Omega} f(x, y, z)\mathrm{d}v &= \iint\limits_{D_{xy}} \left[\int_{z_1(x,y)}^{z_2(x,y)} f(x, y, z)\mathrm{d}z\right]\mathrm{d}\sigma \\ &= \int_a^b \mathrm{d}x \int_{\varphi_1(x)}^{\varphi_2(x)} \left[\int_{z_1(x,y)}^{z_2(x,y)} f(x, y, z)\mathrm{d}z\right]\mathrm{d}y \\ &= \int_a^b \mathrm{d}x \int_{\varphi_1(x)}^{\varphi_2(x)} \mathrm{d}y \int_{z_1(x,y)}^{z_2(x,y)} f(x, y, z)\mathrm{d}z, \end{aligned}$$

即

$$\iiint\limits_{\Omega} f(x, y, z)\mathrm{d}v = \int_a^b \mathrm{d}x \int_{\varphi_1(x)}^{\varphi_2(x)} \mathrm{d}y \int_{z_1(x,y)}^{z_2(x,y)} f(x, y, z)\mathrm{d}z. \tag{9.4}$$

公式 (9.4) 把三重积分化为先对 z、再对 y、最后对 x 的三次积分.

(2) 如果 D_{xy} 是 Y-型区域: $\psi_1(y) \leqslant x \leqslant \psi_2(y), c \leqslant y \leqslant d$, 上面的二重积分化为二次积分就可得到三重积分的计算公式

$$\iiint\limits_{\Omega} f(x,y,z)\mathrm{d}v = \iint\limits_{D_{xy}} \left[\int_{z_1(x,y)}^{z_2(x,y)} f(x,y,z)\mathrm{d}z\right]\mathrm{d}\sigma$$

$$= \int_c^d \mathrm{d}y \int_{\psi_1(y)}^{\psi_2(y)} \left[\int_{z_1(x,y)}^{z_2(x,y)} f(x,y,z)\mathrm{d}z\right]\mathrm{d}x$$

$$= \int_c^d \mathrm{d}y \int_{\psi_1(y)}^{\psi_2(y)} \mathrm{d}x \int_{z_1(x,y)}^{z_2(x,y)} f(x,y,z)\mathrm{d}z. \tag{9.5}$$

公式 (9.5) 把三重积分化为先对 z、再对 x、最后对 y 的三次积分.

如果平行于 x 轴或 y 轴且穿过闭区域 Ω 内部的直线与 Ω 的边界曲面 S 相交不多于两点, 也可把闭区域 Ω 投影到 yOz 面上或 xOz 面上, 这样便可把三重积分化为按其他顺序的三次积分.

如果平行于坐标轴且穿过闭区域 Ω 内部的直线与边界曲面的交点多于两个, 也可像处理二重积分那样, 把 Ω 分成若干部分, 使 Ω 上的三重积分化为各部分闭区域上的三重积分的和.

讨论 如果把闭区域 Ω 投影到 yOz 面上或 xOz 面上, 如何把三重积分化成三次积分.

例 9.13 计算三重积分 $\iiint\limits_{\Omega} x\mathrm{d}x\mathrm{d}y\mathrm{d}z$, 其中 Ω 为三个坐标面及平面 $x+2y+z=1$ 所围成的闭区域.

解 作区域 Ω 如图 9.26 所示, 将 Ω 投影到 xOy 面上, 得投影区域 D_{xy} 为三角形闭区域, 则

$$D_{xy} = \left\{(x,y)\,\bigg|\,0 \leqslant x \leqslant 1, 0 \leqslant y \leqslant \frac{1-x}{2}\right\}.$$

在 D_{xy} 内任取一点 (x,y), 过此点作平行于 z 轴的直线, 该直线通过平面 $z=0$ 穿入 Ω 内, 然后通过平面 $z=1-x-2y$ 穿出 Ω 外, 即有 $0 \leqslant z \leqslant 1-x-2y$, 所以

$$\iiint\limits_{\Omega} x\mathrm{d}x\mathrm{d}y\mathrm{d}z = \int_0^1 \mathrm{d}x \int_0^{\frac{1-x}{2}} \mathrm{d}y \int_0^{1-x-2y} x\mathrm{d}z$$

$$= \int_0^1 x\mathrm{d}x \int_0^{\frac{1-x}{2}} (1-x-2y)\mathrm{d}y$$

$$= \frac{1}{4} \int_0^1 (x - 2x^2 + x^3)\mathrm{d}x$$

$$= \frac{1}{48}.$$

讨论 将 Ω 投影到其他坐标平面上如何计算.

2) 截面法 (先二后一法)

有时, 我们计算一个三重积分也可以化为先计算一个二重积分、再计算一个定积分.

设空间闭区域 $\Omega = \{(x,y,z) \,|\, (x,y) \in D_z, c_1 \leqslant z \leqslant c_2\}$, 其中 D_z 是竖坐标为 z 的平面截空间闭区域 Ω 所得到的一个平面闭区域 (图 9.27), 则有

$$\iiint\limits_{\Omega} f(x,y,z)\mathrm{d}v = \int_{c_1}^{c_2} \mathrm{d}z \iint\limits_{D_z} f(x,y,z)\mathrm{d}x\mathrm{d}y. \tag{9.6}$$

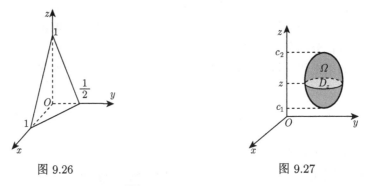

图 9.26　　　　　　　　　　图 9.27

例 9.14 计算三重积分 $\displaystyle\iiint\limits_{\Omega} z\mathrm{d}x\mathrm{d}y\mathrm{d}z$, 其中 Ω 是由圆锥面 $z = \sqrt{x^2 + y^2}$ 及平面 $z = 1$ 所围成的区域.

解 积分区域可以表示为 $\Omega\left\{(x,y,z) \,|\, x^2 + y^2 \leqslant z^2, 0 \leqslant z \leqslant 1\right\}$, 如图 9.28 所示, 则有

$$\iiint\limits_{\Omega} z\mathrm{d}x\mathrm{d}y\mathrm{d}z = \int_0^1 \mathrm{d}z \iint\limits_{D_z} z\mathrm{d}x\mathrm{d}y = \int_0^1 z\mathrm{d}z \iint\limits_{x^2+y^2 \leqslant z^2} \mathrm{d}x\mathrm{d}y = \int_0^1 z\pi z^2\mathrm{d}z = \frac{\pi}{4}.$$

2. 利用柱面坐标计算三重积分

设 $M(x,y,z)$ 为空间内一点, 并设点 M 在 xOy 面上的投影 P 的极坐标为 $P(\rho,\theta)$, 则这样的三个数 ρ, θ, z 就叫做点 M 的 **柱面坐标** (图 9.29), 这里规定 ρ,

θ, z 的变化范围为

$$0 \leqslant \rho < +\infty, \quad 0 \leqslant \theta \leqslant 2\pi, \quad -\infty < z < +\infty.$$

三组坐标面分别为

$\rho = $ 常数, 即以 z 轴为轴的圆柱面;

$\theta = $ 常数, 即过 z 轴的半平面;

$z = $ 常数, 即与 xOy 面平行的平面.

显然点 M 的直角坐标与柱面坐标的关系为

$$\begin{cases} x = \rho\cos\theta, \\ y = \rho\sin\theta, \\ z = z. \end{cases}$$

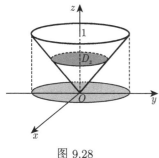

图 9.28

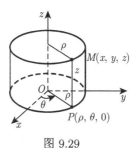

图 9.29

现在要把三重积分 $\iiint\limits_{\Omega} f(x, y, z)\mathrm{d}v$ 中的变量变换为柱面坐标. 为此, 用三组

坐标面 $\rho = $ 常数, $\theta = $ 常数, $z = $ 常数把 Ω 分成许多小闭区域, 除了含 Ω 的边界点的一些不规则小闭区域外, 这种小闭区域都是柱体. 考虑由 ρ, θ 和 z 各取得微小增量 $\mathrm{d}\rho, \mathrm{d}\theta$ 和 $\mathrm{d}z$ 所构成的柱体 (图 9.30) 的体积, 这个体积等于高与底面积的乘积. 现在高为 $\mathrm{d}z$, 底面积在不计高阶无穷小时为 $\rho\mathrm{d}\rho\mathrm{d}\theta$ (即极坐标系中的面积元素), 于是得

$$\mathrm{d}v = \rho\mathrm{d}\rho\mathrm{d}\theta\mathrm{d}z.$$

这就是**柱面坐标系中的体积元素**. 进一步可得到柱面坐标系中的三重积分

$$\iiint\limits_{\Omega} f(x, y, z)\mathrm{d}x\mathrm{d}y\mathrm{d}z = \iiint\limits_{\Omega} f(\rho\cos\theta, \rho\sin\theta, z)\rho\mathrm{d}\rho\mathrm{d}\theta\mathrm{d}z. \tag{9.7}$$

例 9.15 利用柱面坐标计算三重积分 $\iiint\limits_{\Omega} z\mathrm{d}x\mathrm{d}y\mathrm{d}z$, 其中 Ω 是由曲面 $z = x^2 + y^2$ 与平面 $z = 4$ 所围成的闭区域.

解 将闭区域 Ω (图 9.31) 投影到 xOy 面上, 得半径为 2 的圆形闭区域

$$D_{xy} = \left\{ (x,y) \mid 0 \leqslant \rho \leqslant 2, 0 \leqslant \theta \leqslant 2\pi \right\}.$$

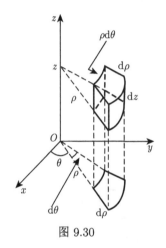

图 9.30

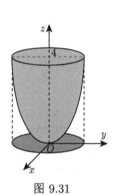

图 9.31

在 D_{xy} 内任取一点 (ρ, θ), 过此点作平行于 z 轴的直线, 则此直线通过曲面 $z = x^2 + y^2$ 穿入 Ω 内, 然后通过平面 $z = 4$ 穿出 Ω 外. 因此闭区域 Ω 可用不等式

$$\rho^2 \leqslant z \leqslant 4, \quad 0 \leqslant \rho \leqslant 2, \quad 0 \leqslant \theta \leqslant 2\pi$$

来表示, 于是

$$\iiint\limits_{\Omega} z\mathrm{d}x\mathrm{d}y\mathrm{d}z = \iiint\limits_{\Omega} z\rho\mathrm{d}\rho\mathrm{d}\theta\mathrm{d}z$$

$$= \int_0^{2\pi} \mathrm{d}\theta \int_0^2 \rho\mathrm{d}\rho \int_{\rho^2}^4 z\mathrm{d}z$$

$$= \frac{1}{2} \int_0^{2\pi} \mathrm{d}\theta \int_0^2 \rho(16 - \rho^4)\mathrm{d}\rho$$

$$= \frac{64}{3}\pi.$$

3. 利用球面坐标计算三重积分

设 $M(x, y, z)$ 为空间内一点, 则点 M 也可用这样三个有次序的数 r, φ, θ 来确定, 其中 r 为原点 O 与点 M 间的距离, φ 为有向线段 $\overrightarrow{OM}$ 与 z 轴正向所夹的角, θ 为从正 z 轴来看自 x 轴按逆时针方向转到有向线段 $\overrightarrow{OP}$ 的角, 这里 P 为点 M 在 xOy 面上的投影, 这样的三个数 r, φ, θ 叫做点 M 的**球面坐标** (图 9.32), 这里 r, φ, θ 的变化范围为

$$0 \leqslant r < +\infty, \quad 0 \leqslant \varphi \leqslant \pi, \quad 0 \leqslant \theta \leqslant 2\pi.$$

三组坐标面分别为

$r =$ 常数, 即以原点为中心的球面;

$\varphi =$ 常数, 即以原点为顶点、z 轴中心为轴的圆锥面;

$\theta =$ 常数, 即过 z 轴的半平面.

点 M 的直角坐标与球面坐标的关系为

$$\begin{cases} x = r \sin \varphi \cos \theta, \\ y = r \sin \varphi \sin \theta, \\ z = r \cos \varphi. \end{cases}$$

为了把三重积分中的变量从直角坐标变换为球面坐标, 用三组坐标面 $r =$ 常数, $\varphi =$ 常数, $\theta =$ 常数, 把积分区域 Ω 分成许多小闭区域. 考虑由 r, φ 和 θ 各取得微小增量 $dr, d\varphi$ 和 $d\theta$ 所成的六面体的体积 (图 9.33), 不计高阶无穷小, 可把这个六面体看作长方体, 其经线方向的长为 $rd\varphi$, 纬线方向的宽为 $r \sin \varphi d\theta$, 向径方向的高为 dr, 于是得

$$dv = r^2 \sin\varphi dr d\varphi d\theta,$$

这就是**球面坐标系中的体积元素**. 进一步可得到球面坐标系中的三重积分

$$\iiint\limits_{\Omega} f(x, y, z) dx dy dz$$

$$= \iiint\limits_{\Omega} f(r \sin \varphi \cos \theta, r \sin \varphi \sin \theta, r \cos \varphi) r^2 \sin \varphi dr d\varphi d\theta. \tag{9.8}$$

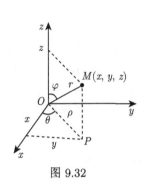

图 9.32

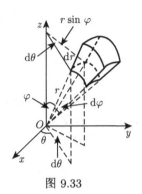

图 9.33

要计算变量变换为球面坐标后的三重积分, 可把它化为对 r、对 φ 及对 θ 的三次积分.

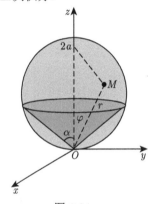

图 9.34

例 9.16 求半径为 a 的球面与半顶角为 α 的内接锥面所围成的立体 (图 9.34) 的体积.

解 设球面通过原点 O, 球心在 z 轴上, 又内接锥面的顶点在原点 O, 其轴与 z 轴重合, 则球面方程为 $r = 2a\cos\varphi$, 锥面方程为 $\varphi = \alpha$. 因为立体所占有的空间闭区域 Ω 可用不等式

$$0 \leqslant r \leqslant 2a\cos\varphi, \quad 0 \leqslant \varphi \leqslant \alpha, \quad 0 \leqslant \theta \leqslant 2\pi$$

来表示, 所以所求立体的体积为

$$V = \iiint\limits_{\Omega} \mathrm{d}x\mathrm{d}y\mathrm{d}z = \iiint\limits_{\Omega} r^2\sin\varphi\mathrm{d}r\mathrm{d}\varphi\mathrm{d}\theta = \int_0^{2\pi}\mathrm{d}\theta\int_0^{\alpha}\mathrm{d}\varphi\int_0^{2a\cos\varphi}r^2\sin\varphi\mathrm{d}r$$

$$= 2\pi\int_0^{\alpha}\sin\varphi\mathrm{d}\varphi\int_0^{2a\cos\varphi}r^2\mathrm{d}r = \frac{16\pi a^3}{3}\int_0^{\alpha}\cos^3\varphi\sin\varphi\mathrm{d}\varphi = \frac{4\pi a^3}{3}(1 - \cos^4\alpha).$$

最后, 在三重积分中, 同样也可以利用被积函数的奇偶性并结合积分区域的对称性来化简计算, 方法是:

(1) 当积分区域 Ω 关于 xOy 平面对称时, 位于 xOy 平面上方的区域为 Ω_1, 则

当 $f(x, y, -z) = -f(x, y, z)$ 时, $\displaystyle\iiint\limits_{\Omega} f(x, y, z)\,\mathrm{d}v = 0$;

当 $f(x, y, -z) = f(x, y, z)$ 时, $\displaystyle\iiint\limits_{\Omega} f(x, y, z)\,\mathrm{d}v = 2\iiint\limits_{\Omega_1} f(x, y, z)\,\mathrm{d}v.$

(2) 当积分区域 Ω 关于 yOz 平面对称时, 位于 yOz 平面前侧的区域为 Ω_1, 则

当 $f(-x, y, z) = -f(x, y, z)$ 时, $\iiint\limits_{\Omega} f(x, y, z)\,\mathrm{d}v = 0$;

当 $f(-x, y, z) = f(x, y, z)$ 时, $\iiint\limits_{\Omega} f(x, y, z)\,\mathrm{d}v = 2\iiint\limits_{\Omega_1} f(x, y, z)\,\mathrm{d}v$.

(3) 当积分区域 Ω 关于 zOx 平面对称时, 位于 zOx 平面右侧的区域为 Ω_1, 则

当 $f(x, -y, z) = -f(x, y, z)$ 时, $\iiint\limits_{\Omega} f(x, y, z)\,\mathrm{d}v = 0$;

当 $f(x, -y, z) = f(x, y, z)$ 时, $\iiint\limits_{\Omega} f(x, y, z)\,\mathrm{d}v = 2\iiint\limits_{\Omega_1} f(x, y, z)\,\mathrm{d}v$.

习 题 9.3

基础题

1. 至少利用三种不同的积分次序计算三重积分 $\iiint\limits_{\Omega}(x^2 + yz)\mathrm{d}v$, 其中

$$\Omega = [0, 2] \times [-3, 0] \times [-1, 1].$$

2. 将三重积分 $\iiint\limits_{\Omega} f(x, y, z)\mathrm{d}v$ 化为累次积分 (三次积分), 其中积分区域 Ω 分别是

(1) $x^2 + y^2 + z^2 \leqslant R^2, z \geqslant 0$;

(2) 由 $x^2 + y^2 = 4, z = 0, z = x + y + 10$ 所围成;

(3) 由双曲抛物面 $z = xy$ 及平面 $x + y - 1 = 0, z = 0$ 所围成的闭区域.

3. 计算下列三重积分:

(1) $\iiint\limits_{\Omega} y\mathrm{d}x\mathrm{d}y\mathrm{d}z$, 其中 Ω 是在平面 $z = x + 2y$ 下方, xOy 平面上由 $y = x^2$, $y = 0$ 及 $x = 1$ 围成的平面区域上方的立体;

(2) $\iiint\limits_{\Omega} xy^2 z^3 \mathrm{d}x\mathrm{d}y\mathrm{d}z$, 其中 Ω 是曲面 $z = xy$ 与平面 $y = x$, $x = 1$ 和 $z = 0$ 所围成的闭区域;

(3) $\iiint\limits_{\Omega} xz\mathrm{d}x\mathrm{d}y\mathrm{d}z$, 其中 Ω 是由平面 $z = 0, z = y, y = 1$ 以及抛物柱面 $y = x^2$ 所围成的闭区域;

(4) $\iiint\limits_{\Omega} xyz\mathrm{d}x\mathrm{d}y\mathrm{d}z$, 其中 Ω 为球面 $x^2 + y^2 + z^2 = 1$ 及三个坐标面所围的在第一卦限内的闭区域.

4. 利用柱面坐标计算下列三重积分:

(1) $\iiint\limits_{\Omega} (x^2 + y^2)\mathrm{d}v$, 其中 $\Omega = \{(x, y, z) \,|\, x^2 + y^2 \leqslant 4, -1 \leqslant z \leqslant 2\}$;

(2) $\iiint\limits_{\Omega} (x^3 + xy^2)\mathrm{d}x\mathrm{d}y\mathrm{d}z$, 其中 Ω 由柱面 $x^2 + (y-1)^2 = 1$ 及平面 $z = 0, z = 2$ 所围成;

(3) $\iiint\limits_{\Omega} \sqrt{x^2 + y^2}\mathrm{d}v$, 其中 $\Omega = \{(x, y, z) \,|\, 0 \leqslant z \leqslant 9 - x^2 - y^2\}$.

5. 利用球面坐标计算下列三重积分:

(1) $\iiint\limits_{\Omega} (x^2 + y^2 + z^2)\mathrm{d}v$, 其中 $\Omega : x^2 + y^2 + z^2 \leqslant 1$;

(2) $\iiint\limits_{\Omega} x\mathrm{e}^{(x^2 + y^2 + z^2)^2}\mathrm{d}v$, 其中 Ω 是第一卦限中球面 $x^2 + y^2 + z^2 = 1$ 与球面 $x^2 + y^2 + z^2 = 4$ 之间的部分;

(3) $\iiint\limits_{\Omega} \sqrt{x^2 + y^2 + z^2}\mathrm{d}v$, 其中 Ω 是锥面 $\varphi = \dfrac{\pi}{6}$ 上方与上半球面 $\rho = 2$ 所围立体.

6. 利用三重积分求所给立体 Ω 的体积, 其中 Ω 由柱面 $x = y^2$ 和平面 $z = 0$ 及 $x + z = 1$ 围成的立体.

7. 设有一物体占空间闭区域 $\Omega = \{(x, y, z) \,|\, 0 \leqslant x \leqslant 1, 0 \leqslant y \leqslant 1, 0 \leqslant z \leqslant 1\}$, 在点 (x, y, z) 处的密度为 $\rho(x, y, z) = x + y + z$, 计算该物体的质量.

提高题

1. 用截面法 (先算二重积分后算单积分) 解下列三重积分问题:

(1) 计算三重积分 $\iiint\limits_{\Omega} \sin z\mathrm{d}v$, 其中 Ω 是由锥面 $z = \sqrt{x^2 + y^2}$ 和平面 $z = \pi$ 围成;

(2) 设 Ω 是由单叶双曲面 $x^2 + y^2 - z^2 = R^2$ 和平面 $z = 0, z = H$ 围成的, 试求其体积;

(3) 已知物体 Ω 的底面是 xOy 平面上的区域 $D = \{(x, y) \,|\, x^2 + y^2 \leqslant R^2\}$, 当垂直于 x 轴的平面与 Ω 相交时, 截得的都是正三角形, 物体的体密度函数为 $\rho(x, y, z) = 1 + \dfrac{x}{R}$, 试求其质量.

2. 将下列三次积分化为柱面坐标或球面坐标下的三次积分, 再计算积分值, 并画出积分区域图:

(1) $\displaystyle\int_0^1 \mathrm{d}y \int_0^{\sqrt{1-y^2}} \mathrm{d}x \int_{x^2+y^2}^{\sqrt{x^2+y^2}} xyz\mathrm{d}z$;

(2) $\displaystyle\int_{-3}^3 \mathrm{d}x \int_{-\sqrt{9-x^2}}^{\sqrt{9-x^2}} \mathrm{d}y \int_0^{\sqrt{9-x^2-y^2}} z\sqrt{x^2 + y^2 + z^2}\mathrm{d}z$.

3. 选择适当坐标计算下列三重积分:

(1) $\iiint\limits_{\Omega} 2z\mathrm{d}v$, 其中 Ω 由柱面 $x^2 + y^2 = 8$, 椭圆锥面 $z = \sqrt{x^2 + 2y^2}$ 及平面 $z = 0$ 所围成;

(2) $\iiint\limits_{\Omega} (x+y)\mathrm{d}v$, 其中 $\Omega = \{(x,y,z)|1 \leqslant z \leqslant 1 + \sqrt{1 - x^2 - y^2}\}$;

(3) $\iiint\limits_{\Omega} \left(\sqrt{x^2 + y^2 + z^2} + \dfrac{1}{x^2 + y^2 + z^2} \right) \mathrm{d}v$, 其中 Ω 由曲面 $z^2 = x^2 + y^2$, $z^2 = 3x^2 + 3y^2$ 及平面 $z = 1$ 所围成;

(4) $\iiint\limits_{\Omega} z^2\mathrm{d}v$, 其中 Ω 是两个球体 $x^2 + y^2 + z^2 \leqslant R^2$ 与 $x^2 + y^2 + z^2 \leqslant 2Rz$ 的公共部分.

4. 计算三重积分 $\iiint\limits_{\frac{x^2}{a^2} + \frac{y^2}{b^2} + \frac{z^2}{c^2} \leqslant 1} \sqrt{1 - \left(\dfrac{x^2}{a^2} + \dfrac{y^2}{b^2} + \dfrac{z^2}{c^2} \right)^{\frac{3}{2}}} \mathrm{d}x\mathrm{d}y\mathrm{d}z.$

9.4　重积分的应用

由前面的讨论可知, 曲顶柱体的体积、平面薄片的质量可用二重积分计算, 空间物体的质量可用三重积分计算. 本节中我们将把定积分应用中的元素法推广到重积分的应用中, 利用重积分的元素法来讨论重积分在几何、物理上的一些其他应用.

9.4.1　重积分在几何中的应用

1. 曲顶柱体的体积

由二重积分的几何意义知, 当连续函数 $f(x,y) \geqslant 0$ 时, 以 xOy 面上的闭区域 D 为底, 以曲面 $z = f(x,y)$ 为顶的曲顶柱体的体积 V 可用二重积分表示为

$$V = \iint\limits_{D} f(x,y)\mathrm{d}\sigma.$$

2. 空间立体的体积

设物体占有空间有界闭区域 Ω, 则它的体积 V 可用二重积分表示为

$$V = \iint\limits_{D} [f_2(x,y) - f_1(x,y]\mathrm{d}\sigma.$$

这里 D 为 Ω 在 xOy 面上的投影区域, 以 D 的边界为准线, 作母线平行于 z 轴的柱面, 该柱面和 Ω 的边界曲面相交, 并将曲面分为上、下两部分 $z = f_2(x,y)$ 和

$z = f_1(x, y)\,(f_2(x, y) \geqslant f_1(x, y))$. 事实上, 空间立体 Ω 的体积等于两个曲顶柱体体积之差, 即以 D 为底, 分别以 $z = f_2(x, y)$ 和 $z = f_1(x, y)$ 为顶的两个曲顶柱体的体积之差.

另一方面, 空间立体 Ω 的体积 V 也可用三重积分表示为

$$V = \iiint\limits_{\Omega} \mathrm{d}v.$$

3. 曲面的面积

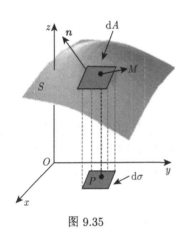

图 9.35

设曲面 S 由方程 $z = f(x, y)$ 给出, D 为曲面 S 在 xOy 面上的投影区域, 函数 $f(x, y)$ 在 D 上具有连续偏导数 $f_x(x, y)$ 和 $f_y(x, y)$, 现求曲面 S 的面积 A.

在闭区域 D 内任取一直径很小的闭区域 $\mathrm{d}\sigma$(其面积也记为 $\mathrm{d}\sigma$), 在 $\mathrm{d}\sigma$ 上取一点 $P(x, y)$, 曲面 S 上对应的有一点 $M(x, y, f(x, y))$, 点 M 在 xOy 面上的投影即点 P. 点 M 处曲面 S 的切平面设为 T(图 9.35). 以小闭区域 $\mathrm{d}\sigma$ 的边界曲线为准线作母线平行于 z 轴的柱面, 这柱面在曲面 S 上截下一小片曲面. 在切平面 T 上截下一小片平面. 由于 $\mathrm{d}\sigma$ 直径很小, 切平面 T 上的那一小片平面的面积 $\mathrm{d}A$ 可以近似代替相应的那小片曲面的面积. 又设切平面 T 的法向量 $\boldsymbol{n}$ 与 z 轴所成的角为 γ, 则

$$\mathrm{d}A = \frac{\mathrm{d}\sigma}{\cos\gamma} = \sqrt{1 + f_x^2(x, y) + f_y^2(x, y)}\,\mathrm{d}\sigma,$$

这就是**曲面 S 的面积元素**.

于是曲面 S 的面积为

$$A = \iint\limits_{D} \sqrt{1 + f_x^2(x, y) + f_y^2(x, y)}\,\mathrm{d}\sigma$$

或

$$A = \iint\limits_{D} \sqrt{1 + \left(\frac{\partial z}{\partial x}\right)^2 + \left(\frac{\partial z}{\partial y}\right)^2}\,\mathrm{d}x\mathrm{d}y. \tag{9.9}$$

讨论 若曲面方程为 $x = g(y,z)$ 或 $y = h(z,x)$, 则曲面的面积如何求?

$$A = \iint\limits_{Dyz} \sqrt{1 + \left(\frac{\partial x}{\partial y}\right)^2 + \left(\frac{\partial x}{\partial z}\right)^2}\, \mathrm{d}y\mathrm{d}z$$

或

$$A = \iint\limits_{D_{zx}} \sqrt{1 + \left(\frac{\partial y}{\partial z}\right)^2 + \left(\frac{\partial y}{\partial x}\right)^2}\, \mathrm{d}z\mathrm{d}x,$$

其中 D_{yz} 是曲面在 yOz 面上的投影区域, D_{zx} 是曲面在 zOx 面上的投影区域.

例 9.17 求半径为 a 的球的表面积.

解 取上半球面方程为 $z = \sqrt{a^2 - x^2 - y^2}$, 则它在 xOy 面上的投影区域 D: $x^2 + y^2 \leqslant a^2$, 由

$$\frac{\partial z}{\partial x} = \frac{-x}{\sqrt{a^2 - x^2 - y^2}}, \quad \frac{\partial z}{\partial y} = \frac{-y}{\sqrt{a^2 - x^2 - y^2}},$$

得

$$\sqrt{1 + \left(\frac{\partial z}{\partial x}\right)^2 + \left(\frac{\partial z}{\partial y}\right)^2} = \frac{a}{\sqrt{a^2 - x^2 - y^2}},$$

因为该函数在闭区域 D 上无界, 所以先取 D_1: $x^2 + y^2 \leqslant b^2\,(0 < b < a)$, 故

$$A_1 = \iint\limits_{D_1} \sqrt{1 + \left(\frac{\partial z}{\partial x}\right)^2 + \left(\frac{\partial z}{\partial y}\right)^2}\, \mathrm{d}x\mathrm{d}y,$$

$$= \iint\limits_{D_1} \frac{a}{\sqrt{a^2 - x^2 - y^2}}\mathrm{d}x\mathrm{d}y$$

$$= a\int_0^{2\pi}\mathrm{d}\theta \int_0^b \frac{r}{\sqrt{a^2 - r^2}}\mathrm{d}r$$

$$= 2\pi a\left(a - \sqrt{a^2 - b^2}\right).$$

于是

$$\lim_{b \to a} A_1 = \lim_{b \to a} 2\pi a\left(a - \sqrt{a^2 - b^2}\right) = 2\pi a^2,$$

因此整个球面的面积为

$$A = 4\pi a^2.$$

9.4.2   重积分在物理中的应用

1. 质量

平面薄片的质量 M 是它的面密度函数 $\mu(x,y)$ 在薄片所占区域 D 上的二重积分, 即

$$M = \iint\limits_{D} \mu(x,y)\, \mathrm{d}\sigma.$$

空间物体 Ω 的质量 M 是它的体密度函数 $\mu(x,y,z)$ 在 Ω 上的三重积分, 即

$$M = \iiint\limits_{\Omega} \mu(x,y,z)\, \mathrm{d}v.$$

2. 质心

1) 平面薄片的质心

设在 xOy 平面上有 n 个质点, 它们分别位于点 $(x_1,y_1),(x_2,y_2),\cdots,(x_n,y_n)$ 处, 质量分别为 $m_1, m_2, \cdots, m_n$. 由力学知道, 该质点系的质心的坐标为

$$\bar{x} = \frac{M_y}{M} = \frac{\sum\limits_{i=1}^{n} m_i x_i}{\sum\limits_{i=1}^{n} m_i}, \quad \bar{y} = \frac{M_x}{M} = \frac{\sum\limits_{i=1}^{n} m_i y_i}{\sum\limits_{i=1}^{n} m_i},$$

其中 $M = \sum\limits_{i=1}^{n} m_i$ 为该质点系的总质量. $M_y = \sum\limits_{i=1}^{n} m_i x_i$, $M_x = \sum\limits_{i=1}^{n} m_i y_i$ 分别为该质点系对 y 轴和 x 轴的**静矩**.

设有一平面薄片, 占有 xOy 面上的闭区域 D, 在点 (x,y) 处的面密度为 $\mu(x,y)$, 假定 $\mu(x,y)$ 在 D 上连续, 现计算该薄片的质心的坐标.

在闭区域 D 上任取一直径很小的闭区域 $\mathrm{d}\sigma$ (其面积也记为 $\mathrm{d}\sigma$), (x,y) 是这个小闭区域上的一点. 因为 $\mathrm{d}\sigma$ 直径很小, 且 $\mu(x,y)$ 在 D 上连续, 所以薄片中相应于 $\mathrm{d}\sigma$ 的部分的质量近似等于 $\mu(x,y)\mathrm{d}\sigma$, 这部分质量可近似看作集中在点 (x,y) 上, 于是平面薄片对 x 轴和对 y 轴的静矩元素分别为

$$\mathrm{d}M_x = y\mu(x,y)\mathrm{d}\sigma, \quad \mathrm{d}M_y = x\mu(x,y)\mathrm{d}\sigma.$$

以这些元素为被积表达式, 在闭区域 D 上积分, 得

$$M_x = \iint\limits_{D} y\mu(x,y)\mathrm{d}\sigma, \quad M_y = \iint\limits_{D} x\mu(x,y)\mathrm{d}\sigma.$$

由于平面薄片的质量为

$$M = \iint\limits_{D} \mu(x,y)\mathrm{d}\sigma,$$

所以平面薄片质心坐标为

$$\bar{x} = \frac{M_y}{M} = \frac{\iint\limits_{D} x\mu(x,y)\mathrm{d}\sigma}{\iint\limits_{D} \mu(x,y)\mathrm{d}\sigma}, \quad \bar{y} = \frac{M_x}{M} = \frac{\iint\limits_{D} y\mu(x,y)\mathrm{d}\sigma}{\iint\limits_{D} \mu(x,y)\mathrm{d}\sigma}. \qquad (9.10)$$

讨论 如果平面薄片是均匀的, 即面密度是常数, 则平面薄片的质心如何求? 求平面图形的质心公式为

$$\bar{x} = \frac{\iint\limits_{D} x\mathrm{d}\sigma}{\iint\limits_{D} \mathrm{d}\sigma}, \quad \bar{y} = \frac{\iint\limits_{D} y\mathrm{d}\sigma}{\iint\limits_{D} \mathrm{d}\sigma}.$$

例 9.18 求位于两圆 $\rho = 2\sin\theta$ 和 $\rho = 4\sin\theta$ 之间的均匀薄片的质心 (图 9.36).

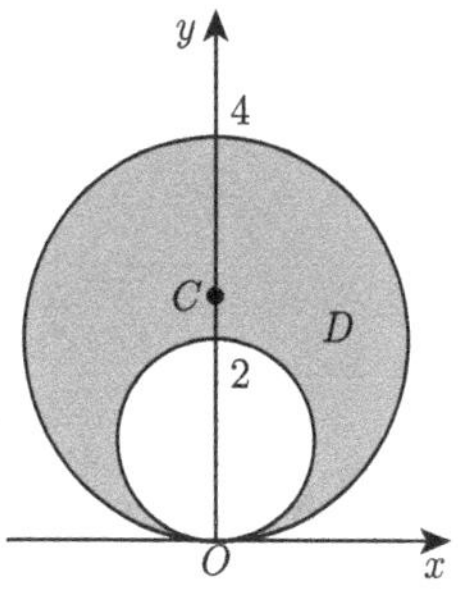

解 因为闭区域 D 关于 y 轴对称, 所以质心 $C(\bar{x}, \bar{y})$ 必位于 y 轴上, 于是 $\bar{x} = 0$. 又因为

图 9.36

$$\iint\limits_{D} y\mathrm{d}\sigma = \iint\limits_{D} \rho^2 \sin\theta \mathrm{d}\rho\mathrm{d}\theta = \int_0^{\pi} \sin\theta \mathrm{d}\theta \int_{2\sin\theta}^{4\sin\theta} \rho^2 \mathrm{d}\rho = 7\pi,$$

$$\iint\limits_{D} \mathrm{d}\sigma = \pi \cdot 2^2 - \pi \cdot 1^2 = 3\pi,$$

所以 $\bar{y} = \dfrac{\iint\limits_{D} y\mathrm{d}\sigma}{\iint\limits_{D} \mathrm{d}\sigma} = \dfrac{7\pi}{3\pi} = \dfrac{7}{3}$. 所求质心是 $C\left(0, \dfrac{7}{3}\right)$.

2) 空间立体的质心

类似地, 占有空间有界闭区域 Ω、在点 (x, y, z) 处的密度为 $\rho(x, y, z)$, 假定 $\rho(x, y, z)$ 在 Ω 上连续, 则物体的质心坐标

$$\bar{x} = \frac{1}{M} \iiint\limits_{\Omega} x\rho(x, y, z)\mathrm{d}v, \ \bar{y} = \frac{1}{M} \iiint\limits_{\Omega} y\rho(x, y, z)\mathrm{d}v, \ \bar{z} = \frac{1}{M} \iiint\limits_{\Omega} z\rho(x, y, z)\mathrm{d}v,$$

(9.11)

其中 $M = \iiint\limits_{\Omega} \rho(x, y, z)\mathrm{d}v.$

例 9.19　求均匀半球体的质心.

解　取半球体的对称轴为 z 轴, 原点取在球心上, 又设球半径为 a, 则半球体所占空间闭区域可表示为

$$\Omega = \{(x, y, z) \,|\, x^2 + y^2 + z^2 \leqslant a^2, z \geqslant 0\}.$$

显然, 质心在 z 轴上, 故 $\bar{x} = \bar{y} = 0$. $\bar{z} = \dfrac{1}{M} \iiint\limits_{\Omega} z\rho\mathrm{d}v = \dfrac{\iiint\limits_{\Omega} z\rho\mathrm{d}v}{\iiint\limits_{\Omega} \rho\mathrm{d}v} = \dfrac{1}{V} \iiint\limits_{\Omega} z\mathrm{d}v,$

其中 $V = \dfrac{2\pi a^3}{3}$ 为半球体的体积.

$$\iiint\limits_{\Omega} z\mathrm{d}v = \int_0^{2\pi} \mathrm{d}\theta \int_0^{\frac{\pi}{2}} \mathrm{d}\varphi \int_0^a r\cos\varphi \cdot r^2 \sin\varphi \mathrm{d}r$$

$$= \frac{1}{2} \int_0^{\frac{\pi}{2}} \sin 2\varphi \mathrm{d}\varphi \int_0^{2\pi} \mathrm{d}\theta \int_0^a r^3 \mathrm{d}r = \frac{1}{2} \cdot 2\pi \cdot \frac{a^4}{4} = \frac{\pi a^4}{4}.$$

所以 $\bar{z} = \dfrac{3}{8}a$, 质心坐标为 $\left(0, 0, \dfrac{3}{8}a\right)$.

3. 转动惯量

1) 平面薄片的转动惯量

设在 xOy 平面上有 n 个质点, 它们分别位于点 $(x_1, y_1), (x_2, y_2), \cdots, (x_n, y_n)$ 处, 质量分别为 $m_1, m_2, \cdots, m_n$. 由力学知道, 该质点系对于 x 轴以及对于 y 轴的转动惯量依次为

$$I_x = \sum_{i=1}^{n} y_i^2 m_i, \quad I_y = \sum_{i=1}^{n} x_i^2 m_i.$$

设有一平面薄片, 占有 xOy 面上的闭区域 D, 在点 (x, y) 处的面密度为 $\mu(x, y)$, 假定 $\mu(x, y)$ 在 D 上连续, 求该薄片对于 x 轴的转动惯量 I_x 和对于 y 轴的转动惯量 I_y.

应用元素法, 在闭区域 D 上任取一直径很小的闭区域 $\mathrm{d}\sigma$ (其面积也记为 $\mathrm{d}\sigma$), (x,y) 是该小闭区域上的一个点. 因为 $\mathrm{d}\sigma$ 直径很小, 且 $\mu(x,y)$ 在 D 上连续, 所以薄片中相应于 $\mathrm{d}\sigma$ 部分的质量近似等于 $\mu(x,y)\mathrm{d}\sigma$, 这部分质量可近似看作集中在点 (x,y) 上, 于是可写出薄片对于 x 轴的转动惯量和对于 y 轴的转动惯量元素

$$\mathrm{d}I_x = y^2\mu(x,y)\mathrm{d}\sigma, \quad \mathrm{d}I_y = x^2\mu(x,y)\mathrm{d}\sigma.$$

于是得整片平面薄片对于 x 轴的转动惯量和 y 轴的转动惯量分别为

$$I_x = \iint\limits_D y^2\mu(x,y)\mathrm{d}\sigma, \quad I_y = \iint\limits_D x^2\mu(x,y)\mathrm{d}\sigma. \tag{9.12}$$

例 9.20 求半径为 a 的均匀半圆薄片 (面密度为常量 μ) 对于其直径边的转动惯量.

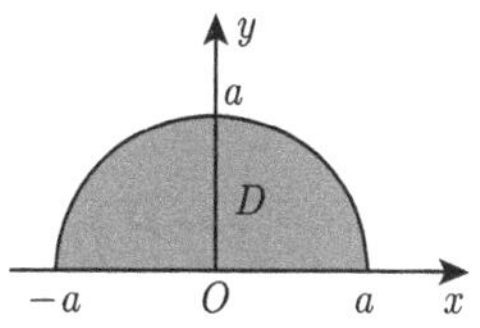

图 9.37

解 取坐标系 (图 9.37), 则薄片所占闭区域 D 可表示为

$$D = \{(x,y)\,|\,x^2+y^2 \leqslant a^2, y \geqslant 0\},$$

而所求转动惯量即半圆薄片对于 x 轴的转动惯量 I_x, 则

$$\begin{aligned}I_x &= \iint\limits_D \mu y^2\mathrm{d}\sigma = \mu\iint\limits_D \rho^2\sin^2\theta\cdot\rho\mathrm{d}\rho\mathrm{d}\theta \\ &= \mu\int_0^{\pi}\sin^2\theta\mathrm{d}\theta\int_0^a\rho^3\mathrm{d}\rho = \mu\cdot\frac{a^4}{4}\int_0^{\pi}\sin^2\theta\mathrm{d}\theta \\ &= \frac{1}{4}\mu a^4\cdot\frac{\pi}{2} = \frac{1}{4}Ma^2,\end{aligned}$$

其中 $M = \dfrac{1}{2}\pi a^2\mu$ 为半圆薄片的质量.

2) 空间立体的转动惯量

类似地, 占有空间有界闭区域 Ω、在点 (x,y,z) 处的密度为 $\rho(x,y,z)$(假定 $\rho(x,y,z)$ 在 Ω 上连续) 的物体对于 x, y, z 轴的转动惯量为

$$\begin{aligned}I_x &= \iiint\limits_{\Omega}(y^2+z^2)\rho(x,y,z)\mathrm{d}v, \\ I_y &= \iiint\limits_{\Omega}(z^2+x^2)\rho(x,y,z)\mathrm{d}v, \\ I_z &= \iiint\limits_{\Omega}(x^2+y^2)\rho(x,y,z)\mathrm{d}v.\end{aligned} \tag{9.13}$$

例 9.21 求密度为 ρ 的均匀球体对于过球心的一条轴 l 的转动惯量.

解 取球心为坐标原点, z 轴与轴 l 重合, 又设球的半径为 a, 则球体所占空间闭区域

$$\Omega = \{(x, y, z) \mid x^2 + y^2 + z^2 \leqslant a^2\}.$$

所求转动惯量即球体对于 z 轴的转动惯量

$$
\begin{aligned}
I_z &= \iiint\limits_{\Omega} (x^2 + y^2)\rho \mathrm{d}v \\
&= \rho \iiint\limits_{\Omega} (r^2 \sin^2 \varphi \cos^2 \theta + r^2 \sin^2 \varphi \sin^2 \theta) r^2 \sin \varphi \mathrm{d}r \mathrm{d}\varphi \mathrm{d}\theta \\
&= \rho \iiint\limits_{\Omega} r^4 \sin^3 \varphi \mathrm{d}r \mathrm{d}\varphi \mathrm{d}\theta = \rho \int_0^{2\pi} \mathrm{d}\theta \int_0^{\pi} \sin^3 \varphi \mathrm{d}\varphi \int_0^a r^4 \mathrm{d}r \\
&= \frac{8}{15}\pi a^5 \rho = \frac{2}{5} a^2 M,
\end{aligned}
$$

其中 $M = \dfrac{4}{3}\pi a^3 \rho$ 为球体的质量.

4. 引力

下面讨论空间一物体对于物体外一点 $P_0(x_0, y_0, z_0)$ 处单位质量的质点的引力问题.

设物体占有空间有界闭区域 Ω, 它在点 (x, y, z) 处的密度为 $\rho(x, y, z)$, 并假定 $\rho(x, y, z)$ 在 Ω 上连续. 在物体内任取一直径很小的闭区域 $\mathrm{d}v$ (其体积也记为 $\mathrm{d}v$), (x, y, z) 为这一小块中的一点, 把这一小块物体的质量 $\rho \mathrm{d}v$ 近似地看作集中在点 (x, y, z) 处, 于是由两个质点间的引力公式, 可得这一小块物体对位于 $P_0(x_0, y_0, z_0)$ 处的单位质量的质点的引力近似地为

$$
\begin{aligned}
\mathrm{d}\boldsymbol{F} &= (\mathrm{d}F_x, \mathrm{d}F_y, \mathrm{d}F_z) \\
&= \left(G\frac{\rho(x, y, z)(x - x_0)}{r^3}\mathrm{d}v, G\frac{\rho(x, y, z)(y - y_0)}{r^3}\mathrm{d}v, G\frac{\rho(x, y, z)(z - z_0)}{r^3}\mathrm{d}v \right),
\end{aligned}
$$

其中 $\mathrm{d}F_x$, $\mathrm{d}F_y$, $\mathrm{d}F_z$ 为引力元素 $\mathrm{d}\boldsymbol{F}$ 在三个坐标轴上的分量,

$$r = \sqrt{(x - x_0)^2 + (y - y_0)^2 + (z - z_0)^2},$$

G 为引力常数. 将 $\mathrm{d}F_x$, $\mathrm{d}F_y$, $\mathrm{d}F_z$ 在 Ω 上分别积分, 即可得 F_x, F_y, F_z, 从而得

$$\boldsymbol{F} = (F_x, F_y, F_z)$$

$$= \left(\iiint\limits_{\Omega} \frac{G\rho(x,y,z)(x-x_0)}{r^3}\mathrm{d}v, \iiint\limits_{\Omega} \frac{G\rho(x,y,z)(y-y_0)}{r^3}\mathrm{d}v, \right.$$

$$\left. \iiint\limits_{\Omega} \frac{G\rho(x,y,z)(z-z_0)}{r^3}\mathrm{d}v \right).$$

如果考虑平面薄片对薄片外一点 $P_0(x_0,y_0,z_0)$ 处的单位质量的质点的引力, 设平面薄片占有 xOy 面上的有界闭区域 D, 其面密度为 $\mu(x,y)$, 那么只要将上式中的密度 $\rho(x,y,z)$ 换成面密度 $\mu(x,y)$, 将 Ω 上的三重积分换成 D 上的二重积分, 就可得到相应的计算公式.

例 9.22 设半径为 R 的质量均匀的球占有空间闭区域

$$\Omega = \{(x,y,z) \,|\, x^2 + y^2 + z^2 \leqslant R^2\}.$$

求它对于位于点 $M_0(0,0,a)(a > R)$ 处的单位质量的质点的引力.

解 设球的密度为 ρ_0, 由球体的对称性及质量分布的均匀性知 $F_x = F_y = 0$, 所求引力沿 z 轴的分量为

$$F_z = \iiint\limits_{\Omega} G\rho_0 \frac{z-a}{[x^2+y^2+(z-a)^2]^{\frac{3}{2}}}\mathrm{d}v$$

$$= G\rho_0 \int_{-R}^{R} (z-a)\mathrm{d}z \iint\limits_{x^2+y^2 \leqslant R^2-z^2} \frac{\mathrm{d}x\mathrm{d}y}{[x^2+y^2+(z-a)^2]^{\frac{3}{2}}}$$

$$= G\rho_0 \int_{-R}^{R} (z-a)\mathrm{d}z \int_0^{2\pi} \mathrm{d}\theta \int_0^{\sqrt{R^2-z^2}} \frac{\rho\mathrm{d}\rho}{[\rho^2+(z-a)^2]^{\frac{3}{2}}}$$

$$= 2\pi G\rho_0 \int_{-R}^{R} (z-a) \left(\frac{1}{a-z} - \frac{1}{\sqrt{R^2-2az+a^2}} \right) \mathrm{d}z$$

$$= 2\pi G\rho_0 \left[-2R + \frac{1}{a} \int_{-R}^{R} (z-a)\mathrm{d}\sqrt{R^2-2az+a^2} \right]$$

$$= 2\pi G\rho_0 \left(-2R + 2R - \frac{2R^3}{3a^2} \right)$$

$$= -G \cdot \frac{4\pi R^3}{3}\rho_0 \cdot \frac{1}{a^2} = -G\frac{M}{a^2},$$

其中 $M = \dfrac{4\pi R^3}{3}\rho_0$ 为球的质量.

上述结果表明: 质量均匀的球对球外一质点的引力如同球的质量集中于球心时两个质点间的引力.

习 题 9.4

基础题

1. 计算平面 $6x + 3y + 2z = 12$ 在第一卦限中的部分的面积.

2. 求球面 $x^2 + y^2 + z^2 = a^2$ 含在圆柱面 $x^2 + y^2 = ax$ 内部的曲面面积.

3. 设两个圆柱底面半径均为 R, 且轴相互垂直, 求它们所围立体的表面积.

4. 求曲面 $\sqrt{x} + \sqrt{y} + \sqrt{z} = 1$ 和坐标面围成的立体区域之体积.

5. 设平面薄片所占的闭区域 D 是由直线 $x + y = 2$, $y = x$ 和 x 轴所围成的, 它的面密度 $\rho(x, y) = x^2 + y^2$, 求该薄片的质量.

6. 求占有下列区域 D 的平面薄片的质量与质心:

(1) D 是以 $(0,0)$, $(2,1)$, $(0,3)$ 为顶点的三角形区域, $\rho(x, y) = x + y$;

(2) D 是第一象限中由抛物线 $y = x^2$ 与直线 $y = 1$ 围成的区域, $\rho(x, y) = xy$;

(3) D 由心形线 $r = 1 + \sin\theta$ 所围成的区域, $\rho(x, y) = 2$.

7. 利用三重积分计算下列立体 Ω 的体积和质心:

(1) $\Omega = \{(x, y, z) | x^2 + y^2 \leqslant z \leqslant 36 - 3x^2 - 3y^2\}$;

(2) Ω 为锥面 $\varphi = \dfrac{\pi}{3}$ 上方和球面 $\rho = 4\cos\varphi$ 下方所围的立体.

8. 设均匀薄片 (面密度为常数 1) 所占闭区域 D 如下, 求指定的转动惯量:

(1) $D = \left\{ (x, y) \left| \dfrac{x^2}{a^2} + \dfrac{y^2}{b^2} \leqslant 1 \right. \right\}$, 求 I_y;

(2) D 由抛物线 $y^2 = \dfrac{9}{2}x$ 与直线 $x = 2$ 所围成, 求 I_x 和 I_y;

(3) D 为矩形闭区域 $\{(x, y) | 0 \leqslant x \leqslant a, 0 \leqslant y \leqslant b\}$, 求 I_x 和 I_y.

9. 求底长为 a, 高为 h 的等腰三角形薄片, 绕其高的转动惯量 (设密度为 1).

10. 求高为 h, 半顶角为 α, 密度为常数 μ 的均匀圆锥体对位于其顶点的一单位质量质点的引力.

提高题

1. 计算由球面 $x^2 + y^2 + z^2 = 3a^2$ $(z > 0)$ 和旋转抛物面 $x^2 + y^2 = 2az$ $(a > 0)$ 所围成立体的表面积.

2. 求由圆柱面 $x^2 + y^2 = 9$、平面 $4y + 3z = 12$ 和 $4y - 3z = 12$ 所围成立体的表面积.

3. 求一半径为 a 的半球体的质量与质心. 假设其上任一点密度与该点到底面之距离成正比.

4. 求均匀平面薄片 $D = \{(r\cos\theta, r\sin\theta) | 2\sin\theta \leqslant r \leqslant 4\sin\theta\}$ 绕极轴的转动惯量.

5. 设半径为 R 的非均匀球体上任一点的密度与球心到该点的距离成正比, 若球体的质量为 M, 求它对于直径的转动惯量.

6. 设物体所占区域为 $\Omega = \{(x, y, z) | x^2 + y^2 \leqslant R^2, |z| \leqslant H\}$, 其密度为常数. 已知 Ω 关于 x 轴及 z 轴的转动惯量相等, 试证明 $H : R = \sqrt{3} : 2$.

7. 求一密度为常数 ρ 的均匀柱体 $x^2 + y^2 = R^2 (0 \leqslant z \leqslant h)$ 对于位于点 $M_0(0, 0, a)(a > h)$ 处的单位常数质量的质点的引力.

复 习 题 9

一、选择题

1. 设平面区域 $D = \left\{ (x,y) \,\middle|\, x^2 + y^2 \leqslant a^2 \, (a > 0) \right\}$, D_1 是 D 在第一象限的部分区域, 则积分 $\iint\limits_{D} (x + y + 1) \mathrm{d}\sigma$ 等于 ( ).

A. $4 \iint\limits_{D_1} (x + y + 1) \mathrm{d}\sigma$ B. $\iint\limits_{D_1} (x + y + 1) \mathrm{d}\sigma$

C. πa^2 D. 0

2. 设有空间区域

$$\Omega_1 = \left\{ (x,y,z) \,\middle|\, x^2 + y^2 + z^2 \leqslant R^2 , z \geqslant 0 \right\},$$

$$\Omega_2 = \left\{ (x,y,z) \,\middle|\, x^2 + y^2 + z^2 \leqslant R^2 , x \geqslant 0, y \geqslant 0, z \geqslant 0 \right\},$$

则有 ( ).

A. $\iiint\limits_{\Omega_1} x \mathrm{d}v = 4 \iiint\limits_{\Omega_2} x \mathrm{d}v$ B. $\iiint\limits_{\Omega_1} y \mathrm{d}v = 4 \iiint\limits_{\Omega_2} y \mathrm{d}v$

C. $\iiint\limits_{\Omega_1} z \mathrm{d}v = 4 \iiint\limits_{\Omega_2} z \mathrm{d}v$ D. $\iiint\limits_{\Omega_1} xyz \mathrm{d}v = 4 \iiint\limits_{\Omega_2} xyz \mathrm{d}v$

3. 设 $f(x)$ 为连续函数, $F(t) = \int_1^t \mathrm{d}y \int_y^t f(x) \mathrm{d}x$, 则 $F'(2) = ($).

A. $2f(2)$ B. $f(2)$

C. $-f(2)$ D. 0

4. 积分 $\int_0^2 \mathrm{d}x \int_x^2 \mathrm{e}^{-y^2} \mathrm{d}y = ($).

A. $-\dfrac{1}{2}(1 + \mathrm{e}^{-4})$ B. $-\dfrac{1}{2}(1 - \mathrm{e}^{-4})$

C. $\dfrac{1}{2}(1 + \mathrm{e}^{-4})$ D. $\dfrac{1}{2}(1 - \mathrm{e}^{-4})$

二、解答题

1. 设 D 为圆域 $x^2 + y^2 \leqslant a^2 (a > 0)$, 若积分 $\iint\limits_{D} \sqrt{a^2 - x^2 - y^2} \mathrm{d}x\mathrm{d}y = \dfrac{\pi}{12}$, 求 a 的值.

2. 设 $f(x,y)$ 为有界闭区域 $D = \left\{ (x,y) \,\middle|\, x^2 + y^2 \leqslant a^2 \right\}$ 上的连续函数, 求

$$\lim_{a \to 0} \frac{1}{\pi a^2} \iint\limits_{D} f(x,y) \mathrm{d}x\mathrm{d}y.$$

3. 交换积分次序.

(1) $\displaystyle\int_0^2 \mathrm{d}x \int_0^x f(x,y)\mathrm{d}y + \int_2^4 \mathrm{d}x \int_0^{4-x} f(x,y)\mathrm{d}y$;

(2) $\displaystyle\int_0^1 \mathrm{d}x \int_{\sqrt{x}}^{1+\sqrt{1-x^2}} f(x,y)\mathrm{d}y$.

4. 计算二重积分 $\displaystyle\iint\limits_{D} \mathrm{e}^{\max(x^2,y^2)}\mathrm{d}x\mathrm{d}y$, 其中 $D = \{(x,y) \mid 0 \leqslant x \leqslant 1, 0 \leqslant y \leqslant 1\}$.

5. 设 $f(x)$ 在 $[a,b]$ 上连续, 证明: $\displaystyle\left(\int_a^b f(x)\mathrm{d}x\right)^2 \leqslant (b-a)\int_a^b f^2(x)\mathrm{d}x$.

6. 设 $f(x)$ 在 $[0,1]$ 上连续, 并设 $\displaystyle\int_0^1 f(x)\mathrm{d}x = A$, 求 $\displaystyle\int_0^1 \mathrm{d}x \int_x^1 f(x)f(y)\mathrm{d}y$.

7. 计算三重积分.

(1) $\displaystyle\iiint\limits_{\Omega} xy\mathrm{d}v$, 其中 $\Omega = \left\{(x,y,z) \,\middle|\, x=0, y=0, z=0, x+\dfrac{y}{2}+\dfrac{z}{3}=1\right\}$;

(2) $\displaystyle\iiint\limits_{\Omega} \dfrac{z\ln(x^2+y^2+z^2+1)}{x^2+y^2+z^2+1}\mathrm{d}x\mathrm{d}y\mathrm{d}z$, 其中 Ω 是球域: $x^2+y^2+z^2 \leqslant 1$;

(3) $\displaystyle\iiint\limits_{\Omega} \mathrm{e}^{|z|}\mathrm{d}v$, 设 Ω 是由 $x^2+y^2+z^2 \leqslant 1$ 所确定的有界闭域.

8. 利用柱坐标计算 $\displaystyle\iiint\limits_{\Omega} z\mathrm{d}v$, 其中 Ω 是由上半球面 $z = \sqrt{2-x^2-y^2}$ 与旋转抛物面 $z = x^2 + y^2$ 围成的闭区域.

9. 设 $f(x)$ 是连续函数, 而 $F(t) = \displaystyle\iiint\limits_{x^2+y^2+z^2 \leqslant t^2} f(x^2+y^2+z^2)\mathrm{d}x\mathrm{d}y\mathrm{d}z$, 求 $F'(t)$.

10. 求极限 $\displaystyle\lim_{t\to +\infty} \dfrac{1}{t^4} \iiint\limits_{x^2+y^2+z^2 \leqslant t^2} \sqrt{x^2+y^2+z^2}\,\mathrm{d}x\mathrm{d}y\mathrm{d}z$.

11. 求平面 $\dfrac{x}{a}+\dfrac{y}{b}+\dfrac{z}{c} = 1$ 被三个坐标面所割出的有限部分的面积.

12. 曲面 $z = 13 - x^2 - y^2$ 将球面 $x^2+y^2+z^2 = 25$ 分割成三部分, 由上至下依次记这三部分曲面的面积为 S_1, S_2, S_3, 求 $S_1 : S_2 : S_3$.

13. 求由抛物线 $y = x^2$ 及直线 $y = 1$ 所围成的均匀薄片 (密度为常数 μ) 对于直线 $y = -1$ 的转动惯量.

14. 设有顶角为 2α, 半径为 R 的扇形薄片, 各点处的密度等于该点到扇形顶点距离的平方, 求此薄片质心.

本章提要　　　　　　　　　习题答案

第 10 章　曲线积分和曲面积分

本章是多元函数积分学的一个重要内容, 它将函数积分的概念推广到积分范围为一段曲线弧或一片曲面的情形, 称之为曲线积分和曲面积分. 本章主要阐明有关这两种积分的基本概念、性质、计算、应用, 以及联系多元函数积分学的几种积分之间的重要公式: 格林公式、高斯公式和斯托克斯公式.

10.1　对弧长的曲线积分

10.1.1　对弧长的曲线积分的概念与性质

1. 引例

曲线形构件的质量　在设计曲线形构件时, 为了合理使用材料, 应该根据构件各部分受力情况, 把构件上各点处的粗细程度设计得不完全一样. 因此, 可以认为这构件的线密度 (单位长度的质量) 是变量. 假设这构件所处的位置在 xOy 面内的一段曲线弧 L 上, 它的端点是 A, B, 在 L 上任一点 (x, y) 处, 它的线密度为 $\mu(x, y)$, 现在要计算这构件的质量 m (图 10.1).

如果构件的线密度为常量, 那么这构件的质量就等于它的线密度与长度的乘积. 现在构件上各点处的线密度是变量, 就不能直接用上述方法来计算. 可以采用分割、近似、求和、取极限的方法来求其质量.

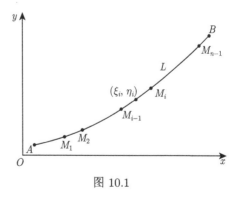

图 10.1

第一步, 分.　取 $A = M_0, B = M_n$, 在 L 上任意地插入点 $M_1, M_2, \cdots, M_{n-1}$, 把 L 分成 n 个小段, 假设第 i 个弧段 $\overparen{M_{i-1}M_i}$ 的长度为 $\Delta s_i (i = 1, 2, \cdots, n)$.

第二步, 匀.　在线密度连续变化的前提下, 只要小弧段很短, 就可以用小弧段 $\overparen{M_{i-1}M_i}$ 上任一点 (ξ_i, η_i) 处的线密度代替这一小弧段上其他各点处的线密度, 从而得到这一小段构件的质量

$$\Delta m_i \approx \mu(\xi_i, \eta_i)\Delta s_i.$$

第三步, 合. 整个曲线形构件的质量

$$m \approx \sum_{i=1}^{n} \mu(\xi_i, \eta_i)\Delta s_i.$$

第四步, 精. 用 λ 表示 n 个小弧段的最大长度. 取上式右端之和当 $\lambda \to 0$ 时的极限, 从而得到

$$m = \lim_{\lambda \to 0} \sum_{i=1}^{n} \mu(\xi_i, \eta_i)\Delta s_i.$$

2. 对弧长的曲线积分的定义

定义 10.1　设 L 为 xOy 面内的一条光滑曲线弧, 函数 $f(x,y)$ 在 L 上有界. 在 L 上任意插入一点列 M_1, M_2, $\cdots$, M_{n-1}, 把 L 分成 n 个小段. 设第 i 个小段的长度为 Δs_i. 又 (ξ_i, η_i) 为第 i 个小段上任意取定的一点, 作乘积 $f(\xi_i, \eta_i)\Delta s_i\,(i = 1, 2, \cdots, n)$, 并作和 $\sum_{i=1}^{n} f(\xi_i, \eta_i)\Delta s_i$, 如果当各小弧段的长度的最大值 $\lambda \to 0$ 时, 这和的极限总存在, 且与曲线弧 L 的分法及点 (ξ_i, η_i) 的取法无关, 那么称此极限为函数 $f(x,y)$ 在曲线弧 L 上**对弧长的曲线积分**或**第一类曲线积分**, 记作 $\int_L f(x,y)\mathrm{d}s$, 即

$$\int_L f(x,y)\mathrm{d}s = \lim_{\lambda \to 0} \sum_{i=1}^{n} f(\xi_i, \eta_i)\Delta s_i,$$

其中 $f(x,y)$ 叫做**被积函数**, L 叫做**积分弧段**.

针对以上对弧长的曲线积分的定义, 做以下几点说明:

(1) 当 $f(x,y)$ 在光滑曲线弧 L 上连续时, 对弧长的曲线积分 $\int_L f(x,y)\mathrm{d}s$ 是存在的. 以后总假定 $f(x,y)$ 在 L 上是连续的.

(2) 当连续光滑曲线弧 L 是封闭曲线时, 函数 $f(x,y)$ 在 L 上对弧长的曲线积分记为 $\oint_L f(x,y)\mathrm{d}s$.

(3) 上述定义可以类似地推广到积分弧段为空间曲线弧 Γ 的情形, 即函数 $f(x,y,z)$ 在曲线弧 Γ 上对弧长的曲线积分 $\int_\Gamma f(x,y,z)\mathrm{d}s = \lim_{\lambda \to 0} \sum_{i=1}^{n} f(\xi_i, \eta_i, \zeta_i)\,\Delta s_i$.

(4) 如果 L (或 Γ) 可以分成有限段, 而每一段均是光滑的, 我们规定, 函数在 L (或 Γ) 上的曲线积分等于函数在光滑的各段上的曲线积分之和.

3. 对弧长的曲线积分的性质

由对弧长的曲线积分的定义可知, 它有以下性质.

性质 1 设 α, β 为常数, 则

$$\int_L [\alpha f(x,y) + \beta g(x,y)]\mathrm{d}s = \alpha \int_L f(x,y)\mathrm{d}s + \beta \int_L g(x,y)\mathrm{d}s.$$

性质 2 若积分弧段 L 可分成两段光滑曲线弧 L_1 和 L_2, 则

$$\int_L f(x,y)\mathrm{d}s = \int_{L_1} f(x,y)\mathrm{d}s + \int_{L_2} f(x,y)\mathrm{d}s.$$

性质 3 设在 L 上 $f(x,y) \leqslant g(x,y)$, 则

$$\int_L f(x,y)\mathrm{d}s \leqslant \int_L g(x,y)\mathrm{d}s.$$

特别地, 有

$$\left| \int_L f(x,y)\mathrm{d}s \right| \leqslant \int_L |f(x,y)|\mathrm{d}s.$$

10.1.2 对弧长的曲线积分的计算及应用

1. 对弧长的曲线积分的计算

定理 10.1 设 $f(x,y)$ 在曲线弧 L 上有定义且连续, L 的参数方程为

$$\begin{cases} x = \varphi(t), \\ y = \psi(t) \end{cases} \quad (\alpha \leqslant t \leqslant \beta),$$

若 $\varphi(t)$, $\psi(t)$ 在 $[\alpha, \beta]$ 上具有一阶连续导数, 且 $\varphi'^2(t) + \psi'^2(t) \neq 0$, 则曲线积分 $\int_L f(x,y)\mathrm{d}s$ 存在, 且

$$\int_L f(x,y)\mathrm{d}s = \int_\alpha^\beta f[\varphi(t), \psi(t)]\sqrt{\varphi'^2(t) + \psi'^2(t)}\mathrm{d}t \quad (\alpha < \beta). \tag{10.1}$$

证 假定当参数 t 由 α 变至 β 时, L 上的点 $M(x,y)$ 依点 A 至点 B 的方向描出曲线弧 L. 在 L 上取一列点

$$A = M_0, M_1, M_2, \cdots, M_{n-1}, M_n = B,$$

它们对应于一列单调增加的参数值

$$\alpha = t_0 < t_1 < t_2 < \cdots < t_{n-1} < t_n = \beta.$$

根据对弧长的曲线积分的定义, 有

$$\int_L f(x,y)\mathrm{d}s = \lim_{\lambda \to 0} \sum_{i=1}^n f(\xi_i, \eta_i)\,\Delta s_i.$$

设点 (ξ_i, η_i) 对应于参数值 τ_i, 即 $\xi_i = \varphi(\tau_i)$, $\eta_i = \psi(\tau_i)$, 这里 $t_{i-1} \leqslant \tau_i \leqslant t_i$. 由于

$$\Delta s_i = \int_{t_{i-1}}^{t_i} \sqrt{\varphi'^2(t) + \psi'^2(t)}\mathrm{d}t,$$

应用积分中值定理, 有

$$\Delta s_i = \sqrt{\varphi'^2(\tau_i') + \psi'^2(\tau_i')}\Delta t_i,$$

其中 $\Delta t_i = t_i - t_{i-1}$, $t_{i-1} \leqslant \tau_i' \leqslant t_i$, 于是

$$\int_L f(x,y)\mathrm{d}s = \lim_{\lambda \to 0} \sum_{i=1}^n f[\varphi(\tau_i), \psi(\tau_i)]\sqrt{\varphi'^2(\tau_i') + \psi'^2(\tau_i')}\Delta t_i.$$

由于函数 $\sqrt{\varphi'^2(t) + \psi'^2(t)}$ 在闭区间 $[\alpha, \beta]$ 上连续, 我们可以把上式中的 τ_i' 换成 τ_i, 从而

$$\int_L f(x,y)\mathrm{d}s = \lim_{\lambda \to 0} \sum_{i=1}^n f[\varphi(\tau_i), \psi(\tau_i)]\sqrt{\varphi'^2(\tau_i) + \psi'^2(\tau_i)}\Delta t_i.$$

上式右端的和的极限就是函数 $f[\varphi(t), \psi(t)]\sqrt{\varphi'^2(t) + \psi'^2(t)}$ 在区间 $[\alpha, \beta]$ 上的定积分, 因为这个函数在 $[\alpha, \beta]$ 上连续, 所以这个定积分是存在的. 因此上式左端的曲线积分 $\int_L f(x,y)\mathrm{d}s$ 也存在, 并且有

$$\int_L f(x,y)\mathrm{d}s = \int_\alpha^\beta f[\varphi(t), \psi(t)]\sqrt{\varphi'^2(t) + \psi'^2(t)}\mathrm{d}t \quad (\alpha < \beta).$$

从定理的证明过程不难看出, 计算对弧长的曲线积分

$$\int_L f(x,y)\mathrm{d}s$$

时, 需要以下三步:

(1) "一代". 将被积函数中的 x, y 依次代成 $\varphi(t)$, $\psi(t)$.

(2) "二换". 将 $\mathrm{d}s$ 换为 $\sqrt{\varphi'^2(t) + \psi'^2(t)}\mathrm{d}t$.

(3) "三定限". 从 α 到 β 作定积分即可.

值得注意的是, 在上述推导中, 由于小弧段的长度 Δs_i 总是正的, 从而 $\Delta t_i > 0$, 所以定积分的下限 α 一定小于上限 β.

推论 1 如果曲线弧 L 由方程

$$y = \psi(x) \quad (x_0 \leqslant x \leqslant X)$$

给出, 那么可以将其看作是特殊的参数方程

$$x = t, \quad y = \psi(t) \quad (x_0 \leqslant t \leqslant X)$$

的情形, 于是

$$\int_L f(x,y)\mathrm{d}s = \int_{x_0}^{X} f[x, \psi(x)]\sqrt{1 + \psi'^2(x)}\mathrm{d}x \quad (x_0 < X). \tag{10.2}$$

推论 2 如果曲线弧 L 由方程

$$x = \varphi(y) \quad (y_0 \leqslant y \leqslant Y)$$

给出, 那么有

$$\int_L f(x,y)\mathrm{d}s = \int_{y_0}^{Y} f[\varphi(y), y]\sqrt{1 + \varphi'^2(y)}\mathrm{d}y \quad (y_0 < Y). \tag{10.3}$$

推论 3 将定理可推广到空间曲线弧 Γ 的情形, 设 Γ 由参数方程

$$x = \varphi(t), \quad y = \psi(t), \quad z = \omega(t) \quad (\alpha \leqslant t \leqslant \beta)$$

给出, 这时有

$$\int_\Gamma f(x,y,z)\mathrm{d}s$$

$$= \int_\alpha^\beta f[\varphi(t), \psi(t), \omega(t)]\sqrt{\varphi'^2(t) + \psi'^2(t) + \omega'^2(t)}\mathrm{d}t \quad (\alpha < \beta). \tag{10.4}$$

2. 对弧长的曲线积分的应用

(1) 几何应用: 当 $f(x, y) = 1$ 时, 光滑曲线弧 L 的长度 s 为

$$\int_L 1 \cdot \mathrm{d}s = \int_L \mathrm{d}s = s.$$

(2) 物理应用: 设曲线形构件占有 xOy 平面内的一段曲线弧 L, 且线密度 $\mu(x, y)$ 在 L 上连续, 则曲线形构件的质量为

$$M = \int_L \mu(x, y)\mathrm{d}s;$$

曲线形构件质心坐标为

$$\bar{x} = \frac{M_y}{M} = \frac{1}{M} \int_L x\mu(x, y)\mathrm{d}s, \quad \bar{y} = \frac{M_x}{M} = \frac{1}{M} \int_L y\mu(x, y)\mathrm{d}s;$$

曲线形构件转动惯量为

$$I_x = \int_L y^2 \mu(x, y)\mathrm{d}s, \quad I_y = \int_L x^2 \mu(x, y)\mathrm{d}s.$$

下面举例说明对弧长的曲线积分的计算及应用.

例 10.1   计算 $\oint_L (x^2 + y^2)^n \mathrm{d}s$, 其中 L 是圆周 $x = a\cos t, y = a\sin t (a > 0, 0 \leqslant t \leqslant 2\pi)$.

解   根据 (10.1) 式得

$$\oint_L (x^2 + y^2)^n \mathrm{d}s$$
$$= \int_0^{2\pi} [(a\cos t)^2 + (a\sin t)^2]^n \sqrt{(-a\sin t)^2 + (a\cos t)^2}\mathrm{d}t$$
$$= \int_0^{2\pi} a^{2n+1}\mathrm{d}t = 2\pi a^{2n+1}.$$

例 10.2 $\int_L (x + y)\mathrm{d}s$, 其中 L 为连接 $A(1, 0)$ 及 $B(0, 1)$ 两点的直线段 (图 10.2).

解   由于 L 由方程 $x + y = 1$ 给出, 根据 (10.2) 式, 得

$$\int_L (x + y)\mathrm{d}s = \int_0^1 (x + 1 - x)\sqrt{1 + [(1 - x)']^2}\mathrm{d}x$$

$$= \int_0^1 \sqrt{2} \mathrm{d}x = \sqrt{2}.$$

例 10.3 计算曲线积分 $\int_\Gamma (x^2 + y^2 + z^2) \mathrm{d}s$, 其中 Γ 为螺旋线 $x = a\cos t$, $y = a\sin t, z = kt$ 上相应于 t 从 0 到 2π 的一段弧.

解 根据 (10.4) 式得

$$\int_\Gamma (x^2 + y^2 + z^2) \mathrm{d}s$$

$$= \int_0^{2\pi} \left[(a\cos t)^2 + (a\sin t)^2 + (kt)^2 \right] \sqrt{(-a\sin t)^2 + (a\cos t)^2 + k^2} \mathrm{d}t$$

$$= \int_0^{2\pi} (a^2 + k^2 t^2) \sqrt{a^2 + k^2} \mathrm{d}t = \sqrt{a^2 + k^2} \left[a^2 t + \frac{k^2}{3} t^3 \right]_0^{2\pi}$$

$$= \frac{2}{3} \pi \sqrt{a^2 + k^2} (3a^2 + 4\pi^2 k^2).$$

例 10.4 计算半径为 R、中心角为 2α 的圆弧 L 对于它的对称轴的转动惯量 I (设线密度 $\mu = 1$).

解 建立坐标系如图 10.3 所示, L 的参数方程为

$$x = R\cos\theta, \quad y = R\sin\theta \quad (-\alpha \leqslant \theta \leqslant \alpha).$$

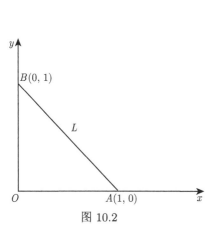

图 10.2

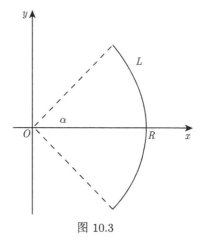

图 10.3

于是

$$I = \int_L y^2 \mathrm{d}s = \int_{-\alpha}^{\alpha} R^2 \sin^2\theta \sqrt{(-R\sin\theta)^2 + (R\cos\theta)^2} \mathrm{d}\theta$$

$$= R^3 \int_{-\alpha}^{\alpha} \sin^2\theta \mathrm{d}\theta = \frac{R^3}{2}\left[\theta - \frac{\sin 2\theta}{2}\right]_{-\alpha}^{\alpha}$$

$$= \frac{R^3}{2}\left(2\alpha - \sin 2\alpha\right) = R^3\left(\alpha - \sin\alpha\cos\alpha\right).$$

习 题　10.1

基础题

1. 选择题.

设 L 是圆周 $x = R(1 + \cos t), y = R\sin t \, (0 \leqslant t \leqslant \pi)$, 则 $\int_L (x^2 + y^2)\mathrm{d}s = ($ 　　$)$.

A. $2\pi R^2$　　　　　　B. $2\pi R^3$　　　　　　C. πR^3　　　　　　D. $4\pi R^3$

2. 填空题.

一根长度为 1 的细棒位于 x 轴的区间 $[0,1]$ 上, 若其线密度 $\mu(x) = -x^2 + 2x + 1$, 则该细棒的质心坐标 $\bar{x} = $ ＿＿＿＿＿＿.

3. 解答题.

(1) 计算对弧长的曲线积分 $\int_L \sqrt{y}\mathrm{d}s$, 其中 L 是抛物线 $y = x^2$ 上点 $O(0,0)$ 与点 $A(1,1)$ 之间的一段弧;

(2) 计算对弧长的曲线积分 $\oint_L x\mathrm{d}s$, 其中 L 为由直线 $y = x$ 及抛物线 $y = x^2$ 所围成的区域的整个边界;

(3) 计算曲线积分 $\int_\Gamma \dfrac{1}{x^2 + y^2 + z^2}\mathrm{d}s$, 其中 Γ 为曲线 $x = \mathrm{e}^t\cos t, y = \mathrm{e}^t\sin t, z = \mathrm{e}^t$ 上相应于 t 从 0 变到 2 的这段弧;

(4) 计算对弧长的曲线积分 $\int_\Gamma x^2 yz\mathrm{d}s$, 其中 Γ 为折线 $ABCD$, 这里 A, B, C, D 依次为点 $(0,0,0), (0,0,2), (1,0,2), (1,3,2)$.

提高题

1. 求半径为 a, 中心角为 2φ 的均匀圆弧 (线密度 $\mu = 1$) 的质心.

2. 设螺旋形弹簧一圈的方程为 $x = a\cos t, y = a\sin t, z = kt$, 其中 $0 \leqslant t \leqslant 2\pi$, 它的线密度 $\mu(x, y, z) = x^2 + y^2 + z^2$. 求: (1) 它关于 z 轴的转动惯量 I_z; (2) 它的质心.

3. 计算积分 $\int_L y^2\mathrm{d}s$, 其中 L 为摆线的一拱 $x = a(t - \sin t), y = a(1 - \cos t)(0 \leqslant t \leqslant 2\pi)$.

10.2　对坐标的曲线积分

10.2.1　对坐标的曲线积分的概念与性质

1. 引例

变力沿曲线所做的功　在物理学中, 如果质点在恒力 $\boldsymbol{F}$ 作用下, 沿直线从点

A 移动到点 B, 那么恒力 $\boldsymbol{F}$ 所做的功 W 等于向量 $\boldsymbol{F}$ 与向量 $\overrightarrow{AB}$ 的数量积, 即

$$W = \boldsymbol{F} \cdot \overrightarrow{AB}.$$

现假设有一个质点在 xOy 面内受力

$$\boldsymbol{F}(x,y) = P(x,y)\boldsymbol{i} + Q(x,y)\boldsymbol{j}$$

作用, 沿光滑曲线弧 L 从点 A 移动到点 B, 其中, 函数 $P(x,y)$ 与 $Q(x,y)$ 在 L 上连续, 计算变力 $\boldsymbol{F}(x,y)$ 在上述移动过程中所做的功.

由于质点在变力作用下沿曲线移动, 所做的功不能直接根据物理知识来计算, 但可类似地采用处理曲线形构件质量的方法来解决这类问题. 以下将按照分割、近似、求和、取极限的步骤来求此变力沿曲线做的功.

第一步, 分. 在曲线弧 L 上任意插入分点 $M_1(x_1, y_1)$, $M_2(x_2, y_2)$, $\cdots$, $M_{n-1}(x_{n-1}, y_{n-1})$, 将其分成 n 个小弧段, 不妨取点 $A = M_0$, 点 $B = M_n$(图 10.4).

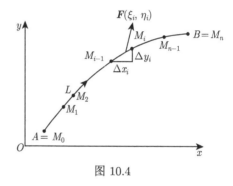

图 10.4

第二步, 匀. 取第 i 个有向小弧段 $\overset{\frown}{M_{i-1}M_i}$ 进行分析, 由于 $\overset{\frown}{M_{i-1}M_i}$ 光滑而且很短, 因此可以用有向线段

$$\overrightarrow{M_{i-1}M_i} = (\Delta x_i)\boldsymbol{i} + (\Delta y_i)\boldsymbol{j}$$

来近似代替, 这里 $\Delta x_i = x_i - x_{i-1}$, $\Delta y_i = y_i - y_{i-1}$. 鉴于函数 $P(x,y)$, $Q(x,y)$ 在 L 上连续, 可以用小弧段 $\overset{\frown}{M_{i-1}M_i}$ 上任意取的定点 (ξ_i, η_i) 处的力

$$\boldsymbol{F}(\xi_i, \eta_i) = P(\xi_i, \eta_i)\boldsymbol{i} + Q(\xi_i, \eta_i)\boldsymbol{j}$$

来近似代替小弧段 $\overset{\frown}{M_{i-1}M_i}$ 上各点处的力. 于是, 变力 $\boldsymbol{F}(x,y)$ 沿有向小弧段 $\overset{\frown}{M_{i-1}M_i}$ 所做的功 ΔW_i, 便可以近似地看作是恒力 $\boldsymbol{F}(\xi_i, \eta_i)$ 沿有向线段 $\overrightarrow{M_{i-1}M_i}$ 所做的功:

$$\Delta W_i \approx \boldsymbol{F}(\xi_i, \eta_i) \cdot \overrightarrow{M_{i-1}M_i},$$

即

$$\Delta W_i \approx P(\xi_i, \eta_i)\Delta x_i + Q(\xi_i, \eta_i)\Delta y_i.$$

第三步, 合. 变力 $\boldsymbol{F}(x,y)$ 沿有向曲线弧 L 所做的功

$$W = \sum_{i=1}^{n} \Delta W_i \approx \sum_{i=1}^{n} [P(\xi_i, \eta_i)\Delta x_i + Q(\xi_i, \eta_i)\Delta y_i].$$

第四步, 精. 现取 λ 为 n 个小弧段的最大长度, 当 $\lambda \to 0$ 时取上述和的极限, 就是变力 $\boldsymbol{F}$ 沿有向曲线弧 L 所做的功, 即

$$W = \lim_{\lambda \to 0} \sum_{i=1}^{n} [P(\xi_i, \eta_i)\Delta x_i + Q(\xi_i, \eta_i)\Delta y_i].$$

这种和的极限在研究其他问题时也会遇到.

2. 对坐标的曲线积分的定义

定义 10.2 设 L 为 xOy 面内从点 A 到点 B 的一条有向光滑曲线弧, 函数 $P(x,y)$ 与 $Q(x,y)$ 在 L 上有界. 在 L 上沿 L 方向任意插入点列 $M_1(x_1, y_1)$, $M_2(x_2, y_2), \cdots, M_{n-1}(x_{n-1}, y_{n-1})$, 把 L 分成 n 个有向小弧段, 其中, 第 i 个小弧段记为

$$\widehat{M_{i-1}M_i} \quad (i = 1, 2, \cdots, n; M_0 = A, M_n = B).$$

设 $\Delta x_i = x_i - x_{i-1}, \Delta y_i = y_i - y_{i-1}$, 点 (ξ_i, η_i) 为有向小弧段 $\widehat{M_{i-1}M_i}$ 上任意取定的点, 作乘积 $P(\xi_i, \eta_i)\Delta x_i (i = 1, 2, \cdots, n)$, 并作和 $\sum_{i=1}^{n} P(\xi_i, \eta_i)\Delta x_i$, 如果当各小弧段长度的最大值 $\lambda \to 0$ 时, 这和的极限总存在, 且与曲线弧 L 的分法及点 (ξ_i, η_i) 的取法无关, 那么称此极限为函数 $P(x,y)$ 在有向曲线弧 L 上**对坐标 x 的曲线积分**, 记作 $\int_L P(x,y)\mathrm{d}x$. 类似地, 如果 $\lim_{\lambda \to 0} \sum_{i=1}^{n} Q(\xi_i, \eta_i)\Delta y_i$ 总存在, 且与曲线弧 L 的分法及点 (ξ_i, η_i) 的取法无关, 那么称此极限为函数 $Q(x,y)$ 在有向曲线弧 L 上**对坐标 y 的曲线积分**, 记作 $\int_L Q(x,y)\mathrm{d}y$, 即

$$\int_L P(x,y)\mathrm{d}x = \lim_{\lambda \to 0} \sum_{i=1}^{n} P(\xi_i, \eta_i)\Delta x_i,$$

$$\int_L Q(x,y)\mathrm{d}y = \lim_{\lambda \to 0} \sum_{i=1}^{n} Q(\xi_i, \eta_i)\Delta y_i,$$

其中 $P(x,y), Q(x,y)$ 叫做**被积函数**, L 叫做**积分弧段**. 这两个积分也称为**第二类曲线积分**.

针对以上定义作如下说明:

(1) 当 $P(x,y)$ 与 $Q(x,y)$ 在有向光滑曲线弧 L 上连续时, 对坐标的曲线积分 $\int_L P(x,y)\mathrm{d}x$ 及 $\int_L Q(x,y)\mathrm{d}y$ 都存在. 以后总假定 $P(x,y)$ 与 $Q(x,y)$ 在 L 上连续.

(2) 对坐标的曲线积分合并形式

$$\int_L P(x,y)\mathrm{d}x + \int_L Q(x,y)\mathrm{d}y,$$

可以简写成

$$\int_L P(x,y)\mathrm{d}x + Q(x,y)\mathrm{d}y,$$

也可写成向量形式

$$\int_L \boldsymbol{F}(x,y) \cdot \mathrm{d}\boldsymbol{r},$$

其中 $\boldsymbol{F}(x,y) = P(x,y)\boldsymbol{i} + Q(x,y)\boldsymbol{j}$ 为向量值函数, $\mathrm{d}\boldsymbol{r} = \mathrm{d}x\boldsymbol{i} + \mathrm{d}y\boldsymbol{j}$.

(3) 对于封闭有向闭曲线 L, 以上第二类曲线积分可以简单记为 $\oint_L P\mathrm{d}x + Q\mathrm{d}y$.

(4) 上述定义可以类似地推广到积分弧段为空间有向光滑曲线弧 Γ 的情形:

$$\int_\Gamma P(x,y,z)\mathrm{d}x = \lim_{\lambda\to 0}\sum_{i=1}^n P(\xi_i,\eta_i,\zeta_i)\Delta x_i,$$

$$\int_\Gamma Q(x,y,z)\mathrm{d}y = \lim_{\lambda\to 0}\sum_{i=1}^n Q(\xi_i,\eta_i,\zeta_i)\Delta y_i,$$

$$\int_\Gamma R(x,y,z)\mathrm{d}z = \lim_{\lambda\to 0}\sum_{i=1}^n R(\xi_i,\eta_i,\zeta_i)\Delta z_i,$$

而第二类曲线积分

$$\int_\Gamma P(x,y,z)\mathrm{d}x + \int_\Gamma Q(x,y,z)\mathrm{d}y + \int_\Gamma R(x,y,z)\mathrm{d}z$$

可以简写成

$$\int_\Gamma P(x,y,z)\mathrm{d}x + Q(x,y,z)\mathrm{d}y + R(x,y,z)\mathrm{d}z$$

或

$$\int_\Gamma \boldsymbol{A}(x,y,z) \cdot \mathrm{d}\boldsymbol{r},$$

其中

$$\boldsymbol{A}(x,y,z) = P(x,y,z)\boldsymbol{i} + Q(x,y,z)\boldsymbol{j} + R(x,y,z)\boldsymbol{k}, \quad \mathrm{d}\boldsymbol{r} = \mathrm{d}x\boldsymbol{i} + \mathrm{d}y\boldsymbol{j} + \mathrm{d}z\boldsymbol{k}.$$

(5) 如果 L (或 Γ) 是分段光滑的, 我们规定函数在有向曲线弧 L (或 Γ) 上对坐标的曲线积分等于在光滑的各段上对坐标的曲线积分之和.

3. 对坐标的曲线积分的性质

根据以上第二类曲线积分的定义, 可以导出对坐标的曲线积分的一些性质. 简便起见, 用向量形式表达, 并假定其中的向量值函数在曲线 L 上连续.

性质 1　设 α 与 β 为常数, 则

$$\int_L [\alpha \boldsymbol{F}_1(x,y) + \beta \boldsymbol{F}_2(x,y)] \cdot \mathrm{d}\boldsymbol{r}$$
$$= \alpha \int_L \boldsymbol{F}_1(x,y) \cdot \mathrm{d}\boldsymbol{r} + \beta \int_L \boldsymbol{F}_2(x,y) \cdot \mathrm{d}\boldsymbol{r}.$$

性质 2　若有向曲线弧 L 可分成两段光滑的有向曲线弧 L_1 和 L_2, 则

$$\int_L \boldsymbol{F}(x,y) \cdot \mathrm{d}\boldsymbol{r} = \int_{L_1} \boldsymbol{F}(x,y) \cdot \mathrm{d}\boldsymbol{r} + \int_{L_2} \boldsymbol{F}(x,y) \cdot \mathrm{d}\boldsymbol{r}.$$

性质 3　设 L 是有向光滑曲线弧, L^- 是 L 的反向曲线弧, 则

$$\int_{L^-} \boldsymbol{F}(x,y) \cdot \mathrm{d}\boldsymbol{r} = - \int_L \boldsymbol{F}(x,y) \cdot \mathrm{d}\boldsymbol{r}.$$

证　把 L 分成 n 小段, 相应地 L^- 也分成 n 小段. 对于每一个小弧段来说, 当曲线弧的方向改变时, 有向弧段在坐标轴上的投影, 其绝对值不变, 但要改变符号, 因此性质 3 成立.

与对弧长的曲线积分的性质不同, 性质 3 是对坐标的曲线积分所特有的. 性质 3 表明, 当积分弧段的方向改变时, 对坐标的曲线积分要改变符号. 因此关于对坐标的曲线积分, 我们必须注意积分弧段的方向.

10.2.2　对坐标的曲线积分的计算及应用

1. 对坐标的曲线积分的计算

定理 10.2　设 $P(x,y)$ 与 $Q(x,y)$ 在有向曲线弧 L 上有定义且连续, L 的参数方程为

$$\begin{cases} x = \varphi(t), \\ y = \psi(t), \end{cases}$$

当参数 t 单调地由 α 变到 β 时, 点 $M(x,y)$ 从 L 的起点 A 沿 L 运动到终点 B, 若 $\varphi(t)$ 与 $\psi(t)$ 在以 α 及 β 为端点的闭区间上具有一阶连续导数, 且

$\varphi'^2(t) + \psi'^2(t) \neq 0$, 则曲线积分 $\displaystyle\int_L P(x,y)\mathrm{d}x + Q(x,y)\mathrm{d}y$ 存在, 且

$$\int_L P(x,y)\mathrm{d}x + Q(x,y)\mathrm{d}y = \int_\alpha^\beta \{P[\varphi(t),\psi(t)]\varphi'(t) + Q[\varphi(t),\psi(t)]\psi'(t)\}\mathrm{d}t.$$

$$(10.5)$$

证　在 L 上取一列点

$$A = M_0, M_1, M_2, \cdots, M_{n-1}, M_n = B,$$

它们对应于一列单调变化的参数值

$$\alpha = t_0, t_1, t_2, \cdots, t_{n-1}, t_n = \beta.$$

根据对坐标的曲线积分的定义, 有

$$\int_L P(x,y)\mathrm{d}x = \lim_{\lambda \to 0} \sum_{i=1}^n P(\xi_i, \eta_i)\Delta x_i.$$

设点 (ξ_i, η_i) 对应于参数值 τ_i, 即 $\xi_i = \varphi(\tau_i)$, $\eta_i = \psi(\tau_i)$, 这里 τ_i 在 t_{i-1} 与 t_i 之间. 由于

$$\Delta x_i = x_i - x_{i-1} = \varphi(t_i) - \varphi(t_{i-1}),$$

应用微分中值定理, 有

$$\Delta x_i = \varphi'(\tau_i')\Delta t_i,$$

其中 $\Delta t_i = t_i - t_{i-1}$, τ_i' 在 t_{i-1} 与 t_i 之间. 于是

$$\int_L P(x,y)\mathrm{d}x = \lim_{\lambda \to 0} \sum_{i=1}^n P[\varphi(\tau_i), \psi(\tau_i)]\varphi'(\tau_i')\Delta t_i.$$

因为函数 $\varphi'(t)$ 在闭区间 $[\alpha, \beta]$(或 $[\beta, \alpha]$) 上连续, 我们可以把上式中的 τ_i' 换成 τ_i, 所以

$$\int_L P(x,y)\mathrm{d}x = \lim_{\lambda \to 0} \sum_{i=1}^n P[\varphi(\tau_i), \psi(\tau_i)]\varphi'(\tau_i)\Delta t_i.$$

上式右端的和的极限就是定积分 $\displaystyle\int_\alpha^\beta P[\varphi(t), \psi(t)]\varphi'(t)\mathrm{d}t$, 由于函数 $P[\varphi(t), \psi(t)] \cdot \varphi'(t)$ 连续, 这个定积分是存在的, 因此上式左端的曲线积分 $\displaystyle\int_L P(x,y)\mathrm{d}x$ 也存在, 并且有

$$\int_L P(x,y)\mathrm{d}x = \int_\alpha^\beta P[\varphi(t), \psi(t)]\varphi'(t)\mathrm{d}t.$$

同理可证

$$\int_L Q(x,y)\mathrm{d}y = \int_\alpha^\beta Q[\varphi(t),\psi(t)]\psi'(t)\mathrm{d}t,$$

把以上两式相加, 得

$$\int_L P(x,y)\mathrm{d}x + Q(x,y)\mathrm{d}y = \int_\alpha^\beta \{P[\varphi(t),\psi(t)]\varphi'(t) + Q[\varphi(t),\psi(t)]\psi'(t)\}\mathrm{d}t,$$

这里下限 α 对应于 L 的起点, 上限 β 对应于 L 的终点.

从定理的证明过程不难看出, 计算对坐标的曲线积分

$$\int_L P(x,y)\mathrm{d}x + Q(x,y)\mathrm{d}y$$

时, 需要以下三步:

(1) "一代". 将 x, y 依次代成 $\varphi(t)$, $\psi(t)$.

(2) "二换". 将 $\mathrm{d}x$, $\mathrm{d}y$ 依次换为 $\varphi'(t)\mathrm{d}t$, $\psi'(t)\mathrm{d}t$.

(3) "三定限". 从 α 到 β 作定积分即可.

值得注意的是, 下限 α 对应于 L 的起点, 上限 β 对应于 L 的终点, α 不一定小于 β.

推论 1　如果 L 由 $y = \psi(x)(x : a \to b)$ 给出, 可以看作参数方程的特殊情形, 则有

$$\int_L P(x,y)\mathrm{d}x + Q(x,y)\mathrm{d}y = \int_a^b \{P[x,\psi(x)] + Q[x,\psi(x)]\psi'(x)\}\mathrm{d}x, \qquad (10.6)$$

这里下限 a 对应 L 的起点, 上限 b 对应 L 的终点.

推论 2　如果 L 由 $x = \varphi(y)(y : c \to d)$ 给出, 也可以看作参数方程的特殊情形, 于是

$$\int_L P(x,y)\mathrm{d}x + Q(x,y)\mathrm{d}y = \int_c^d \{P[\varphi(y),y]\varphi'(y) + Q[\varphi(y),y]\}\mathrm{d}y, \qquad (10.7)$$

这里下限 c 对应于 L 的起点, 上限 d 对应于 L 的终点.

推论 3　如果空间曲线 Γ 由参数方程

$$x = \varphi(t), \quad y = \psi(t), \quad z = \omega(t)$$

给出, 相应地有

$$\int_\Gamma P(x,y,z)\mathrm{d}x + Q(x,y,z)\mathrm{d}y + R(x,y,z)\mathrm{d}z$$

$$= \int_\alpha^\beta \{P[\varphi(t), \psi(t), \omega(t)]\varphi'(t)$$

$$+ Q[\varphi(t), \psi(t), \omega(t)]\psi'(t) + R[\varphi(t), \psi(t), \omega(t)]\omega'(t)\}\mathrm{d}t, \qquad (10.8)$$

这里下限 α 对应于 Γ 的起点, 上限 β 对应于 Γ 的终点.

2. 对坐标的曲线积分的应用

如果质点在 xOy 面内受变力

$$\boldsymbol{F}(x,y) = P(x,y)\boldsymbol{i} + Q(x,y)\boldsymbol{j}$$

作用, 沿有向光滑曲线弧 L 从点 A 移动到点 B, 则所做的功为

$$W = \int_{\widehat{AB}} \boldsymbol{F}(x,y) \cdot \mathrm{d}\boldsymbol{r} = \int_{\widehat{AB}} P(x,y)\mathrm{d}x + Q(x,y)\mathrm{d}y,$$

其中, $\mathrm{d}\boldsymbol{r} = \mathrm{d}x\boldsymbol{i} + \mathrm{d}y\boldsymbol{j}$.

下面举例说明对坐标的曲线积分的计算及应用.

例 10.5 计算 $\int_L y\mathrm{d}x + x\mathrm{d}y$, 其中 L 为圆周 $x = R\cos t, y = R\sin t$ 上对应 t 从 0 到 $\dfrac{\pi}{2}$ 的一段弧.

解 根据 (10.5) 式得

$$\int_L y\mathrm{d}x + x\mathrm{d}y = \int_0^{\frac{\pi}{2}} [R\sin t \cdot (-R\sin t) + R\cos t \cdot R\cos t]\mathrm{d}t = R^2 \int_0^{\frac{\pi}{2}} \cos 2t\mathrm{d}t = 0.$$

例 10.6 计算 $\int_L 2xy\mathrm{d}x + x^2\mathrm{d}y$, 其中 L 如图 10.5 所示.

(1) 抛物线 $y = x^2$ 上从 $O(0,0)$ 到 $B(1,1)$ 的一段弧;

(2) 抛物线 $x = y^2$ 上从 $O(0,0)$ 到 $B(1,1)$ 的一段弧;

(3) 有向折线 OAB, 这里 O, A, B 依次是点 $(0,0)$, $(1,0)$, $(1,1)$.

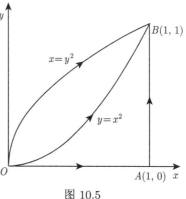

图 10.5

解 (1) 化为对 x 的定积分. $L: y = x^2$, x 从 0 变到 1, 由 (10.6) 式得

$$\int_L 2xy\mathrm{d}x + x^2\mathrm{d}y = \int_0^1 (2x \cdot x^2 + x^2 \cdot 2x)\mathrm{d}x = 4\int_0^1 x^3\mathrm{d}x = 1.$$

(2) 化为对 y 的定积分. $L : x = y^2$, y 从 0 变到 1, 由 (10.7) 式得

$$\int_L 2xy\mathrm{d}x + x^2\mathrm{d}y = \int_0^1 (2y^2 \cdot y \cdot 2y + y^4)\mathrm{d}y = 5\int_0^1 y^4\mathrm{d}y = 1.$$

(3) $\displaystyle\int_L 2xy\mathrm{d}x + x^2\mathrm{d}y = \int_{OA} 2xy\mathrm{d}x + x^2\mathrm{d}y + \int_{AB} 2xy\mathrm{d}x + x^2\mathrm{d}y.$

在 OA 上, $y = 0$, x 从 0 变到 1, 所以

$$\int_{OA} 2xy\mathrm{d}x + x^2\mathrm{d}y = \int_0^1 (2x \cdot 0 + x^2 \cdot 0)\mathrm{d}x = 0.$$

在 AB 上, $x = 1$, y 从 0 变到 1, 所以

$$\int_{AB} 2xy\mathrm{d}x + x^2\mathrm{d}y = \int_0^1 (2y \cdot 0 + 1)\mathrm{d}y = 1.$$

从而

$$\int_L 2xy\mathrm{d}x + x^2\mathrm{d}y = 0 + 1 = 1.$$

由例 10.6 可以看出, 虽然沿不同路径, 曲线积分的值却相等. 那么, 对于起点和终点都相同的曲线积分, 积分值是否一定相等?

例 10.7　计算 $\displaystyle\int_L y^2\mathrm{d}x$, 其中 L 如图 10.6 所示.

(1) 半径为 a、圆心为原点、按逆时针方向绕行的上半圆周;

(2) 从点 $A(a, 0)$ 沿 x 轴到点 $B(-a, 0)$ 的直线段.

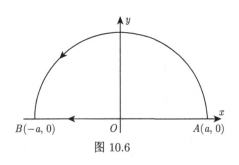

图 10.6

解　(1) L 是参数方程

$$x = a\cos\theta, \quad y = a\sin\theta$$

当参数 θ 从 0 变到 π 时的曲线弧. 因此

$$\int_L y^2\mathrm{d}x = \int_0^\pi a^2\sin^2\theta(-a\sin\theta)\mathrm{d}\theta = a^3\int_0^\pi (1 - \cos^2\theta)\mathrm{d}(\cos\theta)$$

$$= a^3\left[\cos\theta - \frac{\cos^3\theta}{3}\right]_0^\pi = -\frac{4}{3}a^3.$$

(2) L 的方程为 $y = 0$, x 从 a 变到 $-a$. 所以

$$\int_L y^2 \mathrm{d}x = \int_a^{-a} 0\mathrm{d}x = 0.$$

从例 10.7 看出, 两个曲线积分被积函数相同, 积分曲线的起点和终点也相同, 但沿不同路径得出的积分值并不相等. 因此, 对坐标的曲线积分, 不但与积分曲线的起点、终点有关, 而且与积分路径有关.

例 10.8 计算 $\int_\Gamma x\mathrm{d}x + y\mathrm{d}y + (x + y - 1)\mathrm{d}z$, 其中 Γ 是从点 $(1,1,1)$ 到点 $(2,3,4)$ 的一段直线.

解 Γ 的参数方程为

$$\begin{cases} x = 1 + t, \\ y = 1 + 2t, \quad (0 \leqslant t \leqslant 1), \\ z = 1 + 3t \end{cases}$$

由 (10.8) 式得

$$\int_\Gamma x\mathrm{d}x + y\mathrm{d}y + (x + y - 1)\mathrm{d}z$$

$$= \int_0^1 [(1+t)(1+t)' + (1+2t)(1+2t)'$$

$$+ (1 + t + 1 + 2t - 1)(1 + 3t)']\mathrm{d}t$$

$$= \int_0^1 (6 + 14t)\mathrm{d}t = 13.$$

例 10.9 设一个质点在点 $M(x,y)$ 处受到力 $\boldsymbol{F}$ 的作用, $\boldsymbol{F}$ 的大小与点 M 到原点 O 的距离成正比, $\boldsymbol{F}$ 的方向恒指向原点. 此质点由点 $A(a,0)$ 沿椭圆 $\dfrac{x^2}{a^2} + \dfrac{y^2}{b^2} = 1$ 按逆时针方向移动到点 $B(0,b)$, 求力 $\boldsymbol{F}$ 所做的功 W.

解

$$\overrightarrow{OM} = x\boldsymbol{i} + y\boldsymbol{j}, \quad |\overrightarrow{OM}| = \sqrt{x^2 + y^2}.$$

由假设有

$$\boldsymbol{F} = -k(x\boldsymbol{i} + y\boldsymbol{j}),$$

其中 $k > 0$ 是比例常数. 于是

$$W = \int_{\widehat{AB}} \boldsymbol{F} \cdot \mathrm{d}\boldsymbol{r} = \int_{\widehat{AB}} -kx\mathrm{d}x - ky\mathrm{d}y = -k \int_{\widehat{AB}} x\mathrm{d}x + y\mathrm{d}y.$$

利用椭圆的参数方程 $\begin{cases} x = a\cos t, \\ y = b\sin t, \end{cases}$ 起点 A、终点 B 分别对应参数 $t = 0, \dfrac{\pi}{2}$. 于是

$$W = -k \int_0^{\frac{\pi}{2}} (-a^2\cos t\sin t + b^2\sin t\cos t)\mathrm{d}t$$

$$= k(a^2 - b^2) \int_0^{\frac{\pi}{2}} \sin t\cos t\mathrm{d}t = \frac{k}{2}(a^2 - b^2).$$

10.2.3　两类曲线积分之间的联系

设有向曲线弧 L 的起点为 A, 终点为 B. 曲线弧 L 由参数方程

$$\begin{cases} x = \varphi(t), \\ y = \psi(t) \end{cases}$$

给出, 起点 A 与终点 B 分别对应参数 α 与 β. 不妨设 $\alpha < \beta$. 并设函数 $\varphi(t)$ 与 $\psi(t)$ 在闭区间 $[\alpha, \beta]$ 上具有一阶连续导数, 且 $\varphi'^2(t) + \psi'^2(t) \neq 0$, 函数 $P(x, y)$ 与 $Q(x, y)$ 在 L 上连续. 于是, 由对坐标的曲线积分计算公式 (10.5) 有

$$\int_L P(x, y)\mathrm{d}x + Q(x, y)\mathrm{d}y = \int_\alpha^\beta \{P\left[\varphi(t), \psi(t)\right] \varphi'(t) + Q\left[\varphi(t), \psi(t)\right] \psi'(t)\}\mathrm{d}t.$$

我们知道, 向量 $\boldsymbol{\tau} = \varphi'(t)\boldsymbol{i} + \psi'(t)\boldsymbol{j}$ 是曲线弧 L 在点 $M(\varphi(t), \psi(t))$ 处的一个切向量, 它的指向与参数 t 的增长方向一致, 当 $\alpha < \beta$ 时, 这个指向就是有向曲线弧 L 的方向. 以后, 我们称这种指向与有向曲线弧的方向一致的切向量为有向曲线弧的切向量. 于是, 有向曲线弧 L 的切向量为

$$\boldsymbol{\tau} = \varphi'(t)\boldsymbol{i} + \psi'(t)\boldsymbol{j}.$$

它的方向余弦为

$$\cos\alpha = \frac{\varphi'(t)}{\sqrt{\varphi'^2(t) + \psi'^2(t)}}, \quad \cos\beta = \frac{\psi'(t)}{\sqrt{\varphi'^2(t) + \psi'^2(t)}}.$$

由对弧长的曲线积分的计算公式可得

$$\int_L [P(x, y)\cos\alpha + Q(x, y)\cos\beta]\mathrm{d}s$$

$$= \int_\alpha^\beta \left\{ P\left[\varphi(t), \psi(t)\right] \frac{\varphi'(t)}{\sqrt{\varphi'^2(t) + \psi'^2(t)}} \right.$$

$$+ Q\left[\varphi(t), \psi(t)\right] \frac{\psi'(t)}{\sqrt{\varphi'^2(t) + \psi'^2(t)}} \Bigg\} \sqrt{\varphi'^2(t) + \psi'^2(t)}\mathrm{d}t$$

$$= \int_\alpha^\beta \left\{ P\left[\varphi(t), \psi(t)\right] \varphi'(t) + Q\left[\varphi(t), \psi(t)\right] \psi'(t)\right\}\mathrm{d}t,$$

由此可见, 平面曲线弧 L 上的两类曲线积分之间有如下联系:

$$\int_L P\mathrm{d}x + Q\mathrm{d}y = \int_L (P\cos\alpha + Q\cos\beta)\mathrm{d}s,$$

其中 $\alpha(x,y)$ 与 $\beta(x,y)$ 为有向曲线弧 L 在点 (x,y) 处的切向量的方向角.

类似地, 空间曲线弧 $\varGamma$ 上的两类曲线积分之间有如下联系:

$$\int_\varGamma P\mathrm{d}x + Q\mathrm{d}y + R\mathrm{d}z = \int_\varGamma (P\cos\alpha + Q\cos\beta + R\cos\gamma)\mathrm{d}s,$$

其中 $\alpha(x,y,z), \beta(x,y,z), \gamma(x,y,z)$ 为有向曲线弧 $\varGamma$ 在点 (x,y,z) 处的切向量的方向角.

两类曲线积分之间的联系也可用向量的形式表达. 例如, 空间曲线弧 $\varGamma$ 上的两类曲线积分之间的联系可写成如下形式:

$$\int_\varGamma \boldsymbol{A} \cdot \mathrm{d}\boldsymbol{r} = \int_\varGamma \boldsymbol{A} \cdot \boldsymbol{\tau}\mathrm{d}s,$$

或

$$\int_\varGamma \boldsymbol{A} \cdot \mathrm{d}\boldsymbol{r} = \int_\varGamma \boldsymbol{A}_\tau \mathrm{d}s,$$

其中 $\boldsymbol{A} = (P,Q,R)$, $\boldsymbol{\tau} = (\cos\alpha, \cos\beta, \cos\gamma)$ 为有向曲线弧 $\varGamma$ 在点 (x,y,z) 处的单位切向量, $\mathrm{d}\boldsymbol{r} = \boldsymbol{\tau}\mathrm{d}s = (\mathrm{d}x, \mathrm{d}y, \mathrm{d}z)$ 称为有向曲线元, $\boldsymbol{A}_\tau$ 为向量 $\boldsymbol{A}$ 在向量 $\boldsymbol{\tau}$ 上的投影.

习 题 10.2

基础题

1. 选择题.

设 L 为抛物线 $y^2 = x$ 上从点 $A(1,-1)$ 到点 $B(1,1)$ 的一段弧, 则 $\displaystyle\int_L xy\mathrm{d}x = ($).

A. $\dfrac{4}{5}$ B. $\dfrac{2}{5}$ C. $\dfrac{3}{5}$ D. $\dfrac{1}{5}$

2. 填空题.

设 L 为 xOy 面内直线 $x = a$ 上的一段, 则 $\int_L P(x, y)\mathrm{d}x = $ _____.

3. 解答题.

(1) 计算 $\int_L (x^2 - y^2)\mathrm{d}x$, 其中 L 是抛物线 $y = x^2$ 上从点 $(0, 0)$ 到点 $(2, 4)$ 的一段弧;

(2) 计算 $\oint_L \dfrac{(x+y)\mathrm{d}x - (x-y)\mathrm{d}y}{x^2 + y^2}$, 其中 L 为圆周 $x^2 + y^2 = a^2$ (按逆时针方向绕行);

(3) 计算 $\int_\Gamma x^2 \mathrm{d}x + z\mathrm{d}y - y\mathrm{d}z$, 其中 Γ 为曲线 $x = k\theta$, $y = a\cos\theta$, $z = a\sin\theta$ 上对应 θ 从 0 到 π 的一段弧.

提高题

1. 一力场由沿横轴正方向的恒力 $\boldsymbol{F}$ 所构成. 试求当一质量为 m 的质点沿圆周 $x^2 + y^2 = R^2$ 按逆时针方向移过位于第一象限的那一段弧时场力所做的功.

2. 设 z 轴与重力的方向一致, 求质量为 m 的质点从位置 (x_1, y_1, z_1) 沿直线移到 (x_2, y_2, z_2) 时重力所做的功.

3. 设 Γ 为曲线 $x = t$, $y = t^2$, $z = t^3$ 上相应于 t 从 0 变到 1 的曲线弧, 把对坐标的曲线积分 $\int_\Gamma P\mathrm{d}x + Q\mathrm{d}y + R\mathrm{d}z$ 化成对弧长的曲线积分.

10.3　格林公式及其应用

10.3.1　格林公式

在一元函数积分学中, 牛顿–莱布尼茨公式

$$\int_a^b F'(x)\mathrm{d}x = F(b) - F(a)$$

给出了函数的导数 $F'(x)$ 在区间 $[a, b]$ 上的积分与其原函数 $F(x)$ 在这个区间端点上的值之间的关系. 本节介绍格林公式, 它是牛顿–莱布尼茨公式在二维空间的推广, 这个公式揭示了二元函数在平面区域 D 上的二重积分与沿着闭区域 D 的边界曲线 L 的曲线积分之间的关系.

1. 平面区域的连通性及边界曲线的正向

设 D 为平面区域, 若 D 内任一闭曲线所围的部分都属于 D, 则称 D 为平面单连通区域, 否则称为复连通区域. 通俗言之, 平面单连通区域是不含有 "洞" (包括点 "洞") 的区域, 复连通区域是含有 "洞" (包括点 "洞") 的区域. 例如, 平面上的圆形区域 $\{(x, y) \mid x^2 + y^2 < 2\}$、右半平面 $\{(x, y) \mid x > 0\}$ 都是单连通区域, 圆环形区域 $\{(x, y) \mid 2 < x^2 + y^2 < 3\}$ 是复连通区域.

对平面区域 D 的边界曲线 L, 我们规定 L 的正向如下: 当观察者沿 L 的这个方向行走时, D 内在他近处的那一部分总在他的左边. 例如, D 是边界曲线 L_1

和 L_2 所围成的单连通区域 (图 10.7), 其边界曲线的正向为逆时针方向. D 是边界曲线 L 和 l 所围成的复连通区域 (图 10.8), 作为 D 的边界, L 的正向是逆时针方向, 而 l 的正向是顺时针方向.

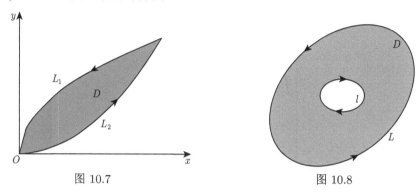

图 10.7　　　　　　　　　　　　　　图 10.8

2. 格林公式

定理 10.3　设闭区域 D 由分段光滑的曲线 L 围成, 若函数 $P(x,y)$ 及 $Q(x,y)$ 在 D 上具有一阶连续偏导数, 则有

$$\iint\limits_{D} \left(\frac{\partial Q}{\partial x} - \frac{\partial P}{\partial y} \right) \mathrm{d}x\mathrm{d}y = \oint_{L} P\mathrm{d}x + Q\mathrm{d}y, \tag{10.9}$$

其中 L 是 D 的取正向的边界曲线.

公式 (10.9) 叫做**格林公式**.

证　(i) 先假设穿过区域 D 内部且平行坐标轴的直线与 D 的边界曲线 L 的交点恰好为两点, 即区域 D 既是 X-型又是 Y-型 (图 10.9). 这时区域 D 可表示为

$$D = \{(x,y) \mid \psi_1(x) \leqslant y \leqslant \psi_2(x), a \leqslant x \leqslant b\}.$$

因为 $\dfrac{\partial P}{\partial y}$ 连续, 由二重积分的计算法有

$$\iint\limits_{D} \frac{\partial P}{\partial y} \mathrm{d}x\mathrm{d}y = \int_a^b \left\{ \int_{\psi_1(x)}^{\psi_2(x)} \frac{\partial P(x,y)}{\partial y} \mathrm{d}y \right\} \mathrm{d}x$$

$$= \int_a^b \{ P[x, \psi_2(x)] - P[x, \psi_1(x)] \} \mathrm{d}x.$$

另一方面, 由对坐标的曲线积分的性质及计算法有

$$\oint_{L} P\mathrm{d}x = \int_{L_1} P\mathrm{d}x + \int_{L_2} P\mathrm{d}x$$

$$= \int_a^b P\left[x, \psi_1(x)\right] \mathrm{d}x + \int_b^a P\left[x, \psi_2(x)\right]\mathrm{d}x$$

$$= \int_a^b \left\{ P\left[x, \psi_1(x)\right] - P\left[x, \psi_2(x)\right]\right\} \mathrm{d}x,$$

因此,

$$\oint_L P\mathrm{d}x = - \iint\limits_D \frac{\partial P}{\partial y}\mathrm{d}x\mathrm{d}y, \tag{10.10}$$

同理,

$$\oint_L Q\mathrm{d}y = \iint\limits_D \frac{\partial Q}{\partial x}\mathrm{d}x\mathrm{d}y. \tag{10.11}$$

由于对区域 D, (10.10) 与 (10.11) 同时成立, 合并后即得公式 (10.9).

(ii) 再考虑一般情形. 如果闭区域 D 不满足以上条件, 那么可以在 D 内引进一条或几条辅助曲线把 D 分成有限个部分闭区域, 使得每个部分闭区域都满足上述条件. 例如, 就图 10.10 所示的闭区域 D 来说, 它的边界曲线为 $\overgroup{MNPM}$, 引进一条辅助线 ABC, 把 D 分成 D_1, D_2, D_3 三部分, 应用公式 (10.9) 于每个部分, 得

$$\iint\limits_{D_1} \left(\frac{\partial Q}{\partial x} - \frac{\partial P}{\partial y}\right)\mathrm{d}x\mathrm{d}y = \oint_{\overgroup{MCBAM}} P\mathrm{d}x + Q\mathrm{d}y,$$

$$\iint\limits_{D_2} \left(\frac{\partial Q}{\partial x} - \frac{\partial P}{\partial y}\right)\mathrm{d}x\mathrm{d}y = \oint_{\overgroup{ABPA}} P\mathrm{d}x + Q\mathrm{d}y,$$

$$\iint\limits_{D_3} \left(\frac{\partial Q}{\partial x} - \frac{\partial P}{\partial y}\right)\mathrm{d}x\mathrm{d}y = \oint_{\overgroup{BCNB}} P\mathrm{d}x + Q\mathrm{d}y,$$

把这三个等式相加, 注意到相加时沿辅助曲线来回的曲线积分相互抵消, 便得

$$\iint\limits_D \left(\frac{\partial Q}{\partial x} - \frac{\partial P}{\partial y}\right)\mathrm{d}x\mathrm{d}y = \oint_L P\mathrm{d}x + Q\mathrm{d}y,$$

其中 L 的方向对 D 来说为正方向. 一般地, 公式 (10.9) 对于由分段光滑曲线围成的闭区域都成立. 证毕.

注   对于复连通区域 D, 格林公式 (10.9) 右端应包括沿区域 D 的全部边界的曲线积分, 且边界的方向对区域 D 来说都是正向.

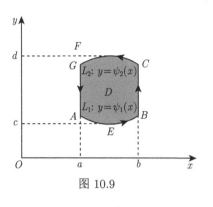

图 10.9

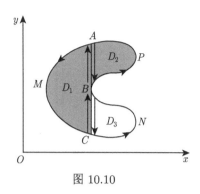

图 10.10

3. 格林公式的简单应用

对于公式 (10.9), 现取 $P = -y$, $Q = x$, 即得

$$2\iint\limits_{D} \mathrm{d}x\mathrm{d}y = \oint_{L} x\mathrm{d}y - y\mathrm{d}x.$$

上式左端是闭区域 D 的面积 A 的两倍, 因此闭区域 D 的面积

$$A = \frac{1}{2}\oint_{L} x\mathrm{d}y - y\mathrm{d}x. \tag{10.12}$$

例 10.10 计算 $\oint_{L}(x^2 - xy^3)\mathrm{d}x + (y^2 - 2xy)\mathrm{d}y$, 其中 L 是四个顶点分别为 $(0,0)$, $(2,0)$, $(2,2)$ 和 $(0,2)$ 的正方形区域 D 的正向边界 (图 10.11).

解 令 $P = x^2 - xy^3$, $Q = y^2 - 2xy$, 则

$$\frac{\partial Q}{\partial x} - \frac{\partial P}{\partial y} = -2y + 3xy^2.$$

因此, 由公式 (10.9) 有

$$\oint_{L}(x^2 - xy^3)\mathrm{d}x + (y^2 - 2xy)\mathrm{d}y = \iint\limits_{D}(-2y + 3xy^2)\mathrm{d}x\mathrm{d}y$$

$$= \int_{0}^{2}\left[\int_{0}^{2}(-2y + 3xy^2)\mathrm{d}y\right]\mathrm{d}x = 8.$$

例 10.11 计算 $\iint\limits_{D} \mathrm{e}^{-y^2}\mathrm{d}x\mathrm{d}y$, 其中 D 是 $O(0,0)$, $A(1,1)$, $B(0,1)$ 为顶点的三角形闭区域 (图 10.12).

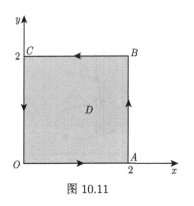

图 10.11

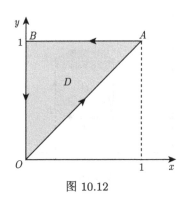

图 10.12

解　令 $P = 0, Q = x\mathrm{e}^{-y^2}$，则

$$\frac{\partial Q}{\partial x} - \frac{\partial P}{\partial y} = \mathrm{e}^{-y^2}.$$

因此，由公式 (10.9) 有

$$\iint\limits_{D} \mathrm{e}^{-y^2}\mathrm{d}x\mathrm{d}y = \int_{OA+AB+BO} x\mathrm{e}^{-y^2}\mathrm{d}y = \int_{OA} x\mathrm{e}^{-y^2}\mathrm{d}y = \int_0^1 x\mathrm{e}^{-x^2}\mathrm{d}x = \frac{1}{2}(1-\mathrm{e}^{-1}).$$

例 10.12　求椭圆 $x = \cos\theta, y = 2\sin\theta$ 所围成图形的面积 A.

解　根据公式 (10.12) 有

$$A = \frac{1}{2}\oint_L x\mathrm{d}y - y\mathrm{d}x = \frac{1}{2}\int_0^{2\pi}(2\cos^2\theta + 2\sin^2\theta)\mathrm{d}\theta = \int_0^{2\pi}\mathrm{d}\theta = 2\pi.$$

例 10.13　计算 $\oint_L \dfrac{x\mathrm{d}y - y\mathrm{d}x}{x^2 + y^2}$，其中 L 为一条无重点、分段光滑且不经过原点的连续闭曲线，L 的方向为逆时针方向.

解　令 $P = \dfrac{-y}{x^2 + y^2}, Q = \dfrac{x}{x^2 + y^2}$，则当 $x^2 + y^2 \neq 0$ 时，有

$$\frac{\partial Q}{\partial x} = \frac{y^2 - x^2}{(x^2 + y^2)^2} = \frac{\partial P}{\partial y}.$$

记 L 所围成的闭区域为 D. 当 $(0,0) \notin D$ 时，由公式 (10.9) 便得

$$\oint_L \frac{x\mathrm{d}y - y\mathrm{d}x}{x^2 + y^2} = 0;$$

当 $(0,0) \in D$ 时, 选取适当小的 $r > 0$, 作位于 D 内的圆周 $l : x^2 + y^2 = r^2$. 记 L 和 l 所围成的闭区域为 D_1(图 10.13), 对复连通区域 D_1 应用格林公式, 得

$$\oint_L \frac{x\mathrm{d}y - y\mathrm{d}x}{x^2 + y^2} - \oint_l \frac{x\mathrm{d}y - y\mathrm{d}x}{x^2 + y^2} = 0,$$

其中 l 的方向取逆时针方向. 于是

$$\oint_L \frac{x\mathrm{d}y - y\mathrm{d}x}{x^2 + y^2} = \oint_l \frac{x\mathrm{d}y - y\mathrm{d}x}{x^2 + y^2}$$

$$= \int_0^{2\pi} \frac{r^2 \cos^2 \theta + r^2 \sin^2 \theta}{r^2} \mathrm{d}\theta = 2\pi.$$

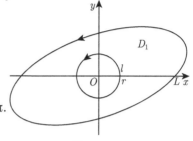

图 10.13

10.3.2 平面上曲线积分与路径无关的条件

从 10.2 节例 10.6 和例 10.7 看出, 被积函数相同, 沿着具有相同起点和终点但路径不同的第二类曲线积分, 积分值可能相同, 可能不同. 下面来讨论在什么条件下平面曲线积分与积分路径无关.

设 G 是一个区域, $P(x, y)$ 以及 $Q(x, y)$ 在区域 G 内具有一阶连续偏导数. 如果对于 G 内任意指定的两个点 A, B 以及 G 内从点 A 到点 B 的任意两条曲线 L_1, L_2 (图 10.14), 等式

$$\int_{L_1} P\mathrm{d}x + Q\mathrm{d}y = \int_{L_2} P\mathrm{d}x + Q\mathrm{d}y$$

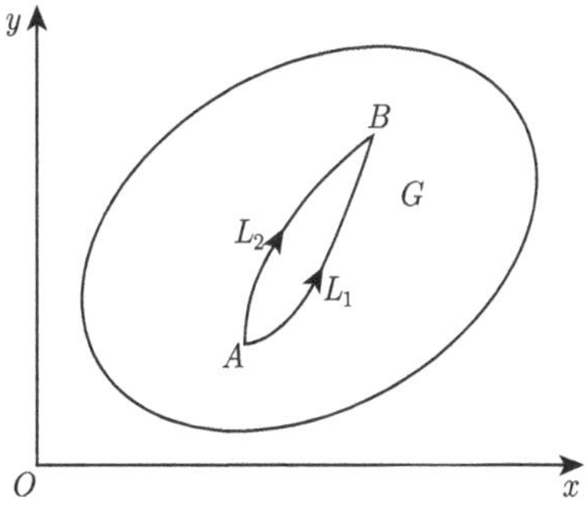

图 10.14

恒成立, 就称曲线积分 $\displaystyle\int_L P\mathrm{d}x + Q\mathrm{d}y$ 在 G 内与路径无关, 否则便说与路径有关. 当曲线积分与路径无关时,

$$\int_{L_1} P\mathrm{d}x + Q\mathrm{d}y = \int_{L_2} P\mathrm{d}x + Q\mathrm{d}y.$$

由于

$$\int_{L_2} P\mathrm{d}x + Q\mathrm{d}y = - \int_{L_2^-} P\mathrm{d}x + Q\mathrm{d}y,$$

所以

$$\int_{L_1} P\mathrm{d}x + Q\mathrm{d}y + \int_{L_2^-} P\mathrm{d}x + Q\mathrm{d}y = 0,$$

从而

$$\oint_{L_1+L_2^-} P\mathrm{d}x + Q\mathrm{d}y = 0,$$

这里 $L_1 + L_2^-$ 是一条有向闭曲线. 因此, 在区域 G 内由曲线积分与路径无关可推得在 G 内沿封闭曲线的曲线积分为零. 反过来, 如果在区域 G 内沿任意闭曲线的曲线积分为零, 也可推得在 G 内曲线积分与路径无关. 由此得出结论: 曲线积分 $\int_L P\mathrm{d}x + Q\mathrm{d}y$ 在 G 内与路径无关相当于沿 G 内任意闭曲线 C 的曲线积分 $\oint_C P\mathrm{d}x + Q\mathrm{d}y$ 等于零.

定理 10.4   设区域 G 是一个单连通域, 若函数 $P(x,y)$ 与 $Q(x,y)$ 在 G 内具有一阶连续偏导数, 则曲线积分 $\int_L P\mathrm{d}x + Q\mathrm{d}y$ 在 G 内与路径无关 (或沿 G 内任意闭曲线的曲线积分为零) 的充分必要条件是

$$\frac{\partial P}{\partial y} = \frac{\partial Q}{\partial x} \tag{10.13}$$

在 G 内恒成立.

证   先证条件 (10.13) 是充分的. 在 G 内任取一条闭曲线 C, 要证当条件 (10.13) 成立时有 $\oint_C P\mathrm{d}x + Q\mathrm{d}y = 0$. 因为 G 是单连通的, 所以闭曲线 C 所围成的闭区域 D 全部在 G 内, 于是 (10.13) 式在 D 上恒成立. 应用格林公式, 有

$$\iint\limits_{D} \left(\frac{\partial Q}{\partial x} - \frac{\partial P}{\partial y} \right) \mathrm{d}x\mathrm{d}y = \oint_C P\mathrm{d}x + Q\mathrm{d}y.$$

上式左端的二重积分等于零 $\left(\text{因为被积函数} \dfrac{\partial Q}{\partial x} - \dfrac{\partial P}{\partial y} \text{在} D \text{上恒为零}\right)$, 从而右端的曲线积分也等于零.

再证条件 (10.13) 是必要的. 要证: 如果沿 G 内任意闭曲线的曲线积分为零, 那么 (10.13) 式在 G 内恒成立. 用反证法来证. 假设上述论断不成立, 那么 G 内至少有一点 M_0, 使

$$\left(\frac{\partial Q}{\partial x} - \frac{\partial P}{\partial y} \right)_{M_0} \neq 0.$$

不妨假定

$$\left(\frac{\partial Q}{\partial x} - \frac{\partial P}{\partial y}\right)_{M_0} = \eta > 0.$$

由于 $\dfrac{\partial P}{\partial y}$ 与 $\dfrac{\partial Q}{\partial x}$ 在 G 内连续, 可以在 G 内取得一个以 M_0 为圆心、半径足够小的圆形闭区域 K, 使得在 K 上恒有

$$\frac{\partial Q}{\partial x} - \frac{\partial P}{\partial y} \geqslant \frac{\eta}{2}.$$

于是由格林公式及二重积分的性质就有

$$\oint_\gamma P\mathrm{d}x + Q\mathrm{d}y = \iint\limits_K \left(\frac{\partial Q}{\partial x} - \frac{\partial P}{\partial y}\right)\mathrm{d}x\mathrm{d}y \geqslant \frac{\eta}{2}\cdot\sigma,$$

这里 γ 是 K 的正向边界曲线, σ 是 K 的面积. 因为 $\eta > 0, \sigma > 0$, 所以

$$\oint_\gamma P\mathrm{d}x + Q\mathrm{d}y > 0.$$

这结果与沿 G 内任意闭曲线的曲线积分为零的假定相矛盾, 可见 G 内使 (10.13) 式不成立的点不可能存在, 即 (10.13) 式在 G 内处处成立. 证毕.

在 10.2 节的例 10.6 中, 起点与终点相同的三个曲线积分 $\displaystyle\int_L 2xy\mathrm{d}x + x^2\mathrm{d}y$ 相等. 这不是偶然的, 因为这里 $\dfrac{\partial Q}{\partial x} = \dfrac{\partial P}{\partial y} = 2x$ 在整个 xOy 面内恒成立, 而整个 xOy 面是单连通域, 由定理 10.4 得曲线积分 $\displaystyle\int_L 2xy\mathrm{d}x + x^2\mathrm{d}y$ 与路径无关.

值得注意的是, 定理 10.4 中, 要求区域 G 是单连通区域, 且函数 $P(x,y)$ 与 $Q(x,y)$ 在 G 内具有一阶连续偏导数. 如果这两个条件之一不能满足, 那么定理的结论不能保证成立. 例如, 在例 10.13 中, 当 L 所围成的区域含有原点时, 虽然除去原点外, 恒有 $\dfrac{\partial Q}{\partial x} = \dfrac{\partial P}{\partial y}$, 但沿闭曲线的积分 $\displaystyle\oint_L P\mathrm{d}x + Q\mathrm{d}y \neq 0$, 其原因在于区域内含有破坏函数 P, Q 及 $\dfrac{\partial Q}{\partial x}, \dfrac{\partial P}{\partial y}$ 连续性条件的点 O. 这种点通常称为奇点.

10.3.3 二元函数的全微分求积

这部分讨论函数 $P(x,y)$ 与 $Q(x,y)$ 满足什么条件时, 表达式 $P(x,y)\mathrm{d}x + Q(x,y)\mathrm{d}y$ 是某个二元函数 $u(x,y)$ 的全微分, 当这样的二元函数存在时把它求出来.

定理 10.5   设区域 G 是一个单连通域, 若函数 $P(x,y)$ 与 $Q(x,y)$ 在 G 内具有一阶连续偏导数, 则 $P(x,y)\mathrm{d}x + Q(x,y)\mathrm{d}y$ 在 G 内为某一函数 $u(x,y)$ 的全微分的充分必要条件是

$$\frac{\partial P}{\partial y} = \frac{\partial Q}{\partial x} \tag{10.14}$$

在 G 内恒成立.

证   先证必要性. 假设存在某一函数 $u(x,y)$, 使得

$$\mathrm{d}u = P(x,y)\mathrm{d}x + Q(x,y)\mathrm{d}y,$$

则必有

$$\frac{\partial u}{\partial x} = P(x,y), \quad \frac{\partial u}{\partial y} = Q(x,y).$$

从而

$$\frac{\partial^2 u}{\partial x \partial y} = \frac{\partial P}{\partial y}, \quad \frac{\partial^2 u}{\partial y \partial x} = \frac{\partial Q}{\partial x}.$$

由于 P 与 Q 具有一阶连续偏导数, 所以 $\dfrac{\partial^2 u}{\partial x \partial y}$ 与 $\dfrac{\partial^2 u}{\partial y \partial x}$ 连续, 因此 $\dfrac{\partial^2 u}{\partial x \partial y} = \dfrac{\partial^2 u}{\partial y \partial x}$, 即 $\dfrac{\partial P}{\partial y} = \dfrac{\partial Q}{\partial x}$. 这就证明了条件 (10.14) 是必要的.

再证充分性. 设已知条件 (10.14) 在 G 内恒成立, 则由定理 10.4 可知, 起点为 $M_0(x_0, y_0)$, 终点为 $M(x,y)$ 的曲线积分在区域 G 内与路径无关, 于是可把这个曲线积分写作

$$\int_{(x_0,y_0)}^{(x,y)} P(x,y)\mathrm{d}x + Q(x,y)\mathrm{d}y.$$

当起点 $M_0(x_0, y_0)$ 固定时, 这个积分的值取决于终点 $M(x,y)$, 因此, 它与 x 及 y 构成函数关系, 把这函数记作 $u(x,y)$, 即

$$u(x,y) = \int_{(x_0,y_0)}^{(x,y)} P(x,y)\mathrm{d}x + Q(x,y)\mathrm{d}y. \tag{10.15}$$

下面来证明函数 $u(x,y)$ 的全微分就是 $P(x,y)\mathrm{d}x + Q(x,y)\mathrm{d}y$. 因为 $P(x,y)$ 与 $Q(x,y)$ 都是连续的, 所以只要证明

$$\frac{\partial u}{\partial x} = P(x,y), \quad \frac{\partial u}{\partial y} = Q(x,y).$$

按偏导数的定义, 有

$$\frac{\partial u}{\partial x} = \lim_{\Delta x \to 0} \frac{u(x + \Delta x, y) - u(x, y)}{\Delta x}.$$

由 (10.15) 式, 得

$$u(x + \Delta x, y) = \int_{(x_0, y_0)}^{(x + \Delta x, y)} P(x, y)\mathrm{d}x + Q(x, y)\mathrm{d}y.$$

由于这里的曲线积分与路径无关, 可以取先从点 M_0 到点 M, 然后沿平行于 x 轴的直线段从点 M 到点 N 作为上式右端曲线积分的路径 (图 10.15). 这样就有

$$u(x + \Delta x, y) = u(x, y) + \int_{(x, y)}^{(x + \Delta x, y)} P(x, y)\mathrm{d}x + Q(x, y)\mathrm{d}y.$$

从而

$$u(x + \Delta x, y) - u(x, y) = \int_{(x, y)}^{(x + \Delta x, y)} P(x, y)\mathrm{d}x + Q(x, y)\mathrm{d}y.$$

因为直线段 MN 的方程为 $y =$ 常数, 按对坐标的曲线积分的计算法, 上式为

$$u(x+\Delta x, y)-u(x, y) = \int_{x}^{x+\Delta x} P(x, y)\mathrm{d}x.$$

应用定积分中值定理, 得

$$u(x+\Delta x, y)-u(x, y) = P(x+\theta\Delta x, y)\Delta x$$

$$(0 \leqslant \theta \leqslant 1).$$

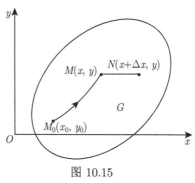

图 10.15

上式两边除以 Δx, 并令 $\Delta x \to 0$ 取极限. 由于 $P(x, y)$ 的偏导数在 G 内连续, $P(x, y)$ 本身也一定连续, 所以得

$$\frac{\partial u}{\partial x} = P(x, y).$$

同理可证

$$\frac{\partial u}{\partial y} = Q(x, y).$$

这就证明了条件 (10.14) 是充分的. 证毕.

由定理 10.4 及定理 10.5, 可得如下推论:

推论　设区域 G 是一个单连通域, 若函数 $P(x,y)$ 与 $Q(x,y)$ 在 G 内具有一阶连续偏导数, 则曲线积分 $\displaystyle\int_L P\mathrm{d}x + Q\mathrm{d}y$ 在 G 内与路径无关的充分必要条件是: 在 G 内存在函数 $u(x,y)$, 使 $\mathrm{d}u = P\mathrm{d}x + Q\mathrm{d}y$.

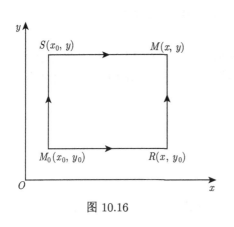

图 10.16

根据上述定理, 如果函数 $P(x,y)$ 与 $Q(x,y)$ 在单连通域 G 内具有一阶连续偏导数, 且满足条件 (10.14), 那么 $P\mathrm{d}x + Q\mathrm{d}y$ 是某个函数的全微分, 这函数可用公式 (10.15) 来求出. 其中的曲线积分与路径无关, 为计算简便起见, 可以选择平行于坐标轴的直线段连成的折线 M_0RM 或 M_0SM 作为积分路线 (图 10.16), 当然要假定这些折线完全位于 G 内.

在公式 (10.15) 中取 M_0RM 作为积分路线, 得

$$u(x,y) = \int_{x_0}^{x} P(x,y_0)\mathrm{d}x + \int_{y_0}^{y} Q(x,y)\mathrm{d}y.$$

在公式 (10.15) 中取 M_0SM 为积分路线, 则函数 u 也可表示为

$$u(x,y) = \int_{y_0}^{y} Q(x_0,y)\mathrm{d}y + \int_{x_0}^{x} P(x,y)\mathrm{d}x.$$

例 10.14　验证: 在整个 xOy 面内, $2xy\mathrm{d}x + x^2\mathrm{d}y$ 是某个函数的全微分, 并求出一个这样的函数.

解　这里 $P = 2xy, Q = x^2$, 且

$$\frac{\partial P}{\partial y} = 2x = \frac{\partial Q}{\partial x}$$

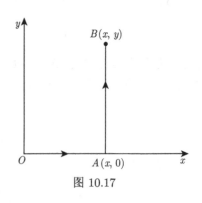

图 10.17

在整个 xOy 面内恒成立, 因此在整个 xOy 面内, $2xy\mathrm{d}x + x^2\mathrm{d}y$ 是某个函数的全微分. 取积分路线如图 10.17 所示, 利

用公式 (10.15) 得所求函数为

$$u(x,y) = \int_{(0,0)}^{(x,y)} 2xy\mathrm{d}x + x^2\mathrm{d}y$$

$$= \int_{OA} 2xy\mathrm{d}x + x^2\mathrm{d}y + \int_{AB} 2xy\mathrm{d}x + x^2\mathrm{d}y = 0 + \int_0^y x^2\mathrm{d}y = x^2 y.$$

例 10.15　验证: $\dfrac{x\mathrm{d}y - y\mathrm{d}x}{x^2 + y^2}$ 在右半平面 $(x > 0)$ 内是某个函数的全微分, 并求出一个这样的函数.

解　令

$$P = \frac{-y}{x^2 + y^2}, \quad Q = \frac{x}{x^2 + y^2},$$

就有

$$\frac{\partial P}{\partial y} = \frac{y^2 - x^2}{(x^2 + y^2)^2} = \frac{\partial Q}{\partial x}$$

在右半平面内恒成立, 因此在右半平面内, $\dfrac{x\mathrm{d}y - y\mathrm{d}x}{x^2 + y^2}$ 是某个函数的全微分.

取积分路线如图 10.18 所示, 利用公式 (10.15) 得所求函数为

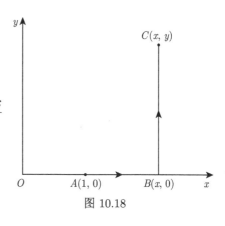

$$u(x,y) = \int_{(1,0)}^{(x,y)} \frac{x\mathrm{d}y - y\mathrm{d}x}{x^2 + y^2}$$

$$= \int_{AB} \frac{x\mathrm{d}y - y\mathrm{d}x}{x^2 + y^2} + \int_{BC} \frac{x\mathrm{d}y - y\mathrm{d}x}{x^2 + y^2}$$

$$= 0 + \int_0^y \frac{x\mathrm{d}y}{x^2 + y^2}$$

$$= \left[\arctan \frac{y}{x} \right]_0^y = \arctan \frac{y}{x}.$$

图 10.18

利用二元函数的全微分求积, 还可以用来求解下面一类一阶微分方程.

一个微分方程写成

$$P(x,y)\mathrm{d}x + Q(x,y)\mathrm{d}y = 0 \tag{10.16}$$

的形式后, 如果它的左端恰好是某一个函数 $u(x,y)$ 的全微分:

$$\mathrm{d}u(x,y) = P(x,y)\mathrm{d}x + Q(x,y)\mathrm{d}y,$$

那么方程 (10.16) 就叫做全微分方程.

容易知道, 如果方程 (10.16) 的左端是函数 $u(x,y)$ 的全微分. 那么

$$u(x,y) = C$$

就是全微分方程 (10.16) 的隐式通解, 其中 C 是任意常数.

由定理 10.5 及公式 (10.15) 可知, 当 $P(x,y)$ 与 $Q(x,y)$ 在单连通域 G 内具有一阶连续偏导数时, 方程 (10.16) 成为全微分方程的充分必要条件是

$$\frac{\partial P}{\partial y} = \frac{\partial Q}{\partial x}$$

在区域 G 内恒成立, 且当此条件满足时, 全微分方程 (10.16) 的通解为

$$u(x,y) \equiv \int_{(x_0,y_0)}^{(x,y)} P(x,y)\mathrm{d}x + Q(x,y)\mathrm{d}y = C, \tag{10.17}$$

其中 x_0 与 y_0 是在区域 G 内适当选定的点 M_0 的坐标.

例 10.16　求解方程

$$\mathrm{e}^y\mathrm{d}x + (x\mathrm{e}^y - 2y)\mathrm{d}y = 0.$$

解　(方法一) 设 $P(x,y) = \mathrm{e}^y, Q(x,y) = x\mathrm{e}^y - 2y$, 则

$$\frac{\partial P}{\partial y} = \mathrm{e}^y = \frac{\partial Q}{\partial x},$$

因此, 所给方程是全微分方程.

取 $x_0 = 0, y_0 = 0$, 根据公式 (10.17), 有

$$u(x,y) = \int_{(0,0)}^{(x,y)} \mathrm{e}^y\mathrm{d}x + (x\mathrm{e}^y - 2y)\mathrm{d}y$$

$$= \int_0^y -2y\mathrm{d}y + \int_0^x \mathrm{e}^y\mathrm{d}x = -y^2 + x\mathrm{e}^y.$$

于是, 方程的通解为

$$x\mathrm{e}^y - y^2 = C.$$

(方法二) 因为要求的方程通解为 $u(x,y) = C$, 其中 $u(x,y)$ 满足

$$\frac{\partial u}{\partial x} = \mathrm{e}^y.$$

故

$$u(x,y) = \int \mathrm{e}^y \mathrm{d}x = x\mathrm{e}^y + \varphi(y),$$

这里 $\varphi(y)$ 是以 y 为自变量的待定函数. 由此, 得

$$\frac{\partial u}{\partial y} = x\mathrm{e}^y + \varphi'(y).$$

又 $u(x,y)$ 必须满足

$$\frac{\partial u}{\partial y} = x\mathrm{e}^y - 2y.$$

故

$$\varphi'(y) = -2y, \quad \varphi(y) = -y^2 + C.$$

所以, 所给方程的通解为

$$x\mathrm{e}^y - y^2 = C.$$

习 题 10.3

基础题

1. 选择题.

下列曲线积分与积分路径有关的是 ( ).

A. $\displaystyle\int_L (x+y)\mathrm{d}x + (x-y)\mathrm{d}y$
B. $\displaystyle\int_L (6xy^2 - y^3)\mathrm{d}x + (6x^2y - 3xy^2)\mathrm{d}y$

C. $\displaystyle\int_L x^2y\mathrm{d}x - xy^2\mathrm{d}y$
D. $\displaystyle\int_L (2xy - y^4 + 3)\mathrm{d}x + (x^2 - 4xy^3)\mathrm{d}y$

2. 填空题.

椭圆 $x = a\cos\theta, y = b\sin\theta$ 所围成图形的面积为_____.

3. 计算曲线积分 $\displaystyle\oint_L x^2y\mathrm{d}x - xy^2\mathrm{d}y$, 其中 L 为正向圆周 $x^2 + y^2 = a^2$.

4. 利用曲线积分, 求星形线 $x = a\cos^3 t, y = a\sin^3 t$ 所围成的图形的面积.

5. 证明曲线积分 $\displaystyle\int_{(1,1)}^{(2,3)} (x+y)\mathrm{d}x + (x-y)\mathrm{d}y$ 在整个 xOy 面内与路径无关, 并计算积分值.

提高题

1. 利用格林公式, 计算曲线积分 $\displaystyle\oint_L (2x - y + 4)\mathrm{d}x + (5y + 3x - 6)\mathrm{d}y$, 其中 L 是三顶点分别为 $(0,0)$, $(3,0)$ 和 $(3,2)$ 的三角形正向边界.

2. 验证 $(x + 2y)\mathrm{d}x + (2x + y)\mathrm{d}y$ 在整个 xOy 平面内是某一函数 $u(x,y)$ 的全微分, 并求这样的一个 $u(x,y)$.

3. 判断下列方程中哪些是全微分方程? 若是全微分方程, 求出它的通解.

(1) $(5x^4 + 3xy^2 - y^3)\mathrm{d}x + (3x^2y - 3xy^2 + y^2)\mathrm{d}y = 0$;

(2) $y(x - 2y)\mathrm{d}x - x^2\mathrm{d}y = 0$.

10.4　对面积的曲面积分

10.4.1　对面积的曲面积分的概念与性质

1. 引例

在 10.1 节关于曲线形构件的质量问题中, 如果把曲线改为曲面, 并相应地把线密度 $\mu(x, y)$ 改为面密度 $\mu(x, y, z)$, 小段曲线的弧长 Δs_i 改为小块曲面的面积 ΔS_i, 而第 i 小段曲线上的一点 (ξ_i, η_i) 改为第 i 小块曲面上的一点 (ξ_i, η_i, ζ_i), 那么, 在面密度 $\mu(x, y, z)$ 连续的前提下, 所求的质量 m 就是下列和的极限:

$$m = \lim_{\lambda \to 0} \sum_{i=1}^{n} \mu(\xi_i, \eta_i, \zeta_i)\Delta S_i,$$

其中 λ 表示 n 小块曲面的直径的最大值.

这样的极限还会在其他问题中遇到, 抽去它们的具体意义, 就得出对面积的曲面积分的概念.

2. 对面积的曲面积分的定义

定义 10.3　设曲面 Σ 是光滑的, 函数 $f(x, y, z)$ 在 Σ 上有界. 把 Σ 任意分成 n 小块 ΔS_i (ΔS_i 同时也代表第 i 小块曲面的面积), 设 (ξ_i, η_i, ζ_i) 是 ΔS_i 上任意取定的一点, 作乘积 $f(\xi_i, \eta_i, \zeta_i)\Delta S_i (i = 1, 2, 3, \cdots, n)$, 并作和 $\sum_{i=1}^{n} f(\xi_i, \eta_i, \zeta_i)\Delta S_i$, 如果当各小块曲面的直径的最大值 $\lambda \to 0$ 时, 这和的极限总存在, 且与曲面 Σ 的分法及点 (ξ_i, η_i, ζ_i) 的取法无关, 那么称此极限为函数 $f(x, y, z)$ 在曲面 Σ 上**对面积的曲面积分**或**第一类曲面积分**, 记作 $\iint\limits_{\Sigma} f(x, y, z)\mathrm{d}S$, 即

$$\iint\limits_{\Sigma} f(x, y, z)\mathrm{d}S = \lim_{\lambda \to 0} \sum_{i=1}^{n} f(\xi_i, \eta_i, \zeta_i)\Delta S_i,$$

其中 $f(x, y, z)$ 叫做**被积函数**, Σ 叫做**积分曲面**.

针对以上对面积的曲面积分的定义, 做以下几点说明:

(1) 当 $f(x, y, z)$ 在光滑曲面 Σ 上连续时, 对面积的曲面积分是存在的. 以后总假定 $f(x, y, z)$ 在 Σ 上连续.

(2) 光滑曲面是指曲面上每一点都有切平面, 且切平面随着曲面上的点的连续变动而连续转动. 而分片光滑曲面是指曲面由有限个光滑曲面拼接而成.

(3) 定义中, 面密度为连续函数 $\mu(x, y, z)$ 的光滑曲面 Σ 的质量 m, 可表示为 $\mu(x, y, z)$ 在 Σ 上对面积的曲面积分:

$$m = \iint\limits_{\Sigma} \mu(x, y, z)\mathrm{d}S.$$

(4) 我们规定: 函数在分片光滑的曲面 Σ 上对面积的曲面积分等于函数在光滑的各片曲面上对面积的曲面积分之和. 例如, 设 Σ 可分成两片光滑曲面 Σ_1 及 Σ_2(记作 $\Sigma = \Sigma_1 + \Sigma_2$), 则

$$\iint\limits_{\Sigma_1 + \Sigma_2} f(x, y, z)\mathrm{d}S = \iint\limits_{\Sigma_1} f(x, y, z)\mathrm{d}S + \iint\limits_{\Sigma_2} f(x, y, z)\mathrm{d}S.$$

由对面积的曲面积分的定义可知, 它具有与对弧长的曲线积分相类似的性质, 这里不再赘述.

10.4.2 对面积的曲面积分的计算

定理 10.6 设积分曲面 Σ 由方程 $z = z(x, y)$ 给出, Σ 在 xOy 面上的投影区域为 D_{xy}(图 10.19), 函数 $z = z(x, y)$ 在 D_{xy} 上具有连续偏导数, 被积函数 $f(x, y, z)$ 在 Σ 上连续, 则对面积的曲面积分 $\iint\limits_{\Sigma} f(x, y, z)\mathrm{d}S$ 存在, 且有

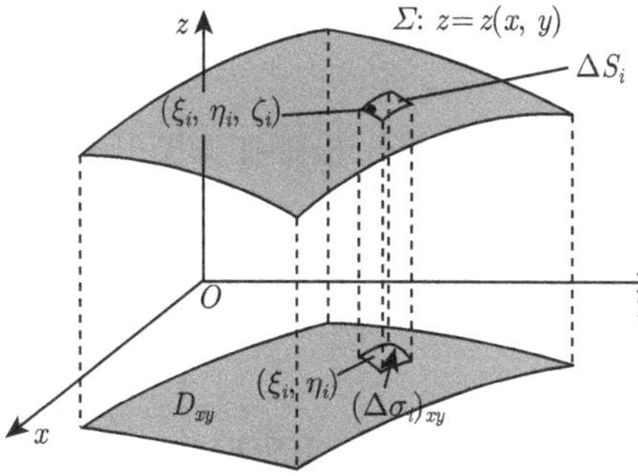

图 10.19

$$\iint\limits_{\Sigma} f(x, y, z)\mathrm{d}S = \iint\limits_{D_{xy}} f[x, y, z(x, y)]\sqrt{1 + z_x^2(x, y) + z_y^2(x, y)}\mathrm{d}x\mathrm{d}y. \quad (10.18)$$

证 依据对面积的曲面积分的定义, 有

$$\iint\limits_{\Sigma} f(x, y, z)\mathrm{d}S = \lim_{\lambda \to 0} \sum_{i=1}^{n} f(\xi_i, \eta_i, \zeta_i)\Delta S_i, \quad (10.19)$$

设 Σ 上第 i 小块曲面 ΔS_i(它的面积也记作 ΔS_i) 在 xOy 面上的投影区域为 $(\Delta\sigma_i)_{xy}$(它的面积也记作 $(\Delta\sigma_i)_{xy}$), 则 (10.19) 式中的 ΔS_i 可表示为二重积分

$$\Delta S_i = \iint\limits_{(\Delta\sigma_i)_{xy}} \sqrt{1 + z_x^2(x,y) + z_y^2(x,y)}\mathrm{d}x\mathrm{d}y.$$

利用二重积分的中值定理, 上式又可写成

$$\Delta S_i = \sqrt{1 + z_x^2(\xi_i',\eta_i') + z_y^2(\xi_i',\eta_i')}(\Delta\sigma_i)_{xy},$$

其中 (ξ_i',η_i') 是小闭区域 $(\Delta\sigma_i)_{xy}$ 上的一点. 又因 (ξ_i,η_i,ζ_i) 是 Σ 上的一点, 故 $\zeta_i = z(\xi_i,\eta_i)$, 这里 $(\xi_i,\eta_i,0)$ 也是小闭区域 $(\Delta\sigma_i)_{xy}$ 上的点. 于是

$$\sum_{i=1}^n f(\xi_i,\eta_i,\zeta_i)\Delta S_i = \sum_{i=1}^n f[\xi_i,\eta_i,z(\xi_i,\eta_i)]\sqrt{1 + z_x^2(\xi_i',\eta_i') + z_y^2(\xi_i',\eta_i')}(\Delta\sigma_i)_{xy},$$

由于函数 $f[x,y,z(x,y)]$ 以及函数 $\sqrt{1 + z_x^2(x,y) + z_y^2(x,y)}$ 都在闭区域 D_{xy} 上连续, 可以证明, 当 $\lambda \to 0$ 时, 上式右端的极限与

$$\sum_{i=1}^n f[\xi_i,\eta_i,z(\xi_i,\eta_i)]\sqrt{1 + z_x^2(\xi_i,\eta_i) + z_y^2(\xi_i,\eta_i)}(\Delta\sigma_i)_{xy}$$

的极限相等. 这个极限在本节开始所给的条件下是存在的, 它等于二重积分

$$\iint\limits_{D_{xy}} f[x,y,z(x,y)]\sqrt{1 + z_x^2(x,y) + z_y^2(x,y)}\mathrm{d}x\mathrm{d}y,$$

因此左端的极限即曲面积分 $\iint\limits_{\Sigma} f(x,y,z)\mathrm{d}S$ 也存在, 且有

$$\iint\limits_{\Sigma} f(x,y,z)\mathrm{d}S = \iint\limits_{D_{xy}} f[x,y,z(x,y)]\sqrt{1 + z_x^2(x,y) + z_y^2(x,y)}\mathrm{d}x\mathrm{d}y.$$

这就是把对面积的曲面积分化为二重积分的公式. 证毕.

由定理得, 计算对面积的曲面积分

$$\iint\limits_{\Sigma} f(x,y,z)\mathrm{d}S$$

时, 分以下三步:

(1) "一代". 将被积函数中的 z 代成 $z(x,y)$.

(2) "二换". 将 $\mathrm{d}S$ 换为 $\sqrt{1+z_x^2(x,y)+z_y^2(x,y)}\mathrm{d}x\mathrm{d}y$.

(3) "三定域". 确定曲面 Σ 在 xOy 面上的投影区域 D_{xy}, 把对面积的曲面积分化为二重积分.

值得注意的是, 如果积分曲面 Σ 由方程 $x=x(y,z)$ 或 $y=y(z,x)$ 给出, 也可类似地把对面积的曲面积分化为相应的二重积分.

例 10.17 计算曲面积分 $\iint\limits_{\Sigma}\mathrm{d}S$, 其中 Σ 为抛物面 $z=2-(x^2+y^2)$ 在 xOy 面上方的部分 (图 10.20).

解 Σ 的方程为

$$z=2-(x^2+y^2),$$

Σ 在 xOy 面上的投影区域 D_{xy} 为圆形闭区域 $\{(x,y)\,|\,x^2+y^2\leqslant 2\}$, 且

$$\sqrt{1+z_x^2+z_y^2}=\sqrt{1+4x^2+4y^2}.$$

根据公式 (10.18), 有

$$\iint\limits_{\Sigma}\mathrm{d}S=\iint\limits_{D_{xy}}\sqrt{1+4x^2+4y^2}\mathrm{d}x\mathrm{d}y.$$

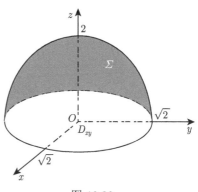

图 10.20

利用极坐标, 得

$$\iint\limits_{\Sigma}\mathrm{d}S=\int_0^{2\pi}\mathrm{d}\theta\int_0^{\sqrt{2}}\sqrt{1+4\rho^2}\rho\mathrm{d}\rho=\frac{13}{3}\pi.$$

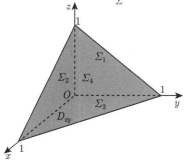

图 10.21

例 10.18 计算 $\oiint\limits_{\Sigma}xyz\mathrm{d}S$, 其中 Σ 是由平面 $x=0,y=0,z=0$ 及 $x+y+z=1$ 所围成的四面体的整个边界曲面 (图 10.21).

解 整个边界曲面 Σ 在平面 $x=0,y=0,z=0$ 及 $x+y+z=1$ 上的部分依次记为 $\Sigma_1,\Sigma_2,\Sigma_3$ 及 Σ_4, 于是

$$\oiint\limits_{\Sigma}xyz\mathrm{d}S=\iint\limits_{\Sigma_1}xyz\mathrm{d}S+\iint\limits_{\Sigma_2}xyz\mathrm{d}S$$

$$+ \iint\limits_{\Sigma_3} xyz\mathrm{d}S + \iint\limits_{\Sigma_4} xyz\mathrm{d}S.$$

因为在 $\Sigma_1, \Sigma_2, \Sigma_3$ 上, 被积函数 $f(x,y,z) = xyz$ 均为零, 所以

$$\iint\limits_{\Sigma_1} xyz\mathrm{d}S = \iint\limits_{\Sigma_2} xyz\mathrm{d}S = \iint\limits_{\Sigma_3} xyz\mathrm{d}S = 0.$$

在 Σ_4 上, $z = 1 - x - y$, 所以

$$\sqrt{1 + z_x^2 + z_y^2} = \sqrt{1 + (-1)^2 + (-1)^2} = \sqrt{3},$$

从而

$$\oiint\limits_{\Sigma} xyz\mathrm{d}S = \iint\limits_{\Sigma_4} xyz\mathrm{d}S = \iint\limits_{D_{xy}} \sqrt{3}xy(1 - x - y)\mathrm{d}x\mathrm{d}y,$$

其中 D_{xy} 是 Σ_4 在 xOy 面上的投影区域, 即由直线 $x = 0, y = 0$ 及 $x + y = 1$ 所围成的闭区域. 因此

$$\oiint\limits_{\Sigma} xyz\mathrm{d}S = \sqrt{3} \int_0^1 x\mathrm{d}x \int_0^{1-x} y(1 - x - y)\mathrm{d}y = \sqrt{3} \int_0^1 x\left[(1-x)\frac{y^2}{2} - \frac{y^3}{3}\right]_0^{1-x}\mathrm{d}x$$

$$= \sqrt{3} \int_0^1 x \cdot \frac{(1-x)^3}{6}\mathrm{d}x = \frac{\sqrt{3}}{6} \int_0^1 (x - 3x^2 + 3x^3 - x^4)\mathrm{d}x = \frac{\sqrt{3}}{120}.$$

习　题　10.4

基础题

1. 选择题.

曲面积分 $I = \iint\limits_{\Sigma} x^2\mathrm{d}S$, 这里 Σ 为圆柱面 $x^2 + y^2 = a^2$ 介于 $z = 0$ 与 $z = h$ 之间的部分, 其值为 ( ).

A. $\pi a^3 h$ 　　　　　B. $\pi a^2 h$ 　　　　　C. $a^3 h$ 　　　　　D. πa^3

2. 填空题.

设有一分布着质量的曲面 Σ, 在点 (x,y,z) 处, 它的面密度为 $\mu(x,y,z)$, 用对面积的曲面积分表示这曲面对于 x 轴的转动惯量为_____.

3. 计算曲面积分 $\iint\limits_{\Sigma} \dfrac{\mathrm{d}S}{z}$, 其中 Σ 是球面 $x^2 + y^2 + z^2 = a^2$ 被平面 $z = h\,(0 < h < a)$ 截出的顶部.

4. 计算曲面积分 $\iint\limits_{\Sigma} (x^2 + y^2) \mathrm{d}S$, 其中 Σ 为抛物面 $z = 2 - (x^2 + y^2)$ 在 xOy 面上方的部分.

5. 计算曲面积分 $\iint\limits_{\Sigma} \left(z + 2x + \frac{4}{3}y \right) \mathrm{d}S$, 其中 Σ 为平面 $\frac{x}{2} + \frac{y}{3} + \frac{z}{4} = 1$ 在第一卦限中的部分.

提高题

1. 计算曲面积分 $\iint\limits_{\Sigma} (x^2 + y^2) \mathrm{d}S$, 其中 Σ 为锥面 $z^2 = 3(x^2 + y^2)$ 被平面 $z = 0$ 和 $z = 3$ 所截得的部分.

2. 求抛物面壳 $z = \frac{1}{2}(x^2 + y^2)(0 \leqslant z \leqslant 1)$ 的质量, 此壳的面密度为 $\mu = z$.

3. 求面密度为 μ_0 的均匀半球壳 $x^2 + y^2 + z^2 = a^2(z \geqslant 0)$ 对于 z 轴的转动惯量.

10.5 对坐标的曲面积分

10.5.1 有向曲面及其投影

假定曲面是光滑的. 通常遇到的曲面都是双侧的. 例如, 由方程 $z = z(x, y)$ 表示的曲面, 有上侧与下侧之分; 又例如, 一张包围某一空间区域的闭曲面, 有外侧与内侧之分; 以后总假定所考虑的曲面是双侧的. 对于曲面的侧, 可以通过曲面上法向量的指向来认定. 例如, 对于曲面 $z = z(x, y)$, 如果取它的法向量 $\boldsymbol{n}$ 的指向朝上, 就认为取定曲面的上侧; 又例如, 对于闭曲面如果取它的法向量的指向朝外, 就认为取定曲面的外侧. 这种取定了法向量亦即选定了侧的曲面, 就称为有向曲面.

设 Σ 是有向曲面. 在 Σ 上取一小块曲面 ΔS, 把 ΔS 投影到 xOy 面上得一投影区域, 这投影区域的面积记为 $(\Delta\sigma)_{xy}$. 假定 ΔS 上各点处的法向量与 z 轴夹角 γ 的余弦 $\cos\gamma$ 有相同的符号 (即 $\cos\gamma$ 都是正的或都是负的). 我们规定 ΔS 在 xOy 面上的投影 $(\Delta S)_{xy}$ 为

$$(\Delta S)_{xy} = \begin{cases} (\Delta\sigma)_{xy}, & \cos\gamma > 0, \\ -(\Delta\sigma)_{xy}, & \cos\gamma < 0, \\ 0, & \cos\gamma = 0, \end{cases}$$

其中 $\cos\gamma \equiv 0$ 也就是 $(\Delta\sigma)_{xy} = 0$ 的情形. ΔS 在 xOy 面上的投影 $(\Delta S)_{xy}$ 实际就是 ΔS 在 xOy 面上的投影区域的面积附以一定的正负号. 类似地可以定义 ΔS 在 yOz 面及 zOx 面上的投影 $(\Delta S)_{yz}$ 及 $(\Delta S)_{zx}$.

10.5.2 对坐标的曲面积分的概念与性质

1. 引例

流向曲面一侧的流量   设稳定流动的不可压缩流体 (假定密度为 1) 的速度场由

$$\boldsymbol{v}(x, y, z) = P(x, y, z)\boldsymbol{i} + Q(x, y, z)\boldsymbol{j} + R(x, y, z)\boldsymbol{k}$$

给出, Σ 是速度场中的一片有向曲面, 函数 $P(x, y, z)$, $Q(x, y, z)$ 与 $R(x, y, z)$ 都在 Σ 上连续, 求在单位时间内流向 Σ 指定侧的流体的质量, 即流量 Φ.

如果流体流过平面上面积为 A 的一个闭区域, 且流体在这闭区域上各点处的流速为 (常向量) $\boldsymbol{v}$, 又设 $\boldsymbol{n}$ 为该平面的单位法向量 (图 10.22(a)), 那么在单位时间内流过这闭区域的流体组成一个底面积为 A、斜高为 $|\boldsymbol{v}|$ 的斜柱体 (图 10.22(b)).

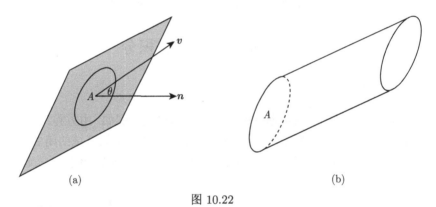

(a)   (b)

图 10.22

当向量 $\boldsymbol{v}$ 和 $\boldsymbol{n}$ 之间的夹角 $\theta < \dfrac{\pi}{2}$ 时, 这斜柱体的体积为

$$A|\boldsymbol{v}|\cos\theta = A\boldsymbol{v} \cdot \boldsymbol{n}.$$

这也就是通过闭区域 A 流向 $\boldsymbol{n}$ 所指一侧的流量 Φ;

当向量 $\boldsymbol{v}$ 和 $\boldsymbol{n}$ 之间的夹角 $\theta = \dfrac{\pi}{2}$ 时, 流体通过闭区域 A 流向 $\boldsymbol{n}$ 所指一侧的流量 Φ 为零, 而 $A\boldsymbol{v} \cdot \boldsymbol{n} = 0$, 故 $\Phi = A\boldsymbol{v} \cdot \boldsymbol{n} = 0$;

当向量 $\boldsymbol{v}$ 和 $\boldsymbol{n}$ 之间的夹角 $\theta > \dfrac{\pi}{2}$ 时, $A\boldsymbol{v} \cdot \boldsymbol{n} < 0$, 这时我们仍把 $A\boldsymbol{v} \cdot \boldsymbol{n}$ 称为流体通过闭区域 A 流向 $\boldsymbol{n}$ 所指一侧的流量. 它表示流体通过闭区域 A 实际上流向 $-\boldsymbol{n}$ 所指一侧, 且流向 $-\boldsymbol{n}$ 所指一侧的流量为 $-A\boldsymbol{v} \cdot \boldsymbol{n}$. 因此, 不论向量 $\boldsymbol{v}$ 和 $\boldsymbol{n}$ 之间的夹角 θ 为何值, 流体通过闭区域 A 流向 $\boldsymbol{n}$ 所指一侧的流量 Φ 均为 $A\boldsymbol{v} \cdot \boldsymbol{n}$.

下面考虑将平面闭区域改为一片曲面, 且流速 $\boldsymbol{v}$ 不是常向量的情况下, 流体流向曲面一侧的流量.

第一步, 分. 把曲面 Σ 分成 n 小块 $\Delta S_i (i = 1, 2, \cdots, n)$($\Delta S_i$ 同时也表示第 i 小块曲面的面积).

第二步, 匀. 当曲面 Σ 是光滑的且 $\boldsymbol{v}$ 是连续的前提下, 只要 ΔS_i 的直径很小, 我们就可以用 ΔS_i 上任一点 (ξ_i, η_i, ζ_i) 处的流速

$$\boldsymbol{v}_i = \boldsymbol{v}(\xi_i, \eta_i, \zeta_i) = P(\xi_i, \eta_i, \zeta_i)\boldsymbol{i} + Q(\xi_i, \eta_i, \zeta_i)\boldsymbol{j} + R(\xi_i, \eta_i, \zeta_i)\boldsymbol{k}$$

来代替 ΔS_i 上其他各点处的流速,
以该点 (ξ_i, η_i, ζ_i) 处曲面 Σ 的单位
法向量

$$\boldsymbol{n}_i = \cos \alpha_i \boldsymbol{i} + \cos \beta_i \boldsymbol{j} + \cos \gamma_i \boldsymbol{k}$$

代替 ΔS_i 上其他各点处的单位法向
量 (图 10.23). 从而得到通过 ΔS_i
流向指定侧的流量的近似值为

$$\boldsymbol{v_i} \cdot \boldsymbol{n_i} \Delta S_i \quad (i = 1, 2, \cdots, n).$$

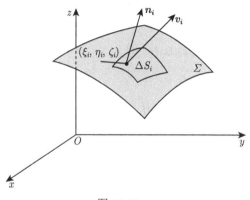

图 10.23

第三步, 合. 通过 Σ 流向指定侧的流量

$$\Phi \approx \sum_{i=1}^{n} \boldsymbol{v_i} \cdot \boldsymbol{n_i} \, S_i$$

$$= \sum_{i=1}^{n} [P(\xi_i, \eta_i, \zeta_i) \cos \alpha_i + Q(\xi_i, \eta_i, \zeta_i) \cos \beta_i + R(\xi_i, \eta_i, \zeta_i) \cos \gamma_i] \Delta S_i,$$

但

$$\cos \alpha_i \cdot \Delta S_i \approx (\Delta S_i)_{yz}, \ \ \cos \beta_i \cdot \Delta S_i \approx (\Delta S_i)_{zx}, \ \ \cos \gamma_i \cdot \Delta S_i \approx (\Delta S_i)_{xy},$$

因此上式可以写成

$$\Phi \approx \sum_{i=1}^{n} [P(\xi_i, \eta_i, \zeta_i)(\Delta S_i)_{yz} + Q(\xi_i, \eta_i, \zeta_i)(\Delta S_i)_{zx} + R(\xi_i, \eta_i, \zeta_i)(\Delta S_i)_{xy}].$$

第四步, 精. 当各小块曲面的直径的最大值 $\lambda \to 0$ 取上述和的极限, 就得到流量 Φ 的精确值.

2. 对坐标的曲面积分的定义

定义 10.4 设 Σ 为光滑的有向曲面, 函数 $R(x,y,z)$ 在 Σ 上有界. 把 Σ 任意分成 n 块小曲面 ΔS_i(ΔS_i 同时表示第 i 块小曲面的面积), ΔS_i 在 xOy 面上的投影为 $(\Delta S_i)_{xy}$, (ξ_i,η_i,ζ_i) 是 ΔS_i 上任意取定的一点, 作乘积 $R(\xi_i,\eta_i,\zeta_i)(\Delta S_i)_{xy}(i=1,2,\cdots,n)$, 并作和 $\sum_{i=1}^{n} R(\xi_i,\eta_i,\zeta_i)(\Delta S_i)_{xy}$, 如果当各小块曲面的直径的最大值 $\lambda \to 0$ 时, 这和的极限总存在, 且与曲面 Σ 的分法及点 (ξ_i,η_i,ζ_i) 的取法无关, 那么称此极限为函数 $R(x,y,z)$ 在有向曲面 Σ 上**对坐标x** 和 $\boldsymbol{y}$ **的曲面积分**, 记作 $\iint\limits_{\Sigma} R(x,y,z)\mathrm{d}x\mathrm{d}y$, 即

$$\iint\limits_{\Sigma} R(x,y,z)\mathrm{d}x\mathrm{d}y = \lim_{\lambda\to0}\sum_{i=1}^{n} R(\xi_i,\eta_i,\zeta_i)(\Delta S_i)_{xy},$$

其中 $R(x,y,z)$ 叫做**被积函数**, Σ 叫做**积分曲面**.

类似地可以定义函数 $P(x,y,z)$ 在有向曲面 Σ 上对坐标 y 和 z 的曲面积分 $\iint\limits_{\Sigma} P(x,y,z)\mathrm{d}y\mathrm{d}z$ 及函数 $Q(x,y,z)$ 在有向曲面 Σ 上对坐标 z 和 x 的曲面积分 $\iint\limits_{\Sigma} Q(x,y,z)\mathrm{d}z\mathrm{d}x$ 分别为

$$\iint\limits_{\Sigma} P(x,y,z)\mathrm{d}y\mathrm{d}z = \lim_{\lambda\to0}\sum_{i=1}^{n} P(\xi_i,\eta_i,\zeta_i)(\Delta S_i)_{yz},$$

$$\iint\limits_{\Sigma} Q(x,y,z)\mathrm{d}z\mathrm{d}x = \lim_{\lambda\to0}\sum_{i=1}^{n} Q(\xi_i,\eta_i,\zeta_i)(\Delta S_i)_{zx},$$

以上三个曲面积分也称为**第二类曲面积分**.

针对以上对坐标的曲面积分的定义, 做以下几点说明:

(1) 当 $P(x,y,z)$, $Q(x,y,z)$ 与 $R(x,y,z)$ 在有向光滑曲面 Σ 上连续时, 对坐标的曲面积分是存在的, 以后总假定 P, Q 与 R 在 Σ 上连续.

(2) 应用中出现较多的是

$$\iint\limits_{\Sigma} P(x,y,z)\mathrm{d}y\mathrm{d}z + \iint\limits_{\Sigma} Q(x,y,z)\mathrm{d}z\mathrm{d}x + \iint\limits_{\Sigma} R(x,y,z)\mathrm{d}x\mathrm{d}y$$

这种合并起来的形式. 为简便起见, 把它写成

$$\iint\limits_{\Sigma} P(x,y,z)\mathrm{d}y\mathrm{d}z + Q(x,y,z)\mathrm{d}z\mathrm{d}x + R(x,y,z)\mathrm{d}x\mathrm{d}y.$$

例如, 引例中流向 Σ 指定侧的流量 Φ 可简单记作

$$\Phi = \iint\limits_{\Sigma} P\mathrm{d}y\mathrm{d}z + Q\mathrm{d}z\mathrm{d}x + R\mathrm{d}x\mathrm{d}y.$$

3. 对坐标的曲面积分的性质

(1) 如果把 Σ 分成 Σ_1 和 Σ_2, 那么

$$\iint\limits_{\Sigma} P\mathrm{d}y\mathrm{d}z + Q\mathrm{d}z\mathrm{d}x + R\mathrm{d}x\mathrm{d}y$$

$$= \iint\limits_{\Sigma_1} P\mathrm{d}y\mathrm{d}z + Q\mathrm{d}z\mathrm{d}x + R\mathrm{d}x\mathrm{d}y + \iint\limits_{\Sigma_2} P\mathrm{d}y\mathrm{d}z + Q\mathrm{d}z\mathrm{d}x + R\mathrm{d}x\mathrm{d}y. \quad (10.20)$$

此公式可以推广到 Σ 分成 $\Sigma_1, \Sigma_2, \cdots, \Sigma_n$ 几部分的情形.

(2) 设 Σ 是有向曲面, Σ^- 表示与 Σ 取相反侧的有向曲面, 则

$$\iint\limits_{\Sigma^-} P(x,y,z)\mathrm{d}y\mathrm{d}z = -\iint\limits_{\Sigma} P(x,y,z)\mathrm{d}y\mathrm{d}z,$$

$$\iint\limits_{\Sigma^-} Q(x,y,z)\mathrm{d}z\mathrm{d}x = -\iint\limits_{\Sigma} Q(x,y,z)\mathrm{d}z\mathrm{d}x, \qquad (10.21)$$

$$\iint\limits_{\Sigma^-} R(x,y,z)\mathrm{d}x\mathrm{d}y = -\iint\limits_{\Sigma} R(x,y,z)\mathrm{d}x\mathrm{d}y.$$

上式表明, 当积分曲面改变为相反侧时, 对坐标的曲面积分要改变符号. 因此关于对坐标的曲面积分, 我们必须注意积分曲面所取的侧.

10.5.3 对坐标的曲面积分的计算

设积分曲面 Σ 是由方程 $z = z(x,y)$ 所给出的曲面上侧, Σ 在 xOy 面上的投影区域为 D_{xy}, 函数 $z = z(x,y)$ 在 D_{xy} 上具有一阶连续偏导数, 被积函数 $R(x,y,z)$ 在 Σ 上连续.

按对坐标的曲面积分的定义, 有

$$\iint\limits_{\Sigma} R(x,y,z)\mathrm{d}x\mathrm{d}y = \lim_{\lambda \to 0} \sum_{i=1}^{n} R(\xi_i, \eta_i, \zeta_i)(\Delta S_i)_{xy},$$

因为 Σ 取上侧, $\cos \gamma > 0$, 所以

$$(\Delta S_i)_{xy} = (\Delta \sigma_i)_{xy}.$$

又因 (ξ_i, η_i, ζ_i) 是 Σ 上的一点, 故 $\zeta_i = z(\xi_i, \eta_i)$. 从而有

$$\sum_{i=1}^{n} R(\xi_i, \eta_i, \zeta_i)(\Delta S_i)_{xy} = \sum_{i=1}^{n} R[\xi_i, \eta_i, z(\xi_i, \eta_i)](\Delta \sigma_i)_{xy}.$$

令各小块曲面的直径的最大值 $\lambda \to 0$ 取上式两端的极限, 就得到

$$\iint\limits_{\Sigma} R(x, y, z)\mathrm{d}x\mathrm{d}y = \iint\limits_{D_{xy}} R[x, y, z(x, y)]\mathrm{d}x\mathrm{d}y. \tag{10.22}$$

这就是把对坐标的曲面积分化为二重积分的公式.

通过以上的分析不难看出, 计算对坐标的曲面积分

$$\iint\limits_{\Sigma} R(x, y, z)\mathrm{d}x\mathrm{d}y$$

时, 需要以下两步:

(1) "一代". 将被积函数中的 z 代换成表示曲面 Σ 的函数 $z(x, y)$.

(2) "二积分". 计算 Σ 在 xOy 面的投影区域 D_{xy} 上的二重积分.

值得注意的是, 公式 (10.22) 的曲面积分是取在曲面 Σ 上侧的, 如果曲面积分取在 Σ 的下侧, 这时 $\cos \gamma < 0$, 那么

$$(\Delta S_i)_{xy} = -(\Delta \sigma_i)_{xy},$$

从而有

$$\iint\limits_{\Sigma} R(x, y, z)\mathrm{d}x\mathrm{d}y = - \iint\limits_{D_{xy}} R[x, y, z(x, y)]\mathrm{d}x\mathrm{d}y. \tag{10.23}$$

类似地, 如果 Σ 由 $x = x(y, z)$ 给出, 那么有

$$\iint\limits_{\Sigma} P(x, y, z)\mathrm{d}y\mathrm{d}z = \pm \iint\limits_{D_{yz}} P[x(y, z), y, z]\mathrm{d}y\mathrm{d}z. \tag{10.24}$$

等式右端的符号这样决定: 积分曲面 Σ 是由方程 $x = x(y, z)$ 所给出的曲面前侧, 即 $\cos \alpha > 0$, 应取正号; 反之, Σ 取后侧, 即 $\cos \alpha < 0$, 应取负号.

如果 Σ 由 $y = y(z, x)$ 给出, 那么有

$$\iint\limits_{\Sigma} Q(x, y, z)\mathrm{d}z\mathrm{d}x = \pm \iint\limits_{D_{zx}} Q[x, y(z, x), z]\mathrm{d}z\mathrm{d}x. \tag{10.25}$$

等式右端的符号这样决定: 积分曲面 Σ 是由方程 $y = y(z, x)$ 所给出的曲面右侧, 即 $\cos\beta > 0$, 应取正号; 反之, Σ 取左侧, 即 $\cos\beta < 0$, 应取负号.

例 10.19 计算曲面积分 $\iint\limits_{\Sigma} xyz\mathrm{d}x\mathrm{d}y$, 其中 Σ 是球面 $x^2 + y^2 + z^2 = 1$ 外侧在第一卦限的部分.

解 Σ 的方程为

$$z = \sqrt{1 - x^2 - y^2},$$

积分曲面取上侧, 其中 $D_{xy} = \{(x, y) \mid x^2 + y^2 \leqslant 1 \, (x \geqslant 0, y \geqslant 0)\}$. 应用公式 (10.22),

$$\iint\limits_{\Sigma} xyz\mathrm{d}x\mathrm{d}y = \iint\limits_{D_{xy}} xy\sqrt{1 - x^2 - y^2}\mathrm{d}x\mathrm{d}y,$$

利用极坐标计算这个二重积分

$$\iint\limits_{D_{xy}} xy\sqrt{1 - x^2 - y^2}\mathrm{d}x\mathrm{d}y = \iint\limits_{D_{xy}} \rho^2 \sin\theta\cos\theta\sqrt{1 - \rho^2}\rho\mathrm{d}\rho\mathrm{d}\theta$$

$$= \frac{1}{2} \int_0^{\frac{\pi}{2}} \sin 2\theta\mathrm{d}\theta \int_0^1 \rho^3\sqrt{1 - \rho^2}\mathrm{d}\rho = \frac{1}{15}.$$

例 10.20 计算曲面积分

$$\iint\limits_{\Sigma} x^2\mathrm{d}y\mathrm{d}z + y^2\mathrm{d}z\mathrm{d}x + z^2\mathrm{d}x\mathrm{d}y,$$

其中 Σ 是长方体 Ω 的整个表面的外侧, $\Omega = \{(x, y, z) \mid 0 \leqslant x \leqslant a, 0 \leqslant y \leqslant b, 0 \leqslant z \leqslant c\}$.

解 把有向曲面 Σ 分成以下六部分:

$$\Sigma_1 : z = c \, (0 \leqslant x \leqslant a, 0 \leqslant y \leqslant b) \text{ 的上侧},$$

$$\Sigma_2 : z = 0 \, (0 \leqslant x \leqslant a, 0 \leqslant y \leqslant b) \text{ 的下侧},$$

$$\Sigma_3 : x = a \, (0 \leqslant y \leqslant b, 0 \leqslant z \leqslant c) \text{ 的前侧},$$

$$\Sigma_4 : x = 0 \,(0 \leqslant y \leqslant b, 0 \leqslant z \leqslant c) \text{ 的后侧},$$

$$\Sigma_5 : y = b \,(0 \leqslant x \leqslant a, 0 \leqslant z \leqslant c) \text{ 的右侧},$$

$$\Sigma_6 : y = 0 \,(0 \leqslant x \leqslant a, 0 \leqslant z \leqslant c) \text{ 的左侧}.$$

除 Σ_3, Σ_4 外, 其余四片曲面在 yOz 面上的投影为零, 因此

$$\iint\limits_{\Sigma} x^2 \mathrm{d}y\mathrm{d}z = \iint\limits_{\Sigma_3} x^2 \mathrm{d}y\mathrm{d}z + \iint\limits_{\Sigma_4} x^2 \mathrm{d}y\mathrm{d}z.$$

应用公式 (10.24) 就有

$$\iint\limits_{\Sigma} x^2 \mathrm{d}y\mathrm{d}z = \iint\limits_{D_{yz}} a^2 \mathrm{d}y\mathrm{d}z - \iint\limits_{D_{yz}} 0^2 \mathrm{d}y\mathrm{d}z = a^2bc.$$

类似地, 可得

$$\iint\limits_{\Sigma} y^2 \mathrm{d}z\mathrm{d}x = b^2ac, \quad \iint\limits_{\Sigma} z^2 \mathrm{d}x\mathrm{d}y = c^2ab.$$

于是所求曲面积分为 $(a + b + c)abc.$

10.5.4　两类曲面积分之间的联系

设有向曲面 Σ 由方程 $z = z(x, y)$ 给出, Σ 在 xOy 面上的投影区域为 D_{xy}, 函数 $z = z(x, y)$ 在 D_{xy} 上具有一阶连续偏导数, $R(x, y, z)$ 在 Σ 上连续. 如果 Σ 取上侧, 那么由对坐标的曲面积分计算公式 (10.22) 有

$$\iint\limits_{\Sigma} R(x, y, z)\mathrm{d}x\mathrm{d}y = \iint\limits_{D_{xy}} R[x, y, z(x, y)]\mathrm{d}x\mathrm{d}y.$$

另一方面, 因上述有向曲面 Σ 的法向量的方向余弦为

$$\cos\alpha = \frac{-z_x}{\sqrt{1 + z_x^2 + z_y^2}}, \quad \cos\beta = \frac{-z_y}{\sqrt{1 + z_x^2 + z_y^2}}, \quad \cos\gamma = \frac{1}{\sqrt{1 + z_x^2 + z_y^2}},$$

故由对面积的曲面积分计算公式有

$$\iint\limits_{\Sigma} R(x, y, z)\cos\gamma\mathrm{d}S = \iint\limits_{D_{xy}} R[x, y, z(x, y)]\mathrm{d}x\mathrm{d}y.$$

由此可见, 有

$$\iint\limits_{\Sigma} R(x,y,z)\mathrm{d}x\mathrm{d}y = \iint\limits_{\Sigma} R(x,y,z)\cos\gamma\mathrm{d}S. \tag{10.26}$$

如果 Σ 取下侧, 那么由式 (10.23) 有

$$\iint\limits_{\Sigma} R(x,y,z)\mathrm{d}x\mathrm{d}y = -\iint\limits_{D_{xy}} R[x,y,z(x,y)]\mathrm{d}x\mathrm{d}y,$$

但这时 $\cos\gamma = \dfrac{-1}{\sqrt{1+z_x^2+z_y^2}}$, 因此 (10.26) 式仍成立.

类似地, 可推得

$$\iint\limits_{\Sigma} P(x,y,z)\mathrm{d}y\mathrm{d}z = \iint\limits_{\Sigma} P(x,y,z)\cos\alpha\mathrm{d}S, \tag{10.27}$$

$$\iint\limits_{\Sigma} Q(x,y,z)\mathrm{d}z\mathrm{d}x = \iint\limits_{\Sigma} Q(x,y,z)\cos\beta\mathrm{d}S, \tag{10.28}$$

合并 (10.26)—(10.28) 三式, 得两类曲面积分之间的如下联系:

$$\iint\limits_{\Sigma} P\mathrm{d}y\mathrm{d}z + Q\mathrm{d}z\mathrm{d}x + R\mathrm{d}x\mathrm{d}y = \iint\limits_{\Sigma}(P\cos\alpha + Q\cos\beta + R\cos\gamma)\mathrm{d}S, \tag{10.29}$$

其中 $\cos\alpha, \cos\beta, \cos\gamma$ 是有向曲面 Σ 在点 (x,y,z) 处的法向量的方向余弦.

两类曲面积分之间的联系也可写成如下的向量形式:

$$\iint\limits_{\Sigma} \boldsymbol{A}\cdot\mathrm{d}\boldsymbol{S} = \iint\limits_{\Sigma} \boldsymbol{A}\cdot\boldsymbol{n}\mathrm{d}S \tag{10.30}$$

或

$$\iint\limits_{\Sigma} \boldsymbol{A}\cdot\mathrm{d}\boldsymbol{S} = \iint\limits_{\Sigma} A_{\boldsymbol{n}}\mathrm{d}S, \tag{10.31}$$

其中 $\boldsymbol{A} = (P,Q,R)$, $\boldsymbol{n} = (\cos\alpha,\cos\beta,\cos\gamma)$ 为有向曲面 Σ 在点 (x,y,z) 处的单位法向量, $\mathrm{d}\boldsymbol{S} = \boldsymbol{n}\mathrm{d}S = (\mathrm{d}y\mathrm{d}z,\mathrm{d}z\mathrm{d}x,\mathrm{d}x\mathrm{d}y)$ 称为有向曲面元, $A_{\boldsymbol{n}}$ 为向量 $\boldsymbol{A}$ 在向量 $\boldsymbol{n}$ 上的投影.

例 10.21 计算 $I = \iint\limits_{\Sigma} x\mathrm{d}y\mathrm{d}z + y\mathrm{d}z\mathrm{d}x + (x+z)\mathrm{d}x\mathrm{d}y$, 其中 Σ 为平面 $2x + 2y + z = 2$ 在第一卦限部分的上侧.

解　因为 Σ 取上侧, 法向量 $\boldsymbol{n}$ 与 z 轴正向的夹角为锐角, 其方向余弦为 $\cos\alpha = \dfrac{2}{3}$, $\cos\beta = \dfrac{2}{3}$, $\cos\gamma = \dfrac{1}{3}$, 又 Σ 的方程为 $z = 2 - 2x - 2y$, 它在 xOy 面上的投影区域为

$$D_{xy} = \{(x,y)\,|\,0 \leqslant y \leqslant 1-x, 0 \leqslant x \leqslant 1\}.$$

又 $z_x = -2$, $z_y = -2$, 从而 $\mathrm{d}S = \sqrt{1 + z_x^2 + z_y^2}\mathrm{d}x\mathrm{d}y = 3\mathrm{d}x\mathrm{d}y$, 由 (10.29) 式得

$$I = \iint\limits_{\Sigma} \left(\frac{2}{3}x + \frac{2}{3}y + \frac{1}{3}x + \frac{1}{3}z\right)\mathrm{d}S = \frac{1}{3}\iint\limits_{\Sigma}(3x + 2y + z)\mathrm{d}S$$

$$= \frac{1}{3}\iint\limits_{D_{xy}}(3x + 2y + 2 - 2x - 2y)\cdot 3\mathrm{d}x\mathrm{d}y = \int_0^1 \mathrm{d}x\int_0^{1-x}(x+2)\mathrm{d}y = \frac{7}{6}.$$

习　题　10.5

基础题

1. 选择题.

对坐标的曲面积分

$$\iint\limits_{\Sigma} P(x,y,z)\mathrm{d}y\mathrm{d}z + Q(x,y,z)\mathrm{d}z\mathrm{d}x + R(x,y,z)\mathrm{d}x\mathrm{d}y,$$

其中, Σ 是抛物面 $z = 8 - (x^2 + y^2)$ 在 xOy 面上方部分的上侧, 将其化成对面积的曲面积分是 (　　).

A. $\iint\limits_{\Sigma} \dfrac{2xP + 2yQ + R}{\sqrt{1 + 4x^2 + 4y^2}}\mathrm{d}S$　　　　　　B. $\iint\limits_{\Sigma} \dfrac{xP + 2yQ + R}{\sqrt{1 + 4x^2 + 4y^2}}\mathrm{d}S$

C. $\iint\limits_{\Sigma} \dfrac{2xP + yQ + R}{\sqrt{1 + 4x^2 + 4y^2}}\mathrm{d}S$　　　　　　D. $\iint\limits_{\Sigma} \dfrac{2xP + 2yQ + 2R}{\sqrt{1 + 4x^2 + 4y^2}}\mathrm{d}S$

2. 填空题.

对坐标的曲面积分

$$\iint\limits_{\Sigma} P(x,y,z)\mathrm{d}y\mathrm{d}z + Q(x,y,z)\mathrm{d}z\mathrm{d}x + R(x,y,z)\mathrm{d}x\mathrm{d}y,$$

其中, Σ 是平面 $3x + 2y + 2\sqrt{3}z = 6$ 在第一卦限部分的上侧, 将其化成对面积的曲面积分是＿＿＿＿＿＿.

3. 计算下列对坐标的曲面积分.

(1) $\iint\limits_{\Sigma} x^2y^2z\mathrm{d}x\mathrm{d}y$, 其中 Σ 是球面 $x^2 + y^2 + z^2 = R^2$ 的下半部分的下侧;

(2) $\iint\limits_{\Sigma} z\mathrm{d}x\mathrm{d}y + x\mathrm{d}y\mathrm{d}z + y\mathrm{d}z\mathrm{d}x$, 其中 Σ 是柱面 $x^2 + y^2 = 1$ 被平面 $z = 0$ 及 $z = 3$ 所截

得的在第一卦限内的部分的前侧;

(3) $\iint\limits_{\Sigma} [f(x,y,z) + x]\mathrm{d}y\mathrm{d}z + [2f(x,y,z) + y]\,\mathrm{d}z\mathrm{d}x + [f(x,y,z) + z]\,\mathrm{d}x\mathrm{d}y$, 其中 $f(x,y,z)$

为连续函数, Σ 是平面 $x - y + z = 1$ 在第四卦限部分的上侧.

提高题

1. 计算曲面积分 $\iint\limits_{\Sigma} (z^2 + x)\mathrm{d}y\mathrm{d}z - z\mathrm{d}x\mathrm{d}y$, 其中 Σ 是旋转抛物面 $z = \dfrac{1}{2}(x^2 + y^2)$ 介于

平面 $z = 0$ 及 $z = 2$ 之间的部分的下侧.

2. 计算对坐标的曲面积分 $\oiint\limits_{\Sigma} xz\mathrm{d}x\mathrm{d}y + xy\mathrm{d}y\mathrm{d}z + yz\mathrm{d}z\mathrm{d}x$, 其中 Σ 是平面 $x = 0, y = 0, z = 0, x + y + z = 1$ 所围成的空间区域的整个边界曲面的外侧.

10.6 高斯公式、通量与散度

10.6.1 高斯公式

格林公式主要表述的是平面闭区域上的二重积分与其边界曲线上的曲线积分之间的关系, 而高斯 (Gauss) 公式表述的是空间闭区域上的三重积分与其边界曲面上的曲面积分之间的关系, 可以认为高斯公式是格林公式在三维空间中的推广.

定理 10.7 设空间闭区域 Ω 是由分片光滑的闭曲面 Σ 所围成的, 若函数 $P(x,y,z), Q(x,y,z)$ 与 $R(x,y,z)$ 在 Ω 上具有一阶连续偏导数, 则有

$$\iiint\limits_{\Omega} \left(\frac{\partial P}{\partial x} + \frac{\partial Q}{\partial y} + \frac{\partial R}{\partial z} \right)\mathrm{d}v = \oiint\limits_{\Sigma} P\mathrm{d}y\mathrm{d}z + Q\mathrm{d}z\mathrm{d}x + R\mathrm{d}x\mathrm{d}y \tag{10.32}$$

或

$$\iiint\limits_{\Omega} \left(\frac{\partial P}{\partial x} + \frac{\partial Q}{\partial y} + \frac{\partial R}{\partial z} \right)\mathrm{d}v = \oiint\limits_{\Sigma} (P\cos\alpha + Q\cos\beta + R\cos\gamma)\mathrm{d}S, \tag{10.33}$$

这里 Σ 是 Ω 的整个边界曲面的外侧, $\cos\alpha, \cos\beta$ 与 $\cos\gamma$ 是 Σ 在点 (x,y,z) 处的法向量的方向余弦. 公式 (10.32) 或 (10.33) 叫做**高斯公式**.

证 由公式 (10.29) 可知, 公式 (10.32) 及 (10.33) 的右端是相等的, 因此这里只需证明公式 (10.32).

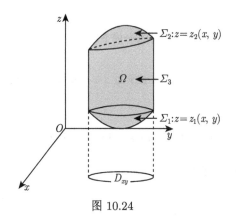

图 10.24

设闭区域 Ω 在 xOy 面上的投影区域为 D_{xy}, 假定穿过 Ω 内部且平行于 z 轴的直线与 Ω 的边界曲面 Σ 的交点恰好是两个. 这样, 可设 Σ 由 Σ_1, Σ_2 和 Σ_3 三部分组成 (图 10.24), 其中 Σ_1 和 Σ_2 分别由方程 $z = z_1(x, y)$ 和 $z = z_2(x, y)$ 给定, 这里 $z_1(x, y) \leqslant z_2(x, y)$, Σ_1 取下侧, Σ_2 取上侧, Σ_3 是以 D_{xy} 的边界曲线为准线而母线平行于 z 轴的柱面上的一部分, 取外侧.

根据三重积分的计算法, 有

$$\iiint\limits_{\Omega} \frac{\partial R}{\partial z}\mathrm{d}v = \iint\limits_{D_{xy}} \left\{ \int_{z_1(x,y)}^{z_2(x,y)} \frac{\partial R}{\partial z}\mathrm{d}z \right\} \mathrm{d}x\mathrm{d}y$$

$$= \iint\limits_{D_{xy}} \{R[x, y, z_2(x, y)] - R[x, y, z_1(x, y)]\}\, \mathrm{d}x\mathrm{d}y. \qquad (10.34)$$

根据曲面积分的计算法, 有

$$\iint\limits_{\Sigma_1} R(x, y, z)\mathrm{d}x\mathrm{d}y = -\iint\limits_{D_{xy}} R[x, y, z_1(x, y)]\mathrm{d}x\mathrm{d}y,$$

$$\iint\limits_{\Sigma_2} R(x, y, z)\mathrm{d}x\mathrm{d}y = \iint\limits_{D_{xy}} R[x, y, z_2(x, y)]\mathrm{d}x\mathrm{d}y.$$

因为 Σ_3 上任意一块曲面在 xOy 面上的投影为零, 所以直接根据对坐标的曲面积分的定义可知

$$\iint\limits_{\Sigma_3} R(x, y, z)\mathrm{d}x\mathrm{d}y = 0.$$

把以上三式相加, 得

$$\iint\limits_{\Sigma} R(x, y, z)\mathrm{d}x\mathrm{d}y = \iint\limits_{D_{xy}} \{R[x, y, z_2(x, y)] - R[x, y, z_1(x, y)]\}\mathrm{d}x\mathrm{d}y. \qquad (10.35)$$

由式 (10.34)、式 (10.35) 得

$$\iiint\limits_{\Omega} \frac{\partial R}{\partial z}\mathrm{d}v = \oiint\limits_{\Sigma} R(x, y, z)\mathrm{d}x\mathrm{d}y.$$

如果穿过 Ω 内部且平行于 x 轴的直线以及平行于 y 轴的直线与 Ω 的边界曲面 Σ 的交点也都恰好是两个, 那么类似地可得

$$\iiint\limits_{\Omega} \frac{\partial P}{\partial x} \mathrm{d}v = \oiint\limits_{\Sigma} P(x,y,z)\mathrm{d}y\mathrm{d}z,$$

$$\iiint\limits_{\Omega} \frac{\partial Q}{\partial y} \mathrm{d}v = \oiint\limits_{\Sigma} Q(x,y,z)\mathrm{d}z\mathrm{d}x,$$

把以上三式两端分别相加, 即得高斯公式 (10.32).

在上述证明中, 假定穿过闭区域 Ω 内部且平行于坐标轴的直线与 Ω 边界曲面 Σ 的交点恰好是两点, 如果 Ω 不满足这样的条件, 可以引进几张辅助曲面把 Ω 分为有限个闭区域, 使得每个闭区域满足这样的条件, 并注意到沿辅助曲面相反两侧的两个曲面积分的绝对值相等而符号相反, 相加时正好抵消, 因此公式 (10.32) 对于这样的闭区域仍然是正确的.

例 10.22 计算曲面积分 $I = \iint\limits_{\Sigma} y(x-z)\mathrm{d}y\mathrm{d}z + x^2\mathrm{d}z\mathrm{d}x + (y^2+xz)\mathrm{d}x\mathrm{d}y$, 其中 Σ 是正方体 $\Omega = \{(x,y,z)\,|\,0 \leqslant x \leqslant a, 0 \leqslant y \leqslant a, 0 \leqslant z \leqslant a\}$ 的整个表面的外侧.

解 令 $P = y(x-z), Q = x^2, R = y^2+xz$, 则

$$\frac{\partial P}{\partial x} + \frac{\partial Q}{\partial y} + \frac{\partial R}{\partial z} = y + x.$$

利用高斯公式, 将曲面积分化为三重积分

$$I = \iint\limits_{\Sigma} y(x-z)\mathrm{d}y\mathrm{d}z + x^2\mathrm{d}z\mathrm{d}x + (y^2+xz)\mathrm{d}x\mathrm{d}y = \iiint\limits_{\Omega} (y+x)\mathrm{d}v.$$

由三重积分的轮换对称性, 可知

$$\iiint\limits_{\Omega} x\mathrm{d}v = \iiint\limits_{\Omega} y\mathrm{d}v = \iiint\limits_{\Omega} z\mathrm{d}v.$$

所以

$$I = \iiint\limits_{\Omega} (y+x)\mathrm{d}v = 2\iiint\limits_{\Omega} z\mathrm{d}v$$

$$= 2\int_0^a \mathrm{d}x \int_0^a \mathrm{d}y \int_0^a z\mathrm{d}z = 2a^2 \cdot \frac{1}{2}z^2\bigg|_0^a = a^4.$$

例 10.23　利用高斯公式计算曲面积分

$$\oiint\limits_{\Sigma} (x-y)\mathrm{d}x\mathrm{d}y + (y-z)x\mathrm{d}y\mathrm{d}z,$$

其中 Σ 为柱面 $x^2+y^2=1$ 及平面 $z=0, z=3$ 所围成的空间闭区域 Ω 的整个边界曲面的外侧 (图 10.25).

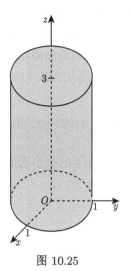

图 10.25

解　由于 $P=(y-z)x, Q=0, R=x-y$, 则

$$\frac{\partial P}{\partial x}=y-z, \quad \frac{\partial Q}{\partial y}=0, \quad \frac{\partial R}{\partial z}=0,$$

利用高斯公式把所给曲面积分化为三重积分, 再利用柱面坐标计算三重积分, 得

$$\oiint\limits_{\Sigma} (x-y)\mathrm{d}x\mathrm{d}y + (y-z)x\mathrm{d}y\mathrm{d}z$$

$$= \iiint\limits_{\Omega} (y-z)\mathrm{d}x\mathrm{d}y\mathrm{d}z = \iiint\limits_{\Omega} (\rho\sin\theta - z)\rho\mathrm{d}\rho\mathrm{d}\theta\mathrm{d}z$$

$$= \int_0^{2\pi} \mathrm{d}\theta \int_0^1 \rho\mathrm{d}\rho \int_0^3 (\rho\sin\theta - z)\mathrm{d}z = -\frac{9\pi}{2}.$$

例 10.24　设函数 $u(x,y,z)$ 和 $v(x,y,z)$ 在闭区域 Ω 上具有一阶及二阶连续偏导数, 证明

$$\iiint\limits_{\Omega} u\Delta v\mathrm{d}x\mathrm{d}y\mathrm{d}z = \oiint\limits_{\Sigma} u\frac{\partial v}{\partial n}\mathrm{d}S - \iiint\limits_{\Omega} \left(\frac{\partial u}{\partial x}\frac{\partial v}{\partial x} + \frac{\partial u}{\partial y}\frac{\partial v}{\partial y} + \frac{\partial u}{\partial z}\frac{\partial v}{\partial z}\right)\mathrm{d}x\mathrm{d}y\mathrm{d}z,$$

其中 Σ 是闭区域 Ω 的整个边界曲面, $\dfrac{\partial v}{\partial n}$ 为函数 $v(x,y,z)$ 沿 Σ 的外法线方向的方向导数, 符号 $\Delta = \dfrac{\partial^2}{\partial x^2} + \dfrac{\partial^2}{\partial y^2} + \dfrac{\partial^2}{\partial z^2}$ 称为拉普拉斯 (Laplace) 算子, 这个公式叫做格林第一公式.

证　因为方向导数

$$\frac{\partial v}{\partial n} = \frac{\partial v}{\partial x}\cos\alpha + \frac{\partial v}{\partial y}\cos\beta + \frac{\partial v}{\partial z}\cos\gamma,$$

其中 $\cos\alpha, \cos\beta$ 与 $\cos\gamma$ 是 Σ 在点 (x, y, z) 处的外法线向量的方向余弦. 于是曲面积分

$$\oiint\limits_{\Sigma} u\frac{\partial v}{\partial n}\mathrm{d}S = \oiint\limits_{\Sigma} u\left(\frac{\partial v}{\partial x}\cos\alpha + \frac{\partial v}{\partial y}\cos\beta + \frac{\partial v}{\partial z}\cos\gamma\right)\mathrm{d}S$$

$$= \oiint\limits_{\Sigma} \left[\left(u\frac{\partial v}{\partial x}\right)\cos\alpha + \left(u\frac{\partial v}{\partial y}\right)\cos\beta + \left(u\frac{\partial v}{\partial z}\right)\cos\gamma\right]\mathrm{d}S.$$

利用高斯公式, 即得

$$\oiint\limits_{\Sigma} u\frac{\partial v}{\partial n}\mathrm{d}S = \iiint\limits_{\Omega} \left[\frac{\partial}{\partial x}\left(u\frac{\partial v}{\partial x}\right) + \frac{\partial}{\partial y}\left(u\frac{\partial v}{\partial y}\right) + \frac{\partial}{\partial z}\left(u\frac{\partial v}{\partial z}\right)\right]\mathrm{d}x\mathrm{d}y\mathrm{d}z$$

$$= \iiint\limits_{\Omega} u\Delta v\,\mathrm{d}x\mathrm{d}y\mathrm{d}z + \iiint\limits_{\Omega} \left(\frac{\partial u}{\partial x}\frac{\partial v}{\partial x} + \frac{\partial u}{\partial y}\frac{\partial v}{\partial y} + \frac{\partial u}{\partial z}\frac{\partial v}{\partial z}\right)\mathrm{d}x\mathrm{d}y\mathrm{d}z,$$

将上式右端第二个积分移至左端便得所要证明的等式.

10.6.2 沿任意闭曲面的曲面积分为零的条件

1. 空间二维单连通区域及一维单连通区域

对于空间区域 G, 如果 G 内任一闭曲面所围成的区域全属于 G, 则称 G 是**空间二维单连通区域**; 如果 G 内任一闭曲线总可以张成一片完全属于 G 的曲面, 则称 G 为**空间一维单连通区域**. 例如, 球面所围成的区域既是空间二维单连通的, 又是空间一维单连通的; 环面所围成的区域是空间二维单连通的, 但不是空间一维单连通的; 两个同心球面之间的区域是空间一维单连通的, 但不是空间二维单连通的.

2. 沿任意闭曲面的曲面积分为零的条件

定理 10.8 设 G 是空间二维单连通区域, 若 $P(x,y,z), Q(x,y,z)$ 与 $R(x,y,z)$ 在 G 内具有一阶连续偏导数, 则曲面积分

$$\iint\limits_{\Sigma} P\mathrm{d}y\mathrm{d}z + Q\mathrm{d}z\mathrm{d}x + R\mathrm{d}x\mathrm{d}y$$

在 G 内与所取曲面 Σ 无关而只取决于 Σ 的边界曲线 (或沿 G 内任一闭曲面的曲面积分为零) 的充分必要条件是

$$\frac{\partial P}{\partial x} + \frac{\partial Q}{\partial y} + \frac{\partial R}{\partial z} = 0 \tag{10.36}$$

在 G 内恒成立.

证　若等式 (10.36) 在 G 内恒成立, 则由高斯公式 (10.32) 立即可看出沿 G 内的任意闭曲面的曲面积分为零, 因此条件 (10.36) 是充分的. 反之, 设沿 G 内的任一闭曲面的曲面积分为零, 若等式 (10.36) 在 G 内不恒成立, 就是说在 G 内至少有一点 M_0 使得

$$\left(\frac{\partial P}{\partial x} + \frac{\partial Q}{\partial y} + \frac{\partial R}{\partial z}\right)_{M_0} \neq 0,$$

因 P, Q, R 在 G 内具有一阶连续偏导数, 则存在邻域 $U(M_0) \subset G$, 使在 $U(M_0)$ 上, 有

$$\frac{\partial P}{\partial x} + \frac{\partial Q}{\partial y} + \frac{\partial R}{\partial z} \neq 0.$$

设 $U(M_0)$ 的边界为 Σ' 且取外侧, 则由高斯公式得

$$\oiint\limits_{\Sigma'} P\mathrm{d}y\mathrm{d}z + Q\mathrm{d}z\mathrm{d}x + R\mathrm{d}x\mathrm{d}y = \iiint\limits_{U(M_0)} \left(\frac{\partial P}{\partial x} + \frac{\partial Q}{\partial y} + \frac{\partial R}{\partial z}\right) \mathrm{d}x\mathrm{d}y\mathrm{d}z \neq 0,$$

这与假设相矛盾, 因此条件 (10.36) 是必要的. 证毕.

10.6.3　通量与散度

设某向量场

$$\boldsymbol{A}(x,y,z) = P(x,y,z)\boldsymbol{i} + Q(x,y,z)\boldsymbol{j} + R(x,y,z)\boldsymbol{k},$$

其中函数 P, Q 与 R 均具有一阶连续偏导数, Σ 是该向量场内的一片有向曲面, $\boldsymbol{n}$ 是 Σ 在点 (x,y,z) 处的单位法向量, 则积分

$$\iint\limits_{\Sigma} \boldsymbol{A} \cdot \boldsymbol{n}\mathrm{d}S$$

称为向量场 $\boldsymbol{A}$ 通过曲面 Σ 向着指定侧的**通量** (或**流量**).

由两类曲面积分的关系, 通量又可表达为

$$\iint\limits_{\Sigma} \boldsymbol{A} \cdot \boldsymbol{n}\mathrm{d}S = \iint\limits_{\Sigma} \boldsymbol{A} \cdot \mathrm{d}\boldsymbol{S} = \iint\limits_{\Sigma} P\mathrm{d}y\mathrm{d}z + Q\mathrm{d}z\mathrm{d}x + R\mathrm{d}x\mathrm{d}y.$$

在高斯公式 (10.32) 中, 设闭区域 Ω 上有稳定流动的、不可压缩流体 (假定流体的密度为 1) 的速度场

$$\boldsymbol{v}(x,y,z) = P(x,y,z)\boldsymbol{i} + Q(x,y,z)\boldsymbol{j} + R(x,y,z)\boldsymbol{k},$$

其中函数 P, Q 与 R 均具有一阶连续偏导数, Σ 是闭区域 Ω 的边界曲面的外侧, $\boldsymbol{n}$ 是曲面 Σ 在点 (x, y, z) 处的单位法向量, 由 10.5 节的引例可以知道, 单位时间内流体经过曲面 Σ 流向指定侧的流体总质量为

$$\iint\limits_{\Sigma} \boldsymbol{v} \cdot \boldsymbol{n} \mathrm{d}S = \iint\limits_{\Sigma} v_n \mathrm{d}S = \iint\limits_{\Sigma} P \mathrm{d}y\mathrm{d}z + Q \mathrm{d}z\mathrm{d}x + R \mathrm{d}x\mathrm{d}y.$$

因此, 高斯公式 (10.32) 的右端可解释为速度场 $\boldsymbol{v}$ 通过闭曲面 Σ 流向外侧的通量, 即流体在单位时间内离开闭区域 Ω 的总质量. 由于我们假定流体是不可压缩且流动是稳定的, 因此在流体离开 Ω 的同时, Ω 内部必须有产生流体的 "源头" 产生出同样多的流体来进行补充. 所以高斯公式 (10.32) 的左端可解释为分布在 Ω 内的源头在单位时间内所产生的流体的总质量.

为简便起见, 把高斯公式 (10.32) 改写成

$$\iiint\limits_{\Omega} \left(\frac{\partial P}{\partial x} + \frac{\partial Q}{\partial y} + \frac{\partial R}{\partial z} \right) \mathrm{d}v = \oiint\limits_{\Sigma} v_n \mathrm{d}S.$$

以闭区域 Ω 的体积 V 除上式两端, 得

$$\frac{1}{V} \iiint\limits_{\Omega} \left(\frac{\partial P}{\partial x} + \frac{\partial Q}{\partial y} + \frac{\partial R}{\partial z} \right) \mathrm{d}v = \frac{1}{V} \oiint\limits_{\Sigma} v_n \mathrm{d}S.$$

上式左端表示 Ω 内的源头在单位时间单位体积内所产生的流体质量的平均值. 应用积分中值定理于上式左端, 得

$$\left(\frac{\partial P}{\partial x} + \frac{\partial Q}{\partial y} + \frac{\partial R}{\partial z} \right) \bigg|_{(\xi, \eta, \zeta)} = \frac{1}{V} \oiint\limits_{\Sigma} v_n \mathrm{d}S,$$

这里 (ξ, η, ζ) 是 Ω 内的某个点. 令 Ω 缩向一点 $M(x, y, z)$, 取上式的极限, 得

$$\frac{\partial P}{\partial x} + \frac{\partial Q}{\partial y} + \frac{\partial R}{\partial z} = \lim_{\Omega \to M} \frac{1}{V} \oiint\limits_{\Sigma} v_n \mathrm{d}S.$$

上式左端称为速度场 $\boldsymbol{v}$ 在点 M 的通量密度或散度, 记作 $\mathrm{div}\boldsymbol{v}(M)$, 即

$$\mathrm{div}\boldsymbol{v}(M) = \frac{\partial P}{\partial x} + \frac{\partial Q}{\partial y} + \frac{\partial R}{\partial z}.$$

$\mathrm{div}\boldsymbol{v}(M)$ 可看作稳定流动的不可压缩流体在点 M 的源头强度, 在 $\mathrm{div}\boldsymbol{v}(M) > 0$ 的点处, 流体从该点向外发散, 表示流体在该点处有正源; 在 $\mathrm{div}\boldsymbol{v}(M) < 0$ 的点

处, 流体向该点汇聚, 表示流体在该点处有吸收流体的负源 (又称为汇或洞); 在 $\mathrm{div}\boldsymbol{v}(M)=0$ 的点处, 表示流体在该点处无源.

对于一般的向量场

$$\boldsymbol{A}(x,y,z)=P(x,y,z)\boldsymbol{i}+Q(x,y,z)\boldsymbol{j}+R(x,y,z)\boldsymbol{k},$$

$\dfrac{\partial P}{\partial x}+\dfrac{\partial Q}{\partial y}+\dfrac{\partial R}{\partial z}$ 叫做向量场 $\boldsymbol{A}$ 的**散度**, 记作 $\mathrm{div}\boldsymbol{A}$, 即

$$\mathrm{div}\boldsymbol{A}=\frac{\partial P}{\partial x}+\frac{\partial Q}{\partial y}+\frac{\partial R}{\partial z}.$$

利用向量微分算子 ∇, $\boldsymbol{A}$ 的散度 $\mathrm{div}\boldsymbol{A}$ 也可表示为 $\nabla\cdot\boldsymbol{A}$, 即

$$\mathrm{div}\boldsymbol{A}=\nabla\cdot\boldsymbol{A}.$$

如果向量场 $\boldsymbol{A}$ 的散度 $\mathrm{div}\boldsymbol{A}$ 处处为零, 那么称向量场 $\boldsymbol{A}$ 为**无源场**.

例 10.25　求向量场 $\boldsymbol{A}=x\boldsymbol{i}+y\boldsymbol{j}+z\boldsymbol{k}$ 穿过曲面 Σ 指定侧的通量, 其中 Σ 为圆锥 $x^2+y^2\leqslant z^2(0\leqslant z\leqslant h)$ 的底, 取上侧.

解　因为底面垂直于 z 轴, 所以穿过底面向上的通量为

$$\Phi=\oiint\limits_{\Sigma}\boldsymbol{A}\cdot\mathrm{d}\boldsymbol{S}=\iint\limits_{\substack{x^2+y^2\leqslant h^2\\z=h}}z\mathrm{d}x\mathrm{d}y=\iint\limits_{x^2+y^2\leqslant h^2}h\mathrm{d}x\mathrm{d}y=\pi h^3.$$

习　题　10.6

基础题

1. 选择题.

向量场 $\boldsymbol{A}=y^2\boldsymbol{i}+xy\boldsymbol{j}+xz\boldsymbol{k}$ 的散度为 (　　).

A. $2x+2y$　　　　B. $2y$　　　　　C. $2z$　　　　　D. $2x$

2. 填空题.

向量 $\boldsymbol{A}=yz\boldsymbol{i}+xz\boldsymbol{j}+xy\boldsymbol{k}$ 穿过圆柱面 $\Sigma:x^2+y^2\leqslant a^2(0\leqslant z\leqslant h)$ 的全表面, 流向外侧的通量为_____.

3. 利用高斯公式计算曲面积分.

(1) $\iint\limits_{\Sigma}(x^2\cos\alpha+y^2\cos\beta+z^2\cos\gamma)\mathrm{d}S$, 其中 Σ 为锥面 $x^2+y^2=z^2$ 介于平面 $z=0$ 及平面 $z=h(h>0)$ 之间的部分的下侧, $\cos\alpha,\cos\beta$ 与 $\cos\gamma$ 是 Σ 在点 (x,y,z) 处的法向量的方向余弦;

(2) $\oiint\limits_{\Sigma}x^2\mathrm{d}y\mathrm{d}z+y^2\mathrm{d}z\mathrm{d}x+z^2\mathrm{d}x\mathrm{d}y$, 其中 Σ 为平面 $x=0,y=0,z=0,x=a,y=a,z=a$ 所围成的立体的表面的外侧;

(3) $\oiint\limits_{\Sigma} x\mathrm{d}y\mathrm{d}z + y\mathrm{d}z\mathrm{d}x + z\mathrm{d}x\mathrm{d}y$, 其中 Σ 是介于 $z = 0$ 和 $z = 3$ 之间的圆柱体 $x^2 + y^2 \leqslant 9$ 的整个表面的外侧.

提高题

1. 利用高斯公式计算曲面积分 $\oiint\limits_{\Sigma} x^3\mathrm{d}y\mathrm{d}z + y^3\mathrm{d}z\mathrm{d}x + z^3\mathrm{d}x\mathrm{d}y$, 其中 Σ 为球面 $x^2 + y^2 + z^2 = a^2$ 的外侧.

2. 求向量 $\boldsymbol{A} = (2x - z)\boldsymbol{i} + x^2 y\boldsymbol{j} - xz^2\boldsymbol{k}$ 穿过立方体 $\Sigma : 0 \leqslant x \leqslant a, 0 \leqslant y \leqslant a, 0 \leqslant z \leqslant a$ 的全表面, 流向外侧的通量.

3. 求向量场 $\boldsymbol{A} = (x^2 + yz)\boldsymbol{i} + (y^2 + xz)\boldsymbol{j} + (z^2 + xy)\boldsymbol{k}$ 的散度.

10.7 斯托克斯公式、环流量与旋度

10.7.1 斯托克斯公式

斯托克斯 (Stokes) 公式是格林公式的推广. 格林公式表述的是平面闭区域上的二重积分与其边界曲线上的曲线积分间的关系, 而斯托克斯公式则把曲面 Σ 上的曲面积分与沿着 Σ 的边界曲线的曲线积分联系起来.

定理 10.9 设 Γ 为分段光滑的空间有向闭曲线, Σ 是以 Γ 为边界的分片光滑的有向曲面, Γ 的正向与 Σ 的侧符合右手规则, 若函数 $P(x, y, z)$, $Q(x, y, z)$ 与 $R(x, y, z)$ 在曲面 Σ(连同边界 Γ) 上具有一阶连续偏导数, 则有

$$\iint\limits_{\Sigma} \left(\frac{\partial R}{\partial y} - \frac{\partial Q}{\partial z}\right) \mathrm{d}y\mathrm{d}z + \left(\frac{\partial P}{\partial z} - \frac{\partial R}{\partial x}\right) \mathrm{d}z\mathrm{d}x + \left(\frac{\partial Q}{\partial x} - \frac{\partial P}{\partial y}\right) \mathrm{d}x\mathrm{d}y$$

$$= \oint\limits_{\Gamma} P\mathrm{d}x + Q\mathrm{d}y + R\mathrm{d}z. \tag{10.37}$$

公式 (10.37) 叫做斯托克斯公式.

针对斯托克斯公式 (10.37), 作以下几点说明:

(1) 为了便于记忆, 利用行列式记号把斯托克斯公式 (10.37) 写成

$$\iint\limits_{\Sigma} \begin{vmatrix} \mathrm{d}y\mathrm{d}z & \mathrm{d}z\mathrm{d}x & \mathrm{d}x\mathrm{d}y \\ \dfrac{\partial}{\partial x} & \dfrac{\partial}{\partial y} & \dfrac{\partial}{\partial z} \\ P & Q & R \end{vmatrix} = \oint\limits_{\Gamma} P\mathrm{d}x + Q\mathrm{d}y + R\mathrm{d}z,$$

把其中的行列式按第一行展开, 并把 $\dfrac{\partial}{\partial y}$ 与 R 的 "积" 理解为 $\dfrac{\partial R}{\partial y}$, $\dfrac{\partial}{\partial z}$ 与 Q 的

"积" 理解为 $\dfrac{\partial Q}{\partial z}$ 等, 于是这个行列式就 "等于"

$$\left(\frac{\partial R}{\partial y} - \frac{\partial Q}{\partial z}\right)\mathrm{d}y\mathrm{d}z + \left(\frac{\partial P}{\partial z} - \frac{\partial R}{\partial x}\right)\mathrm{d}z\mathrm{d}x + \left(\frac{\partial Q}{\partial x} - \frac{\partial P}{\partial y}\right)\mathrm{d}x\mathrm{d}y.$$

这恰好是公式 (10.37) 左端的被积表达式.

(2) 利用两类曲面积分间的联系, 可得斯托克斯公式的另一形式

$$\iint\limits_{\Sigma} \begin{vmatrix} \cos\alpha & \cos\beta & \cos\gamma \\ \dfrac{\partial}{\partial x} & \dfrac{\partial}{\partial y} & \dfrac{\partial}{\partial z} \\ P & Q & R \end{vmatrix} \mathrm{d}S = \oint_{\Gamma} P\mathrm{d}x + Q\mathrm{d}y + R\mathrm{d}z,$$

其中 $\boldsymbol{n} = (\cos\alpha, \cos\beta, \cos\gamma)$ 为有向曲面 Σ 在点 (x, y, z) 处的单位法向量.

(3) 如果 Σ 是 xOy 面上的一块平面闭区域, 斯托克斯公式就变成格林公式. 因此, 格林公式是斯托克斯公式的一种特殊情形.

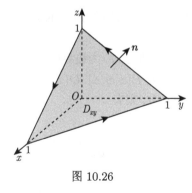

图 10.26

例 10.26　利用斯托克斯公式计算曲线积分 $\oint_{\Gamma} z\mathrm{d}x + x\mathrm{d}y + y\mathrm{d}z$, 其中 Γ 为平面 $x + y + z = 1$ 被三个坐标面所截成的三角形的整个边界, 它的正向与这个平面三角形 Σ 上侧的法向量之间符合右手规则 (图 10.26).

解　按斯托克斯公式, 有

$$\oint_{\Gamma} z\mathrm{d}x + x\mathrm{d}y + y\mathrm{d}z = \iint\limits_{\Sigma} \mathrm{d}y\mathrm{d}z + \mathrm{d}z\mathrm{d}x + \mathrm{d}x\mathrm{d}y,$$

而

$$\iint\limits_{\Sigma} \mathrm{d}y\mathrm{d}z = \iint\limits_{D_{yz}} \mathrm{d}\sigma = \frac{1}{2},$$

$$\iint\limits_{\Sigma} \mathrm{d}z\mathrm{d}x = \iint\limits_{D_{zx}} \mathrm{d}\sigma = \frac{1}{2},$$

$$\iint\limits_{\Sigma} \mathrm{d}x\mathrm{d}y = \iint\limits_{D_{xy}} \mathrm{d}\sigma = \frac{1}{2},$$

其中 D_{yz}, D_{zx} 与 D_{xy} 分别为 Σ 在 yOz, zOx 与 xOy 面上的投影区域, 因此

$$\oint_{\Gamma} z\mathrm{d}x + x\mathrm{d}y + y\mathrm{d}z = \frac{3}{2}.$$

10.7.2 环流量与旋度

设有向量场

$$\boldsymbol{A}(x,y,z) = P(x,y,z)\boldsymbol{i} + Q(x,y,z)\boldsymbol{j} + R(x,y,z)\boldsymbol{k},$$

其中函数 P, Q 与 R 均连续, Γ 是 $\boldsymbol{A}$ 的定义域内的一条分段光滑的有向闭曲线, $\boldsymbol{\tau}$ 是 Γ 在点 (x,y,z) 处的单位切向量, 则积分

$$\oint_{\Gamma} \boldsymbol{A} \cdot \boldsymbol{\tau} \mathrm{d}s$$

称为向量场 $\boldsymbol{A}$ 沿有向闭曲线 Γ 的**环流量**.

由两类曲线积分的关系, 环流量又可表示为

$$\oint_{\Gamma} \boldsymbol{A} \cdot \boldsymbol{\tau} \mathrm{d}s = \oint_{\Gamma} \boldsymbol{A} \cdot \mathrm{d}\boldsymbol{r} = \oint_{\Gamma} P\mathrm{d}x + Q\mathrm{d}y + R\mathrm{d}z.$$

类似于由向量场 $\boldsymbol{A}$ 的通量可以引出向量场 $\boldsymbol{A}$ 在一点的通量密度 (即散度) 一样, 由向量场 $\boldsymbol{A}$ 沿一闭曲线的环流量可引出向量场 $\boldsymbol{A}$ 在一点的环量密度或旋度. 它是一个向量, 定义如下:

设有一向量场

$$\boldsymbol{A}(x,y,z) = P(x,y,z)\boldsymbol{i} + Q(x,y,z)\boldsymbol{j} + R(x,y,z)\boldsymbol{k},$$

其中函数 P, Q 与 R 均具有一阶连续偏导数, 则向量

$$\left(\frac{\partial R}{\partial y} - \frac{\partial Q}{\partial z} \right)\boldsymbol{i} + \left(\frac{\partial P}{\partial z} - \frac{\partial R}{\partial x} \right)\boldsymbol{j} + \left(\frac{\partial Q}{\partial x} - \frac{\partial P}{\partial y} \right)\boldsymbol{k}$$

称为向量场 $\boldsymbol{A}$ 的**旋度**, 记作 $\mathbf{rot}\boldsymbol{A}$, 即

$$\mathbf{rot}\boldsymbol{A} = \left(\frac{\partial R}{\partial y} - \frac{\partial Q}{\partial z} \right)\boldsymbol{i} + \left(\frac{\partial P}{\partial z} - \frac{\partial R}{\partial x} \right)\boldsymbol{j} + \left(\frac{\partial Q}{\partial x} - \frac{\partial P}{\partial y} \right)\boldsymbol{k}. \tag{10.38}$$

利用向量微分算子 ∇, 向量场 $\boldsymbol{A}$ 的旋度 $\mathbf{rot}\boldsymbol{A}$ 可表示为 $\nabla \times \boldsymbol{A}$, 即

$$\mathbf{rot}\boldsymbol{A} = \nabla \times \boldsymbol{A} = \begin{vmatrix} \boldsymbol{i} & \boldsymbol{j} & \boldsymbol{k} \\ \dfrac{\partial}{\partial x} & \dfrac{\partial}{\partial y} & \dfrac{\partial}{\partial z} \\ P & Q & R \end{vmatrix}.$$

若向量场 $\boldsymbol{A}$ 的旋度 $\mathrm{rot}\boldsymbol{A}$ 处处为零, 则称向量场 $\boldsymbol{A}$ 为**无旋场**. 而一个无源且无旋的向量场称为**调和场**. 调和场是物理学中另一类重要的向量场, 这种场与调和函数有密切的关系.

例 10.27 求向量场 $\boldsymbol{A} = -y\boldsymbol{i} + x\boldsymbol{j} + c\boldsymbol{k}$ (c 为常量) 沿闭曲线 $\varGamma$ (从 z 轴正向看 $\varGamma$ 依逆时针方向) 的环流量, 其中 $\varGamma$ 为圆周 $x^2 + y^2 = 1$, $z = 0$.

解 闭曲线 $\varGamma$ 的向量方程为

$$\boldsymbol{r} = \cos\theta\boldsymbol{i} + \sin\theta\boldsymbol{j} + 0\boldsymbol{k} \quad (0 \leqslant \theta \leqslant 2\pi),$$

于是, 向量场 $\boldsymbol{A}$ 沿闭曲线 $\varGamma$ 的环流量

$$\oint_{\varGamma} \boldsymbol{A} \cdot \boldsymbol{\tau}\mathrm{d}s = \oint_{\varGamma} \boldsymbol{A} \cdot \mathrm{d}\boldsymbol{r} = \oint_{\varGamma} P\mathrm{d}x + Q\mathrm{d}y + R\mathrm{d}z = \oint_{\varGamma} -y\mathrm{d}x + x\mathrm{d}y + c\mathrm{d}z$$

$$= \int_0^{2\pi} [(-\sin\theta) \cdot (-\sin\theta) + \cos\theta \cdot \cos\theta]\mathrm{d}\theta = 2\pi.$$

例 10.28 求向量场 $\boldsymbol{A} = (2z - 3y)\boldsymbol{i} + (3x - z)\boldsymbol{j} + (y - 2x)\boldsymbol{k}$ 的旋度.

解

$$\mathrm{rot}\boldsymbol{A} = \nabla \times \boldsymbol{A} = \begin{vmatrix} \boldsymbol{i} & \boldsymbol{j} & \boldsymbol{k} \\ \dfrac{\partial}{\partial x} & \dfrac{\partial}{\partial y} & \dfrac{\partial}{\partial z} \\ 2z - 3y & 3x - z & y - 2x \end{vmatrix} = 2\boldsymbol{i} + 4\boldsymbol{j} + 6\boldsymbol{k}.$$

习 题 10.7

基础题

1. 选择题.

设向量场 $\boldsymbol{A} = (x^2 - y)\boldsymbol{i} + 4z\boldsymbol{j} + x^2\boldsymbol{k}$, 则旋度 $\mathrm{rot}\boldsymbol{A} = ($).

A. $-4\boldsymbol{i} - 2x\boldsymbol{j} + \boldsymbol{k}$ B. $\boldsymbol{i} + \boldsymbol{j} + \boldsymbol{k}$ C. $4\boldsymbol{i} + 2\boldsymbol{j} + \boldsymbol{k}$ D. $\boldsymbol{i} - 2\boldsymbol{j} + \boldsymbol{k}$

2. 填空题.

向量场 $\boldsymbol{A} = (z + \sin y)\boldsymbol{i} - (z - x\cos y)\boldsymbol{j}$ 的旋度为_____.

3. 利用斯托克斯公式, 计算下列曲线积分.

(1) $\oint_{\varGamma} y\mathrm{d}x + z\mathrm{d}y + x\mathrm{d}z$, 其中 $\varGamma$ 为圆周 $x^2 + y^2 + z^2 = a^2$, $x + y + z = 0$, 若从 x 轴的正向看去, 这圆周是取逆时针方向;

(2) $\oint_{\varGamma} (y - z)\mathrm{d}x + (z - x)\mathrm{d}y + (x - y)\mathrm{d}z$, 其中 $\varGamma$ 为椭圆 $x^2 + y^2 = a^2$, $\dfrac{x}{a} + \dfrac{z}{b} = 1$ ($a > 0$, $b > 0$), 若从 x 轴正向看去, 这椭圆是取逆时针方向;

(3) $\oint_{\Gamma} 3y\mathrm{d}x - xz\mathrm{d}y + yz^2\mathrm{d}z$, 其中 Γ 是圆周 $x^2 + y^2 = 2z$, $z = 2$, 若从 z 轴正向看去, 这圆周是取逆时针方向.

提高题

1. 求向量场 $\boldsymbol{A} = x^2\sin y\boldsymbol{i} + y^2\sin(xz)\boldsymbol{j} + xy\sin(\cos z)\boldsymbol{k}$ 的旋度.

2. 利用斯托克斯公式把曲面积分 $\iint\limits_{\Sigma} \mathbf{rot}\boldsymbol{A} \cdot \boldsymbol{n}\mathrm{d}S$ 化为曲线积分, 并计算积分值, 其中 $\boldsymbol{A}$, Σ 及 $\boldsymbol{n}$ 分别如下:

(1) $\boldsymbol{A} = y^2\boldsymbol{i} + xy\boldsymbol{j} + xz\boldsymbol{k}$, Σ 为上半球面 $z = \sqrt{1 - x^2 - y^2}$ 的上侧, $\boldsymbol{n}$ 是 Σ 的单位法向量;

(2) $\boldsymbol{A} = (y - z)\boldsymbol{i} + yz\boldsymbol{j} - xz\boldsymbol{k}$, Σ 为立方体 $\{(x, y, z) \mid 0 \leqslant x \leqslant 2, 0 \leqslant y \leqslant 2, 0 \leqslant z \leqslant 2\}$ 的表面外侧去掉 xOy 面上的那个底面, $\boldsymbol{n}$ 是 Σ 的单位法向量.

复 习 题 10

一、选择题

1. 设曲面 Σ 是上半球面: $x^2 + y^2 + z^2 = R^2 (z \geqslant 0)$, 曲面 Σ_1 是曲面 Σ 在第一卦限中的部分, 则有 (   ).

A. $\iint\limits_{\Sigma} x\mathrm{d}S = 4\iint\limits_{\Sigma_1} x\mathrm{d}S$ B. $\iint\limits_{\Sigma} y\mathrm{d}S = 4\iint\limits_{\Sigma_1} x\mathrm{d}S$

C. $\iint\limits_{\Sigma} z\mathrm{d}S = 4\iint\limits_{\Sigma_1} x\mathrm{d}S$ D. $\iint\limits_{\Sigma} xyz\mathrm{d}S = 4\iint\limits_{\Sigma_1} xyz\mathrm{d}S$

二、填空题

1. 设 L 是椭圆 $\dfrac{x^2}{4} + \dfrac{y^2}{3} = 1$, 其周长为 a, 则 $\oint_{L} (2xy + 3x^2 + 4y^2)\mathrm{d}s$_____.

2. 第二类曲线积分 $\int_{\Gamma} P\mathrm{d}x + Q\mathrm{d}y + R\mathrm{d}z$ 化成第一类曲线积分是_____, 其中 α, β, γ 为有向曲线弧 Γ 在点 (x, y, z) 处的_____ 的方向角.

3. 第二类曲面积分 $\iint\limits_{\Sigma} P\mathrm{d}y\mathrm{d}z + Q\mathrm{d}z\mathrm{d}x + R\mathrm{d}x\mathrm{d}y$ 化成第一类曲面积分是_____, 其中 α, β, γ 为有向曲面 Σ 在点 (x, y, z) 处的_____ 的方向角.

三、计算下列曲线积分

1. 计算 $\int_{L} (x^2 + y^2)\mathrm{d}x + (x^2 - y^2)\mathrm{d}y$, 其中 L 为曲线 $y = 1 - |1 - x|$ 从对应于 $x = 0$ 的点到 $x = 2$ 的点.

2. 计算 $I = \oint_{L} (-2xy - y^2)\mathrm{d}x - (2xy + x^2 - x)\mathrm{d}y$, 其中 L 是以 $(0,0), (1,0), (1,1), (0,1)$ 为顶点的正方形的正向边界线.

3. $\oint_{L} \sqrt{x^2 + y^2}\mathrm{d}s$, 其中 L 为圆周 $x^2 + y^2 = ax$.

4. $\displaystyle\int_{\Gamma} z \mathrm{d}s$, 其中 Γ 为曲线 $x = t\cos t, y = t\sin t, z = t\,(0 \leqslant t \leqslant t_0)$.

5. $\displaystyle\int_{L} (2a - y)\mathrm{d}x + x\mathrm{d}y$, 其中 L 为摆线 $x = a(t - \sin t), y = a(1 - \cos t)$ 上对应 t 从 0 到 2π 的一段弧.

6. $\displaystyle\int_{\Gamma} (y^2 - z^2)\mathrm{d}x + 2yz\mathrm{d}y - x^2\mathrm{d}z$, 其中 Γ 是曲线 $x = t, y = t^2, z = t^3$ 上由 $t_1 = 0$ 到 $t_2 = 1$ 的一段弧.

7. $\displaystyle\int_{L} (\mathrm{e}^x \sin y - 2y)\mathrm{d}x + (\mathrm{e}^x \cos y - 2)\mathrm{d}y$, 其中 L 为上半圆周 $(x - a)^2 + y^2 = a^2, y \geqslant 0$ 沿逆时针方向.

8. $\displaystyle\oint_{\Gamma} xyz\mathrm{d}z$, 其中 Γ 是用平面 $y = z$ 截球面 $x^2 + y^2 + z^2 = 1$ 所得的截痕, 从 z 轴的正向看去, 沿逆时针方向.

四、计算下列曲面积分

1. $I = \displaystyle\oiint_{\Sigma} 2xz\mathrm{d}y\mathrm{d}z + yz\mathrm{d}z\mathrm{d}x - z^2\mathrm{d}x\mathrm{d}y$, 其中 Σ 是由曲面 $z = \sqrt{x^2 + y^2}$ 与 $z = \sqrt{2 - x^2 - y^2}$ 所围立体的表面外侧.

2. $\displaystyle\iint_{\Sigma} \frac{\mathrm{d}S}{x^2 + y^2 + z^2}$, 其中 Σ 是介于平面 $z = 0$ 及 $z = H$ 之间的圆柱面 $x^2 + y^2 = R^2$.

3. $\displaystyle\iint_{\Sigma} (y^2 - z)\mathrm{d}y\mathrm{d}z + (z^2 - x)\mathrm{d}z\mathrm{d}x + (x^2 - y)\mathrm{d}x\mathrm{d}y$, 其中 Σ 为锥面 $z = \sqrt{x^2 + y^2}(0 \leqslant z \leqslant h)$ 的外侧.

4. $\displaystyle\iint_{\Sigma} x\mathrm{d}y\mathrm{d}z + y\mathrm{d}z\mathrm{d}x + z\mathrm{d}x\mathrm{d}y$, 其中 Σ 为半球面 $z = \sqrt{R^2 - x^2 - y^2}$ 的上侧.

5. $\displaystyle\iint_{\Sigma} xyz\mathrm{d}x\mathrm{d}y$, 其中 Σ 为球面 $x^2 + y^2 + z^2 = 1(x \geqslant 0, y \geqslant 0)$ 的外侧.

五、证明题

1. 证明: $\dfrac{x\mathrm{d}x + y\mathrm{d}y}{x^2 + y^2}$ 在整个 xOy 平面除去 y 的负半轴及原点的区域 G 内是某个二元函数的全微分, 并求出一个这样的二元函数.

本章提要　　　　　　习题答案

第 11 章 无 穷 级 数

无穷级数是微积分学的重要组成部分, 它作为一种重要工具可以表示函数以及函数的性质, 并对所研究的函数进行数值计算. 它在数学理论研究和工程科技分析中都有着重要的应用. 前期学习的数列极限是无穷级数概念与运算方法的基础知识. 本章主要学习常数项级数、函数项级数以及它们的应用. 学习重点以极限理论为基础, 研究无穷级数的敛散性以及把函数展开成幂级数的方法.

11.1 常数项级数的概念与性质

11.1.1 基本概念

我们都知道, 有限多个数相加, 其和是定数. 那么, 无穷多个数相加, 结果又如何呢? 下面先看两个例子.

(1) 春秋战国时期的名著《庄子·天下篇》中记载:"一尺之棰, 日取其半, 万世不竭." 意思是: 一尺长的木棒, 每天取它剩下的一半, 永远也取不完. 用数列表示每日取下的部分如下

$$\frac{1}{2} + \frac{1}{2^2} + \cdots + \frac{1}{2^n} + \cdots.$$

(2) 正方形边长每增加一个单位, 其面积增加的规律, 用数列表示如下

$$1 + 3 + 5 + \cdots + (2n - 1) + \cdots.$$

用图形的方式考察以上两式, 对于 (1), 借助图 11.1 可以发现, 随着项数无限增加, 所有项的和越来越接近常数 1, 我们称数 1 为 (1) 式的和.

对于 (2), 借助图 11.2 发现, 随着项数无限增加, 所有项的和越来越大, (2) 式无和.

(1) 与 (2) 都是无穷多个数相加, 但结果有明显区别, 运用极限方法也可得到相同的结果.

对于 (1), 记 $S_n = \frac{1}{2} + \frac{1}{2^2} + \cdots + \frac{1}{2^n} = \dfrac{\frac{1}{2}\left(1 - \frac{1}{2^n}\right)}{1 - \frac{1}{2}} = 1 - \frac{1}{2^n}$, $\lim\limits_{n\to\infty} S_n = \lim\limits_{n\to\infty}\left(1 - \frac{1}{2^n}\right) = 1.$

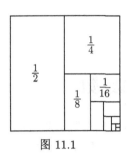

图 11.1

图 11.2

对于 (2), 记

$$S_n = 1 + 3 + 5 + \cdots + (2n-1) = \frac{n(1+2n-1)}{2} = n^2, \quad \lim_{n\to\infty} S_n = \infty.$$

根据讨论, 下面给出基本概念.

定义 11.1   把无穷多个数 $u_1, u_2, \cdots, u_n, \cdots$ 依次相加所得和式 $u_1 + u_2 + \cdots + u_n + \cdots$ 称为**无穷级数**, 记为 $\displaystyle\sum_{n=1}^{\infty} u_n$, 由于每一项都是常数, 因此又简称为**数项级数**或**级数**. 其中 u_n 称为级数的第 n 项, 也称为级数的**通项**或**一般项**.

无穷级数的前 n 项和

$$S_n = \sum_{i=1}^{n} u_i = u_1 + u_2 + \cdots + u_n$$

称为级数的**部分和**.

如果 $\displaystyle\lim_{n\to\infty} S_n = s$, 则称**级数收敛**, 并称极限 s 为该级数的和, 记为

$$s = \sum_{n=1}^{\infty} u_n = u_1 + u_2 + \cdots + u_n + \cdots.$$

如果 $\displaystyle\lim_{n\to\infty} S_n$ 不存在, 称**级数发散**. 发散的级数没有和.

当级数 $\displaystyle\sum_{n=1}^{\infty} u_n$ 收敛, s 为该级数的和时, $s \approx S_n$, 记

$$r_n = s - S_n = u_{n+1} + u_{n+2} + \cdots,$$

r_n 称为级数 $\displaystyle\sum_{n=1}^{\infty} u_n$ 的**余项**, $|r_n|$ 就是用 S_n 代替 s 所产生的误差.

由 $\displaystyle\lim_{n\to\infty} r_n = \lim_{n\to\infty}(s - S_n) = s - s = 0$ 可知, 当 $n \to \infty$ 时, r_n 为无穷小, 即用 S_n 代替 s 时, n 越大, 产生的误差越小.

例 11.1 无穷级数

$$\sum_{n=0}^{\infty} a\, q^n = a + a\, q + a\, q^2 + \cdots + a\, q^n + \cdots \quad (a \neq 0)$$

叫做**等比级数** (或称**几何级数**)(q 称为**公比**) 试讨论该级数的敛散性.

解 (1) 若 $q \neq 1$, 则部分和

$$S_n = a + a\, q + a\, q^2 + \cdots + a\, q^{n-1} = \frac{a - a q^n}{1 - q}.$$

当 $|q| < 1$ 时, 由于 $\lim_{n\to\infty} q^n = 0$, 从而 $\lim_{n\to\infty} S_n = \frac{a}{1-q}$, 因此级数收敛, 其

和为 $\frac{a}{1-q}$;

当 $|q| > 1$ 时, 由于 $\lim_{n\to\infty} q^n = \infty$, 从而 $\lim_{n\to\infty} S_n = \infty$, 因此级数发散.

(2) 若 $|q| = 1$, 则

当 $q = 1$ 时, $S_n = n\, a \to \infty$, 因此级数发散;

当 $q = -1$ 时, 级数成为

$$a - a + a - a + \cdots + (-1)^{n-1} a + \cdots,$$

因此, $S_n = \begin{cases} a, & n\text{为奇数}, \\ 0, & n\text{为偶数}, \end{cases}$ 从而 $\lim_{n\to\infty} S_n$ 不存在, 因此级数发散.

综合 (1) 和 (2) 可知, 当 $|q| < 1$ 时, 等比级数收敛, 其和为 $\frac{a}{1-q}$; 当 $|q| \geqslant 1$ 时, 等比级数发散.

例 11.2 判断级数 $\displaystyle\sum_{n=1}^{\infty} \frac{1}{n(n+1)} = \frac{1}{1\cdot 2} + \frac{1}{2\cdot 3} + \frac{1}{3\cdot 4} + \cdots + \frac{1}{n\cdot(n+1)} + \cdots$
的敛散性.

解 因为

$$u_n = \frac{1}{n(n+1)} = \frac{1}{n} - \frac{1}{n+1},$$

所以

$$S_n = \left(1 - \frac{1}{2}\right) + \left(\frac{1}{2} - \frac{1}{3}\right) + \left(\frac{1}{3} - \frac{1}{4}\right) + \cdots + \left(\frac{1}{n} - \frac{1}{n+1}\right) = 1 - \frac{1}{n+1},$$

而 $\lim_{n\to\infty} S_n = 1$, 所以级数收敛, 且其和是 1.

例 11.3   讨论级数

$$\sum_{n=1}^{\infty} \frac{1}{n} = 1 + \frac{1}{2} + \frac{1}{3} + \cdots + \frac{1}{n} + \cdots$$

的敛散性.

解   由不等式 $x > \ln(1+x)\,(x>0)$ 得级数的部分和

$$S_n = 1 + \frac{1}{2} + \frac{1}{3} + \cdots + \frac{1}{n}$$

$$> \ln(1+1) + \ln\left(1+\frac{1}{2}\right) + \ln\left(1+\frac{1}{3}\right) + \cdots + \ln\left(1+\frac{1}{n}\right)$$

$$= \ln 2 + \ln \frac{3}{2} + \ln \frac{4}{3} + \cdots + \ln \frac{n+1}{n}$$

$$= \ln\left(2 \times \frac{3}{2} \times \frac{4}{3} \times \cdots \times \frac{n+1}{n}\right)$$

$$= \ln(1+n),$$

即有 $S_n > \ln(1+n)$, 所以 $\lim\limits_{n\to\infty} S_n$ 不存在, 于是级数 $\sum\limits_{n=1}^{\infty} \frac{1}{n}$ 发散.

我们称级数 $\sum\limits_{n=1}^{\infty} \frac{1}{n} = 1 + \frac{1}{2} + \frac{1}{3} + \cdots + \frac{1}{n} + \cdots$ 为**调和级数**.

例 11.4   判别下列级数的敛散性.

(1) $\frac{3}{2} + \frac{3}{2^2} + \frac{3}{2^3} + \cdots + \frac{3}{2^n} + \cdots$;   (2) $-3 + 9 - 27 + \cdots + (-3)^n + \cdots$.

解   (1) 所给级数是公比为 $q = \frac{1}{2}$ 的等比级数, 且 $|q| = \frac{1}{2} < 1$, 由等比级数知, 该级数收敛, 且其和为 $\dfrac{\frac{3}{2}}{1-\frac{1}{2}} = 3$.

(2) 所给级数是公比 $q = -3$ 的等比级数, 且 $|q| = 3 > 1$, 由等比级数知, 该级数发散.

11.1.2   数项级数的基本性质

根据级数收敛和发散的定义, 可得级数的五个基本性质.

性质 1 $\sum\limits_{n=1}^{\infty} u_n$ 与 $\sum\limits_{n=1}^{\infty} ku_n(k \neq 0)$ 具有相同的敛散性, 且当 $\sum\limits_{n=1}^{\infty} u_n = s$ 时,

$$\sum_{n=1}^{\infty} k u_n = k s.$$

性质 2 若两个级数 $\displaystyle\sum_{n=1}^{\infty} u_n$ 和 $\displaystyle\sum_{n=1}^{\infty} v_n$ 同时收敛, 其和分别为 s_1 与 s_2, 则

$\displaystyle\sum_{n=1}^{\infty} (u_n \pm v_n)$ 也收敛, 且 $\displaystyle\sum_{n=1}^{\infty} (u_n \pm v_n) = \sum_{n=1}^{\infty} u_n \pm \sum_{n=1}^{\infty} v_n = s_1 \pm s_2.$

性质 3 在级数中去掉或加上或改变有限项, 不会改变级数的敛散性.

一个级数有限项被增加或减少后, 虽然它的敛散性不改变, 但在通常情况下它的和会发生变化.

性质 4 收敛级数加括号后所成的级数仍收敛于原级数的和.

性质 4 表明, 如果加括号后所成的级数发散, 则原级数必发散; 收敛的级数去掉括号后可能发散, 而发散的级数加括号后却可能收敛.

例如, 级数 $(2-2) + (2-2) + (2-2) + \cdots + (2-2) + \cdots$ 是收敛的, 但去掉括号后却是发散的.

性质 5 级数 $\displaystyle\sum_{n=1}^{\infty} u_n$ 收敛的必要条件是 $\displaystyle\lim_{n\to\infty} u_n = 0$. 因此, 若 $\displaystyle\lim_{n\to\infty} u_n \neq 0$,

则 $\displaystyle\sum_{n=1}^{\infty} u_n$ 发散.

证 因为

$$u_n = S_n - S_{n-1},$$

所以

$$\lim_{n\to\infty} u_n = \lim_{n\to\infty} (S_n - S_{n-1}) = \lim_{n\to\infty} S_n - \lim_{n\to\infty} S_{n-1} = S - S = 0.$$

这个性质表明, $\displaystyle\lim_{n\to\infty} u_n = 0$ 只是级数收敛的必要条件, 而不具有充分性, 不能把它作为判定级数收敛的充分条件来使用, 即 $\displaystyle\lim_{n\to\infty} u_n = 0$, 不能判定级数 $\displaystyle\sum_{n=1}^{\infty} u_n$

的敛散性. 如调和级数 $\displaystyle\sum_{n=1}^{\infty} \frac{1}{n}$ 中, $\displaystyle\lim_{n\to\infty} \frac{1}{n} = 0$, 而该级数却是发散的. 但是, 当

$\displaystyle\lim_{n\to\infty} u_n \neq 0$ 时, 可以判定级数 $\displaystyle\sum_{n=1}^{\infty} u_n$ 是发散的.

例 11.5 判别下列级数的敛散性.

(1) $\displaystyle\sum_{n=1}^{\infty} \left(\frac{1}{2^n} + \frac{5}{3^n} \right);$ (2) $\displaystyle\sum_{n=1}^{\infty} \frac{1}{n+3};$ (3) $\displaystyle\sum_{n=1}^{\infty} n \ln \left(\frac{n+1}{n} \right).$

解　(1) 因 $\sum\limits_{n=1}^{\infty}\dfrac{1}{2^n}$ 和 $\sum\limits_{n=1}^{\infty}\dfrac{1}{3^n}$ 分别是公比 $q_1=\dfrac{1}{2}$ 和 $q_2=\dfrac{1}{3}$ 的等比级数, 且

$|q_1|=\dfrac{1}{2}<1,\,|q_2|=\dfrac{1}{3}<1$, 由等比数知, 这两个级数都收敛, 再由性质 1 与性

质 2 知, $\sum\limits_{n=1}^{\infty}\left(\dfrac{1}{2^n}+\dfrac{5}{3^n}\right)$ 收敛. 可求出该级数的和为

$$\sum_{n=1}^{\infty}\left(\frac{1}{2^n}+\frac{5}{3^n}\right)=\frac{\frac{1}{2}}{1-\frac{1}{2}}+5\cdot\frac{\frac{1}{3}}{1-\frac{1}{3}}=\frac{7}{2}.$$

(2) 因为 $\sum\limits_{n=1}^{\infty}\dfrac{1}{n+3}=\dfrac{1}{4}+\dfrac{1}{5}+\cdots+\dfrac{1}{n}+\cdots$ 是 $\sum\limits_{n=1}^{\infty}\dfrac{1}{n}$ 去掉前三项所得, 且

$\sum\limits_{n=1}^{\infty}\dfrac{1}{n}$ 发散, 再由性质 3 知, $\sum\limits_{n=1}^{\infty}\dfrac{1}{n+3}$ 发散.

(3) 因为 $\lim\limits_{n\to\infty}u_n=\lim\limits_{n\to\infty}n\ln\left(\dfrac{n+1}{n}\right)=\lim\limits_{n\to\infty}\ln\left(1+\dfrac{1}{n}\right)^n=1\neq 0$, 所以由

性质 5 收敛的必要条件知, $\sum\limits_{n=1}^{\infty}n\ln\left(\dfrac{n+1}{n}\right)$ 发散.

习　题　11.1

基础题

1. 写出下列级数的通项.

(1) $1-\dfrac{1}{2}+\dfrac{1}{4}-\dfrac{1}{8}+\cdots$;　　　　(2) $\dfrac{a^2}{2}-\dfrac{a^3}{4}+\dfrac{a^4}{6}-\dfrac{a^5}{8}+\cdots$.

2. 判别下列级数的敛散性.

(1) $\dfrac{1}{1\cdot 2}+\dfrac{1}{2\cdot 3}+\dfrac{1}{3\cdot 4}+\cdots$;　　(2) $\dfrac{2}{1}-\dfrac{3}{2}+\dfrac{4}{3}-\dfrac{5}{4}+\cdots$;

(3) $\left(\dfrac{1}{2}+\dfrac{1}{3}\right)+\left(\dfrac{1}{4}+\dfrac{1}{9}\right)+\left(\dfrac{1}{8}+\dfrac{1}{27}\right)+\cdots$.

提高题

1. 写出下列级数的通项.

$$\frac{\sqrt{x}}{2}+\frac{x}{2\cdot 4}+\frac{x\sqrt{x}}{2\cdot 4\cdot 6}+\frac{x^2}{2\cdot 4\cdot 6\cdot 8}+\cdots.$$

11.2　常数项级数的审敛法

在一般情况下, 判断一个级数的敛散性, 只根据级数敛散性的定义或性质, 往往是比较困难的. 因此, 需要寻求判断级数敛散性的方法, 本节将介绍几种判定常数项级数敛散性的方法.

11.2.1 正项级数审敛法

定义 11.2 如果级数 $\sum\limits_{n=1}^{\infty} u_n$ 的每一项都是非负数, 即 $u_n \geqslant 0 \, (n = 1, 2, \cdots)$,

那么称 $\sum\limits_{n=1}^{\infty} u_n$ 为**正项级数**.

前面例子中已出现了较多的正项级数. 判别级数是否收敛, 可以根据定义, 看部分和是否有极限, 此时也能求出级数的和. 但是, 部分和的极限一般很难求, 同时有时我们只需要了解级数的敛散性, 并不需要求和. 因此, 接下来我们将建立判断级数敛散性的判别法.

1. 正项级数收敛的充要条件

对于正项级数, $u_n \geqslant 0 \, (n = 1, 2, \cdots)$, 显然它的部分和 S_n 满足 $S_{n+1} \geqslant S_n$, 即 $\{S_n\}$ 的部分和数列是单调增加的. 如果部分和数列 $\{S_n\}$ 有界, 则得它的部分和数列 $\{S_n\}$ 单调有界. 根据单调有界定理可知, 数列 $\{S_n\}$ 收敛, 因此, 级数 $\sum\limits_{n=1}^{\infty} u_n$ 收敛; 反之, 如果级数 $\sum\limits_{n=1}^{\infty} u_n$ 收敛, 根据收敛的定义, 该级数的部分和数列 $\{S_n\}$ 也收敛, 从而部分和数列 $\{S_n\}$ 有界.

综上所述, 可得正项级数收敛的充要条件:

正项级数 $\sum\limits_{n=1}^{\infty} u_n$ 收敛的**充要条件**是部分和 S_n 构成的数列 $\{S_n\}$ 有界.

2. 比较审敛法

定理 11.1 若 $\sum\limits_{n=1}^{\infty} u_n$ 和 $\sum\limits_{n=1}^{\infty} v_n$ 都是正项级数, 且 $u_n \leqslant v_n$.

(1) 如果级数 $\sum\limits_{n=1}^{\infty} v_n$ 收敛, 那么级数 $\sum\limits_{n=1}^{\infty} u_n$ 也收敛;

(2) 如果级数 $\sum\limits_{n=1}^{\infty} u_n$ 发散, 那么级数 $\sum\limits_{n=1}^{\infty} v_n$ 也发散.

证 (1) 记 S_n, S'_n 分别为级数 $\sum\limits_{n=1}^{\infty} u_n$ 和 $\sum\limits_{n=1}^{\infty} v_n$ 的部分和, 则由级数 $\sum\limits_{n=1}^{\infty} v_n$ 收敛, 根据充要条件 $\{S'_n\}$ 有界, 即存在 M 使 $S'_n \leqslant M$. 又因为 $u_n \leqslant v_n$, 所以 $S_n \leqslant S'_n \leqslant M$, 因而 $\{S_n\}$ 有界, 再次根据收敛的充要条件, $\sum\limits_{n=1}^{\infty} u_n$ 收敛.

(2) 用反证法可得结论.

例 11.6　判别级数 $\sum\limits_{n=1}^{\infty} \dfrac{1}{(n+1)^2}$ 的敛散性.

解　因为 $\dfrac{1}{(n+1)^2} \leqslant \dfrac{1}{n(n+1)}$, 由 11.1 节例 11.2 可知, 级数 $\sum\limits_{n=1}^{\infty} \dfrac{1}{n(n+1)}$ 是收敛的, 所以由比较审敛法可知, 级数 $\sum\limits_{n=1}^{\infty} \dfrac{1}{(n+1)^2}$ 也是收敛的.

例 11.7　讨论 p-级数 $\sum\limits_{n=1}^{\infty} \dfrac{1}{n^p} = 1 + \dfrac{1}{2^p} + \dfrac{1}{3^p} + \cdots + \dfrac{1}{n^p} + \cdots (p > 0)$ 时的敛散性.

解　(1) 当 $p = 1$ 时, p-级数为调和级数, 故级数发散.

(2) 当 $0 < p < 1$ 时, 因为 $\dfrac{1}{n} < \dfrac{1}{n^p}$, 而级数 $\sum\limits_{n=1}^{\infty} \dfrac{1}{n}$ 发散, 所以 p-级数发散.

(3) 当 $p > 1$ 时, p-级数又可写为

$$1 + \left(\frac{1}{2^p} + \frac{1}{3^p}\right) + \left(\frac{1}{4^p} + \frac{1}{5^p} + \frac{1}{6^p} + \frac{1}{7^p}\right) + \left(\frac{1}{8^p} + \cdots + \frac{1}{15^p}\right) + \cdots.$$

显然它的各项小于以下级数对应的各项

$$1 + \left(\frac{1}{2^p} + \frac{1}{2^p}\right) + \left(\frac{1}{4^p} + \frac{1}{4^p} + \frac{1}{4^p} + \frac{1}{4^p}\right) + \left(\frac{1}{8^p} + \cdots + \frac{1}{8^p}\right) + \cdots$$

$$= 1 + \frac{1}{2^{p-1}} + \left(\frac{1}{2^{p-1}}\right)^2 + \left(\frac{1}{2^{p-1}}\right)^3 + \cdots.$$

它是一个公比为 $q = \dfrac{1}{2^{p-1}} < 1$ 的等比级数, 于是在 $p > 1$ 时, p-级数是收敛的.

综上所述, 当 $0 < p \leqslant 1$ 时, p-级数发散; 当 $p > 1$ 时, p-级数收敛.

推论　设 $\sum\limits_{n=1}^{\infty} u_n$ 和 $\sum\limits_{n=1}^{\infty} v_n$ 为两个正项级数, 如果极限 $\lim\limits_{n\to\infty} \dfrac{u_n}{v_n} = l$ ($l \in (0, +\infty)$), 则级数 $\sum\limits_{n=1}^{\infty} u_n$ 和 $\sum\limits_{n=1}^{\infty} v_n$ 同时收敛或同时发散.

利用比较审敛法判别正项级数的敛散性, 是把该级数与已知敛散性的另一级数作比较之后得出相应结论, 通常选择等比级数、p-级数及调和级数作为比较对象.

例 11.8 讨论下列级数敛散性.

(1) $\displaystyle\sum_{n=1}^{\infty} \frac{1+n}{1+n^2}$;　　　　　(2) $\displaystyle\sum_{n=1}^{\infty} \frac{1}{n(n+1)}$;　　　　　(3) $\displaystyle\sum_{n=1}^{\infty} \sin\frac{\pi}{5^n}$.

解 (1) 因为 $u_n = \dfrac{1+n}{1+n^2} > \dfrac{1}{n}$, $\displaystyle\sum_{n=1}^{\infty} \frac{1}{n}$ 是调和级数且发散, 由比较审敛法可得 $\displaystyle\sum_{n=1}^{\infty} \frac{1+n}{1+n^2}$ 发散.

(2) 因为 $u_n = \dfrac{1}{n(n+1)} < \dfrac{1}{n^2}$, 而 $\displaystyle\sum_{n=1}^{\infty} \frac{1}{n^2}$ 是 $p=2$ 时的 p-级数, 且是收敛的, 由比较审敛法可得 $\displaystyle\sum_{n=1}^{\infty} \frac{1}{n(n+1)}$ 收敛.

(3) 因为 $u_n = \sin\dfrac{\pi}{5^n} < \dfrac{\pi}{5^n}$, 而 $\displaystyle\sum_{n=1}^{\infty} \frac{1}{5^n}$ 是公比为 $q=\dfrac{1}{5}$ 的等比级数, 且是收敛的, 由性质知, 级数 $\displaystyle\sum_{n=1}^{\infty} \frac{\pi}{5^n}$ 收敛. 再由比较审敛法 $\displaystyle\sum_{n=1}^{\infty} \sin\frac{\pi}{5^n}$ 收敛.

比较审敛法是判别正项级数敛散性的基本方法, 但是由于需寻找一个已知敛散性的适当级数作比较, 有时较困难. 下面再介绍一种较方便的比值审敛法.

3. 比值审敛法

定理 11.2 若正项级数 $\displaystyle\sum_{n=1}^{\infty} u_n$ 的后项与前项比值的极限为 ρ, 即 $\displaystyle\lim_{n\to\infty} \frac{u_{n+1}}{u_n} = \rho$, 则

(1) 当 $\rho < 1$ 时, $\displaystyle\sum_{n=1}^{\infty} u_n$ 收敛;

(2) 当 $\rho > 1$ $(\rho = +\infty)$ 时, $\displaystyle\sum_{n=1}^{\infty} u_n$ 发散;

(3) 当 $\rho = 1$ 时, $\displaystyle\sum_{n=1}^{\infty} u_n$ 可能收敛也可能发散.

例 11.9 判别下列级数的敛散性.

(1) $\displaystyle\sum_{n=1}^{\infty} \frac{n}{2^{n-1}}$;　　　　　　　　　(2) $\displaystyle\sum_{n=1}^{\infty} \frac{3^n n!}{n^n}$.

解 (1) 因为

$$u_n = \frac{n}{2^{n-1}},$$

所以
$$\lim_{n\to\infty}\frac{u_{n+1}}{u_n}=\lim_{n\to\infty}\frac{n+1}{2^n}\cdot\frac{2^{n-1}}{n}=\lim_{n\to\infty}\frac{n+1}{2n}=\frac{1}{2}<1,$$

由比值审敛法, 级数 $\displaystyle\sum_{n=1}^{\infty}\frac{n}{2^{n-1}}$ 收敛.

(2) 因为 $u_n=\dfrac{3^n n!}{n^n}$, 所以

$$\lim_{n\to\infty}\frac{u_{n+1}}{u_n}=\lim_{n\to\infty}\frac{3^{n+1}(n+1)!}{(n+1)^{n+1}}\cdot\frac{n^n}{3^n n!}=\lim_{n\to\infty}3\left(\frac{n}{n+1}\right)^n$$

$$=3\lim_{n\to\infty}\left(1+\frac{1}{n}\right)^{-n}=\frac{3}{\mathrm{e}}>1,$$

由比值审敛法, 级数 $\displaystyle\sum_{n=1}^{\infty}\frac{3^n n!}{n^n}$ 发散.

在使用正项级数的比值审敛法时, 对于 $\rho=1$ 的情形, 所要判定的级数可能收敛也可能发散, 如对于调和级数 $\displaystyle\sum_{n=1}^{\infty}\frac{1}{n}$ 和 $p=2$ 时的 p-级数 $\displaystyle\sum_{n=1}^{\infty}\frac{1}{n^2}$, 运用比值审敛法都得到 $\rho=1$, 但是却一个发散一个收敛. 因此, 对于 $\rho=1$ 的情形, 这时比值审敛法失效, 需要考虑用其他方法来判定级数的敛散性. 比值审敛法适用于判别通项 u_n 中含 $n!$ 与 a^n 及 n^n 时级数的敛散性.

11.2.2　交错级数的审敛法

定义 11.3　如果级数中的各项是正负交替的, 称为**交错级数**, 一般形式为

$$\sum_{n=1}^{\infty}(-1)^{n-1}u_n=u_1-u_2+u_3-u_4+\cdots+(-1)^{n-1}u_n+\cdots\quad(u_n>0)$$

或

$$\sum_{n=1}^{\infty}(-1)^n u_n=-u_1+u_2-u_3+u_4-\cdots+(-1)^n u_n+\cdots\quad(u_n>0).$$

定理 11.3(莱布尼茨判别法)　若交错级数满足条件:

(1) $u_n\geqslant u_{n+1}$;

(2) $\displaystyle\lim_{n\to\infty}u_n=0$,

则级数收敛, 其和 $s \leqslant u_1$, 且余项的绝对值 $|r_n| \leqslant u_{n+1}$.

例 11.10 判定级数 $\displaystyle\sum_{n=1}^{\infty} (-1)^{n-1} \frac{n}{2^n}$ 的敛散性.

解 因为 $u_n = \dfrac{n}{2^n}$, $u_{n+1} = \dfrac{n+1}{2^{n+1}}$, 且

(1) $u_n - u_{n+1} = \dfrac{n}{2^n} - \dfrac{n+1}{2^{n+1}} = \dfrac{n-1}{2^{n+1}} \geqslant 0 \, (n=1,2,3,\cdots)$, 得 $u_n \geqslant u_{n+1}$;

(2) $\displaystyle\lim_{n\to\infty} u_n = \lim_{n\to\infty} \frac{n}{2^n} = 0$,

所以, 由交错级数审敛法知, 级数 $\displaystyle\sum_{n=1}^{\infty} (-1)^{n-1} \frac{n}{2^n}$ 收敛.

例 11.11 证明交错 p-级数

$$\sum_{n=1}^{\infty} (-1)^{n-1} \frac{1}{n^p} = 1 - \frac{1}{2^p} + \frac{1}{3^p} - \frac{1}{4^p} + \cdots + (-1)^{n-1} \frac{1}{n^p} + \cdots,$$

当 $p > 0$ 时, 级数收敛; 当 $p \leqslant 0$ 时, 级数发散.

证 这里 $u_n = \dfrac{1}{n^p}$, 当 $p > 0$ 时, $n^p < (n+1)^p$, 从而有 $u_n = \dfrac{1}{n^p} > \dfrac{1}{(n+1)^p}$

$= u_{n+1}$, 又 $\displaystyle\lim_{n\to\infty} u_n = \lim_{n\to\infty} \frac{1}{n^p} = 0$, 由交错级数审敛法知该级数收敛.

当 $p = 0$ 时, 已知级数成为

$$1 - 1 + 1 - 1 + 1 - 1 + \cdots,$$

所以该级数发散.

当 $p < 0$ 时, $\displaystyle\lim_{n\to\infty} \frac{1}{n^p} \neq 0$, 由级数收敛的必要条件知该级数发散, 即对于交

错 p-级数 $\displaystyle\sum_{n=1}^{\infty} (-1)^{n-1} \frac{1}{n^p}$; 当 $p > 0$ 时, 级数收敛; 当 $p \leqslant 0$ 时, 级数发散.

11.2.3 任意项级数敛散性的判定

定义 11.4 如果级数中各项为任意实数, 称该级数为**任意项级数**.

定理 11.4 如果 $\displaystyle\sum_{n=1}^{\infty} |u_n|$ 收敛, 则 $\displaystyle\sum_{n=1}^{\infty} u_n$ 必收敛.

定理的直观性是显而易见的, 因为一个级数中把每一项都取绝对值后, 即变

成正项级数 $\displaystyle\sum_{n=1}^{\infty} |u_n|$, 这个级数收敛, 即有和, 那么原来级数中有正有负的项加在

一起只是有一个值相互抵消的可能, 因而一定有和, 即 $\sum\limits_{n=1}^{\infty} u_n$ 必收敛.

相反的结论不成立. 如 $\sum\limits_{n=1}^{\infty} (-1)^{n-1} \dfrac{1}{n}$ 是收敛的交错级数, 但各项取绝对值后

级数为 $\sum\limits_{n=1}^{\infty} \dfrac{1}{n}$, 是发散的, 即若 $\sum\limits_{n=1}^{\infty} u_n$ 收敛, 则 $\sum\limits_{n=1}^{\infty} |u_n|$ 可能收敛, 也可能发散.

定义 11.5　设任意项级数 $\sum\limits_{n=1}^{\infty} u_n$, 如果级数 $\sum\limits_{n=1}^{\infty} |u_n|$ 收敛, 那么称 $\sum\limits_{n=1}^{\infty} u_n$ 为

绝对收敛; 如果级数 $\sum\limits_{n=1}^{\infty} |u_n|$ 发散, 而 $\sum\limits_{n=1}^{\infty} u_n$ 收敛, 那么称 $\sum\limits_{n=1}^{\infty} u_n$ 为**条件收敛**.

例 11.12　判断级数 $\sum\limits_{n=1}^{\infty} (-1)^{n-1} 2^n \sin \dfrac{1}{3^n}$ 的敛散性.

解

$$|u_n| = 2^n \sin \frac{1}{3^n} \leqslant 2^n \cdot \frac{1}{3^n} = \left(\frac{2}{3}\right)^n,$$

因为 $\sum\limits_{n=1}^{\infty} \left(\dfrac{2}{3}\right)^n$ 是公比 $q = \dfrac{2}{3}$ 的等比级数, 是收敛级数, 所以由正项级数比较审

敛法知 $\sum\limits_{n=1}^{\infty} 2^n \sin \dfrac{1}{3^n}$ 收敛, 即 $\sum\limits_{n=1}^{\infty} |u_n|$ 收敛, 故原级数 $\sum\limits_{n=1}^{\infty} (-1)^{n-1} 2^n \sin \dfrac{1}{3^n}$ 收敛,

并且是绝对收敛.

例 11.13　判断级数 $\sum\limits_{n=1}^{\infty} \dfrac{(-1)^{n+1}}{\sqrt{n}}$ 的敛散性.

解　每项取绝对值, 得级数 $\sum\limits_{n=1}^{\infty} \dfrac{1}{\sqrt{n}}$, 由于 $p = \dfrac{1}{2} < 1$, 所以级数 $\sum\limits_{n=1}^{\infty} \dfrac{1}{\sqrt{n}}$ 发

散. 但原级数为一交错级数, 满足

$$\lim_{n \to \infty} u_n = \lim_{n \to \infty} \frac{1}{\sqrt{n}} = 0,$$

又

$$u_n = \frac{1}{\sqrt{n}} > u_{n+1} = \frac{1}{\sqrt{n+1}},$$

由莱布尼茨判别法, 知级数 $\sum\limits_{n=1}^{\infty} \dfrac{(-1)^{n+1}}{\sqrt{n}}$ 收敛, 且为条件收敛.

关于判定数项级数的敛散性, 一般采取如下思路:

(1) 若级数中通项极限易求, 当 $\lim\limits_{n\to\infty} u_n \neq 0$ 时, $\sum\limits_{n=1}^{\infty} u_n$ 发散; 当 $\lim\limits_{n\to\infty} u_n = 0$ 时, 该级数的敛散性还需进一步判别.

(2) 观察 $\sum\limits_{n=1}^{\infty} u_n$ 是否可用重要级数, 如利用交错 p-级数和级数的性质判别其敛散性.

(3) 若 $\sum\limits_{n=1}^{\infty} u_n$ 是正项级数, 通项 u_n 中含 a^n 或 n^n 或 $n!$, 利用比值审敛法判别其敛散性. 当 $\rho = 1$ 时, 改用他法.

(4) 观察正项级数是否可与重要级数比较, 确定利用比较审敛法判定.

(5) 对于任意项级数, 先判别 $\sum\limits_{n=1}^{\infty} |u_n|$ 是否收敛, 这时归为正项级数的敛散性.

(6) 如果任意项级数不是绝对收敛, 检验它是不是交错级数, 是否满足交错级数审敛法的条件, 若不满足, 根据级数收敛与发散的定义判定.

习 题 11.2

基础题

1. 运用比较判别法判别下列级数的收敛性.

(1) $\sum\limits_{n=1}^{\infty} \dfrac{1}{\sqrt{n(n+1)}}$;　　　　　(2) $\sum\limits_{n=1}^{\infty} \dfrac{1}{(n+1)(n+4)}$;

(3) $\sum\limits_{n=1}^{\infty} \dfrac{2n+1}{(n+1)^2 (n+2)^2}$.

2. 运用比值判别法判别下列级数的收敛性.

(1) $\sum\limits_{n=1}^{\infty} \dfrac{1}{2^{2n+1}(2n+1)}$;　　　　(2) $\sum\limits_{n=1}^{\infty} \dfrac{3^{n-1}}{n!}$;

(3) $\sum\limits_{n=1}^{\infty} \dfrac{n!}{n^n}$;　　　　　　　　　(4) $\sum\limits_{n=1}^{\infty} \dfrac{3^n}{n^2 2^n}$.

3. 判别下列级数的收敛性, 若收敛, 指出是绝对收敛还是条件收敛.

(1) $\sum\limits_{n=1}^{\infty} (-1)^{n-1} \dfrac{n}{n^2+1}$;　　　　(2) $\sum\limits_{n=1}^{\infty} \dfrac{\sin n}{n^2}$;

(3) $\sum\limits_{n=1}^{\infty} \dfrac{(-1)^n n!}{n^n}$;　　　　　　　(4) $\sum\limits_{n=1}^{\infty} (-1)^{n-1} \dfrac{\sqrt{n}}{n+1}$.

图 11.3

提高题

1. 如图 11.3 等边三角形面积等于 S, 连接这个三角形各边的中点得到一个小三角形, 又连接这个小三角形各边的中点得到一个更小的三角形, 如此无限继续下去, 求所有这些三角形面积的和.

11.3 幂 级 数

前面我们讨论了常数项级数的敛散性问题, 从本节开始讨论函数项级数的敛散性, 主要研究幂级数.

11.3.1 函数项级数的概念

定义 11.6 把各项都是定义在某个区间 I 上的无穷多个函数的和称为**函数项级数**, 表示为

$$\sum_{n=1}^{\infty} u_n(x) = u_1(x) + u_2(x) + \cdots + u_n(x) + \cdots,$$

式中, 第 n 项 $u_n(x)$ 叫做**函数项级数** $\sum\limits_{n=1}^{\infty} u_n(x)$ 的**一般项**.

当 x 取区间 I 内的一定点 x_0 时, 得到数项级数

$$\sum_{n=1}^{\infty} u_n(x_0) = u_1(x_0) + u_2(x_0) + \cdots + u_n(x_0) + \cdots.$$

若数项级数 $\sum\limits_{n=1}^{\infty} u_n(x_0)$ 收敛, 则称 x_0 为函数项级数 $\sum\limits_{n=1}^{\infty} u_n(x)$ 的**收敛点**. 若数项级数 $\sum\limits_{n=1}^{\infty} u_n(x_0)$ 发散, 则称 x_0 为函数项级数 $\sum\limits_{n=1}^{\infty} u_n(x)$ 的**发散点**. 函数项级数 $\sum\limits_{n=1}^{\infty} u_n(x)$ 收敛点的全体称为它的**收敛域**.

与数项级数类似, 记

$$S_n(x) = u_1(x) + u_2(x) + \cdots + u_n(x),$$

称为函数项级数的**部分和**. 如果在 x 的某一取值范围内有

$$\lim_{n \to \infty} S_n(x) = s(x),$$

则称 $s(x)$ 为函数项级数的**和函数**, 并写成

$$s(x) = \sum_{n=1}^{\infty} u_n(x),$$

x 的可取值范围, 就是级数的收敛域.

函数项级数的和函数 $s(x)$ 与它的部分和 $S_n(x)$ 的差

$$r_n(x) = s(x) - S_n(x) = u_{n+1}(x) + u_{n+2}(x) + u_{n+3}(x) + \cdots$$

叫做函数项级数的**余项**. 在收敛域上, 有 $\lim\limits_{n \to \infty} r_n(x) = 0$.

11.3.2　幂级数及其收敛性

1. 幂级数的概念

定义 11.7　形如

$$\sum_{n=0}^{\infty} a_n x^n = a_0 + a_1 x + a_2 x^2 + \cdots + a_n x^n + \cdots \tag{11.1}$$

的级数, 称为**幂级数**, 其中 $a_n (n = 0, 1, 2, \cdots)$ 称为**幂级数的系数**.

对于级数

$$\sum_{n=0}^{\infty} a_n (x - x_0)^n = a_0 + a_1 (x - x_0) + a_2 (x - x_0)^2 + \cdots + a_n (x - x_0)^n + \cdots, \tag{11.2}$$

只要作代换 $t = x - x_0$, 就可把它化为幂级数 (11.1) 的形式, 所以, 我们重点讨论幂级数 (11.1) 就可以了.

2. 幂级数的收敛性

可以知道, $\sum\limits_{n=0}^{\infty} a_n x^n$ 至少有一个收敛点 $x = 0$. 在一般情况下, 由于 $a_n(n = 0, 1, 2, \cdots)$ 可能取各种实数, 所以我们可将其视为任意项级数, 各项取绝对值后讨论相应级数的敛散性.

对于 $\sum\limits_{n=0}^{\infty} |a_n x^n| = |a_0| + |a_1 x| + |a_2 x^2| + \cdots + |a_n x^n| + \cdots$, 如果当 $n \to \infty$ 时, $a_n \neq 0$, 设极限 $\lim\limits_{n \to \infty} \left| \dfrac{a_{n+1}}{a_n} \right| = l$, 则

$$\lim_{n \to \infty} \left| \frac{u_{n+1}}{u_n} \right| = \lim_{n \to \infty} \left| \frac{a_{n+1} x^{n+1}}{a_n x^n} \right| = \lim_{n \to \infty} \left| \frac{a_{n+1}}{a_n} \right| |x| = l |x|, \tag{11.3}$$

由比值审敛法, 下面讨论这个正项级数的敛散性.

(1) 如果 $l|x| < 1$, $l \neq 0$, 即 $|x| < \dfrac{1}{l} = R$, 级数 $\displaystyle\sum_{n=0}^{\infty} a_n x^n$ 绝对收敛.

(2) 如果 $l|x| > 1$, 即 $|x| > \dfrac{1}{l} = R$, 级数 $\displaystyle\sum_{n=0}^{\infty} a_n x^n$ 发散.

(3) 如果 $l|x| = 1$, 即 $|x| = \dfrac{1}{l} = R$, 级数 $\displaystyle\sum_{n=0}^{\infty} a_n x^n$ 的敛散性需另行判定.

这个结果表明, 当 $0 < l < +\infty$ 时, 幂级数 (11.1) 在对称区间 $\left(-\dfrac{1}{l}, \dfrac{1}{l}\right)$ 内收敛, 在这个区间外发散, 而在 $|x| = \dfrac{1}{l}$ 处可能收敛, 也可能发散.

称 $R = \dfrac{1}{l}$ 为幂级数的**收敛半径**. 区间 $(-R, R)$ 称为它的**收敛区间**.

当 $l = 0$ 时, (11.3) 式中 $l|x| < 1$ 总成立, 即当 x 取任意实数时, 级数 $\displaystyle\sum_{n=0}^{\infty} a_n x^n$ 绝对收敛, 收敛域为 $(-\infty, +\infty)$, 特别地, 称幂级数的收敛半径为 $R = +\infty$.

若 $l = +\infty$, 则幂级数 (11.1) 只在 $x = 0$ 处收敛, 特别地, 称幂级数的收敛半径为 $R = 0$.

综合以上分析, 关于幂级数收敛半径及收敛域的确定有以下结论.

定理 11.5　设幂级数 $\displaystyle\sum_{n=0}^{\infty} a_n x^n$, 记 $\displaystyle\lim_{n \to \infty} \left| \dfrac{a_{n+1}}{a_n} \right| = l$, 则

(1) 当 $l = +\infty$ 时, $R = 0$, 级数只在 $x = 0$ 处收敛, 收敛域为 $\{0\}$;

(2) 当 $l = 0$ 时, $R = +\infty$, 级数的收敛域为区间 $(-\infty, +\infty)$;

(3) 当 $0 < l < +\infty$ 时, $R = \dfrac{1}{l}$, 级数在 $(-R, R)$ 内一定收敛, 但收敛域可能是区间 $(-R, R)$, $[-R, R)$, $(-R, R]$ 或 $[-R, R]$ (其中 $x = \pm R$ 处的敛散性需由数项级数的敛散性判定).

例 11.14　求幂级数 $\displaystyle\sum_{n=1}^{\infty} n^2 x^n$ 的收敛半径和收敛域.

解　因为级数的系数 $a_n = n^2$, 先计算

$$l = \lim_{n \to \infty} \left| \frac{a_{n+1}}{a_n} \right| = \lim_{n \to \infty} \frac{(n+1)^2}{n^2} = 1,$$

则收敛半径为 $R = 1$.

又当 $x = 1$ 时, 级数为 $\displaystyle\sum_{n=1}^{\infty} n^2$ 发散; 当 $x = -1$ 时, 级数为 $\displaystyle\sum_{n=1}^{\infty} (-1)^n n^2$ 发散. 所以级数的收敛域为 $(-1, 1)$.

例 11.15 求幂级数 $\displaystyle\sum_{n=1}^{\infty} (-1)^n \frac{x^n}{n \cdot 3^n}$ 的收敛半径和收敛域.

解 因为级数的系数 $a_n = (-1)^n \dfrac{1}{n \cdot 3^n}$, 先计算

$$l = \lim_{n \to \infty} \left| \frac{a_{n+1}}{a_n} \right| = \lim_{n \to \infty} \left| \frac{(-1)^{n+1}}{(n+1) \cdot 3^{n+1}} \cdot \frac{n \cdot 3^n}{(-1)^n} \right| = \lim_{n \to \infty} \frac{n}{3(n+1)} = \frac{1}{3},$$

则收敛半径为 $R = 3$.

又当 $x = 3$ 时, 幂级数为交错级数 $\displaystyle\sum_{n=1}^{\infty} (-1)^n \frac{1}{n}$, 它是收敛的.

当 $x = -3$ 时, 幂级数成为 $\displaystyle\sum_{n=1}^{\infty} \frac{1}{n}$, 它是发散的.

因此, 该级数的收敛域为区间 $(-3, 3]$.

例 11.16 求幂级数 $\displaystyle\sum_{n=0}^{\infty} \frac{x^n}{n!}$ 的收敛半径和收敛域.

解 因为级数的系数 $a_n = \dfrac{1}{n!}$, 先计算

$$l = \lim_{n \to \infty} \left| \frac{a_{n+1}}{a_n} \right| = \lim_{n \to \infty} \frac{\dfrac{1}{(n+1)!}}{\dfrac{1}{n!}} = \lim_{n \to \infty} \frac{n!}{(n+1)!} = 0,$$

所以收敛半径 $R = +\infty$, 级数的收敛域为区间 $(-\infty, +\infty)$.

例 11.17 求幂级数 $\displaystyle\sum_{n=1}^{\infty} (-1)^n \frac{(x-3)^n}{n}$ 的收敛域.

解 令 $t = x - 3$, 原级数成为 $\displaystyle\sum_{n=1}^{\infty} (-1)^n \frac{t^n}{n}$, 由

$$l' = \lim_{n \to \infty} \left| \frac{a_{n+1}}{a_n} \right| = \lim_{n \to \infty} \left| \frac{(-1)^{n+1} \dfrac{1}{n+1}}{(-1)^n \dfrac{1}{n}} \right| = 1,$$

得新级数的收敛半径为 $R' = 1$.

又因为当 $t = -1$ 时, $\displaystyle\sum_{n=1}^{\infty} (-1)^n \frac{t^n}{n}$ 成为 $\displaystyle\sum_{n=1}^{\infty} \frac{1}{n}$, 级数发散.

当 $t = 1$ 时, $\displaystyle\sum_{n=1}^{\infty} (-1)^n \frac{t^n}{n}$ 成为 $\displaystyle\sum_{n=1}^{\infty} (-1)^n \frac{1}{n}$, 级数收敛.

因而 $\displaystyle\sum_{n=1}^{\infty} (-1)^n \frac{t^n}{n}$ 的收敛域为 $-1 < t \leqslant 1$.

由 $t = x - 3$ 得 $-1 < x - 3 \leqslant 1$, 即 $2 < x \leqslant 4$, 所以原级数的收敛域为区间 $(2, 4]$.

3. 幂级数的运算性质

性质 6　如果幂级数 $\displaystyle\sum_{n=0}^{\infty} a_n x^n$ 在区间 $(-R_1, R_1)$ 内收敛, 其和函数为 $S_1(x)$; 幂级数 $\displaystyle\sum_{n=0}^{\infty} b_n x^n$ 在区间 $(-R_2, R_2)$ 内收敛, 其和函数为 $S_2(x)$; 记 $R = \min\{R_1, R_2\}$, 则

$$\sum_{n=0}^{\infty} a_n x^n \pm \sum_{n=0}^{\infty} b_n x^n = \sum_{n=0}^{\infty} (a_n \pm b_n) x^n$$

在区间 $(-R, R)$ 内收敛, 且其和函数为 $S_1(x) \pm S_2(x)$.

性质 7　幂级数 $\displaystyle\sum_{n=0}^{\infty} a_n x^n$ 的和函数 $s(x)$ 在收敛域内连续, 即 $\displaystyle\lim_{x \to x_0} s(x) = s(x_0)$.

性质 8　幂级数 $\displaystyle\sum_{n=0}^{\infty} a_n x^n$ 的收敛半径为 R, 则在收敛区间 $(-R, R)$ 内其和函数 $s(x)$ 可以逐项求导 (微分), 即

$$s'(x) = \left(\sum_{n=0}^{\infty} a_n x^n\right)' = \sum_{n=0}^{\infty} (a_n x^n)' = \sum_{n=1}^{\infty} n a_n x^{n-1}.$$

幂级数 $\displaystyle\sum_{n=0}^{\infty} a_n x^n$ 微分前后的收敛半径相同, 但微分后的幂级数在收敛区间端点处的敛散性要重新讨论.

性质 9　幂级数 $\displaystyle\sum_{n=0}^{\infty} a_n x^n$ 的收敛半径为 R, 则在收敛区间 $(-R, R)$ 内其和函数

$s(x)$ 可以逐项积分, 即

$$\int_0^x s(x)\,\mathrm{d}x = \int_0^x \sum_{n=0}^\infty a_n x^n \mathrm{d}x = \sum_{n=0}^\infty \int_0^x a_n x^n \mathrm{d}x = \sum_{n=0}^\infty \frac{a_n}{n+1} x^{n+1}.$$

幂级数 $\displaystyle\sum_{n=0}^\infty a_n x^n$ 积分前后的收敛半径相同, 但积分后的幂级数在收敛区间端点处的敛散性要重新讨论.

例 11.18 求幂级数 $\displaystyle\sum_{n=1}^\infty (-1)^{n-1} \frac{x^n}{n}$ 的和函数.

解 $\displaystyle l = \lim_{n\to\infty}\left|\frac{a_{n+1}}{a_n}\right| = \lim_{n\to\infty}\frac{\dfrac{1}{n+1}}{\dfrac{1}{n}} = \lim_{n\to\infty}\frac{n}{n+1} = 1$, 所以收敛半径 $R=1$.

当 $x=1$ 时, 级数成为 $\displaystyle\sum_{n=1}^\infty \frac{(-1)^n}{n}$, 该级数收敛; 当 $x=-1$ 时, 级数成为 $\displaystyle\sum_{n=1}^\infty \frac{1}{n}$, 该级数发散. 所以级数收敛域为 $(-1,\,1]$.

设其和函数为 $s(x)$, 即

$$s(x) = x - \frac{x^2}{2} + \frac{x^3}{3} - \frac{x^4}{4} + \cdots + (-1)^{n-1}\frac{x^n}{n} + \cdots,$$

逐项求导得

$$s'(x) = 1 - x + x^2 + \cdots + (-1)^{n-1} x^{n-1} + \cdots = \frac{1}{1+x} \quad (-1 < x < 1),$$

再由积分公式 $\displaystyle\int_0^x s'(x)\,\mathrm{d}x = s(x) - s(0)$, 其中 $s(0) = 0$, 得

$$s(x) = s(0) + \int_0^x s'(x)\,\mathrm{d}x = \int_0^x \frac{1}{1+x}\mathrm{d}x = \ln(1+x).$$

因题设级数在 $x=1$ 时收敛, 所以 $\displaystyle\sum_{n=1}^\infty (-1)^{n-1}\frac{x^n}{n} = \ln(1+x)\,(-1 < x \leqslant 1)$.

例 11.19 求幂级数 $\displaystyle\sum_{n=1}^\infty n x^{n-1}$ 的和函数.

解 因为 $l = \lim\limits_{n\to\infty}\left|\dfrac{a_{n+1}}{a_n}\right| = \lim\limits_{n\to\infty}\dfrac{n+1}{n} = 1$, 所以级数的收敛半径为 $R = 1$.

当 $x=1$ 时, 级数成为 $\sum\limits_{n=1}^{\infty} n$, 该级数发散; 当 $x=-1$ 时, 级数成为 $\sum\limits_{n=1}^{\infty} n(-1)^{n-1}$,

该级数也为发散级数. 所以级数收敛域为 $(-1,\ 1)$.

在区间 $(-1,1)$ 内, 设所给级数的和函数为 $s(x)$, 即

$$s(x) = \sum_{n=1}^{\infty} nx^{n-1},$$

逐项求积得

$$\int_0^x s(x)\mathrm{d}x = \int_0^x \left(\sum_{n=1}^{\infty} nx^{n-1}\right)\mathrm{d}x = \sum_{n=1}^{\infty}\int_0^x nx^{n-1}\mathrm{d}x$$

$$= \sum_{n=1}^{\infty} x^n = \frac{x}{1-x} \quad (-1 < x < 1).$$

上式两端对 x 求导得

$$\left(\int_0^x s(x)\mathrm{d}x\right)' = \left(\frac{x}{1-x}\right)' = \frac{1}{(1-x)^2},$$

即

$$s(x) = \sum_{n=1}^{\infty} nx^{n-1} = \frac{1}{(1-x)^2} \quad (|x| < 1).$$

习 题 11.3

基础题

1. 求下列幂级数的收敛域.

(1) $\sum\limits_{n=1}^{\infty} (-1)^n \dfrac{x^n}{\sqrt{n}}$;
(2) $\sum\limits_{n=1}^{\infty} nx^n$;

(3) $\sum\limits_{n=1}^{\infty} \dfrac{2^n}{n^2+1} x^n$;
(4) $\sum\limits_{n=1}^{\infty} (-1)^n \dfrac{2^n}{\sqrt{n}} \left(x - \dfrac{1}{2}\right)^n$.

提高题

1. 利用逐项求导或逐项积分, 求下列级数的和函数.

(1) $\sum\limits_{n=1}^{\infty} 2nx^{2n-1}$;
(2) $\sum\limits_{n=1}^{\infty} \dfrac{(-1)^{n-1}x^{2n-1}}{2n-1}$;
(3) $\sum\limits_{n=1}^{\infty} \dfrac{x^{n+1}}{n(n+1)}$.

11.4 函数展开成幂级数

11.3 节讨论了幂级数的收敛域以及和函数的性质, 对于一些简单的函数, 借助逐项求导或逐项积分的方法, 解决了求它们和函数的问题. 在工程实践中, 给出一个函数 $f(x)$, 是否能找到这样一个幂级数, 它在某区间内收敛, 且其和恰好就是给定的函数. 这个问题的研究有更重要的意义, 因为幂级数是多项式的拓展, 如果一个函数可以展开成幂级数, 则无论是认识函数的性质还是进行各种运算都会变得较为容易. 为此, 我们先介绍下面两个级数.

11.4.1 泰勒级数

1. 麦克劳林级数

定义 11.8 若 $f(x)$ 在点 $x = 0$ 的某邻域内具有各阶导数, 则幂级数

$$f(0) + f'(0)x + \frac{f''(0)}{2!}x^2 + \cdots + \frac{f^{(n)}(0)}{n!}x^n + \cdots \tag{11.4}$$

称为**麦克劳林级数**. 显然, 当 $x = 0$ 时, (11.4) 式收敛于 $f(0)$, 除了 $x = 0$ 外, 麦克劳林级数在什么条件下收敛于 $f(x)$ 的问题有如下定理.

定理 11.6 设 $f(x)$ 在点 $x = 0$ 的某邻域内具有各阶导数, 则 $f(x)$ 在该邻域内能展开成麦克劳林级数的充要条件是

$$\lim_{n\to\infty} R_n(x) = \lim_{n\to\infty} \left\{ f(x) - \left[f(0) + f'(0)x + \frac{f''(0)}{2!}x^2 + \cdots + \frac{f^{(n)}(0)}{n!}x^n \right] \right\}$$

$$= \lim_{n\to\infty} \frac{f^{(n+1)}(\xi)}{(n+1)!}x^{n+1} = 0 \quad (\xi \text{ 在 } 0 \text{ 与 } x \text{ 之间}).$$

当 $f(x)$ 符合定理条件时, 则有

$$f(x) = f(0) + f'(0)x + \frac{f''(0)}{2!}x^2 + \cdots + \frac{f^{(n)}(0)}{n!}x^n + \cdots, \tag{11.5}$$

(11.5) 式右端称为**函数 $f(x)$ 的麦克劳林级数**, 也可说成是 $f(x)$ **的麦克劳林展开式**.

2. 泰勒级数

定义 11.9 若 $f(x)$ 在点 $x = x_0$ 的某邻域内具有各阶导数, 且满足条件

$$\lim_{n\to\infty} R_n(x) = \lim_{n\to\infty} \left\{ f(x) - \left[f(x_0) + f'(x_0)(x - x_0) \right. \right.$$

$$+ \frac{f''(x_0)}{2!}(x-x_0)^2 + \cdots + \frac{f^{(n)}(x_0)}{n!}(x-x_0)^n \bigg] \bigg\}$$

$$= \lim_{n \to \infty} \frac{f^{(n+1)}(\xi)}{(n+1)!}(x-x_0)^{n+1} = 0 \quad (\xi \text{ 在 } x_0 \text{ 与 } x \text{ 之间}).$$

则幂级数

$$f(x_0) + f'(x_0)(x-x_0) + \frac{f''(x_0)}{2!}(x-x_0)^2 + \cdots + \frac{f^{(n)}(x_0)}{n!}(x-x_0)^n + \cdots$$

称为 $f(x)$ 的**泰勒级数**. 记为

$$f(x) = f(x_0) + f'(x_0)(x-x_0) + \frac{f''(x_0)}{2!}(x-x_0)^2$$
$$+ \cdots + \frac{f^{(n)}(x_0)}{n!}(x-x_0)^n + \cdots. \tag{11.6}$$

(11.6) 式右端称为 $f(x)$ 的**泰勒展开式**.

11.4.2　函数展开为幂级数

将函数展开成幂级数, 就是利用函数的泰勒级数或麦克劳林级数表示函数, 一般有以下两种方法: 直接展开法和间接展开法.

1. 直接展开法

利用麦克劳林公式将函数 $f(x)$ 展开成幂级数的方法, 叫做直接展开法.

用直接展开法将函数 $f(x)$ 展开成幂级数的步骤如下:

(1) 求出函数 $f(x)$ 的各阶导数及其在 $x=0$ 点的函数值 $f(0)$, $f'(0)$, $f''(0)$, $\cdots$, $f^{(n)}(0)$, $\cdots$;

(2) 写出幂级数 $f(0) + f'(0)x + \frac{f''(0)}{2!}x^2 + \cdots + \frac{f^{(n)}(0)}{n!}x^n + \cdots$, 并求出收敛半径 R;

(3) 在收敛区间内考察其余项 $R_n(x) = \frac{f^{(n+1)}(\xi)}{(n+1)!}x^{n+1}$ (ξ 在 0 与 x 之间) 的极限是否趋近于零. 若 $\lim\limits_{n \to \infty} R_n(x) = 0$, 则 $f(x)$ 可展开成麦克劳林级数; 否则 $f(x)$ 不能展开成幂级数.

例 11.20　将函数 $f(x) = \mathrm{e}^x$ 展开为 x 的幂级数.

解　因为 $f(x) = \mathrm{e}^x$, 得 $f(0) = 1$, 且 $f^{(n)}(x) = \mathrm{e}^x$ $(n = 1, 2, \cdots)$. 所以

$$f(0) = f^{(n)}(0) = 1 \quad (n = 1, 2, \cdots).$$

于是得到 e^x 的麦克劳林级数为

$$1 + x + \frac{x^2}{2!} + \cdots + \frac{x^n}{n!} + \cdots.$$

显然, 该级数收敛区间为 $(-\infty, +\infty)$.

可以证明, 函数 $f(x) = \mathrm{e}^x$ 的麦克劳林级数中的余项 $R_n(x)$ 有 $\lim\limits_{n \to \infty} R_n(x) = 0$, 因此有

$$\mathrm{e}^x = 1 + x + \frac{x^2}{2!} + \cdots + \frac{x^n}{n!} + \cdots \quad (-\infty < x < +\infty).$$

例 11.21 将函数 $f(x) = \sin x$ 展开为 x 的幂级数.

解 由 $f(x) = \sin x$, 得 $f(0) = 0$, 且 $f^{(n)}(x) = \sin\left(x + \frac{n\pi}{2}\right)$ $(n = 0, 1, 2, \cdots)$, $f^{(n)}(0)$ 顺序循环地取 $0, 1, 0, -1, \cdots$ $(n = 0, 1, 2, \cdots)$, 于是 $f(x)$ 的麦克劳林级数为

$$x - \frac{1}{3!}x^3 + \frac{1}{5!}x^5 - \cdots + (-1)^n \frac{x^{2n+1}}{(2n+1)!} + \cdots,$$

其收敛半径为 $R = +\infty$, 该级数收敛区间为 $(-\infty, +\infty)$.

同理, 可以证明 $\lim\limits_{n \to \infty} R_n(x) = 0$, 因而, 得到 $f(x) = \sin x$ 的幂级数展开式为

$$\sin x = x - \frac{1}{3!}x^3 + \cdots + (-1)^n \frac{x^{2n+1}}{(2n+1)!} + \cdots, \quad x \in (-\infty, +\infty).$$

由于直接展开法计算量大, 寻找 $f^{(n)}(x)$ 变化规律比较困难, 因此, 在实际应用中, 不常用直接展开法而是使用间接展开法.

2. 间接展开法

利用已知函数的幂级数展开式, 幂级数的各种运算法则 (包括加、减、乘)、变量代换、恒等变形、逐项求导或逐项积分等方法, 将所给函数展开为幂级数. 这种方法叫做间接展开法.

例 11.22 将函数 $f(x) = \cos x$ 展成 x 的幂级数.

解 因为 $(\sin x)' = \cos x$, 所以由 $\sin x$ 的展开式

$$\sin x = x - \frac{x^3}{3!} + \frac{x^5}{5!} - \cdots + (-1)^n \frac{x^{2n+1}}{(2n+1)!} + \cdots, \quad x \in (-\infty, +\infty),$$

逐项求导得

$$\cos x = 1 - \frac{x^2}{2!} + \frac{x^4}{4!} - \cdots + (-1)^n \frac{x^{2n}}{(2n)!} + \cdots, \quad x \in (-\infty, +\infty).$$

例 11.23　将函数 $f(x) = \ln(1+x)$ 展成 x 的幂级数.

解　因为 $f'(x) = \dfrac{1}{1+x}$, 而

$$\frac{1}{1+x} = 1 - x + x^2 - x^3 + \cdots + (-1)^n x^n + \cdots, \quad x \in (-1, 1).$$

将上式两端从 0 到 x 积分, 得

$$\ln(1+x) = x - \frac{x^2}{2} + \frac{x^3}{3} - \cdots + (-1)^n \frac{x^{n+1}}{n+1} + \cdots, \quad x \in (-1, 1].$$

上式对 $x = 1$ 也成立, 因为上式右端的幂级数当 $x = 1$ 时收敛.

下面给出几个重要的初等函数的幂级数展开式, 可作为公式使用.

(1) $\dfrac{1}{1-x} = 1 + x + x^2 + \cdots + x^n + \cdots, \quad x \in (-1, 1).$

(2) $\mathrm{e}^x = 1 + x + \dfrac{x^2}{2!} + \dfrac{x^3}{3!} + \cdots + \dfrac{x^n}{n!} + \cdots, \quad x \in (-\infty, +\infty).$

(3) $\sin x = x - \dfrac{x^3}{3!} + \dfrac{x^5}{5!} - \cdots + (-1)^n \dfrac{x^{2n+1}}{(2n+1)!} + \cdots, \quad x \in (-\infty, +\infty).$

(4) $\cos x = 1 - \dfrac{x^2}{2!} + \dfrac{x^4}{4!} - \cdots + (-1)^n \dfrac{x^{2n}}{(2n)!} + \cdots, \quad x \in (-\infty, +\infty).$

(5) $\ln(1+x) = x - \dfrac{x^2}{2} + \dfrac{x^3}{3} - \cdots + (-1)^n \dfrac{x^{n+1}}{n+1} + \cdots, \quad x \in (-1, 1].$

(6) $(1+x)^\alpha = 1 + \alpha x + \dfrac{\alpha(\alpha-1)}{2!} x^2 + \cdots + \dfrac{\alpha(\alpha-1)(\alpha-2)\cdots(\alpha-n+1)}{n!} x^n + \cdots,$

$x \in (-1, 1)$. (6) 式在 $x = \pm 1$ 处, 要根据 α 的不同取值单独讨论其敛散性.

例 11.24　将 $f(x) = \dfrac{1}{x}$ 在 $x = 1$ 处展成泰勒级数.

解　这类问题也用间接展开法.

因为

$$\frac{1}{1+x} = 1 - x + x^2 - x^3 + \cdots + (-1)^n x^n + \cdots, \quad x \in (-1, 1),$$

所以

$$f(x) = \frac{1}{x} = \frac{1}{1+(x-1)} = 1 - (x-1) + (x-1)^2 - \cdots + (-1)^n (x-1)^n + \cdots,$$

上式成立, 只需满足 $-1 < x - 1 < 1$, 即 $0 < x < 2$, 这就是级数的收敛域, 即

$$f(x) = \frac{1}{x} = \frac{1}{1+(x-1)} = 1 - (x-1) + (x-1)^2 - \cdots + (-1)^n (x-1)^n + \cdots,$$

$$0 < x < 2.$$

例 11.25 将 $f(x) = \dfrac{1}{x^2 + 3x + 2}$ 展开成 $(x+4)$ 的幂级数.

解 因为

$$\frac{1}{x^2 + 3x + 2} = \frac{1}{(x+1)(x+2)} = \frac{1}{x+1} - \frac{1}{x+2}$$

$$= \frac{1}{-3 + (x+4)} - \frac{1}{-2 + (x+4)}$$

$$= \frac{1}{2} \cdot \frac{1}{1 - \dfrac{x+4}{2}} - \frac{1}{3} \cdot \frac{1}{1 - \dfrac{x+4}{3}},$$

所以由 $\dfrac{1}{1-x} = \displaystyle\sum_{n=0}^{\infty} x^n, x \in (-1,1)$, 得

$$\frac{1}{x^2 + 3x + 2} = \frac{1}{2} \sum_{n=0}^{\infty} \left(\frac{x+4}{2} \right)^n - \frac{1}{3} \sum_{n=0}^{\infty} \left(\frac{x+4}{3} \right)^n.$$

级数 $\displaystyle\sum_{n=0}^{\infty} \left(\dfrac{x+4}{2} \right)^n$ 的收敛域为 $\dfrac{x+4}{2} \in (-1,1)$, 即 $x \in (-6, -2)$,

而级数 $\displaystyle\sum_{n=0}^{\infty} \left(\dfrac{x+4}{3} \right)^n$ 的收敛域为 $\dfrac{x+4}{3} \in (-1,1)$, 即 $x \in (-7, -1)$, 因此两

个级数和的收敛域为 $x \in (-6, -2)$, 从而所求级数为

$$\frac{1}{x^2 + 3x + 2} = \sum_{n=0}^{\infty} \left(\frac{1}{2^{n+1}} - \frac{1}{3^{n+1}} \right)(x+4)^n, \quad x \in (-6, -2).$$

习 题 11.4

基础题

1. 将下列函数展开成 x 的幂函数, 并求其收敛域.

(1) a^x;　　(2) $\sin^2 x$;　　　(3) $\arctan x$.

2. 将函数 $f(x) = \dfrac{1}{5-x}$ 展开成 $x-3$ 的幂级数.

提高题

1. 将下列函数展开成 x 的幂函数, 并求其收敛域.

(1) $\ln \dfrac{1+x}{1-x}$;　　(2) $x\mathrm{e}^{x^2}$.

2. 将函数 $f(x) = \sin x$ 展开成 $x - \dfrac{\pi}{4}$ 的幂级数.

11.5 幂级数的应用

11.5.1 求极限

例 11.26 求 $\lim\limits_{x\to 0} \dfrac{\cos x - \mathrm{e}^{-\frac{x^2}{2}}}{x^4}$.

解 极限为 "$\dfrac{0}{0}$" 型, 用前面介绍过的各种方法计算均比较困难, 把 $\cos x$ 和 $\mathrm{e}^{-\frac{x^2}{2}}$ 的幂级数展开式代入表达式, 有

$$\lim_{x\to 0} \frac{\cos x - \mathrm{e}^{-\frac{x^2}{2}}}{x^4} = \lim_{x\to 0} \frac{\left(1 - \dfrac{x^2}{2} + \dfrac{x^4}{24} - \cdots\right) - \left(1 - \dfrac{x^2}{2} + \dfrac{x^4}{8} - \cdots\right)}{x^4}$$

$$= \lim_{x\to 0} \frac{-\dfrac{1}{12}x^4 + \cdots}{x^4} = -\frac{1}{12}.$$

11.5.2 近似计算

利用函数的幂级数展开式可以用来进行近似计算, 下面举例说明.

例 11.27 计算 $\sqrt[5]{240}$ 的近似值, 要求误差不超过 0.0001.

解 因为

$$\sqrt[5]{240} = \sqrt[5]{243 - 3} = 3\left(1 - \frac{1}{3^4}\right)^{\frac{1}{5}},$$

所以利用展开式

$$(1+x)^\alpha = 1 + \alpha x + \frac{\alpha(\alpha-1)}{2!}x^2 + \cdots + \frac{\alpha(\alpha-1)(\alpha-2)\cdots(\alpha-n+1)}{n!}x^n + \cdots,$$

$$x \in (-1, 1).$$

取 $\alpha = \dfrac{1}{5}$, $x = -\dfrac{1}{3^4}$, 得

$$\sqrt[5]{240} = 3\left(1 - \frac{1}{5} \cdot \frac{1}{3^4} - \frac{1 \cdot 4}{5^2 \cdot 2!} \cdot \frac{1}{3^8} - \frac{1 \cdot 4 \cdot 9}{5^3 \cdot 3!} \cdot \frac{1}{3^{12}} - \cdots\right).$$

取前 2 项和作为 $\sqrt[5]{240}$ 的近似值, 其误差为

$$|R_2| = 3\left(\frac{1 \cdot 4}{5^2 \cdot 2!} \cdot \frac{1}{3^8} + \frac{1 \cdot 4 \cdot 9}{5^3 \cdot 3!} \cdot \frac{1}{3^{12}} + \frac{1 \cdot 4 \cdot 9 \cdot 14}{5^4 \cdot 4!} \cdot \frac{1}{3^{16}} + \cdots\right)$$

$$< 3 \cdot \frac{1 \cdot 4}{5^2 \cdot 2!} \cdot \frac{1}{3^8} \left(1 + \frac{1}{81} + \left(\frac{1}{81}\right)^2 + \cdots \right)$$

$$= \frac{6}{25} \cdot \frac{1}{3^8} \cdot \frac{1}{1 - \dfrac{1}{81}} = \frac{1}{25 \cdot 27 \cdot 40} < \frac{1}{20000},$$

于是取近似式为

$$\sqrt[5]{240} \approx 3 \left(1 - \frac{1}{5} \cdot \frac{1}{3^4}\right) \approx 2.9926.$$

为了使 "四舍五入" 引起的误差与截断误差之和不超过 10^{-4}, 计算时应取五位小数, 然后再四舍五入.

例 11.28 利用 $\sin x \approx x - \dfrac{1}{3!} x^3$, 求 $\sin 9°$ 的近似值, 并估计误差.

解 首先, 把角度化为弧度,

$$9° = \frac{\pi}{180} \times 9 = \frac{\pi}{20},$$

从而

$$\sin \frac{\pi}{20} \approx \frac{\pi}{20} - \frac{1}{3!} \left(\frac{\pi}{20}\right)^3.$$

其次, 估计这个近似值的精确度, 在

$$\sin x \approx x - \frac{1}{3!} x^3 + \frac{1}{5!} x^5 - \cdots$$

中, 令 $x = \dfrac{\pi}{20}$, 得

$$\sin \frac{\pi}{20} = \frac{\pi}{20} - \frac{1}{3!} \left(\frac{\pi}{20}\right)^3 + \frac{1}{5!} \left(\frac{\pi}{20}\right)^5 - \frac{1}{7!} \left(\frac{\pi}{20}\right)^7 + \cdots,$$

这个级数为收敛的交错级数, 取前 2 项作为 $\sin \dfrac{\pi}{20}$ 的近似值, 其误差为

$$|R_2| \leqslant \frac{1}{5!} \left(\frac{\pi}{20}\right)^5 < \frac{1}{120} (0.2)^5 < \frac{1}{3000000}.$$

因此取 $\dfrac{\pi}{20} \approx 0.157080$, $\left(\dfrac{\pi}{20}\right)^3 \approx 0.003876$, 于是得 $\sin 9° \approx 0.15643$, 此时误差不超过 10^{-5}.

利用幂级数不仅可以计算函数的近似值, 而且可以计算一些定积分的近似值.

例 11.29　求积分 $\displaystyle\int_0^1 \mathrm{e}^{-x^2}\mathrm{d}x$ 的近似值, 误差不超过 10^{-3}.

解　e^{-x^2} 的原函数不能用初等函数表示, 不能使用牛顿-莱布尼茨公式完成积分计算. 由

$$\mathrm{e}^x = 1 + x + \frac{x^2}{2!} + \cdots + \frac{x^n}{n!} + \cdots, \quad x \in (-\infty, +\infty),$$

得

$$\mathrm{e}^{-x^2} = 1 - x^2 + \frac{x^4}{2!} - \frac{x^6}{3!} + \cdots + \frac{(-1)^n x^{2n}}{n!} + \cdots, \quad x \in (-\infty, +\infty),$$

所以

$$\int_0^x \mathrm{e}^{-x^2}\mathrm{d}x = x - \frac{x^3}{3\cdot 1!} + \frac{x^5}{5\cdot 2!} - \frac{x^7}{7\cdot 3!} + \cdots + \frac{(-1)^n x^{2n+1}}{(2n+1)\cdot n!} + \cdots, \quad x \in (-\infty, +\infty),$$

将 $x = 1$ 代入上式, 得

$$\int_0^1 \mathrm{e}^{-x^2}\mathrm{d}x = 1 - \frac{1}{3\cdot 1!} + \frac{1}{5\cdot 2!} - \frac{1}{7\cdot 3!} + \cdots + \frac{(-1)^n}{(2n+1)\cdot n!} + \cdots,$$

右端为交错级数, 要使误差不超过 10^{-3}, 即

$$|R_n(x)| \leqslant u_{n+1} = \frac{1}{(2n+3)(n+1)!} < 10^{-3},$$

所以

$$(2n+3)(n+1)! > 10^3,$$

只要 $n \geqslant 4$ 即可, 取 $n = 4$, 得

$$\int_0^1 \mathrm{e}^{-x^2}\mathrm{d}x \approx 1 - \frac{1}{3\cdot 1!} + \frac{1}{5\cdot 2!} - \frac{1}{7\cdot 3!} + \frac{1}{9\cdot 4!} \approx 0.748.$$

作为幂级数近似计算的应用, 下面介绍一个实用的公式.

若椭圆方程为 $\dfrac{x^2}{a^2} + \dfrac{y^2}{b^2} = 1$, 则其周长有近似计算公式:

$$s \approx 2\pi a \left(1 - \frac{c^2}{4}\right),$$

这里 $c = \dfrac{1}{a}\sqrt{a^2 - b^2}$ 是椭圆的离心率.

公式推导如下:

椭圆参数方程为 $x = a\cos\theta$, $y = b\sin\theta$, $0 \leqslant \theta \leqslant 2\pi$, 则其弧微分为

$$\mathrm{d}s = \sqrt{(\mathrm{d}x)^2 + (\mathrm{d}y)^2} = \sqrt{(-a\sin\theta)^2 + (b\cos\theta)^2}\,\mathrm{d}\theta$$

$$= \sqrt{a^2 - (a^2 - b^2)\cos^2\theta}\,\mathrm{d}\theta = a\sqrt{1 - c^2\cos^2\theta}\,\mathrm{d}\theta.$$

所以, 椭圆周长

$$s = 4\int_0^{\frac{\pi}{2}} \mathrm{d}s = 4\int_0^{\frac{\pi}{2}} a\sqrt{1 - c^2\cos^2\theta}\,\mathrm{d}\theta,$$

这个积分中被积函数的原函数写不出来, 积分无法正常计算, 考虑近似求值.

由

$$(1 + x)^\alpha = 1 + \alpha x + \frac{\alpha(\alpha - 1)}{2!}x^2 + \cdots$$

$$+ \frac{\alpha(\alpha - 1)(\alpha - 2)\cdots(\alpha - n + 1)}{n!}x^n + \cdots,$$

$$x \in (-1, 1),$$

得到

$$\sqrt{1 - c^2\cos^2\theta} \approx 1 - \frac{1}{2}c^2\cos^2\theta,$$

因而

$$s = 4\int_0^{\frac{\pi}{2}} a\sqrt{1 - c^2\cos^2\theta}\,\mathrm{d}\theta \approx 4a\int_0^{\frac{\pi}{2}} \left(1 - \frac{1}{2}c^2\cos^2\theta\right)\mathrm{d}\theta$$

$$= 4a\int_0^{\frac{\pi}{2}} \left(1 - \frac{1}{2}c^2\frac{1 + \cos 2\theta}{2}\right)\mathrm{d}\theta = 2\pi a\left(1 - \frac{c^2}{4}\right).$$

若要得到更为精确的计算公式, 只需 $\sqrt{1 - c^2\cos^2\theta}$ 取更多项作近似即可.

*11.5.3　欧拉公式

设有复数项级数

$$(u_1 + \mathrm{i}v_1) + (u_2 + \mathrm{i}v_2) + \cdots + (u_n + \mathrm{i}v_n) + \cdots, \tag{11.7}$$

其中 u_n, v_n ($n = 1, 2, 3, \cdots$) 为实常数或实函数. 如果实部所成的级数

$$u_1 + u_2 + \cdots + u_n + \cdots \tag{11.8}$$

收敛于和 u, 并且虚部所成的级数

$$v_1 + v_2 + \cdots + v_n + \cdots \tag{11.9}$$

收敛于和 v, 则称级数 (11.7) **收敛**且其**和**为 $u + \mathrm{i}v$.

如果级数 (11.7) 各项的模所构成的级数

$$\sqrt{u_1^2 + v_1^2} + \sqrt{u_2^2 + v_2^2} + \cdots + \sqrt{u_n^2 + v_n^2} + \cdots$$

收敛, 则称级数 (11.7) 绝对收敛. 如果级数 (11.7) 绝对收敛, 由于

$$|u_n| \leqslant \sqrt{u^2 + v^2}, \quad |v_n| \leqslant \sqrt{u^2 + v^2} \quad (n = 1, 2, 3, \cdots),$$

那么级数 (11.8), (11.9) 绝对收敛, 从而级数 (11.7) 收敛.

考察复数项级数

$$1 + z + \frac{1}{2!}z^2 + \cdots + \frac{1}{n!}z^n + \cdots \quad (z = x + \mathrm{i}y). \tag{11.10}$$

可以证明级数 (11.10) 在整个复平面上是绝对收敛的. 在 x 轴上 ($z = x$) 它表示函数 e^x, 在整个复平面上我们用它来定义复变量指数函数, 记作 e^z. 于是 e^z 定义为

$$\mathrm{e}^z = 1 + z + \frac{1}{2!}z^2 + \cdots + \frac{1}{n!}z^n + \cdots \quad (|z| < \infty). \tag{11.11}$$

当 $x = 0$ 时, z 为纯虚数 $\mathrm{i}y$, (11.11) 式成为

$$\begin{aligned}
\mathrm{e}^{\mathrm{i}y} &= 1 + \mathrm{i}y + \frac{1}{2!}(\mathrm{i}y)^2 + \cdots + \frac{1}{n!}(\mathrm{i}y)^n + \cdots \\
&= 1 + \mathrm{i}y - \frac{1}{2!}y^2 - \mathrm{i}\frac{1}{3!}y^3 + \frac{1}{4!}y^4 + \mathrm{i}\frac{1}{5!}y^5 - \cdots \\
&= \left(1 - \frac{1}{2!}y^2 + \frac{1}{4!}y^4 - \cdots\right) + \mathrm{i}\left(y - \frac{1}{3!}y^3 + \frac{1}{5!}y^5 - \cdots\right) \\
&= \cos y + \mathrm{i}\sin y.
\end{aligned}$$

把 y 换写成 x, 上式变为

$$\mathrm{e}^{\mathrm{i}x} = \cos x + \mathrm{i}\sin x, \tag{11.12}$$

这就是欧拉公式.

应用公式 (11.12), 复数 z 可以表示为指数形式:

$$z = \rho\left(\cos\theta + \mathrm{i}\sin\theta\right) = \rho\mathrm{e}^{\mathrm{i}\theta}, \tag{11.13}$$

其中 $\rho = |z|$ 是 z 的模, $\theta = \arg z$ 是 z 的辐角.

在 (11.12) 式中把 x 换成 $-x$, 又有

$$\mathrm{e}^{-\mathrm{i}x} = \cos x - \mathrm{i}\sin x.$$

与 (11.12) 式联立解得

$$\begin{cases} \cos x = \dfrac{\mathrm{e}^{\mathrm{i}x} + \mathrm{e}^{-\mathrm{i}x}}{2}, \\[2mm] \sin x = \dfrac{\mathrm{e}^{\mathrm{i}x} - \mathrm{e}^{-\mathrm{i}x}}{2\mathrm{i}}. \end{cases} \tag{11.14}$$

这两个式子也叫做**欧拉公式**.

(11.12) 式或 (11.14) 式揭示了三角函数与复变量指数函数之间的一种联系.

最后, 根据定义 (11.11) 式, 并利用幂级数的乘法, 我们不难验证

$$\mathrm{e}^{z_1+z_2} = \mathrm{e}^{z_1} \cdot \mathrm{e}^{z_2}.$$

特殊地, 取 z_1 为实数 x, z_2 为纯虚数 $\mathrm{i}y$, 则有

$$\mathrm{e}^{x+\mathrm{i}y} = \mathrm{e}^x \cdot \mathrm{e}^{\mathrm{i}y} = \mathrm{e}^x\left(\cos y + \mathrm{i}\sin y\right).$$

这就是说, 复变量指数函数 e^z 在 $z = x + \mathrm{i}y$ 处的值是模为 e^x, 辐角为 y 的复数.

习 题 11.5

基础题

1. 利用函数的幂级数展开式求下列各数的近似值:

(1) $\ln 2$ (误差不超过 0.0001);

(2) π (误差不超过 0.0001).

2. 计算下列积分的近似值 (计算前三项和).

(1) $\displaystyle\int_0^{\frac{1}{2}} \mathrm{e}^{x^2}\mathrm{d}x$;   (2) $\displaystyle\int_0^1 \dfrac{\sin x}{x}\mathrm{d}x$.

提高题

1. 利用欧拉公式将函数 $\mathrm{e}^x\cos x$ 展开成 x 的幂级数.

11.6   傅里叶级数

前面讨论了幂级数, 在实际应用中还有其他重要的函数项级数——傅里叶级数.

11.6.1   三角级数

在科学实验和工程技术的某些现象中, 常常会遇到一些周期性的运动, 如单摆的摆动、弹簧振子的振动、交流电的电压和电流强度等, 这些周期性运动在数学上可用周期函数来描述.

最简单的周期运动 (简谐振动) 可用正弦函数 $f(t) = A\sin(\omega t + \phi)$ 来表示. 式中 A 为振幅; ω 为角频率; ϕ 为初相角, 其周期为 $T = \dfrac{2\pi}{\omega}$.

在实际问题中, 除正弦函数外, 还常常会遇到非正弦的周期函数, 它们反映了较复杂的周期规律, 如在控制与信号学中常用到的矩形波 (图 11.4) 就是一个非正弦的周期函数.

对于非正弦的周期函数, 可以将它同函数展开为幂级数一样, 用一系列正弦函数之和来表示. 我们通过一个例子来说明.

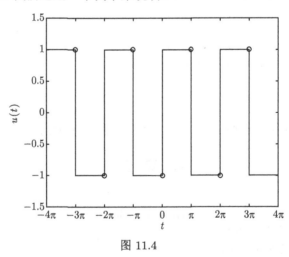

图 11.4

图 11.4 是呈周期性变化的矩形波的图像, 它在一个周期 $[-\pi, \pi)$ 内的表达式为

$$u(t) = \begin{cases} -1, & -\pi \leqslant t < 0, \\ 1, & 0 \leqslant t < \pi. \end{cases}$$

如果用不同频率的正弦波 $\dfrac{4}{\pi}\sin t$, $\dfrac{4}{\pi} \times \dfrac{1}{3}\sin 3t$, $\dfrac{4}{\pi} \times \dfrac{1}{5}\sin 5t$, $\dfrac{4}{\pi} \times \dfrac{1}{7}\sin 7t$, $\cdots$

进行叠加, 就得到一系列的和, 即

$$\frac{4}{\pi}\sin t, \quad \frac{4}{\pi}\left(\sin t + \frac{1}{3}\sin 3t\right), \quad \frac{4}{\pi}\left(\sin t + \frac{1}{3}\sin 3t + \frac{1}{5}\sin 5t\right),$$

$$\frac{4}{\pi}\left(\sin t + \frac{1}{3}\sin 3t + \frac{1}{5}\sin 5t + \frac{1}{7}\sin 7t\right), \cdots.$$

这些正弦函数叠加的结果如图 11.5—图 11.8 所示.

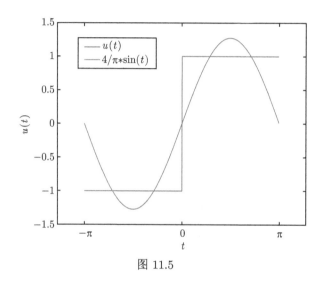

图 11.5

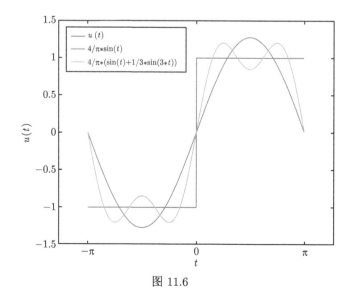

图 11.6

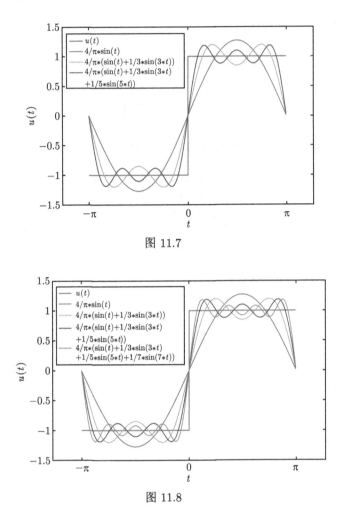

图 11.7

图 11.8

　　从图 11.8 容易看出, 正弦波叠加的个数越多, 它们和的结果就越逼近于矩形波, 但是, 用有限个正弦波叠加也只能得到矩形波的近似值. 为了精确地反映矩形波的变化过程, 引入极限思想, 用无限个正弦波的叠加无限逼近矩形波 $u(t)$, 即

$$u(t) = \frac{4}{\pi}\left(\sin t + \frac{1}{3}\sin 3t + \frac{1}{5}\sin 5t + \frac{1}{7}\sin 7t + \cdots\right) \quad (-\pi < t < \pi,\ t \neq 0).$$

　　由此可见, 对于一个非正弦的周期函数是可以用无穷多个正弦函数之和来表示的. 这说明, 如果将较为复杂的周期函数表示为一系列正弦函数之和, 那么, 就可以将复杂周期运动规律通过简谐振动来研究. 因此, 要深入研究复杂的周期运

动, 首先要研究将周期函数 $f(x)$ 展开为一系列正弦函数之和的问题, 即

$$f(x) = A_0 + \sum_{n=1}^{\infty} A_n \sin(n\omega x + \phi_n),$$

式中, A_0, A_n, ω, $\phi_n (n = 1, 2, 3, \cdots)$ 都是常数.

在电学中, 电磁波函数 $f(x)$ 常作这样的展开, 并称这种展开为谐波分析. 其中常数 A_0 称为 $f(x)$ 的直流分量, $A_1 \sin(\omega x + \phi_1)$, $A_2 \sin(2\omega x + \phi_2)$ 和 $A_3 \sin(3\omega x + \phi_3)$ 分别称为函数 $f(x)$ 的**一次谐波** (或**基波**)、**二次谐波**和**三次谐波**.

正弦函数 $A_n \sin(n\omega x + \phi_n)$ 可根据三角函数的和角公式展开成

$$A_n \sin(n\omega x + \phi_n) = A_n \sin\phi_n \cos n\omega t + A_n \cos\phi_n \sin n\omega t \quad (n = 1, 2, \cdots).$$

令 $a_0 = 2A_0$, $a_n = A_n \sin\phi_n$, $b_n = A_n \cos\phi_n(n = 1, 2, \cdots)$ 且都为常数, 令 $x = \omega t$, 则级数右端可写成

$$f(x) = \frac{a_0}{2} + \sum_{n=1}^{\infty} (a_n \cos nx + b_n \sin nx).$$

上式右端的级数称为**三角级数**.

11.6.2 三角函数系及其正交性

定义 11.10 函数族 $1, \cos x, \sin x, \cos 2x, \sin 2x, \cdots, \cos nx, \sin nx, \cdots$ 称为**三角函数系**.

三角函数系在区间 $[-\pi, \pi]$ 上具有正交性, 即三角函数系中任意两个不同函数之积在区间 $[-\pi, \pi]$ 上的定积分为零, 即

$$\int_{-\pi}^{\pi} 1 \cos nx \, \mathrm{d}x = 0 \quad (n = 1, 2, 3, \cdots),$$

$$\int_{-\pi}^{\pi} 1 \sin nx \, \mathrm{d}x = 0 \quad (n = 1, 2, 3, \cdots),$$

$$\int_{-\pi}^{\pi} \cos mx \cos nx \, \mathrm{d}x = 0 \quad (m \neq n; \, m, n = 1, 2, 3, \cdots),$$

$$\int_{-\pi}^{\pi} \sin mx \sin nx \, \mathrm{d}x = 0 \quad (m \neq n; \, m, n = 1, 2, 3, \cdots),$$

$$\int_{-\pi}^{\pi} \sin mx \cos nx \, \mathrm{d}x = 0 \quad (m, n = 1, 2, 3, \cdots).$$

以上等式可通过直接计算定积分来验证, 这里仅以等式 $\int_{-\pi}^{\pi} \cos mx \cos nx \mathrm{d}x = 0$ $(m \neq n)$ 为例说明.

由积化和差公式可得

$$\cos mx \cos nx = \frac{1}{2} \left[\cos (m + n) x + \cos (m - n) x \right],$$

因为 $m \neq n$, 所以有

$$\int_{-\pi}^{\pi} \cos mx \cos nx \mathrm{d}x = \frac{1}{2} \int_{-\pi}^{\pi} \left[\cos (m + n) x + \cos (m - n) x \right] \mathrm{d}x$$

$$= \frac{1}{2} \left[\frac{\sin (m + n) x}{m + n} + \frac{\sin (m - n) x}{m - n} \right]_{-\pi}^{\pi}$$

$$= 0 \quad (m, \, n = 1, \, 2, \, 3, \, \cdots ; \, m \neq n).$$

此外, 在三角函数系中, 任何两个相同的函数之积, 即任何一个函数的平方在区间 $[-\pi, \, \pi]$ 上的定积分不为零.

如 $\int_{-\pi}^{\pi} 1^2 \mathrm{d}x = 2\pi, \int_{-\pi}^{\pi} \cos^2 nx \mathrm{d}x = \int_{-\pi}^{\pi} \sin^2 nx \mathrm{d}x = \pi \quad (n = 1, \, 2, \, 3, \, \cdots).$

以上结论在计算系数 $a_0, \, a_n, \, b_n$ 的过程中经常用到, 希望读者熟练掌握.

11.6.3   周期为 2π 的函数展开为傅里叶级数

要使函数 $f(x)$ 展开成三角级数

$$\frac{a_0}{2} + \sum_{n=1}^{\infty} (a_n \cos nx + b_n \sin nx).$$

就要解决以下两个问题:

(1) 确定三角级数的系数 $a_0, \, a_n, \, b_n \, (n = 1, \, 2, \, 3, \, \cdots)$;

(2) 讨论用这一系列系数构造的三角级数的收敛性, 如果级数收敛, 再考虑它的和函数与函数 $f(x)$ 是否相同, 若在某范围内两个函数相同, 则在这个范围内函数 $f(x)$ 可以展开成三角级数.

1. 先解决系数 $a_0, \, a_n, \, b_n$ 的计算问题

假设以 2π 为周期的周期函数 $f(x)$ 能展开成三角级数, 即

$$f(x) = \frac{a_0}{2} + \sum_{n=1}^{\infty} (a_n \cos nx + b_n \sin nx)$$

且可以进行逐项积分, 于是有

$$\int_{-\pi}^{\pi} f(x)\mathrm{d}x = \int_{-\pi}^{\pi} \frac{a_0}{2}\mathrm{d}x + \sum_{n=1}^{\infty}\left(\int_{-\pi}^{\pi} a_n \cos nx\mathrm{d}x + \int_{-\pi}^{\pi} b_n \sin nx\mathrm{d}x\right).$$

由三角函数的正交性, 上式右端除第一项外, 其余各项均为零, 所以

$$\int_{-\pi}^{\pi} f(x)\,\mathrm{d}x = \frac{a_0}{2}\times 2\pi = \pi a_0,$$

即得

$$a_0 = \frac{1}{\pi}\int_{-\pi}^{\pi} f(x)\,\mathrm{d}x.$$

用 $\cos kx$ 乘以三角级数定义式, 然后再逐项积分

$$\int_{-\pi}^{\pi} \cos kx f(x)\mathrm{d}x$$

$$= \int_{-\pi}^{\pi} \frac{a_0}{2}\cos kx\mathrm{d}x + \sum_{n=1}^{\infty}\left(\int_{-\pi}^{\pi} a_n \cos kx \cos nx\mathrm{d}x + \int_{-\pi}^{\pi} b_n \cos kx \sin nx\mathrm{d}x\right).$$

由三角函数的正交性, 等式右端除 $n = k$ 这项外, 其余各项均为零, 所以

$$\int_{-\pi}^{\pi} \cos kx f(x)\mathrm{d}x = a_k \int_{-\pi}^{\pi} \cos^2 kx\mathrm{d}x$$

$$= a_k \int_{-\pi}^{\pi} \frac{1 + \cos 2kx}{2}\mathrm{d}x$$

$$= \frac{a_k}{2}\times 2\pi = a_k\pi \quad (k = 1,\ 2,\ 3,\ \cdots),$$

即得

$$a_n = \frac{1}{\pi}\int_{-\pi}^{\pi} \cos nx f(x)\mathrm{d}x \quad (n = 1,\ 2,\ 3,\ \cdots).$$

类似地, 可以求得

$$b_n = \frac{1}{\pi}\int_{-\pi}^{\pi} \sin nx f(x)\mathrm{d}x \quad (n = 1,\ 2,\ 3,\ \cdots).$$

由此得到系数 $a_0,\ a_n,\ b_n$ 的计算公式

$$
\begin{cases}
a_0 = \dfrac{1}{\pi} \displaystyle\int_{-\pi}^{\pi} f(x)\,\mathrm{d}x, \\[3mm]
a_n = \dfrac{1}{\pi} \displaystyle\int_{-\pi}^{\pi} \cos nx f(x)\mathrm{d}x, \quad (n=1,\,2,\,3,\,\cdots). \\[3mm]
b_n = \dfrac{1}{\pi} \displaystyle\int_{-\pi}^{\pi} \sin nx f(x)\mathrm{d}x
\end{cases}
$$

由以上公式确定的系数 a_0, a_n, b_n 叫做函数 $f(x)$ 的傅里叶系数. 由傅里叶系数所确定的三角级数

$$
\frac{a_0}{2} + \sum_{n=1}^{\infty} (a_n \cos nx + b_n \sin nx)
$$

叫做函数 $f(x)$ 的**傅里叶级数**.

2. 函数 $f(x)$ 展开成傅里叶级数的条件及其收敛性

定理 11.7(收敛定理, **狄利克雷充分条件**)　设函数 $f(x)$ 是周期为 2π 的周期函数, 如果 $f(x)$ 在区间 $[-\pi,\,\pi]$ 上连续或只有有限个第一类间断点, 并且至多只有有限个极值点, 则 $f(x)$ 的傅里叶级数收敛, 并且

(1) 当 x 是 $f(x)$ 的连续点时, 级数收敛于 $f(x)$;

(2) 当 x 是 $f(x)$ 的间断点时, 级数收敛于 $\dfrac{f(x-0)+f(x+0)}{2}$.

收敛定理说明, 以 2π 为周期的函数 $f(x)$ 如果满足收敛定理的条件, 那么, 在函数的连续点处, 傅里叶级数收敛于该点的函数值; 在函数的间断点处, 傅里叶级数收敛于该点的左、右极限的算术平均值. 在一般情况下, 常见的初等函数或分段函数都能满足定理所要求的条件, 这就保证了傅里叶级数应用的广泛性.

例 11.30　设函数 $u(x)$ 是周期为 2π 的周期函数, 它在一个周期 $[-\pi,\,\pi]$ 内的表达式为

$$
u(x) = \begin{cases}
-1, & -\pi \leqslant x < 0, \\
1, & 0 \leqslant x < \pi.
\end{cases}
$$

试将函数 $u(x)$ 展开成傅里叶级数.

解　函数 $u(x)$ 的图像如图 11.4 所示, 这是一个矩形波, 显然, $u(x)$ 满足收敛定理的条件, 它在 $x = k\pi$ $(k = 0,\,\pm 1,\,\pm 2,\,\cdots)$ 处不连续, 在其他点处连续, 从而由收敛定理知函数 $u(x)$ 的傅里叶级数收敛, 并且当 $x = k\pi$ 时, 级数收敛于 $\dfrac{-1+1}{2} = \dfrac{1+(-1)}{2} = 0$; 当 $x \neq k\pi$ 时, 级数收敛于 $u(x)$, 如图 11.9 所示.

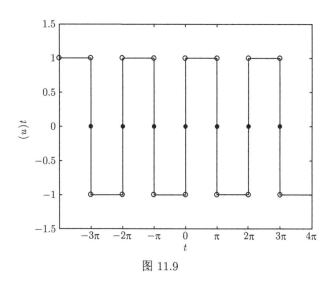

图 11.9

由傅里叶系数计算式, 有

$$a_0 = \frac{1}{\pi} \int_{-\pi}^{\pi} u(x) \, \mathrm{d}x = \frac{1}{\pi} \left[\int_{-\pi}^{0} (-1) \, \mathrm{d}x + \int_{0}^{\pi} \mathrm{d}x \right] = 0;$$

$$a_n = \frac{1}{\pi} \int_{-\pi}^{\pi} u(x) \cos nx \, \mathrm{d}x$$

$$= \frac{1}{\pi} \left[\int_{-\pi}^{0} (-1) \cos nx \, \mathrm{d}x + \int_{0}^{\pi} 1 \cdot \cos nx \, \mathrm{d}x \right] = 0 \quad (n = 0, \, 1, \, 2, \, \cdots);$$

$$b_n = \frac{1}{\pi} \int_{-\pi}^{\pi} u(x) \sin nx \, \mathrm{d}x$$

$$= \frac{1}{\pi} \left[\int_{-\pi}^{0} (-1) \sin nx \, \mathrm{d}x + \int_{0}^{\pi} 1 \cdot \sin nx \, \mathrm{d}x \right]$$

$$= \frac{1}{\pi} \left[\left(\frac{1}{n} \cos nx \right) \Big|_{-\pi}^{0} + \left(-\frac{1}{n} \cos nx \right) \Big|_{0}^{\pi} \right] = \frac{2}{n\pi} \left[1 - (-1)^n \right]$$

$$= \begin{cases} \dfrac{4}{n\pi}, & n = 1, \, 3, \, 5, \, \cdots, \\ 0, & n = 2, \, 4, \, 6, \, \cdots. \end{cases}$$

将求得的系数代入傅里叶级数中, 得到函数 $u(x)$ 的傅里叶级数展开式为

$$u(x) = \frac{4}{\pi} \left[\sin x + \frac{1}{3} \sin 3x + \cdots + \frac{1}{2k-1} \sin (2k-1) x + \cdots \right]$$

$$= \frac{4}{\pi} \sum_{k=1}^{\infty} \frac{1}{2k-1} \sin(2k-1)x \quad (-\infty < x < +\infty, \; x \neq 0, \; \pm\pi, \; \pm 2\pi, \; \cdots).$$

一般地, 把周期为 2π 的函数 $f(x)$ 展开为傅里叶级数可按照以下步骤进行.

(1) 判断函数 $f(x)$ 是否满足收敛定理条件, 并确定函数 $f(x)$ 的所有间断点, 在这一步中, 如果作出函数的图像, 结合图形进行判断, 比较方便.

(2) 按照傅里叶系数公式求出系数 a_0, a_n, $b_n (n = 1, 2, 3, \cdots)$.

(3) 按照公式

$$\frac{a_0}{2} + \sum_{n=1}^{\infty} (a_n \cos nx + b_n \sin nx),$$

写出函数 $f(x)$ 的傅里叶级数, 并说明这个级数的收敛情况.

例 11.31 设函数 $f(x)$ 以 2π 为周期, 它在一个周期 $[-\pi, \pi)$ 上的表达式为

$$f(x) = \begin{cases} 0, & -\pi \leqslant x < 0, \\ x, & 0 \leqslant x < \pi, \end{cases}$$

请将函数 $f(x)$ 展开成傅里叶级数.

解　函数 $f(x)$ 的图像如图 11.10 所示.

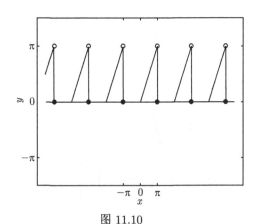

图 11.10

从图 11.10 中可以看出, 函数 $f(x)$ 满足收敛定理条件, 当 $x \neq (2k+1)\pi$ $(k = 0, \pm 1, \pm 2, \cdots)$ 时, 函数 $f(x)$ 连续, 傅里叶级数收敛于 $f(x)$; 当 $x = (2k+1)\pi$ $(k = 0, \pm 1, \pm 2, \cdots)$ 时, 函数 $f(x)$ 间断, $f(x)$ 的傅里叶级数收敛于

$$\frac{f(\pi^-) + f(-\pi^+)}{2} = \frac{\pi + 0}{2} = \frac{\pi}{2}.$$

计算傅里叶级数

$$a_0 = \frac{1}{\pi} \int_{-\pi}^{\pi} f(x)\, \mathrm{d}x = \frac{1}{\pi} \int_0^{\pi} x\, \mathrm{d}x = \frac{1}{\pi} \left[\frac{x^2}{2} \right]_0^{\pi} = \frac{\pi}{2};$$

$$\begin{aligned}
a_n &= \frac{1}{\pi} \int_{-\pi}^{\pi} f(x) \cos nx\, \mathrm{d}x = \frac{1}{\pi} \int_0^{\pi} x \cos nx\, \mathrm{d}x \\
&= \frac{1}{\pi} \left[\frac{x \sin nx}{n} \right]_0^{\pi} - \frac{1}{n\pi} \int_0^{\pi} \sin nx\, \mathrm{d}x \\
&= \frac{1}{n^2 \pi} \left[\cos nx \right]_0^{\pi} = \frac{1}{n^2 \pi} \left(\cos n\pi - 1 \right) \\
&= \begin{cases} -\dfrac{2}{n^2 \pi}, & n = 1,\, 3,\, 5,\, \cdots, \\[2mm] 0, & n = 2,\, 4,\, 6,\, \cdots; \end{cases}
\end{aligned}$$

$$\begin{aligned}
b_n &= \frac{1}{\pi} \int_{-\pi}^{\pi} f(x) \sin nx\, \mathrm{d}x = \frac{1}{\pi} \int_0^{\pi} x \sin nx\, \mathrm{d}x \\
&= \frac{1}{\pi} \left[-\frac{x \cos nx}{n} \right]_0^{\pi} + \frac{1}{n\pi} \int_0^{\pi} \cos nx\, \mathrm{d}x \\
&= -\frac{\cos n\pi}{n} = (-1)^{n+1} \frac{1}{n} \quad (n = 1,\, 2,\, 3,\, \cdots).
\end{aligned}$$

将求得的系数代入傅里叶级数中, 得到函数 $f(x)$ 的傅里叶级数展开式为

$$\frac{\pi}{4} - \frac{2}{\pi} \left(\cos x + \frac{\cos 3x}{3^2} + \frac{\cos 5x}{5^2} + \cdots \right) + \left(\sin x - \frac{\sin 2x}{2} + \frac{\sin 3x}{3} - \cdots \right)$$

$$(-\infty < x < +\infty,\ x \neq \pm\pi,\ \pm 3\pi,\ \cdots).$$

习 题 11.6

提高题

1. 下列函数是以 2π 为周期的函数在一个周期 $[-\pi, \pi)$ 内的表达式, 请将其展开为傅里叶级数.

(1) $f(x) = \begin{cases} 0, & -\pi \leqslant x < 0, \\ \pi, & 0 \leqslant x < \pi; \end{cases}$

(2) $f(x) = 2\sin\dfrac{x}{2}, \quad -\pi < x \leqslant \pi;$

(3) $f(x) = \begin{cases} -x, & -\pi \leqslant x < 0, \\ x, & 0 \leqslant x < \pi. \end{cases}$

11.7 正弦函数与余弦函数

11.7.1 奇函数与偶函数的傅里叶级数

设函数 $f(x)$ 是以 2π 为周期的函数, 且满足收敛定理的条件, 根据 11.6 节讨论, 它的傅里叶系数应为

$$\begin{cases} a_0 = \dfrac{1}{\pi} \displaystyle\int_{-\pi}^{\pi} f(x)\,\mathrm{d}x, \\[2mm] a_n = \dfrac{1}{\pi} \displaystyle\int_{-\pi}^{\pi} \cos nx f(x)\mathrm{d}x, \quad (n = 1,\ 2,\ 3,\ \cdots). \\[2mm] b_n = \dfrac{1}{\pi} \displaystyle\int_{-\pi}^{\pi} \sin nx f(x)\mathrm{d}x \end{cases}$$

如果函数 $f(x)$ 是以 2π 为周期的奇函数, 根据傅里叶系数的结构和定积分的性质可知它的系数为

$$a_0 = 0, \quad a_n = 0 \quad (n = 1,\ 2,\ 3,\ \cdots),$$

$$b_n = \frac{2}{\pi} \int_0^\pi f(x) \sin nx \mathrm{d}x \quad (n = 1,\ 2,\ 3,\ \cdots).$$

于是 $f(x)$ 的傅里叶级数展开式中仅含有正弦项 $\displaystyle\sum_{n=1}^{\infty} b_n \sin nx$, 称之为**正弦级数**.

如果函数 $f(x)$ 是以 2π 为周期的偶函数, 类似地, 根据傅里叶系数的结构和定积分的性质可知它的系数为

$$a_0 = \frac{2}{\pi} \int_0^\pi f(x)\,\mathrm{d}x,$$

$$a_n = \frac{2}{\pi} \int_0^\pi f(x) \cos nx \mathrm{d}x, \quad n = 1,\ 2,\ 3,\ \cdots,$$

$$b_n = 0, \quad n = 1,\ 2,\ 3,\ \cdots.$$

于是 $f(x)$ 的傅里叶级数展开式中仅含有余弦项 $\dfrac{a_0}{2} + \displaystyle\sum_{n=1}^{\infty} a_n \cos nx$, 称之为**余弦级数**.

例 11.32 设函数 $f(x)$ 是以 2π 为周期的函数, 它在 $[-\pi,\ \pi)$ 上的表达式为 $f(x) = x$, 请将其展开为傅里叶级数.

解　所求函数满足收敛定理条件, 即当 $x \neq (2k+1)\pi\,(k = 0,\ \pm1,\ \pm2,\ \cdots)$ 时, 函数 $f(x)$ 连续, 傅里叶级数收敛于 $f(x)$; 当 $x = (2k+1)\pi\,(k = 0, \pm1, \pm2, \cdots)$ 时, 函数 $f(x)$ 间断, $f(x)$ 的傅里叶级数收敛于 $\dfrac{f(\pi^-) + f(-\pi^+)}{2} = \dfrac{\pi + (-\pi)}{2} = 0$. 又因为函数 $f(x)$ 是以 2π 为周期的奇函数, 所以

$$a_0 = 0, \quad a_n = 0 \quad (n = 1,\ 2,\ 3,\ \cdots),$$

$$\begin{aligned}
b_n &= \frac{2}{\pi}\int_0^\pi f(x)\sin nx\,\mathrm{d}x = \frac{2}{\pi}\int_0^\pi x\sin nx\,\mathrm{d}x \\
&= \frac{2}{\pi}\left[-\frac{x}{n}\cos nx + \frac{1}{n^2}\sin nx\right]_0^\pi \\
&= -\frac{2}{n}\cos n\pi = (-1)^{n+1}\frac{2}{n} \quad (n = 1,\ 2,\ 3,\ \cdots).
\end{aligned}$$

由收敛定理得, 函数 $f(x)$ 的傅里叶级数为

$$f(x) = 2\left(\sin x - \frac{1}{2}\sin 2x + \frac{1}{3}\sin 3x - \cdots + (-1)^{n+1}\frac{1}{n}\sin nx + \cdots\right)$$

$$(-\infty < x < +\infty,\ x \neq 0,\ \pm\pi,\ \pm 2\pi,\ \pm 3\pi,\ \cdots).$$

11.7.2　周期延拓

如果非周期函数 $f(x)$ 在区间 $[-\pi,\ \pi]$ 上有定义, 并且在该区间上满足收敛定理条件, 那么函数 $f(x)$ 也可以展开成它的傅里叶级数, 其方法为:

(1) 在区间 $[-\pi,\ \pi)$ 或 $[-\pi,\ \pi]$ 外补充函数 $f(x)$ 的定义, 使得它成为一个周期为 2π 的周期函数 $F(x)$, 这种拓广函数定义域的方法称为**周期延拓**;

(2) 将函数 $F(x)$ 展开为傅里叶级数;

(3) 再限制 x 的范围在区间内 $(-\pi,\ \pi)$ 内, 此时 $f(x) = F(x)$, 于是函数 $f(x)$ 在区间 $(-\pi,\ \pi)$ 上的傅里叶级数展开式就是 $F(x)$ 的傅里叶级数展开式;

(4) 根据收敛定理, 在区间的端点 $x = \pm\pi$ 处级数收敛于 $\dfrac{1}{2}\left[f(\pi^-) + f(-\pi^+)\right]$.

例 11.33　请将定义在 $[-\pi,\ \pi]$ 上的函数 $f(x) = x^2$ 展开成傅里叶级数.

解　首先, 因为 $f(x)$ 在 $[-\pi,\ \pi]$ 上连续, 经延拓后 $x = \pm\pi$ 仍为 $f(x)$ 的连续点, 所以函数 $f(x)$ 的傅里叶级数在区间 $[-\pi,\ \pi]$ 上收敛于 x^2.

其次, 将 $f(x)$ 在整个数轴上作周期延拓, 由于在 $[-\pi,\ \pi]$ 上 $f(x)$ 为偶函数, 所以

$$a_0 = \frac{2}{\pi}\int_0^\pi f(x)\,\mathrm{d}x = \frac{2}{\pi}\int_0^\pi x^2\,\mathrm{d}x = \frac{2\pi^2}{3},$$

$$b_n = 0 \quad (n = 1,\, 2,\, 3,\, \cdots),$$

$$a_n = \frac{2}{\pi} \int_0^\pi f(x) \cos nx \mathrm{d}x = \frac{2}{\pi} \int_0^\pi x^2 \cos nx \mathrm{d}x$$

$$= \frac{2}{n\pi} \left[x^2 \sin nx \right]_0^\pi - \frac{4}{n\pi} \int_0^\pi x \sin nx \mathrm{d}x$$

$$= \frac{4}{n^2\pi} \left[x \cos nx \right]_0^\pi - \frac{4}{n^2\pi} \int_0^\pi \cos nx \mathrm{d}x$$

$$= (-1)^n \frac{4}{n^2} \quad (n = 1,\, 2,\, 3,\, \cdots).$$

于是, 函数 $f(x)$ 在连续点处的傅里叶级数展开式为

$$x^2 = \frac{\pi^2}{3} - 4 \left(\cos x - \frac{\cos 2x}{2^2} + \frac{\cos 3x}{3^2} - \cdots \right).$$

11.7.3　定义在 $[0,\, \pi]$ 上的函数 $f(x)$ 展开成傅里叶级数

在实际应用中, 对于定义在区间 $[0,\, \pi]$ 上且满足收敛定理条件的函数 $f(x)$, 有时需要把定义在区间 $[0,\, \pi]$ 上的函数 $f(x)$ 展开成正弦函数和余弦函数. 根据前面讨论的结果, 这类展开问题可以按如下的步骤解决:

(1) 设函数 $f(x)$ 在区间 $[0,\, \pi]$ 上满足收敛定理条件, 我们在开区间 $(-\pi,\, 0)$ 内补充函数 $f(x)$ 的定义, 得到定义在区间 $(-\pi,\, \pi)$ 上的函数 $F(x)$, 使函数 $F(x)$ 在区间 $(-\pi,\, \pi)$ 上成为奇函数或偶函数, 这种拓广函数定义域的过程称为**奇延拓**或**偶延拓**;

(2) 将延拓后的函数 $F(x)$ 在对称区间 $[-\pi,\, \pi]$ 上展开成傅里叶级数, 这个傅里叶级数必是正弦级数或余弦级数;

(3) 限制变量 x 在区间 $(0,\, \pi]$ 上, 此时 $F(x) \equiv f(x)$, 这样便得到了函数 $f(x)$ 的正弦展开式或余弦展开式.

注　在区间端点 $x = 0$ 和 $x = \pi$ 处, 正弦函数或余弦函数可能不是收敛于 $f(0)$ 和 $f(\pi)$.

例 11.34　将函数 $f(x) = x + 1 \ (0 \leqslant x \leqslant \pi)$ 分别展开成正弦级数或余弦级数.

解　先求函数的正弦函数, 为此对函数 $f(x)$ 进行奇延拓, 求出系数

$$b_n = \frac{2}{\pi} \int_0^\pi f(x) \sin nx \mathrm{d}x = \frac{2}{\pi} \int_0^\pi (x+1) \sin nx \mathrm{d}x$$

$$= \frac{2}{\pi} \left[-\frac{x \cos nx}{n} + \frac{\sin nx}{n^2} - \frac{\cos nx}{n} \right]_0^\pi$$

$$= \frac{2}{n\pi}(1 - \pi \cos n\pi - \cos n\pi)$$

$$= \begin{cases} \dfrac{2}{\pi} \cdot \dfrac{\pi+2}{n}, & n = 1,\ 3,\ 5,\ \cdots, \\[3mm] -\dfrac{2}{n}, & n = 2,\ 4,\ 6,\ \cdots. \end{cases}$$

于是函数 $f(x)$ 的正弦函数为

$$x+1 = \frac{2}{\pi}\left[(\pi+2)\sin x - \frac{\pi}{2}\sin 2x + \frac{1}{3}(\pi+2)\sin 3x - \frac{\pi}{4}\sin 4x + \cdots\right] \quad (0 < x < \pi).$$

在端点 $x = 0$ 和 $x = \pi$ 处, 级数和为零, 它不代表原函数 $f(x)$ 的值.

再求函数的余弦函数, 为此对函数 $f(x)$ 进行偶延拓, 求出系数

$$a_n = \frac{2}{\pi}\int_0^\pi (x+1)\cos nx \mathrm{d}x$$

$$= \frac{2}{\pi}\left[\frac{x\sin nx}{n} + \frac{\cos nx}{n^2} + \frac{\sin nx}{n}\right]_0^\pi$$

$$= \frac{2}{n^2\pi}(\cos n\pi - 1) = \begin{cases} -\dfrac{4}{n^2\pi}, & n = 1,\ 3,\ 5,\ \cdots, \\[3mm] 0, & n = 2,\ 4,\ 6,\ \cdots, \end{cases}$$

$$a_0 = \frac{2}{\pi}\int_0^\pi (x+1)\mathrm{d}x = \frac{2}{\pi}\left[\frac{x^2}{2} + x\right]_0^\pi = \pi + 2.$$

于是函数 $f(x)$ 的余弦函数为

$$x+1 = \frac{\pi}{2} + 1 - \frac{4}{\pi}\left(\cos x + \frac{1}{3^2}\cos 3x + \frac{1}{5^2}\cos 5x + \cdots\right) \quad (0 \leqslant x \leqslant \pi).$$

习　题　11.7

提高题

1. 设函数 $f(x) = |\sin x| \ (-\pi \leqslant x < \pi)$ 是以 2π 为周期的函数, 试将其展开为傅里叶级数.

2. 试将函数 $f(x) = x \ (0 \leqslant x \leqslant \pi)$ 分别展开成正弦级数或余弦级数.

11.8　周期为 $2l$ 的函数的傅里叶级数

前面讨论了将 2π 为周期的函数展开为傅里叶级数的问题. 但是, 在实际生产和科学实验中常常遇到的函数并不是以 2π 为周期的函数, 下面进一步讨论如何将周期为 $2l$ 的函数展开为傅里叶级数.

设函数 $f(x)$ 是以 $2l$ 为周期的函数, 且在 $[-l,\,l]$ 上满足收敛定理的条件. 作变量代换

$$t = \frac{\pi x}{l},$$

则 $x = \dfrac{l}{\pi}t$, 当 $-l \leqslant x \leqslant l$ 时, $-\pi \leqslant t \leqslant \pi$.

令函数 $f(x) = f\left(\dfrac{l}{\pi}t\right) = F(t)$, 则 $F(t)$ 是以 2π 为周期的函数, 且在 $-\pi \leqslant t \leqslant \pi$ 上满足收敛定理的条件, 于是, 在 $F(t)$ 的连续点处, 其傅里叶级数为

$$F(t) = \frac{a_0}{2} + \sum_{n=1}^{\infty}(a_n \cos nt + b_n \sin nt),$$

其中

$$a_n = \frac{1}{\pi}\int_{-\pi}^{\pi} F(t)\cos nt\,\mathrm{d}t \quad (n = 0,\,1,\,2,\,\cdots),$$

$$b_n = \frac{1}{\pi}\int_{-\pi}^{\pi} F(t)\sin nt\,\mathrm{d}t \quad (n = 1,\,2,\,3,\,\cdots).$$

将 $t = \dfrac{\pi}{l}x$ 代入以上各式, 即得以 $2l$ 为周期函数 $f(x)$ 在连续点处的傅里叶级数为

$$f(x) = \frac{a_0}{2} + \sum_{n=1}^{\infty}\left(a_n \cos \frac{n\pi x}{l} + b_n \sin \frac{n\pi x}{l}\right),$$

其中

$$a_n = \frac{1}{l}\int_{-l}^{l} f(x)\cos \frac{n\pi x}{l}\mathrm{d}x \quad (n = 0,\,1,\,2,\,\cdots),$$

$$b_n = \frac{1}{l}\int_{-l}^{l} f(x)\sin \frac{n\pi x}{l}\mathrm{d}x \quad (n = 1,\,2,\,3,\,\cdots).$$

上述公式是周期为 $2l$ 的函数 $f(x)$ 在连续点处的傅里叶级数及其系数计算公式.

如果 $f(x)$ 是周期为 $2l$ 的奇函数, 则有

$$f(x) = \sum_{n=1}^{\infty} b_n \sin \frac{n\pi x}{l},$$

其中

$$b_n = \frac{2}{l} \int_0^l f(x) \sin \frac{n\pi x}{l} \mathrm{d}x \quad (n = 1, 2, 3, \cdots).$$

如果 $f(x)$ 是周期为 $2l$ 的偶函数, 则有

$$f(x) = \frac{a_0}{2} + \sum_{n=1}^{\infty} a_n \cos \frac{n\pi x}{l},$$

其中

$$a_n = \frac{2}{l} \int_0^l f(x) \cos \frac{n\pi x}{l} \mathrm{d}x \quad (n = 0, 1, 2, \cdots).$$

此外, 如果 x 是函数 $f(x)$ 的间断点, 由收敛定理, 它的傅里叶级数收敛于 $\dfrac{f(x^+) + f(x^-)}{2}$.

同 11.7 节讨论相同, 对于定义在 $[-l, l]$ 上的函数可进行周期延拓, 将其展开为傅里叶级数; 对于定义在 $[0, l]$ 上的函数可进行奇延拓或偶延拓, 将其展开为正弦级数或余弦级数.

例 11.35 设函数 $f(x)$ 的周期为 4, 它在一个周期 $[-2, 2)$ 上的表达式为

$$f(x) = \begin{cases} 0, & -2 \leqslant x < 0, \\ k, & 0 \leqslant x < 2 \end{cases} \quad (k \neq 0).$$

试将其展开为傅里叶级数.

解 这里 $l = 2$, $f(x)$ 满足收敛定理的条件, 傅里叶级数为

$$a_0 = \frac{1}{2}\left(\int_{-2}^0 0\mathrm{d}x + \int_0^2 k\mathrm{d}x\right) = k,$$

$$a_n = \frac{1}{2}\int_0^2 k\cos\frac{n\pi x}{2}\mathrm{d}x = \left[\frac{k}{n\pi}\sin\frac{n\pi x}{2}\right]_0^2 = 0 \quad (n = 0, 1, 2, \cdots),$$

$$b_n = \frac{1}{2}\int_0^2 k\sin\frac{n\pi x}{l}\mathrm{d}x = \left[-\frac{k}{n\pi}\cos\frac{n\pi x}{2}\right]_0^2$$

$$= \frac{k}{n\pi}(1 - \cos n\pi) = \frac{k}{n\pi}[1 - (-1)^n]$$

$$= \begin{cases} \dfrac{2k}{n\pi}, & n = 1, 3, 5, \cdots, \\ 0, & n = 2, 4, 6, \cdots. \end{cases}$$

若 x 为 $f(x)$ 的连续点, 则 $f(x)$ 的傅里叶级数为

$$f(x) = \frac{k}{2} + \frac{2k}{\pi}\left(\sin\frac{\pi x}{2} + \frac{1}{3}\sin\frac{3\pi x}{2} + \frac{1}{5}\sin\frac{5\pi x}{2} + \cdots\right)$$

$$(-\infty < x < +\infty, \; x \neq 0, \; \pm 2, \; \pm 4, \; \pm 6, \; \cdots).$$

若 x 为 $f(x)$ 的间断点, 即 $x = 0, \; \pm 2, \; \pm 4, \; \pm 6, \; \cdots$, 则 $f(x)$ 不连续, 所以在这些点处, 傅里叶级数收敛于 $\dfrac{k}{2}$.

习　题　11.8

提高题

1. 试将函数 $f(x) = 1 - x^2 \left(-\dfrac{1}{2} \leqslant x \leqslant \dfrac{1}{2}\right)$ 展开为傅里叶级数.

2. 设函数 $f(x)$ 是以 2 为周期的函数, 它的一个周期 $[-1, 1)$ 内的表达式为

$$f(x) = \begin{cases} 1, & -1 \leqslant x < 0, \\ 2, & 0 \leqslant x < 1. \end{cases}$$

试将其展开为傅里叶级数.

复 习 题 11

一、填空题

1. 极限 $\lim\limits_{n\to\infty} u_n = 0$ 是级数 $\sum\limits_{n=1}^{\infty} u_n$ 收敛的＿＿＿＿＿ 条件, 而不是它收敛的＿＿＿＿＿ 条件.

2. 部分和数列 $\{S_n\}$ 有界是正项级数 $\sum\limits_{n=1}^{\infty} u_n$ 收敛的＿＿＿＿＿＿ 条件.

3. 对于 p-级数 $\sum\limits_{n=1}^{\infty} \dfrac{1}{n^p}$, 当＿＿＿＿＿＿ 时级数收敛, 当＿＿＿＿＿＿ 时级数发散.

4. 如果级数 $\sum\limits_{n=1}^{\infty} u_n$ 绝对收敛, 则级数 $\sum\limits_{n=1}^{\infty} u_n$ 一定＿＿＿＿＿＿; 如果级数 $\sum\limits_{n=1}^{\infty} u_n$ 条件收敛, 则级数 $\sum\limits_{n=1}^{\infty} |u_n|$ 一定＿＿＿＿＿＿.

5. 若级数 $\sum\limits_{n=1}^{\infty} x^n$ 收敛, 则 x 的范围是＿＿＿＿＿＿.

6. 级数 $\sum\limits_{n=1}^{\infty} \dfrac{2 + (-1)^n}{2^n}$ 的和是＿＿＿＿＿＿.

7. 幂级数 $\sum\limits_{n=1}^{\infty} \dfrac{(-1)^{n-1} x^n}{5^n \sqrt{n}}$ 的收敛区间是_____.

二、选择题

1. 下列级数中收敛的是 (   ).

A. $\sum\limits_{n=1}^{\infty} \left(\dfrac{1}{n^2} + \dfrac{1}{n} \right)$

B. $\sum\limits_{n=1}^{\infty} \dfrac{1}{n+1000}$

C. $\sum\limits_{n=1}^{\infty} (-1)^n \left(\dfrac{1}{n+1} + \dfrac{1}{n+2} \right)$

D. $\sum\limits_{n=1}^{\infty} \dfrac{1}{\sqrt{n+1}}$

2. 设常数 $k > 0$, 则级数 $\sum\limits_{n=1}^{\infty} (-1)^n \dfrac{k+n}{n^2}$(   ).

A. 发散

B. 绝对收敛

C. 条件收敛

D. 收敛或发散与 k 的取值无关

3. 设级数 $\sum\limits_{n=1}^{\infty} u_n = S$, 且 $u_1 = 1$, 则级数 $\sum\limits_{n=1}^{\infty} (u_n + u_{n+1}) =$(   ).

A. $2S$

B. $2S+1$

C. $2S - 1$

D. $S+1$

4. 幂级数 $\sum\limits_{n=1}^{\infty} (-1)^{n-1} \dfrac{x^n}{n}$ 的收敛区间是 (   ).

A. $(-1, 1)$

B. $(-1, 1]$

C. $[-1, 1]$

D. $[-1, 1)$

5. 在 $f(x)$ 的麦克劳林展开式中 x^2 项的系数是 (   ).

A. $\dfrac{1}{2!}$

B. $\dfrac{f''(0)}{2!}$

C. $f''(0)$

D. $\dfrac{1}{2!} f^2(0)$

6. 周期为 2π 函数 $u(t) = |E \sin t|$ $(-\pi \leqslant t < \pi)$, 则 $u(t)$ 的傅里叶级数是 (   ).

A. 正弦级数

B. 余弦级数

C. 周期为 π 的傅里叶级数

D. 以上结论都不对

三、计算题

1. 判断下列级数的敛散性.

(1) $\sum\limits_{n=1}^{\infty} \dfrac{n^3}{3}$;

(2) $\sum\limits_{n=1}^{\infty} \dfrac{2n+1}{n^2(n+2)}$;

(3) $\sum\limits_{n=1}^{\infty} \left(\dfrac{1}{3^n} - \dfrac{1}{2^n} \right)$;

(4) $\sum\limits_{n=1}^{\infty} \dfrac{\sin n\pi}{3^n}$;

(5) $\sum\limits_{n=1}^{\infty} \dfrac{n^n}{(n!)^2}$;

(6) $\sum\limits_{n=1}^{\infty} n \sin \dfrac{\pi}{n}$;

(7) $\sum\limits_{n=1}^{\infty} \dfrac{(-1)^n}{n - \ln n}$;

(8) $\sum\limits_{n=1}^{\infty} (-1)^{n+1} \dfrac{n}{n+1}$;

(9) $\sum\limits_{n=1}^{\infty} \left(\dfrac{n}{n+1} \right)^n$.

2. 求下列幂级数的收敛区间, 并求其和函数.

(1) $\displaystyle\sum_{n=1}^{\infty} (n+1)\, x^n$;

(2) $\displaystyle\sum_{n=1}^{\infty} \dfrac{(-1)^{n-1}}{2n-1} x^{2n-1}$.

3. 将下列函数展开为 x 的幂级数.

(1) 3^x;　　　　　 (2) $\ln \dfrac{1-x}{1+x}$;　　　　　 (3) $\sin^2 x$;　　　　　 (4) $\dfrac{1}{(1-x)^2}$.

4. 将以 2π 为周期的函数 $f(x) = |x|$ $(-\pi \leqslant x < \pi)$ 展开为傅里叶级数.

本章提要

习题答案

第 12 章 数学建模简介

随着计算机的不断更新和科学技术的迅速发展, 数学的应用不仅在工程技术、自然科学等领域发挥着越来越重要的作用, 其以空前的广度与深度向经济、金融、生物、医学、环境、地质、人口、考古、交通等新领域渗透. 数学技术已经成为当代高新技术的重要组成部分.

用数学知识去研究和解决实际问题, 遇到的第一项工作就是建立恰当的数学模型. 从这个意义上讲, 可以说数学建模是一切科学研究的基础, 没有一个较好的数学模型, 就不可能得到较好的研究成果. 所以, 建立一个较好的数学模型是解决实际问题的关键之一.

12.1 数学模型与数学建模概述

随着科学技术的迅速发展, 数学模型这个词汇越来越多地出现在现代人的生产、工作和社会活动中. 电气工程师为了实现对生产过程的有效控制, 建立生产过程的数学模型, 从而对控制装置做出相应的设计. 气象工作者根据气象站、气象卫星汇集的气压、雨量、风速等资料建立数学模型, 从而得到更加准确的天气预报. 生理医学专家通过建立药物浓度在人体内随时间和空间变化的数学模型, 从而达到分析药物疗效、有效指导临床用药的目的. 城市规划工作者通过建立一个包括人口、经济、交通、环境等大系统的数学模型, 为领导层对城市发展规划的决策提供科学依据. 厂长、经理们根据产品的需求状况、生产条件和成本、贮藏费用等信息, 建立出一个合理安排生产和销售的数学模型, 使经济效益达到最大化. 对于广大的科学技术工作者和应用数学工作者, 建立数学模型是沟通摆在面前的实际问题与他们掌握的数学工具之间联系的一座必不可少的桥梁.

什么是数学模型? 简单地说, 就是把实际问题中各变量之间的关系用数学形式表示出来. 为了方便理解, 下面举例来说明.

(1) 古代数学名著《孙子算经》下卷中有这样一道趣味名题: 今有雉兔同笼, 上有三十五头, 下有九十四足, 问雉兔各几何? 用 x, y 分别表示雉与兔, 可以列出方程

$$x + y = 35, \quad 2x + 4y = 94.$$

实际上, 这组方程就是上述雉兔同笼问题的数学模型. 列出方程, 原问题已转

化为纯粹的数学问题. 方程的解为 $x = 23, y = 12$, 这就是雉兔同笼问题的答案.

(2) 美国总统竞选的模拟. 总统竞选是西方国家政治上的头等大事. 早在 20 世纪 30 年代美国有人企图用模拟的方法去预测一下评选结果, 于是国家出资成立一个专门的预测机构. 通过收集资料, 设计不同的模拟方法, 进行预测.

一般地说, 数学模型可以描述为: 对于现实世界的一个特定对象, 为了一个特定目的, 根据特有的内在规律, 作出一些必要的简化假设, 运用适当的数学工具, 得到的一个数学结构.

数学模型的分类方法有多种, 下面介绍常用的几种分类.

(1) 按照建模所用的数学方法的不同, 可分为: 人口模型、运筹学模型、微分方程模型、概率统计模型、控制论模型等.

(2) 按照数学模型应用领域的不同, 可分为人口模型、交通模型、体育模型、经济预测模型、金融模型、环境模型、生理模型、生态模型、企业管理模型等.

(3) 按照人们对建模机理的了解程度的不同, 有所谓的白箱模型、灰箱模型、黑箱模型. 这是把研究对象比喻为一个箱子里的机关, 我们要通过建模过程来揭示它的奥妙. 白箱主要指物理、力学等一些机理比较清楚的学科描述的现象以及相应的工程技术问题, 这些方面的数学模型大多已经建立起来, 还需深入研究的主要是针对具体问题的特定目的进行修正与完善, 或者是进行优化设计与控制等. 灰箱主要指生态、经济等领域中遇到的模型, 人们对其机理虽有所了解, 但还不很清楚, 故称为灰箱模型. 在建立和改进模型方面还有不少工作要做. 黑箱主要指生命科学、社会科学等领域中遇到的模型机理知之甚少, 甚至完全不清楚, 故称为黑箱模型. 人们对其在工程技术和现代化管理中, 有时会遇到这样一类问题: 由于因素众多、关系复杂以及观测困难等原因, 人们也常常将它作为灰箱或黑箱模型问题来处理. 应该指出的是, 这三者之间并没有严格的界限, 而且随着科学技术的发展, 情况也是不断变化的.

(4) 按照模型的表现特性可分为: 确定性与不确定性模型, 不确定模型包括随机性与模糊性模型; 静态模型与动态模型; 离散模型与连续模型; 线性模型与非线性模型.

作为一种数学思考方法, 数学模型是对现实的对象通过心智活动构造出的一种能抓住其重要而且有用的 (常常是形象化的或者是符号的) 表示. 更具体地, 它是指对于现实世界的某一特定对象, 为了某个特定目的, 做出一些必要的简化和假设, 利用适当的数学工具得到的一个数学结构. 它或者能解释特定现象的现实性态, 或者能预测对象的未来状况, 或者能提供处理对象的最优决策或控制.

数学建模是运用数学的语言和工具, 对部分现实世界的信息 (现象、数据) 加以翻译、归纳的产物. 数学模型经过演绎、求解以及推断, 给出数学上的分析、预测、决策或控制, 再经过翻译和解释, 回到现实世界中. 最后, 这些推论或结果必须经受实际的检验, 完成实践—理论—实践这一循环, 如果检验的结果是正确或基本正确的, 即可用来指导实际, 否则, 要重新考虑翻译、归纳的过程, 修改数学模型.

习 题 12.1

1. 举出两三个实例说明建立数学模型的必要性, 包括实际问题的背景、建模的目的、需要大体上什么样的模型以及怎样应用这些模型等等.

2. 从下面不太明确的叙述中确定要研究的问题, 要考虑哪些有重要影响的变量.

(1) 一家商场要建一个新的停车场, 如何规划照明设施;

(2) 一农民要在一块土地上做出农作物的种植规划;

(3) 一制造商要确定某种产品的产量及定价;

(4) 卫生部门要确定一种新药对某种疾病的疗效;

(5) 以滑雪场进行山坡滑道与上山缆车的规划.

12.2 数学建模的方法与步骤

现实世界中的实际问题是多种多样的, 而且大多比较复杂, 所以建立数学模型需要哪些步骤并没有固定的模式, 建立数学模型的方法也是多种多样的. 但是建立数学模型的方法和步骤也有一些共性的东西, 掌握这些共同的规律, 将有助于数学模型的建立.

12.2.1 数学建模的方法

数学建模的方法按大类来分, 大体上可分为如下三类.

1. 机理分析法

机理分析法就是根据人们对现实对象的了解和已有的知识、经验等, 分析研究对象中各变量 (因素) 之间的因果关系, 找出反映其内部机理规律的一类方法. 建立的模型常有明确的物理或现实意义. 使用这种方法的前提是我们对研究对象的机理应有一定的了解, 模型也要求具有反映内在特征的物理意义. 机理分析要针对具体问题来做, 因而没有统一的方法.

2. 测试分析法

测试分析法是一种统计分析法. 当我们对研究对象视为一个黑箱系统, 对系统的输入、输出数据进行观测, 并以这些实测数据为基础进行统计分析, 按照一定准则找出与数据拟合最好的模型. 当我们对对象的内部规律基本不清楚, 模型也不需要反映内部特征时, 就可以用测试分析法建立数学模型. 测试分析有一套完整的数学方法.

3. 综合分析法

对于某些实际问题, 人们常将上述两种建模方法结合起来使用, 例如用机理分析法确定模型结构, 再用测试分析法确定其中的参数.

12.2.2　数学建模的基本步骤

1. 模型准备

对原始实际问题进行调查了解, 抽象出语言叙述的模型及相应的数据条件等, 常称为原始模型 (建模竞赛时常换为问题重述). 实际上抽象出原始模型时常常已对模型的进一步建立及求解有了一些想法, 比如采用哪种类型模型等. 此步骤注意要将所有搜集到信息表述出来, 不得遗漏.

2. 模型的假设

这是非常关键的步骤, 不同的假设将导致不同的模型. 利用合理的、必要的假设, 可简化模型, 使无法下手的问题易于解决. 但过度地简化得到的模型可能无实用价值, 舍不得简化又可能导致得到一个无法求解的模型或模型的解非常复杂, 以致无法应用. 到底简化到什么程度要看问题的性质与建模的目的以及建立模型中的某些需要. 这里要提醒注意的是: 对于一个假设, 最重要的是, 它是否符合实际情况, 而不是为了解决问题的方便.

通常作出合理假设的依据: 一是出于对问题内在规律的认识; 二是来自对数据或现象的分析, 也是两者的综合. 作假设时既要运用与问题相关的物理、化学、生物、经济等方面的知识, 又要充分发挥想象力、洞察力和判断力, 善于辨别问题的主次, 抓住主要因素, 舍弃次要因素, 尽量使问题简化 (比如线性化、均匀化等). 经验在这里也常起重要作用.

有些假设在建模过程中才会发现. 因此在建模时要注意调整假设.

3. 模型的建立

根据所作的假设, 利用适当的数学工具, 建立各个量之间的等式或不等式关系, 列出表格, 画出图形或确定其他数学结构, 是建立数学模型的第三步. 为了完成这项数学模型的主体工作, 人们常常需要广阔的应用数学知识, 除了微积分、微分方程、线性代数及概率统计等基础知识外, 还会用到诸如规划论、排队论、图与网络及对策论等. 推而广之, 可以说任何一个数字分支都可能应用到建模过程中. 当然, 这并非要求你对数学的各个分支都精通, 事实上, 建模时还有一个原则, 即尽量采用简单的数学工具, 以便使更多的人了解和使用. 当然建模时需要有灵活、清醒的头脑和创造性思维的能力.

4. 模型的求解

根据模型的性质, 选择适当方法去解. 可能是解析方法, 也可能是求近似解. 再根据建模目的对系统进行预测、决策与控制.

5. 模型的检验

把上述结果翻译回原问题, 并与实际数据进行比较, 检验模型的适用性与合理性. 如果模型不实用, 必须从模型假设那里重新开始, 直到得到可用模型.

6. 模型的推广

在一个领域里解决问题时建立的模型, 常常简单地稍加处理推广到其他领域. 讨论一下这方面内容常可增加模型的应用价值.

习 题 12.2

1. 试举例说明数学建模的方法.

2. 人带着猫、鸡、米过河, 除需要人划船之外, 船至多能载猫、鸡、米三者之一. 而当人不在场时, 猫要吃鸡、鸡要吃米. 利用数学建模的步骤和方法设计一个安全过河方案, 使渡河次数尽量少.

12.3 数学建模实例

12.3.1 猪的最佳销售策略

1. 问题的提出

对于猪的商业性饲养和销售, 人们总是希望获得最大的利润, 在市场需求不变的情况下, 如果我们不考虑猪的饲养技术、水平及猪的类型等因素的影响, 那么影响销售利润的主要因素, 就是销售时机问题, 由于随着猪的生长, 单位时间消耗的饲养费用逐渐增多, 而猪的体重增长却逐渐变慢, 因此对猪的饲养时间过长是不合算的.

假定一头猪在开始饲养时的重量为 x_0, 在饲养后任意时刻 t 的重量为 $x(t)$, 对于某一品种的猪, 它的最大重量假定为 X_0, 猪的最小出售重量为 x_s, 相应的饲养时间为 t_s. 一头猪从开始饲养到时刻 t 所需的费用为 $y(t)$, 同时我们假定反映猪体重变化速度的参数为 α, 猪在达到最大重量后, 单位时间的饲养费为 y, 反映饲养费用变化大小的参数为 λ, 请根据上面的假设, 建立起猪的最佳销售时机的数学模型, 并用下面所给的数据验证你的模型.

假设 $X_0 = 200$(千克), $x_s = 75$(千克), $\alpha = 0.5$(千克/天), 猪的市场销售价设为 $c = 6$(元/千克), $y = 1.5$(元/天), $\lambda = 1$(元/天), $x_0 = 5$(千克).

2. 问题分析及数学模型

由于猪在进行饲养时已具有一定的体重, 而其体重的增加随饲养时间的延长逐渐减慢, 因此由 Logistic 模型可得 $\dfrac{\mathrm{d}x}{\mathrm{d}t} = \alpha \left(1 - \dfrac{x}{X_0}\right)$; 又由于猪的体重增加, 单位时间消耗的饲养费用就越多, 达到最大体重后, 饲养费用为常数 γ, 所以有 $\dfrac{\mathrm{d}y}{\mathrm{d}t} = \gamma - \lambda \left(1 - \dfrac{x}{X_0}\right)$, 因此, 得到微分方程

$$\begin{cases} \dfrac{\mathrm{d}x}{\mathrm{d}t} = \alpha \left(1 - \dfrac{x}{X_0}\right), \\ \dfrac{\mathrm{d}y}{\mathrm{d}t} = \gamma - \lambda \left(1 - \dfrac{x}{X_0}\right), \\ x(0) = x_0, \\ y(0) = 0, \end{cases}$$

求解可得

$$\begin{cases} x(t) = X_0 - (X_0 - x_0)\mathrm{e}^{-\frac{\alpha}{X_0}t}, \\ y(t) = \gamma t - \dfrac{\lambda}{\alpha}(X_0 - x_0)\left(1 - \mathrm{e}^{-\frac{\alpha}{X_0}t}\right). \end{cases} \tag{12.1}$$

养猪能否获利, 主要看猪从出生到 t_s 时, 如果出售是否可以获利, 因此, 获利的充要条件为

$$x_s c \geqslant x_0 c_0 + y(t_s), \tag{12.2}$$

其中 c_0 为仔猪的价格.

由 (12.1) 式可得

$$x_s = X_0 - \mathrm{e}^{-\frac{\alpha}{X_0}t}(X_0 - x_0),$$

解之可得

$$t_s = \frac{X_0}{\alpha} \ln \frac{X_0 - x_0}{X_0 - x_s},$$

将 (12.1) 式、(12.2) 式代入可得

$$\alpha(x_s c - x_0 c_0) + \lambda(x_s - x_0) \geqslant \gamma X_0 \ln \frac{X - x_0}{X - x_s}, \tag{12.3}$$

所以只要 (12.3) 式成立, 饲养就会获利.

设猪的最佳出售时机为 t^*, 由 (12.1) 式求导可得

$$\begin{cases} \dfrac{\mathrm{d}x}{\mathrm{d}t} = \alpha \left(1 - \dfrac{x_0}{X_0}\right) \mathrm{e}^{-\frac{\alpha}{X_0}t}, \\[3mm] \dfrac{\mathrm{d}y}{\mathrm{d}t} = \gamma - \lambda \left(1 - \dfrac{x_0}{X_0}\right) \mathrm{e}^{-\frac{\alpha}{X_0}t}. \end{cases} \tag{12.4}$$

由盈亏平衡原理, 即单位时间内由猪增加体重所获得的利润与消耗的饲养费用相等, 可得

$$c\frac{\mathrm{d}x}{\mathrm{d}t} = \frac{\mathrm{d}y}{\mathrm{d}t}.$$

由 (12.4) 式可得

$$c \cdot \alpha \mathrm{e}^{-\frac{\alpha}{X_0}t_0} \left(1 - \frac{x_0}{X_0}\right) = \gamma - \lambda \mathrm{e}^{-\frac{\alpha}{X_0}t_0} \left(1 - \frac{x_0}{X_0}\right),$$

解之可得

$$t_0 = \frac{X_0}{\alpha} \ln \frac{(c\alpha + \lambda)(X_0 - x_0)}{\gamma X_0}.$$

当 $\dfrac{\gamma X_0}{X_0 - x_s} < c\alpha + \lambda$ 时, $t_0 > t_s$. 故猪应在 $t^* = \dfrac{X_0}{\alpha} \ln \dfrac{(c\alpha + \lambda)(X_0 - x_0)}{\gamma X_0}$ 时出售.

当 $\dfrac{\gamma X_0}{X_0 - x_s} \geqslant c\alpha + \lambda$ 时, $t_0 \leqslant t_s$. 故猪应在 $t^* = t_s = \dfrac{X_0}{\alpha} \ln \dfrac{X_0 - x_0}{X_0 - x_s}$ 时出售 (因为猪必须长到 x_s).

3. 问题求解猪的最佳销售时间问题的计算

利用 Mathematica 计算可得猪的最佳销售时间为饲养到 382 天左右.

12.3.2 最优捕鱼策略

1. 问题的提出

这是 1996 年全国大学生数学建模竞赛的 A 题, 问题如下:

为保护人类赖以生存的自然环境, 可再生资源 (如渔业、林业等资源) 的开发必须适度. 一种合理、简化的策略是, 在实现可持续收获的前提下, 追求最大产量或最佳效益.

考虑对某种鱼的最优捕捞策略:

假设这种鱼分 4 个年龄组: 称 1 龄鱼、2 龄鱼、3 龄鱼、4 龄鱼. 各年龄组每条鱼的平均重量分别为 5.07, 11.55, 17.86, 22.99 (克); 各年龄组鱼的自然死亡

率均为 0.8(1/年); 这种鱼为季节性集中产卵繁殖, 平均每条 4 龄鱼的产卵量为 1.109×10^5(个), 3 龄鱼的产卵量为这个数的一半, 2 龄鱼和 1 龄鱼不产卵, 产卵和孵化期为每年的最后 4 个月; 卵孵化并成活为 1 龄鱼, 成活率为 (1 龄鱼条数与产卵总量 n 之比) $1.22 \times 10^{11}/(1.22 \times 10^{11} + n)$.

渔业管理部门规定, 每年只允许在产卵孵化期的前 8 个月内进行捕捞作业. 如果每年投入的捕捞能力 (如渔船数、下网次数等) 固定不变, 这时单位时间捕捞量将与各年龄组鱼群条数成正比, 比例系数不妨称为捕捞强度系数. 通常使用 12mm 网眼的拉网, 这种网只能捕捞 3 龄鱼和 4 龄鱼, 其两个捕捞强度系数之比为 0.42 : 1. 渔业上称这种方式为固定努力量捕捞.

(1) 建立数学模型分析如何实现可持续捕捞 (即每年开始捕捞时渔场中各年龄组鱼群条数不变), 并且在此前提下得到最高的年收获量 (捕捞总重量).

(2) 某渔业公司承包这种鱼的捕捞业务 5 年, 合同要求 5 年后鱼群的生产能力不能受到太大破坏. 已知承包时各年龄组鱼群数量分别为 122, 29.7, 10.1, 3.29 ($\times 10^9$ 条). 如果仍用固定努力量捕捞的方式, 该公司采用怎样的策略才能使总收获量最高.

2. 模型假设及符号说明

(1) 假设只考虑一种鱼的繁殖和捕捞, 鱼群增长过程中不考虑鱼的迁入与迁出.

(2) 假设各年龄组的鱼在一年内的任何时间都会发生自然死亡, 产卵可在后四个月内任何时间发生.

(3) 假设 3 龄鱼、4 龄鱼全部具有繁殖能力, 或者虽然雄鱼不产卵, 但平均产卵量掩盖了这一差异.

(4) 假设产卵期鱼的自然死亡率发生于产卵之后.

(5) 假设各年龄组的鱼经过一年后, 即进入高一级的年龄组, 但 4 龄鱼经过一年后仍视为 4 龄鱼.

(6) 假设对鱼的捕捞用固定努力量捕捞方式, 每年的捕捞强度系数保持不变, 且捕捞只在前八个月进行.

(7) 假设 t 时刻 i 龄鱼的数量为 $N_i(t)(i = 1, 2, 3, 4)$.

(8) 假设第 k 年初 i 龄鱼的数量为 $N_{i0}^{(k)}$; 第 k 年底 i 龄鱼的数量为 $N_{i1}^{(k)}(i = 1, 2, 3, 4)$.

(9) 假设鱼的自然死亡率为 r; 4 龄鱼的平均产卵量为 c.

(10) 假设第 i 龄鱼的平均重量为 $M_i(i = 1, 2, 3, 4)$.

(11) 假设第 k 年鱼的产卵总量为 Q^k.

(12) 假设对第 i 龄鱼的捕捞强度系数为 b_i; 对 i 龄鱼的年捕捞量为 a_i ($i = 1, 2, 3, 4$).

(13) 假设年总收获量为 M, 即 $M = M_3 a_3 + M_4 a_4$.

(14) 假设 5 年的总收获量为 M', 即 $M' = \sum_{i=1}^{5} M_i$.

3. 问题分析及数学模型

由已知条件, 可得 $r = 0.8, c = 1.109 \times 10^5$.

$$M_1 = 5.07; \quad M_2 = 11.55; \quad M_3 = 17.86; \quad M_4 = 22.99.$$

$b_1 = b_2 = 0$; $b_3 = 0.42E$; $b_4 = E$ (E 为捕捞努力量), r 为自然死亡率, 在 $[t, t + \Delta t]$ 内, 根据死亡率的定义, 由于不捕捞 1 龄鱼、2 龄鱼, 所以

$$r = \lim_{\Delta t \to 0} \frac{N_i(t) - N_i(t + \Delta t)}{\Delta t N_i(t)} = -\frac{1}{N_i(t)} \frac{\mathrm{d} N_i(t)}{\mathrm{d} t}, \quad i = 1, 2.$$

变形可得

$$\begin{cases} \dfrac{\mathrm{d} N_i(t)}{\mathrm{d} t} = -r N_i(t), \\ N_i(t)|_{t=0} = N_{i0}, \end{cases} \quad i = 1, 2. \tag{12.5}$$

解得 $N_i(t) = N_{i0} \mathrm{e}^{-rt}, i = 1, 2$.

对于 3 龄鱼、4 龄鱼由于捕捞在前 8 个月进行, 因此, 前 8 个月, 捕捞与死亡均影响鱼的变化, 因而微分方程变形为

$$\begin{cases} \dfrac{\mathrm{d} N_i(t)}{\mathrm{d} t} = -\left[r + H\left(t - \dfrac{2}{3} \right) b_i \right] N_i(t), \\ N_i(t)|_{t=0} = N_{i0}, \end{cases} \quad i = 3, 4, \tag{12.6}$$

其中

$$H\left(t - \frac{2}{3} \right) = \begin{cases} 0, & t > \dfrac{2}{3}, \\ 1, & t \leqslant \dfrac{2}{3}. \end{cases}$$

由 (12.6) 式解得

$$N_i(t) = N_{i0} \mathrm{e}^{-\left[r + H\left(t - \frac{2}{3} \right) b_i \right] t}, \quad i = 3, 4. \tag{12.7}$$

令 $N_{i1}^{(k)}$ 为 i 龄鱼在第 k 年底时的数量, $N_{i0}^{(k)}$ 为 i 龄鱼在 k 年初时的数量, 得到 1 龄鱼、2 龄鱼第 k 年末的数量分别为

$$\begin{cases} N_{11}^{(k)} = N_{10}^{(k)} \mathrm{e}^{-r}, \\ N_{21}^{(k)} = N_{20}^{(k)} \mathrm{e}^{-r}. \end{cases} \tag{12.8}$$

对于 3 龄鱼、4 龄鱼, 在第 8 个月末数量由 (12.6) 式可得

$$
\begin{cases}
N_{31}^{(k)} = N_{30}^{(k)} \mathrm{e}^{-(r+b_3)\frac{2}{3}}, \\
N_{41}^{(k)} = N_{40}^{(k)} \mathrm{e}^{-(r+b_3)\frac{2}{3}}.
\end{cases}
\tag{12.9}
$$

在后 4 个月, 对于 3 龄鱼、4 龄鱼, 只有死亡率起作用, 因而微分方程为

$$
\begin{cases}
\dfrac{\mathrm{d}N_i(t)}{\mathrm{d}t} = -rN_i(t), \\
N_i(t)\Big|_{t=\frac{2}{3}} = N_{i1}^{(k)},
\end{cases}
\quad i = 3, 4,
$$

解得

$$
N_i(t) = N_{i1}^{(k)} \cdot \mathrm{e}^{-rt}.
$$

因而, 3 龄鱼、4 龄鱼在 k 年末的数量分别为

$$
\begin{cases}
N_{31}^{(k)} = N_{30}^{(k)} \mathrm{e}^{-(r+b_3)\frac{2}{3}} \cdot \mathrm{e}^{-\frac{1}{3}r} = N_{30}^{(k)} \mathrm{e}^{-r-\frac{2}{3}b_3}, \\
N_{41}^{(k)} = N_{40}^{(k)} \mathrm{e}^{-(r+b_4)\frac{2}{3}} \cdot \mathrm{e}^{-\frac{1}{3}r} = N_{40}^{(k)} \mathrm{e}^{-r-\frac{2}{3}b_4}.
\end{cases}
\tag{12.10}
$$

将 (12.8) 式与 (12.10) 式合在一起, 得到在第 k 年底各龄鱼的数量为

$$
\begin{cases}
N_{11}^{(k)} = N_{10}^{(k)} \mathrm{e}^{-r}, \\
N_{21}^{(k)} = N_{20}^{(k)} \mathrm{e}^{-r}, \\
N_{31}^{(k)} = N_{30}^{(k)} \mathrm{e}^{-r-\frac{2}{3}b_3}, \\
N_{41}^{(k)} = N_{40}^{(k)} \mathrm{e}^{-r-\frac{2}{3}b_4}.
\end{cases}
\tag{12.11}
$$

由假设, 到年底第 i 龄鱼全部转化为 $i+1$ 龄鱼 $(i = 1, 2, 3, 4)$, 同时由卵孵化产生 1 龄鱼, 于是得到

$$
\begin{cases}
N_{20}^{(k)} = N_{11}^{(k-1)}, \\
N_{30}^{(k)} = N_{21}^{(k-1)}, \\
N_{40}^{(k)} = N_{31}^{(k-1)} + N_{41}^{(k-1)}, \\
N_{10}^{(k)} = \dfrac{d \cdot Q^{(k-1)}}{d + Q^{(k-1)}},
\end{cases}
\tag{12.12}
$$

其中 $d = 1.22 \times 10^{11}$, $Q^{(k-1)}$ 为第 $k-1$ 年总产卵量, 且

$$Q^{(k-1)} = \left[\frac{1}{2}N_3^{(k-1)} + N_4^{(k-1)}\right]c = \left[\frac{1}{2}e^{-\frac{2}{3}b_3} \cdot N_{30}^{(k-1)} + e^{-\frac{2}{3}b_4} \cdot N_{40}^{(k-1)}\right] \cdot e^{-\frac{1}{3}rc}$$

$$= 32529.55e^{-\frac{2}{3}b_3}N_{30}^{(k-1)} + 65059.1e^{-\frac{2}{3}b_4} \cdot N_{40}^{(k-1)}. \tag{12.13}$$

此外, 我们还求得每年对 3 龄鱼、4 龄鱼的总捕捞量为

$$M = \int_0^{\frac{2}{3}} (M_3b_3N_3(t) + M_4b_4N_4(t))\mathrm{d}t$$

$$= \frac{M_3b_3}{r+b_3}\left[1 - e^{-\frac{2}{3}(r+b_3)}\right]N_{30}^{(k)} + \frac{M_4b_4}{r+b_4}\left[1 - e^{-\frac{2}{3}(r+b_4)}\right]N_{40}^{(k)}$$

$$= M_3a_3 + M_4a_4,$$

其中

$$a_3 = \frac{b_3}{r+b_3}\left[1 - e^{-\frac{2}{3}(r+b_3)}\right]N_{30}^{(k)}, \quad a_4 = \frac{b_4}{r+b_4}\left[1 - e^{-\frac{2}{3}(r+b_4)}\right]N_{40}^{(k)}.$$

4. 模型的分析与计算

1) 年度产量最优模型及其计算

为了实现可持续捕捞, 即要求 $N_{i0}^{(k)} = N_{i0}^{(k-1)}$, 在此前提下获得最高年收获量. 结合基本模型, 即可得到年度产量最优模型.

$$\max M = \max\{M_3a_3 + M_4a_4\},$$

$$\begin{cases} N_{11}^{(k)} = N_{10}^k e^{-r}, \quad N_{21}^{(k)} = N_{20}^k e^{-r}, \\ N_{31}^{(k)} = N_{30}^k e^{-r-\frac{2}{3}b_3}, \quad N_{41}^{(k)} = N_{40}^k e^{-r-\frac{2}{3}b_4}, \\ N_{20}^{(k)} = N_{11}^{(k-1)}, \quad N_{30}^{(k)} = N_{21}^{(k-1)}, \\ N_{40}^{(k)} = N_{31}^{(k-1)} + N_{41}^{(k-1)}, \quad N_{10}^{(k)} = \frac{d \cdot Q^{(k-1)}}{d + Q^{(k-1)}}, \\ Q^{(k-1)} = 32529.55N_{30}^{(k-1)}e^{-\frac{2}{3}b_3} + 65059.1N_{40}^{(k-1)}e^{-\frac{2}{3}b_4}. \end{cases}$$

利用 $N_{i0}^{(k)} = N_{i0}^{(k-1)}$, 也就是 $N_{i0}^{(k)}$, $N_{i1}^{(k)}$, $Q^{(k)}$ 等与时间 k 无关, 化简得

$$\max M = \max\{M_3a_3 + M_4a_4\},$$

$$N_{10} = \frac{d \cdot Q}{d + Q},$$

$$N_{40} = e^{-\left(3r+\frac{2}{3}b_3\right)}N_{10} + e^{-\left(r+\frac{2}{3}b_4\right)}N_{40},$$

$$Q = 32529.55\mathrm{e}^{-2r-\frac{2}{3}b_4} + 65059.1\mathrm{e}^{-\frac{2}{3}b_4}N_{40}.$$

利用 MATLAB 计算得

$$b_3 = 7.3359, \quad b_4 = 17.4664, \quad \max M = 3.8886\mathrm{e}+011.$$

各年龄组数为

$$N_1 = 1.1958\mathrm{e}+011, \quad N_2 = 5.3730\mathrm{e}+010,$$

$$N_3 = 2.4142\mathrm{e}+010, \quad N_4 = 8.1544\mathrm{e}+007.$$

2) 承包期总产量模型及其计算

由于承包时鱼群的年龄组成尚未处于可持续捕捞的状态, 因此不能简单地采用前面所得到的最优可持续捕捞的结果. 问题中寻求收获最高的捕捞策略的条件是鱼群的生产力不能受到太大的破坏, 我们可以把这个条件理解为捕捞五年后鱼群的年龄组成尽量接近于可持续捕捞鱼群的年龄结构. 这时最优收获的问题就化为寻找一个收获的策略使得五年的鱼产量最高, 而五年后鱼群的年龄构成尽量接近.

首先, 考虑无捕捞时鱼群的变化情况, 在年度最优模型中, 令 $b_3 = b_4 = 0$, 可以得到无捕捞时鱼群繁殖达到稳定状况的鱼群分布. 此时, 各年龄组鱼条数为

$$N_1^* = 1.2199 \times 10^{11}, \quad N_2^* = 5.4815 \times 10^{10},$$
$$N_3^* = 2.4630 \times 10^{10}, \quad N_4^* = 2.0097 \times 10^{10}.$$

其次, 以 $N_1 = N_1^*, N_2 = N_2^*, N_3 = N_4 = 0$ 为初值, 用基本模型 (12.11)—(12.13) 式进行递推计算, 经过六年左右的时间, 鱼群即达到稳定状态. 类似地, 以 $N_1 = N_2 = 0, N_3 = N_3^*, N_4 = N_4^*$ 为初值时进行递推计算, 可经过二年至三年的时间, 鱼群即达到稳定状态.

我们认为要使生产能力不受到太大的破坏, 只需保证 5 年后, 即第 6 年初 3 龄鱼、4 龄鱼的数量保持在一定范围内即可. 另外, 由于生物学界认同的观点; 只有种群减至低于最大持续产量水平时, 资源才算开发过度. 为此我们构造目标函数

$$Y = \sqrt{[M_3(N_{30}^{(6)} - N_3)]^2 + [M_4(N_{40}^{(6)} - N_4)]^2},$$

其中, N_3, N_4 为可持续捕捞时的鱼群数量.

根据以上分析, 令 $M' = \sum_{i=1}^{5} M_i$ 为五年总产量之和, 我们可得承包期总产量模型

$$\max Z = \max\{M' - Y\},$$

$$
\begin{cases}
N_{11}^{(k)} = N_{10}^{k}\mathrm{e}^{-r}, \quad N_{21}^{(k)} = N_{20}^{k}\mathrm{e}^{-r}, \\
N_{31}^{(k)} = N_{30}^{k}\mathrm{e}^{-r-\frac{2}{3}b_3}, \quad N_{41}^{(k)} = N_{40}^{k}\mathrm{e}^{-r-\frac{2}{3}b_4}, \\
N_{20}^{(k)} = N_{11}^{(k-1)}, \quad N_{30}^{(k)} = N_{21}^{(k-1)}, \\
N_{40}^{(k)} = N_{31}^{(k-1)} + N_{41}^{(k-1)}, \quad N_{10}^{(k)} = \dfrac{d \cdot Q^{(k-1)}}{d + Q^{(k-1)}}, \\
Q^{(k-1)} = 32529.55 N_{30}^{(k-1)} \mathrm{e}^{-\frac{2}{3}b_3} + 65059.1 N_{40}^{(k-1)} \mathrm{e}^{-\frac{2}{3}b_4}.
\end{cases}
$$

利用 MATLAB 计算得

$$
b_4 = 17.5772, \quad M' = 1.6055\mathrm{e}+012, \quad Y = 5.9828\mathrm{e}+009, \quad z = 5995\mathrm{e}+012.
$$

第六年初各年龄组鱼的数量

$$
N_{61} = 1.1941\mathrm{e}+011, \quad N_{62} = 5.3640\mathrm{e}+010,
$$

$$
N_{63} = 2.4127\mathrm{e}+010, \quad N_{64} = 7.7658\mathrm{e}+007.
$$

每年的鱼捕捞量分别为

$$
\mathrm{Mh1} = 1.0\mathrm{e}+011 \times 2.3440, 2.1485, 3.9617, 3.7783, 3.8222.
$$

12.3.3 最佳订票问题

1. 问题提出

在激烈的市场竞争中, 航空公司为争取更多的客源而开展的一个优质服务项目是预订票业务. 公司承诺, 预先订购机票的乘客如果未能按时前来登机, 可以乘坐下一班飞机或退票, 无需附加任何费用. 当然也可以订票时只订座, 登机时才付款, 这两种办法对于下面的讨论是等价的.

设某种型号的飞机容量为 n, 若公司限制预订 n 张机票, 那么, 由于总会有一些订了机票的乘客不按时来登机, 致使飞机因不满员飞行而利润降低, 甚至亏本, 如果不限制订票数量, 那么当持票按时前来登机的乘客超过飞机容量时, 必然会引起那些不能登机飞走的乘客 (以下称为被挤掉者) 的抱怨. 公司不管以什么方式予以补救, 都会导致受到一定的经济损失, 如客源减少, 或挤到以后班机的乘客, 公司要无偿供应食宿或者付给一定的赔偿金等. 这样, 综合考虑公司的经济利益, 必然存在一个恰当的订票数量和限额.

假设飞机容量为 300, 乘客准时到达机场而未乘上飞机的赔偿费是机票价格的 10%, 飞行费用与飞机容量、机票价格成正比 (由统计资料知, 比例系数为 0.6, 乘客不按时前来登机的概率为 0.03), 请你:

(1) 建立一个数学模型, 给出衡量公司经济利益和社会声誉的指标, 对上述预订票业务确定最佳的预订票数量.

(2) 考虑不同客源的不同需要, 如商人喜欢上述这种无约束的预订票业务, 他们宁愿接受较高的票价; 而按时上下班的职员或游客, 愿意以若不能按时前来登机, 则机票失效为代价, 换取较低额的票价. 公司为降低风险, 可以把后者作为基本客源. 根据这种实际情况, 制定更好的预订票策略.

2. 模型的假设及符号说明

1) 模型的假设

(1) 假设预订票的乘客是否按时前来登机是随机的.

(2) 假设已预订票的乘客不能前来登机的乘客数是一个随机变量.

(3) 假设飞机的飞行费用与乘客的多少无关.

2) 符号说明

n: 飞机的座位数, 即飞机的容量.

g: 机票的价格.

f: 飞行的费用.

b: 乘客准时到达机场而未乘上飞机的赔偿费.

m: 售出的机票数.

k: 已预订票的乘客不能前来登机乘客数, 即迟到的乘客数, 它是一个随机变量.

p_k: 已预订票的 m 个乘客中有 k 个乘客不能按时前来登机的概率.

p: 每位乘客迟到的概率.

$P_j(m)$: 已预订票前来登机的乘客中至少挤掉 j 人的概率, 即社会声誉指标.

S: 公司的利润.

ES: 公司的平均利润.

3. 问题的分析及数学模型

1) 问题的分析

通过上面引进的符号易知, 赔偿费 $b = 0.1g$, 飞行费用 $f = 0.6ng$, 每位乘客迟到概率 $p = 0.03$, 已预订票的 m 个乘客中, 恰有 k 个乘客不能按时前来登机, 即迟到的乘客数 k 服从二项分布 $B(m, p)$, 此时,

$$p_k = \mathrm{C}_m^k p^k (1-p)^{m-k} \quad (k = 0, 1, 2, \cdots, m).$$

当 $m - k \leqslant n$ 时, 说明 $m - k$ 个乘客全部登机, 此时利润

$$S = (m - k)g - f.$$

当 $m - k > n$ 时, 说明有 n 个乘客登机, 有 $m - k - n$ 个乘客没有登上飞机, 即被挤掉了, 此时利润

$$S = ng - f - (m - k - n)b.$$

根据以上的分析, 利润 S 可表示为

$$S = \begin{cases} (m-k)g - f, & m-k \leqslant n \quad (k \geqslant m-n), \\ ng - f - (m-k-n)b, & m-k > n \quad (k < m-n). \end{cases}$$

迟到的乘客数 $k = 0, 1, 2, \cdots, m-n-1$ 时, 说明有 $m-k-n$ 个乘客被挤掉了;

迟到的乘客数 $k = m-n, m-n+1, \cdots, m$ 时, 说明已来的 $m-k$ 个乘客全部登机了.

于是平均利润

$$\text{ES} = \sum_{k=0}^{m-n-1} [ng - f - (m-k-n)b]p_k + \sum_{k=m-n}^{m} [(m-k)g - f]p_k.$$

因为

$$\sum_{k=m-n}^{m} [(m-k)g - f]p_k = (mg - f)\left(1 - \sum_{k=0}^{m-n-1} p_k\right) - g\left(\sum_{k=0}^{m} kp_k - \sum_{k=0}^{m-n-1} kp_k\right)$$

$$= (mg - f) - (mg - f)\sum_{k=0}^{m-n-1} p_k - gE(k) + g\sum_{k=0}^{m-n-1} kp_k,$$

所以

$$\text{ES} = \sum_{k=0}^{m-n-1} (ng - f - (m-k-n)b)p_k + (mg - f)$$

$$- (mg - f)\sum_{k=0}^{m-n-1} p_k - gE(k) + g\sum_{k=0}^{m-n-1} kp_k$$

$$= (m - E(k))g - f + \sum_{k=0}^{m-n-1} [ng - f - (m-k-n)b - (mg - f) + gk]p_k$$

$$= (m - E(k))g - f - (b + g)\sum_{k=0}^{m-n-1} (m-k-n)p_k.$$

由于 $k \sim B(n,p), p_k = \mathrm{C}_m^k p^k (1-p)^{m-k}$, 可知随机变量 k 的数学期望 $E(k) = mp$, 此时,

$$\mathrm{ES} = (1-p)mg - f - (b+g) \sum_{k=0}^{m-n-1} (m-k-n)\mathrm{C}_m^k p^k (1-p)^{m-k}.$$

2) 数学模型

通过以上对问题的分析, 可以在一定的社会声誉指标 $P_j(m)$ 范围内, 寻求合适的 m, 根据 $f = 0.6ng$ 的关系, 使得目标函数 ES/f 达到最大, 即

$$\max \frac{\mathrm{ES}}{f} = \frac{1}{0.6N} \left[(1-p)m - \left(1 + \frac{b}{g}\right) \sum_{k=0}^{m-n-1} (m-k-n)\mathrm{C}_m^k p^k (1-p)^{m-k} \right] - 1$$

$$= \frac{1}{180} \left[0.97m - 1.1 \sum_{k=0}^{m-n-1} (m-k-300)\mathrm{C}_m^k p^k (1-p)^{m-k} \right] - 1.$$

下面考虑社会声誉指标.

由于 $m = n + k + j$, 所以 $k = m - n - j$, 即当被挤掉的乘客数为 j 时, 等价的说法是恰有 $m - n - j$ 个迟到的乘客.

公司希望被挤掉的乘客人数不要太多, 被挤掉的概率不要太大, 可用至少挤掉 j 人的概率作为声誉指标, 相应地 k 的取值范围为 $k = 0, 1, 2, \cdots, m-n-j$, 社会声誉指标

$$P_j(m) = \sum_{k=0}^{m-n-j} \mathrm{C}_m^k p^k (1-p)^{m-k}.$$

4. 模型求解

为了对上述模型进行求解, 可以分别给定 m, 比如 $m = 305, 306, \cdots, 350$, 计算 ES/f, 同时, 给定 j, 比如取 $j = 5$, 计算社会声誉指标 $P_j(m)$, 从中选取使 ES/f 最大且社会声誉指标 $P_j(m)$ 小于等于某个 α (比如取 $\alpha = 0.05$) 的最佳订票数 m.

利用 MATLAB 计算得

m	ES	P
305	0.6436	9.2338e-005
306	0.6490	9.3723e-004
307	0.6543	0.0048
308	0.6596	0.0167

续表

m	ES	P
309	0.6649	0.0442
310	0.6703	0.0952
311	0.6756	0.1742
312	0.6810	0.2796
313	0.6864	0.4028
314	0.6917	0.5314
315	0.6971	0.6525
316	0.7024	0.7566
317	0.7078	0.8388
318	0.7122	0.8890
319	0.7185	0.9399
320	0.7239	0.9661
321	0.7293	0.9818
322	0.7347	0.9907
323	0.7400	0.9954
324	0.7454	0.9979
325	0.7508	0.9990

从计算结果易见, 当 $m = 309$ 时, 社会声誉指标 $P_5(309) = 0.0442 < 0.05$, 当 $m = 310$ 时, 社会声誉指标 $P_5(310) = 0.0952 > 0.05$, 所以为了使 ES$/f$ 尽量大, 且要满足社会声誉指标 $P_5(m) < 0.05$, 则最佳订票数可取 $m = 309$.

5. 问题的进一步讨论

对于问题中的第二个小问题, 可将乘客分为两类, 一类如商人可采用较高的票价; 另一类乘客, 比如上下班的职员或游客. 可设 m 张预订票中有 ω 张折扣票, 折扣票价为 $\alpha g\, (\alpha < 1)$, 但若不按时前来登机, 责任自负. 然后做出合理的简化假设, 可建立类似的模型, 计算并分析结果. 注意这里多了两个参数 α 和 ω.

习 题 12.3

1. 天然气储量问题. 天然气资源是现代社会重要的基础能源之一, 应合理地开发和利用. 对开发公司而言, 准确地预测天然气的产量和可采储量, 始终是一项重要而又艰难的工作, 下面是某天然气公司在 1957—1976 年 20 年间对某气田产量的统计资料 (表 12.1).

表 12.1 某气田 1957 年至 1976 年产量表

年度	1957	1958	1959	1960	1961	1962	1963	1964	1965	1966
产量/$10^8\mathrm{m}^3$	19	43	59	82	92	112	128	148	151	157
年度	1967	1968	1969	1970	1971	1972	1973	1974	1975	1976
产量/$10^8\mathrm{m}^3$	158	155	127	109	89	79	70	60	53	45

试根据所给的数据资料, 建立起该气田产量的预测模型, 并验证所建立模型的合理性.

2. 营养配餐问题. 每种蔬菜含有的营养素是不同的. 某医院营养室在制定下一周菜单时, 需要确定表 12.2 中所列六种蔬菜的供应量, 以便使费用最小而又能满足营养素等其他方面的要求. 规定白菜的供应一周内不多于 20 千克, 其他蔬菜的供应在一周内不多于 40 千克, 每周共需供应 140 千克蔬菜, 为了使费用最小又满足营养素等其他方面的要求, 问在下一周内应当供应每种蔬菜各多少千克?

表 12.2

序号	蔬菜	每份所含营养素单位数					每千克费用
		镁	磷	维生素 A	维生素 C	烟酸	
1	青豆	0.45	10	415	8	0.30	5
2	胡萝卜	0.45	28	9065	3	0.35	5
3	菜花	1.05	59	2550	53	0.60	8
4	白菜	0.40	25	75	27	0.15	2
5	甜菜	0.50	22	15	5	0.25	6
6	土豆	0.50	75	235	8	0.80	3
要求蔬菜提供的营养		6	25	17500	245	5.00	

本章提要

全国大学生数学
建模竞赛简介

第 13 章   MATLAB 软件基本应用

MATLAB 由矩阵 (Matrix) 和实验室 (Laboratory) 两个词的前三个字母组合而成, 顾名思义, 相当于把矩阵放在实验室里做实验. 它是美国 MathWorks 公司出品的商业数学软件. 该产品集各种计算、绘图、可视化显示结果为一体, 可广泛应用于数学计算、算法开发、数学建模、系统仿真、数据分析处理及可视化、科学和工程绘图, 是大学教育和科学研究不可或缺的工具.

13.1   MATLAB 基础知识

13.1.1   MATLAB 的安装和工作环境

1. MATLAB 的安装

MATLAB 对计算机系统的硬件要求不高, 当前的主流配置基本可以满足. 具体的安装过程与一般应用软件基本相同, 需要注意的是, 安装过程中 MATLAB 的功能组件是可以分项安装的, 帮助文档也可以选择是否安装. 一般建议安装帮助文档, 功能组件只需要选择 MATLAB 安装包就可以了, 高级用户可以选择适当的工具箱组件.

2. MATLAB 的工作环境

安装 MATLAB 后, 可将其快捷图标置于桌面上, 双击快捷图标使之启动, 启动后的对话框.

启动界面上通常出现以下常用窗口:

1) [Command Windows] 窗口 (指令窗口)

MATLAB 的命令提示符为 ">>", 在提示符后键入命令, 按下回车键, 系统将执行所输入的命令, 最后给出计算结果.

2) [Workspace] 窗口 (工作台)

该窗口列出了程序计算过程中产生的变量及其对应的数据的尺寸、字节和类型. 选中一个变量, 右击则可根据菜单进行相应操作.

3) [Command History] (指令的历史记录)

该窗口记录着用户每一次开启 MATLAB 的时间, 以及每一次开启 MATLAB 后在指令窗口中运行过的所有指令行. 这些指令行记录可以被复制到指令窗口中再运行, 从面可减少重新输入的麻烦. 选中该窗口中的任一指令记录, 然后右击, 则可根据菜单进行相应操作.

4) [Current Directory] (当前目录选项)

显示当前目录下所有文件的文件名、文件类型和文件最后修改时间.

MATLAB 的其他常用窗口还有:

5) M 文件窗口

制作 M 文件是 MATLAB 的另一种运行方式. MATLAB 窗口中, 在 File 菜单的下拉菜单中依次选择 New→M-file, 可以打开 M 文件的输入运行界面. 在这个界面, 可以编辑 M 文件并调试.

6) 图形窗口

在 MATLAB 窗口的 File 下拉菜单中依次选择 New→Figure, 可以打开 MATLAB 的图形窗口, 利用图形窗口的菜单和工具栏选项, 可以对图形进行包括线条、颜色、三维视图、坐标轴等内容的设置.

13.1.2   基本操作和输入

1. 语言规则及特殊操作

MATLAB 要区分大小写, 它的命令全是小写的; 一行可以输入几个命令, 用 ";" 或 "," 隔开. 如句末用 ";" 则该命令的执行结果不显示 (图形函数除外); 如用 "," 或没有输入标点符号, 将显示执行结果.

在 MATLAB 中, 有很多的控制键和方向键可用于命令的编辑. 如 Ctrl+C 可以用来终止正在执行的 MATLAB 的工作, ↑ 和 ↓ 两个箭头键可以将所用过的指令调回来重复使用. 还有一些键, 如 Home、End 键的用法与一般应用程序相同.

如果输入的命令语句超过一行, 或者希望分行输入, 可以在行尾加上三个句点 (···) 续行. 使用续行符后, 系统会自动将前一行保留而不加以计算, 并与下一行衔接, 完整命令执行再计算整个输入结果.

2. 数学常数与基本函数

MATLAB 中提供若干特殊的常量, 如表 13.1 所示.

表 13.1   特殊变量

pi	圆周率	eps	机器无穷小
i (或 j)	虚数单位	nan(或 NaN)	不确定值
inf (或 Inf)	无穷大	ans	内部默认变量名

MATLAB 中有一组常用数学函数, 其使用格式为: 函数名 ( ), 且函数名为小写字母, 如表 13.2.

表 13.2　常用函数名及其含义

名称	含义	名称	含义	名称	含义
sin	正弦	asin	反正弦	abs	绝对值
cos	余弦	acos	反余弦	sqrt	开平方
tan	正切	atan	反正切	exp	以 e 为底的指数
cot	余切	acot	反余切	log	自然对数
sec	正割	asec	反正割	log2	以 2 为底的对数
csc	余割	acsc	反余割	round	四舍五入取整

3. 语句的输入

MATLAB 语句的一般形式为: 变量 = 表达式. 当某一语句的输入完成后回车, 计算机就执行该命令. 并将表达式的结果赋值给该变量. 如果语句中省略了变量和等号, 那么计算机将结果赋值给默认变量 ans.

变量命名的规则是:

第一个字母必须是英文字母, 字符间不可留空格, 字母 A~Z、a~z、数字和下划线 '-' 可以作为变量名. 变量名也区分大小写, 两个字符串表示的变量, 字母都相同, 大小写不同, 也视为不同的变量.

表达式除可由常量、变量和函数运算符组成外, 特别地, 也可以是图形结果.

+、−、*、/、^分别为加、减、乘、除、乘方运算的输入符号. 而 "%" 为说明符号, 可在输入命令完成后对语句进行解释说明. "syms x" 用命令函数 syms 生成符号表达式 x, x 在使用之前通常需要先定义, 格式为 syms a b x 或 sym('sin(x)/x'), 也可直接定义 y='(1+x)^x'. clear 用于清除内存中原先保存的变量, 为了保证程序的正确运行, 请经常在程序开头输入.

例 13.1　计算 $5 \times 6 - 3 \div 6 + 10$.

解　>> clear
>> syms x
>> x=5*6-3/6+10　　%变量设为 x, 将等式右边结果赋值给 x
按回车键结果为
　　x=
　　　39.5000
省略变量 x
>> 5*6-3/6+10　　%省略变量 x 及等号, 结果赋值给默认变量 ans
按回车键结果为
　　ans=
　　　39.5000

13.2　用 MATLAB 软件进行微积分及方程运算

13.2.1　微积分计算

1. 用 MATLAB 求极限

命令 "limit" 用来求极限, 其格式为

(1) limit(f) 用来求 $\lim\limits_{x\to 0} f(x)$;

(2) limit(f,x,a) 用来求 $\lim\limits_{x\to a} f(x)$;

(3) limit(f,x,a,'left') 用来求 $\lim\limits_{x\to a^-} f(x)$;

(4) limit(f,x,a,'right') 用来求 $\lim\limits_{x\to a^+} f(x)$;

(5) limit(f,x,inf,'left') 用来求 $\lim\limits_{x\to -\infty} f(x)$;

(6) limit(f,x,inf,'right') 用来求 $\lim\limits_{x\to +\infty} f(x)$.

例 13.2　求下列函数的极限.

(1) $\lim\limits_{x\to 0} \dfrac{\sin x}{x}$;　　　　　　　(2) $\lim\limits_{x\to 0^+} \dfrac{1}{x}$;

(3) $\lim\limits_{h\to 0} \dfrac{\sin(x+h)-\sin x}{h}$;　　(4) $\lim\limits_{x\to -\infty} \left(1+\dfrac{a}{x}\right)^x$;

(5) $\lim\limits_{x\to -\infty} e^{-x}$.

解　(1) >> clear

　　　　>> f=sym('sin(x)/x');

　　　　>> limit(f)

　　　　ans =

　　　　　　1

(2) >> clear

>> f=sym('1/x');

>> limit(f,'x',0,'right')

ans =

　Inf

(3) >> clear

>> p=sym('(sin(x+h)-sin(x))/h');h=sym('h');

>> limit(p,'h',0)

ans =

　cos(x)

(4) 和 (5) 合在一起计算

```
>> clear
>> f=sym('[(1+a/x).^x,exp(-x)]');
>> limit(f,'x',inf,'left')
ans =
    [ exp(a), 0]
```

2. 用 MATLAB 进行求导和微分运算

函数的求导包括求函数的一阶导数和高阶导数. 求导运算通过命令函数 diff 来实现, 其具体格式如下:

$$\text{diff(function,'variable',n)}$$

参数 function 为需要进行求导运算的函数, variable 为求导运算的独立变量, n 为求导的阶次. diff 命令默认求导的阶次为 1 阶, 求导的变量为 x. 当函数为多元函数时, 该命令可用来计算偏导数.

例 13.3 求下列函数的导数.

(1) $y = 2x \sin x + \arctan x$, 求 y', y''; (2) $z = 2x^2 y + 3xy^2 - \ln x + \cos y$, 求 $\dfrac{\partial z}{\partial x}, \dfrac{\partial z}{\partial y}$.

解 (1)
```
>> syms x
>> y=2*x*sin(x)+atan(x);
>> diff(y)
ans =
    2*sin(x)+2*x*cos(x)+1/(1+x^2)
>>diff(y,2)
ans =
    4*cos(x)-2*x*sin(x)-2/(1+x^2)^2*x
```

(2)
```
>> syms x y
>> z=2*x^2*y+3*x*y^2-log(x)+cos(y);
>> diff(z,x)
ans =
    4*x*y+3*y^2-1/x
>> diff(z,y)
ans =
    2*x^2+6*x*y-sin(y)
```

例 13.4 求 $y = [\ln(x)]^x$ 的导数.

解　>> p='(log(x))^x';

　　　>> p1=diff(p,'x')

　　　　p1 =

　　　　　　log(x)^x*(log(log(x))+1/log(x))

例 13.5　求 $y = xf(x^2)$ 的导数.

解　>> p='x*f(x^2)';

　　　>> p1=diff(p,'x')

　　　　p1 =

　　　　　　f(x^2)+2*x^2*D(f(x^2))

例 13.6　求由方程 $xy = e^{x+y}$ 确定的 y 对 x 的隐函数的导数.

解　>>p='x*y(x)-exp(x+y(x))';p1=diff(p,'x')

　　　p1 =

　　　　y(x)+x*diff(y(x),x)-(1+diff(y(x),x))*exp(x+y(x))

　　　>> p2='y+x*dy-(1+dy)*exp(x+y)=0';

　　　>> dy=solve(p2,'dy') %把 dy 作为变量解方程, solve 是 MATLAB 用

　　　　　　　　　　　　来解代数方程

　　　dy =

　　　　-(y-exp(x+y))/(x-exp(x+y))

3. 用 MATLAB 确定函数最值

MATLAB 包含有优化工具箱, 其功能非常强大, 可以确定函数的极值与最值. 命令格式为

$$X=fminbnd(fun,x1,x2)$$
$$[X,f,flag]=fminbnd(fun,x1,x2)$$

其中, fun 为目标函数, x1, x2 为变量的边界约束, 即 x∈[x1, x2], X 为返回的 fun 取得最小值的 x 的值, 而 f 则为此时的目标函数值. 返回 flag (可省) 有两种情形. flag=1 表示函数收敛于解, flag=0 表示超过函数估计值或者超过了最大的迭代次数.

$$X=fminunc(fun,X0)$$

其中, X0 为多元函数优化的初始值.

例 13.7　求函数 $f(x) = \dfrac{x^3 + x^2 - 1}{e^x + e^{-x}}$ 在 $[-5,\ 5]$ 上的最小值.

解　>> clear

```
>> fun='(x^3+x^2-1)/(exp(x)+exp(-x))';
>> [X,f,flag]=fminbnd(fun,-5,5)
X =
   -3.3112
f =
   -0.9594
flag =
      1
```

即函数在 x=-3.3112 处取得最小值 f=-0.9594.

例 13.8 求函数 $f(x,y) = \sin x + \cos y$ 的最小值.

解
```
>>clear
>>X0=[0,0];
>>[X,f]=fminunc('sin(x(1))+cos(x(2))',X0)
X=   -1.5708      3.1416
f=   -2.0000
```

即函数在 x=-1.5708, y=3.1416 处取得最小值 f=-2.0000.

4. 用 MATLAB 进行积分计算

函数的积分包括不定积分、定积分和广义积分. 积分运算可通过命令函数 int 和 quad 来实现.

具体格式如下:

int(f) 表示表达式 f 对独立变量求不定积分;

int(f,x) 表示以 x 为积分变量对 f 求不定积分;

int(f,x,a,b) 表示以 x 为积分变量, 以 a 为下限, b 为上限对 f 求定积分.

上述不定积分运算结果中不带积分常数, 广义积分运算和定积分计算格式相同, $+\infty$ 和 $-\infty$ 用 +inf 和 −inf 来代替.

MATLAB 还提供有数值积分命令函数, 如

sum(X)   输入数组 X, 输出为 X 的和, 可用于按矩形公式计算积分;

trapz(X)   输入数组 X, 可用于按梯形公式计算积分, 步长为单位步长.

例 13.9 计算下列积分.

(1) $\int \dfrac{-2x}{(1+x^2)^2}\mathrm{d}x;$

(2) $\int \dfrac{x}{1+z^2}\mathrm{d}z;$

(3) $\int_0^1 x\ln(1+x)\mathrm{d}x;$

(4) $\int_0^{+\infty} \dfrac{1}{100+x^2}\mathrm{d}x.$

解 (1) >> clear

```
>> int('-2*x/(1+x^2)^2')
ans =
      1/(1+x^2)
```
(2)
```
>> syms x z
>> int('x/(1+z^2)','z')
ans =
      x*atan(z)
```
(3)
```
>> int('x*log(1+x)', 0, 1)
ans =
      1/4
```
(4)
```
>> clear
>> syms x y
>> y=1/(100+x^2);
>> int(y,0,+inf)
ans =
      1/20*pi
```

例 13.10 计算二重积分 $\iint\limits_{D} \dfrac{x^2}{y^2}\mathrm{d}x\mathrm{d}y$, D 由直线 $y=2x, y=\dfrac{1}{2}x, y=12-x$ 所围.

解 先作出积分区域, 以帮助确定积分限.
```
>> clear
>> x=0:8;
>> y1=2*x;y2=x/2;y3=12-x;
>> plot(x,y1,x,y2,x,y3)
```
由于二重积分可转化为累次积分进行计算, 因此我们可用求定积分的办法来求重积分.
```
>> clear
>> syms x y
>> f=x^2/y^2;
>> s=int(int(f,y,x/2,2*x),x,0,4)+int(int(f,y,x/2,12-x),x,4,8)
s =
      132-144*log(2)
```
当计算结果中出现表达式时, 引入 eval 命令进一步求得近似数值解.
```
>> eval(s)
```

ans =

32.1868

例 13.11 求下列变上限积分对 x 的导数.

(1) $\displaystyle\int_a^x \sin t^2 \mathrm{d}t$;   (2) $\displaystyle\int_0^{x^2} \sqrt{1-t^2}\mathrm{d}t$.

解 (1) >> syms a t x

>> diff(int(sin(t^2),t,a),x)

ans =

sin(x^2)

或者

>> syms a x

>> y='sin(t^ 2)';z=int(y,a,x);diff(z,'x')

ans =

sin(x^2)

(2) >> syms a t x

>> diff(int(sqrt(1-t^2),t,0,x^2),x)

ans =

x*(1-x^4)^(1/2)-x^5/(1-x^4)^ (1/2)+x/(1-x^4)^(1/2)

例 13.12 用 MATLAB 数值积分公式计算 $\displaystyle\int_0^{\frac{\pi}{2}} \sin x \mathrm{d}x$.

解 使用矩形公式和梯形公式.

>>h=pi/20;   %将 $\left[0, \dfrac{\pi}{2}\right]$ 10 等分, 得到步长

>>x=0:h:pi/2;   %以 h 为步长, 从 0 到 $\dfrac{\pi}{2}$ 确定 x 的所有取值

>>y=sin(x);   %得到函数 y 的所有取值

>>z1=sum(y(1:10))*h   %左矩形公式, 取左端点函数值 y_1 至 y_{10} 进行计算

z1 =

0.9194

>>z2=sum(y(2:11))*h   %右矩形公式, 取右端点函数值 y_2 至 y_{11} 进行计算

z2 =

1.0765

>>z3=trapz(y)*h   %梯形公式

z3 =

0.9979

例 13.13　求卫星轨道的长度.

人造地球卫星轨道可视为平面上的椭圆, 我国第一颗人造卫星近地点距离地球表面 439km, 远地点距地球表面 2384km, 地球半径为 6371km, 求该卫星轨道长度.

解　由平面弧长的计算可知对于椭圆曲线, $x = a\cos t, y = b\sin t$, 其周长

$$l = 4\int_0^{\frac{\pi}{2}} \sqrt{a^2\sin^2 t + b^2\cos^2 t}\,\mathrm{d}t.$$

本题中 $a = 6371 + 2384 = 8755, b = 6371 + 439 = 6810$, 上述积分无法得到精确解, 故采用数值积分计算.

先编写计算周长的 M 文件

```
function y=zc(t)
a=input('input a=');b=input('input b=');
zc=sqrt(a^2*sin(t).^2+b^2*cos(t).^2);
```

以文件名 zc.m 存盘, 以下用梯形公式进行数值计算

```
>>t=0:pi/10:pi/2;
>>y=zc(t);
input a=8755
input b=6810
>>L1=4*trapz(t,y)
L1 =
    4.9090e+004
```

注　特别要注意 M 文件中的运算符号 ".^", 类似运算符号还有 ".*" 和 "./", 详情可通过 help 查阅, 或查阅有关 MATLAB 的参考书.

13.2.2　方程运算

1. 用 MATLAB 求解代数方程

MATLAB 解一般代数方程的函数为 solve.

命令格式为

solve(P,v)	对方程 P 中的指定变量 v 求解, v 可省略
solve(P1,P2,…, Pn,v1,v2,…,vn)	对方程 P1,P2,…, Pn 中的指定变量 v1, v2, …, vn 求解, 即求方程组的解

例 13.14　解方程 $p + \sin x = r$.

解　>> solve('p+sin(x)=r')

　　ans =

　　　asin(-p+r)

例 13.15　解方程组 $\begin{cases} x^2 + xy + y = 3, \\ x^2 - 4x + 3 = 0. \end{cases}$

解　>> P1='x^2+x*y+y=3';P2='x^ 2-4*x+3=0';

　　>> [x,y]=solve(P1,P2)

　　x =

　　[1]

　　[3]

　　y =

　　[1]

　　[-3/2]

例 13.16　解方程组 $\begin{cases} a + u^2 + v^2 = 0, \\ u - v = 1. \end{cases}$

解　>> P1='a+u^2+v^ 2=0'; P2='u-v=1'; [u,v]=solve(P1,P2,'u','v')

　　u =

　　[1/2+1/2*(-1-2*a)^(1/2)]

　　[1/2-1/2*(-1-2*a)^(1/2)]

　　v =

　　[-1/2+1/2*(-1-2*a)^(1/2)]

　　[-1/2-1/2*(-1-2*a)^(1/2)]

2. 用 MATLAB 求解微分方程

MATLAB 解常微分方程的函数为 dsolve.

命令格式为

$$\text{dsolve('equation','condition')}$$

其中 equation 代表常微分方程 y'=g(x, y), 且需以 Dy 代表一阶微分项 y', D2y 代表二阶微分项 y'', Dny 代表 n 阶微分项. condition 则为初始条件.

例 13.17　解微分方程 $y' = 3t^2, y(2) = 0.5y$.

解　>> dsolve('Dy=3*t^ 2','y(2)=0.5')

　　ans =

　　　t^3-15/2

解多个符号微分方程的命令格式为: dsolve('eq1','eq2',...), 其中 eq 表示相互独立的常微分方程、初始条件或指定的自变量. 默认的自变量为 t. 如果无初始条件或输入的初始条件少于方程的个数, 则在输出结果中出现常数 C1, C2 等字符.

例 13.18   求微分方程 $\begin{cases} \dfrac{\mathrm{d}x}{\mathrm{d}t} = y, \\ \dfrac{\mathrm{d}y}{\mathrm{d}t} = -x \end{cases}$ 的解.

解   >> clear

>> [x,y]=dsolve('Dx=y','Dy=-x')

x =

   -C1*cos(t)+C2*sin(t)

y =

   C1*sin(t)+C2*cos(t)

dsolve 中的输入变量最多只能有 12 个, 但这并不妨碍解具有多个方程的方程组, 因为可以把多个方程或初始条件定义为一个符号变量进行输入.

例 13.19   求 $\dfrac{\mathrm{d}f}{\mathrm{d}t} = 3f + 4g$, $\dfrac{\mathrm{d}g}{\mathrm{d}t} = -4f + 3g$, $f(0) = 0, g(0) = 1$ 的解.

解   >> P='Df=3*f+4*g, Dg=-4*f+3*g'; v='f(0)=0, g(0)=1';

>> [f,g]=dsolve(P,v)

f =

exp(3*t)*sin(4*t)

g =

exp(3*t)*cos(4*t)

注   微分方程表达式中字母 D 必须大写.

例 13.20   求解微分方程 $\begin{cases} \dfrac{\mathrm{d}^3 y}{\mathrm{d}x^3} = -y, \\ y(0) = 1, y'(0) = 0, y''(0) = 0. \end{cases}$

解   >> clear

>> y=dsolve('D3y=-y','y(0)=1, Dy(0)=0, D2y(0)=0','x')

y =

   1/3*exp(-x)+2/3*exp(1/2*x)*cos(1/2*3^(1/2)*x)

最后看一个解非线性微分方程的例子:

>> dsolve('(Dy)^2+y^2=1','y(0)=0','x')

ans =

  [-sin(x)]

  [sin(x)]

对于无法求出解析解的非线性微分方程, 屏幕将提示出错信息.

13.3 用 MATLAB 软件进行图形绘制与处理

13.3.1 图形的绘制

1. 基本二维图形的绘制

绘制二维图形的基本命令是 plot(x,y), 在使用此命令之前, 我们需先定义曲线上每一点的 x 及 y 坐标.

例 13.21 在 [0,2*pi] 上绘制正弦曲线 (图 13.1).

解 >> close all %关闭所有的图形视窗

>> x=linspace(0,2*pi,100); %100 个点的 x 坐标, 用命令 linspace 生成

>> y=sin(x); %对应的 y 坐标

>> plot(x,y)

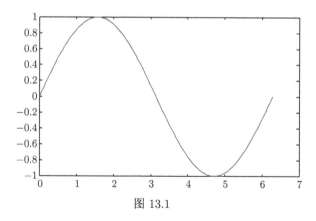

图 13.1

MATLAB 提供了一些命令和参数, 方便用户设置图形格式, 如表 13.3 和表 13.4 所示.

表 13.3　命令表

xlabel (x 轴标注); ylabel (y 轴标注)	title(图的标题)
text(x, y 要添加的文字)	gtext(任意位置要添加的文字)
loglog(x 轴和 y 轴均为对数刻度)	semilogx (x 轴为对数刻度, y 轴为线性刻度)
semilogy(x 轴为线性刻度, y 轴为对数刻度)	grid(加网格)
axis([xmin xmax ymin ymax])	[ ] 中给出 x 轴和 y 轴的最小、最大值

表 13.4　参数表

线方式	实线 "-", 虚线 "—", 点线 ": ", 点划线 "-.", 默认为实线
点方式	圆点 ".", 星号 "*", 叉号 "x", 五角形 "p", 六角星 "h", 小方块 "s"
颜色	红 "r", 黄 "y", 绿 "g", 蓝 "b", 白 "w", 青 "c", 无色 "i"

若要一次画出多条曲线, 可将坐标对依次放入 plot 函数即可, 或使用开关命令 hold on, 保留原来的图形, 再把新图添加上去. hold off 取消这一功能.

例 13.22　在同一坐标系中绘制正弦、余弦曲线 (图 13.2).

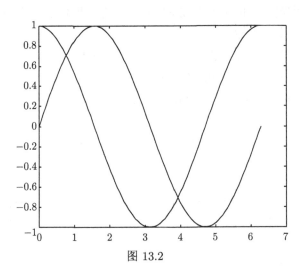

图 13.2

解　>> x=linspace(0,2*pi,100);

　　　>> plot(x,sin(x),x,cos(x));

例 13.23　将 $y_1 = 6\sin t, y_2 = 6\cos t, y_3 = \sin t^2 - t\cos t$ 绘制在一张图 (图 13.3).

解　>> x=linspace(0,2*pi,100);

　　　>> plot(x,sin(x),x,cos(x));

　　　>> t=0:pi/12:2*pi;　%从 0 到 2π 以步长 $\dfrac{\pi}{12}$ 生成变量 t 的取值

　　　>> y1=6*sin(t);y2=6*cos(t);y3=sin(t.^2)-t.*cos(t);

　　　>> plot(t,y1,'r-',t,y2,'bo',t,y3,'k:')　%用红线画 y1, 用蓝圈画 y2,
　　　　　　　　　　　　　　　　　　　　　　用黑虚线画 y3

命令 polar(theta, rho) 或 polar(theta, rho, 's') 可绘制极坐标系下的二维图形. 详情可通过 help 查阅.

当资料点数量不多时, 长条图 (图 13.4) 是很适合的表示方式.

>>close all;

```
>>x=1: 10;
>>y=rand(size(x));
>>bar(x, y);
```

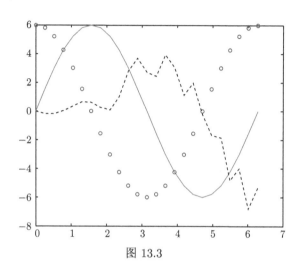

图 13.3

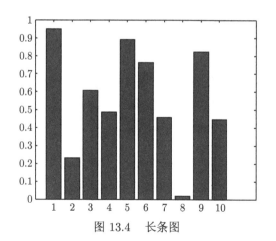

图 13.4 长条图

2. 空间曲线的绘制

命令格式为

plot3(x,y,z); plot3(x,y,z,'s') 或 plot3(x1,y1,z1,'s1',x2,y2,z2,'s2',⋯),

其中 x, y, z 是同维的向量或矩阵. 当它们是矩阵时, 以它们的列对应元素为空间曲线上点的坐标. s 是线形、颜色开关, 这一点与二维曲线的情形相同.

例 13.24 作螺旋线 $x = \sin t, y = \cos t, z = t$ 的图形 (图 13.5).

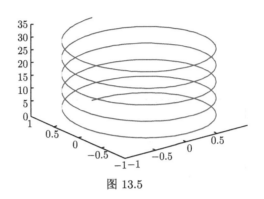

图 13.5

解　>> t=0:pi/50:10*pi;

　　>> plot3(sin(t), cos(t), t)

3. 空间曲面的绘制

命令格式为

$$\text{mesh}(x,\ y,\ z)$$

如果 x, y 是向量, 则要求 x 的长度 = 矩阵 z 的列维数; y 的长度 = 矩阵 z 的行维数. 以 z_{ij} 为竖坐标, x 的第 i 个分量为横坐标, y 的第 j 个分量为纵坐标绘制网格图.

如果是同维矩阵, 则数据点的坐标分别取自这三个矩阵.

下面是三维图形绘制中的图形设置命令:

　mesh(x,y,z)　　　　带等高线的网格图;

　waterfall(x,y,z)　　瀑布水线图;

　surf(x,y,z,'c')　　　可着色的曲面图;

　surf (x,y,z)　　　　带等高线的可着色的曲面图.

waterfall(x,y,z),surf(x,y,z,'c'),surf (x,y,z) 这些命令都可用来绘制曲面图, 用法与 mesh 完全一样.

限于篇幅, 这里通过例子只对常用的命令作简单介绍.

例 13.25　作曲面 $z = \dfrac{\sin\sqrt{x^2+y^2}}{\sqrt{x^2+y^2}}, -7.5 \leqslant x \leqslant 7.5, -7.5 \leqslant y \leqslant 7.5$ 的图形.

解　>> x=-7.5:0.5:7.5;

　　>> y=x;

　　>> [X,Y]=meshgrid(x,y);　　%形成三维图形的 X, Y 数组

```
>> R=sqrt(X. 2+Y. 2)+eps;   %加 eps 是防止出现 0/0
>> Z=sin(R)./R;
>> mesh(X,Y,Z)   %画三维网格表面
```

画出的图形如图 13.6, mesh 命令也可以改为 surf, 只是图形效果有所不同, 如图 13.7.

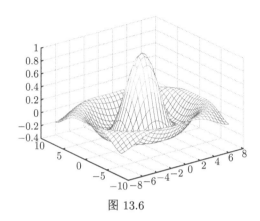

图 13.6

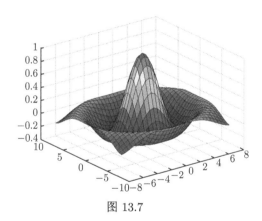

图 13.7

4. 多幅图形的创建

有时同一曲面或曲线需要从不同的角度去观察, 或用不同的表现方式去表现, 这时, 为了便于比较, 往往在一个窗口内画多幅图形. MATLAB 用 subplot 命令实现这一目的.

命令格式为

$$\text{subplot(m,n,p)}$$

使用此命令后, 把窗口分为 m×n 个图形区域, p 表示当前区域号. 执行命令 subplot(m, n, p) 后, 得到 m 行 n 列中第 p 个图形.

例 13.26 在同一个视窗中绘制正弦、余弦曲线及反正弦、反余弦曲线 (图 13.8).

解 >> clear

>> x=linspace(0,2*pi,100);

>> subplot(2,2,1); plot(x,sin(x));

>> subplot(2,2,2); plot(x,cos(x));

>> subplot(2,2,3); plot(x,sinh(x));

>> subplot(2,2,4); plot(x,cosh(x));

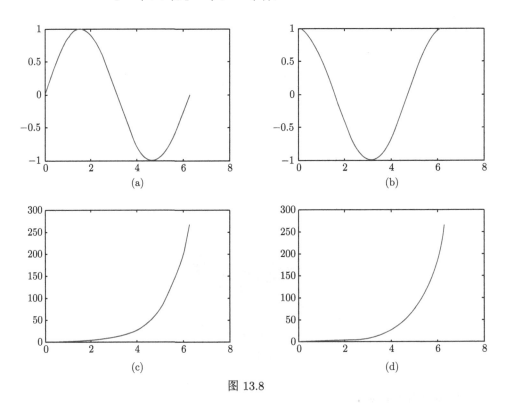

图 13.8

例 13.27 在同一个视窗中绘制 $\sin x, \cos x, a\tan x, \sin x \cos y$ 的图形 (图 13.9).

解 >> clear

>> x=0:pi/6:2*pi; y=x;

>> z1=sin(x); z2=cos(x);z3=atan(x);

>> subplot(2,2,1); plot(x,z1,'r', x, z2,'b+')

>> subplot(2,2,2); plot(x,z3,'m')

```
>> [X,Y]=meshgrid(x,y); z4=sin(X).*cos(Y);
>> subplot(2,2,3); mesh(X,Y,z4)
>> subplot(2,2,4); surf (X,Y,z4)
```

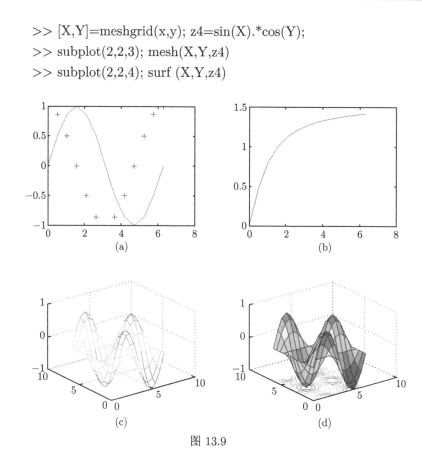

图 13.9

13.3.2 图形的输出

在数学建模中, 往往需要将产生的图形输出到 Word 文档中. 通常可采用下述方法:

首先, 在 MATLAB 图形窗口中选择 File 菜单中的 Export 选项, 将打开图形输出对话框, 在该对话框中可以把图形以 emf, bmp, jpg, pgm 等格式保存. 然后, 再打开相应的文档, 并在该文档中选择 "插入" 菜单中的 "图片" 选项插入相应的图片即可.

13.4 用 MATLAB 软件进行数据的拟合与插值运算

13.4.1 数据拟合

在科学实验的统计方法研究中, 往往要从一组实验数据 (x_i, y_i) 中, 寻找自变量 x 与因变量 y 之间的函数关系, 由于观测数据往往不准确, 因此不要求得到的

函数 $y = f(x)$ 经过所有的点 (x_i, y_i), 而只要求在给定点 x_i 上 $f(x_i)$ 与 y_i 的误差按照某种标准 (通常是最小二乘意义) 达到最小, 求函数 $y = f(x)$ 的过程就称为**数据拟合**. 在这里我们介绍多项式拟合在 MATLAB 中的实现.

多项式拟合就是确定一个多项式函数来对已知数据进行拟合.

多项式拟合通过函数 polyfit 实现.

格式为　　　polyfit(xdata,ydata,n)

其中 n 表示多项式的最高阶数, xdata, ydata 为将要拟合的数据, 它们用数组的方式输入. 输出结果为拟合多项式 $y = a_1 x^n + \cdots + a_n x + a_{n+1}$ 的系数 $a = [a_1, \cdots, a_n, a_{n+1}]$.

多项式在 x 处的值 y 可用 polyval(a,x) 计算.

下面列出一组数据介绍上述命令在 MATLAB 中的用法.

例 13.28　将变量 x 所在区间 $[0,1]$ 进行 10 等分, 各分点对应的变量 y 取值分别为 $-0.447, 1.978, 3.28, 6.16, 7.08, 7.34, 7.66, 9.56, 9.48, 9.30, 11.2$, 试确定拟合多项式.

解　>> x=0:0.1:1; %从 0 到 1 按照 0.1 步长得到 11 个数

>> y=[-0.447 1.978 3.28 6.16 7.08 7.34 7.66 9.56 9.48 9.30 11.2];

为了使用 polyfit, 首先必须指定我们希望以多少阶多项式对以上数据进行拟合, 如果我们指定一阶多项式, 结果为线性近似, 通常称为线性回归. 我们选择二阶多项式进行拟合.

>> P= polyfit (x, y, 2)

　P=

　　　　-9.8108　　　20.1293　　　-0.0317

函数返回的是一个多项式系数的行向量, 写成多项式形式为

$$-9.8108x^2 + 20.1293x - 0.0317.$$

为了比较拟合结果, 我们绘制两者的图形 (图 13.10):

>> xi=linspace (0, 1, 100);　%绘图的 x 轴数据.

>> Z=polyval (P, xi);　%得到多项式在数据点处的值.

>> plot(x,y,'o',xi,Z)

图形表明, 数据点 (x, y) 与拟合多项式曲线非常接近, 拟合效果较好.

当然, 我们也可以选择更高幂次的多项式进行拟合, 如 10 阶:

>> p=polyfit (x, y, 10);

>> xi=linspace (0, 1, 100);

>> Z=polyval (p, xi);

>> plot (x, y, 'o', xi, Z);

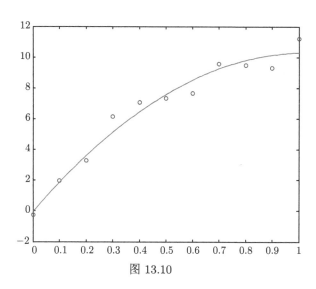

图 13.10

可以绘图 (图 13.11) 进行比较, 曲线在数据点附近更加接近数据点的测量值了, 但从整体上来说, 曲线波动比较大, 并不一定适合实际使用的需要, 所以在进行高阶曲线拟合时, 要根据需要选择阶.

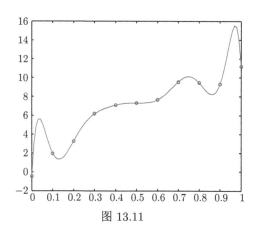

图 13.11

例 13.29 已知一组化学实验数据, 确定拟合多项式.

解 >> t=[1:16]; %数据从 1 到 16 按照刻度 1 输入

　　 >> y=[4 6.4 8 8.4 9.28 9.5 9.7 9.86 10.2 10.32 10.42 10.5 10.55 10.58

　　　　　 10.6 10.62];

其中 t 为时间, y 为某化合物对应时间的浓度, 求该化合物的浓度 y 和时间 t 的函数表达式.

　　 >> plot(t,y,'o') %画散点图

　　　　　$\gg$ p=polyfit(t,y,2) (二次多项式拟合)

计算结果:

　　p =-0.0458　　　1.0973　　　4.2613 %二次多项式的系数

由此得到该化合物的浓度 y 与时间 t 的拟合函数

$$-0.0458x^2 + 1.0973x + 4.2613$$

以图形来检测拟合结果, 将散点与拟合曲线画在一个画面上 (图 13.12).

　　　　$\gg$ xi=linspace(0,16,160);

　　　　$\gg$yi=polyval(p,xi);

　　　　$\gg$hold on

　　　　$\gg$plot(xi,yi,$'r'$)

由此可见, 上述曲线拟合也是比较好的.

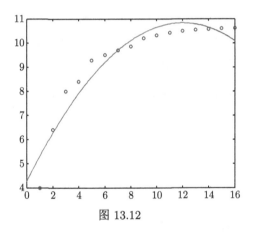

图 13.12

　　　上述命令中, 所使用的 hold on 是一个开关命令, 功能是将多次作的图画在一个画面上, 而 hold off 将取消这一功能.

　　　MATLAB 还提供了数据拟合的菜单命令.

13.4.2　插值

　　　对某些实验由观测得到一批数据 (x_i, y_i), 而实际计算中需要一些非观测点处的数据, 这种情况可以理解为, 要根据这个表格函数计算出这个表以外的点处的函数值, 这就是插值问题. 插值与拟合有所区别, 基本思路是针对实验数据构造一个既能反映函数特性, 又便于计算的简单函数 $y = f(x)$, 使函数通过全部观测点 (x_i, y_i), 这样确定的 $f(x)$ 就是我们希望得到的插值函数.

　　　MATLAB 一维插值命令为 interp1, 提供了四种插值方法, 其命令格式为

yi=interp1(x,y,xi,'method')

其中 x 为数据点的横坐标向量, y 为数据点的纵坐标向量, x 必须单调, xi 为需要插值点的横坐标数据, xi 不能超出 x 的范围, method 为可选参数, 用于作以下四种选择:

最邻近点插值: method =nearest.

线性插值: method =linear.

三次样条插值: method =spline.

三次插值: method =cubic.

method 缺省时为 linear, 按线性插值处理. 各种选项下插值的效果可对比分析得到.

例 13.30 已知函数 $y = \mathrm{e}^{-\frac{x}{5}} \sin x$ 在以下几点处的函数值.

X	0	$\pi/2$	π	$3\pi/2$	2π	$5\pi/2$	3π	$7\pi/2$	4π
Y	0	0.73040	0.0000	-0.3897	-0.0000	0.2079	0.0000	-0.1109	-0.0000

用几种不同方法对函数进行插值, 并作出原始数据图与插值函数图进行比较 (图 13.13).

解 >> x=0:pi/2:4*pi;

>>y =[0 0.7304 0.0000 -0.3897 -0.0000 0.2079 0.0000 -0.1109 -0.0000]

>> xi=0:0.5:12.5;

>> y1=interp1(x,y,xi,'nearest');subplot(2,2,1);plot(x,y,'o',xi,y1,'-');
title('nearest')

>> y2=interp1(x,y,xi,'linar');subplot(2,2,2);plot(x,y,'o',xi,y2,'-');
title('linear')

>> y3=interp1(x,y,xi,'spline');subplot(2,2,3);plot(x,y,'o',xi,y3,'-');
title('spline')

>> y4=interp1(x,y,xi,'cubic');subplot(2,2,4);plot(x,y,'o',xi,y4,'-');
title('cubic')

MATLAB 也提供了二维插值命令 interp2, 即已知数据观测点 (x_i, y_j, z_{ij}), 构造一个二次函数 z=f(x,y), 使通过全部节点 z_{ij}=f(x_i,y_j) (i=1,2,$\cdots$, m ; j=1,2,$\cdots$,n), 再利用 f(x,y) 计算插值 z*=f(x*,y*).

命令格式为

$$zi=interp2(x,y,z,xi,yi,'method')$$

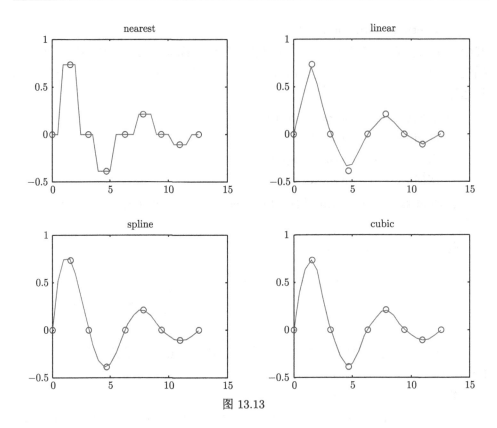

图 13.13

其中 x, y 分别为 m 维行向量和 n 维列向量, 都必须遵守严格递增或递减, z 为 m×n 矩阵, 对应于所给数据网格点处的函数值, xi, yi 是插值点的横、纵向量, zi 即为所求插值. Method 为可选参数, 也有四种选择:

　　　最邻近点插值:　method =nearest;
　　　线性插值:　　　method =linear;
　　　三次样条插值:　method =spline;
　　　三次插值:　　　method =cubic;

　　method 缺省时为 linear, 按线性插值处理.

例 13.31　用不同插值方法对函数 $z = xe^{-\frac{x^2+y^2}{2}}$ 进行插值, 观察不同效果 (图 13.14).

解　>> [x,y]=meshgrid(-3:3,-3:3);
　　　　>> z=x.*exp(-(x.^2+y.^2)/2);
　　　　>> [xi,yi]=meshgrid(-3:0.25:3,-3:0.25:3);
　　　　>> zi1=interp2(x,y,z,xi,yi,'nearest');
　　　　>> zi2=interp2(x,y,z,xi,yi,'bilinear');

```
>> zi3=interp2(x,y,z,xi,yi,'spline');
>> subplot(2,2,1);surf(x,y,z);title('原始数据')
>> subplot(2,2,2);surf(xi,yi,zi1);title('邻近点插值')
>> subplot(2,2,3);surf(xi,yi,zi2);title('二维线性插值')
>> subplot(2,2,4);surf(xi,yi,zi3);title('二维样条插值')
```

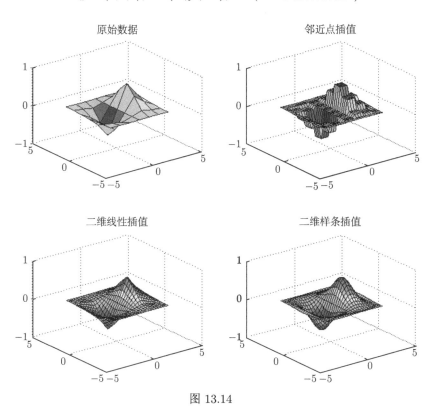

图 13.14

复习题 13

1. 利用 MATLAB 软件求极限.

(1) $\lim\limits_{x\to 0}\dfrac{1-\cos x}{x^2}$;

(2) $\lim\limits_{x\to 0}\dfrac{\sqrt{1-x^2}-1}{1-\cos x}$.

2. 利用 MATLAB 软件求下列函数的导数.

(1) $y=\sin\sqrt{1+x^2}$;

(2) $y=x\sin 2x$.

3. 利用 MATLAB 软件求积分.

(1) $\displaystyle\int \dfrac{\mathrm{d}x}{\sqrt{x(1+x)}}$;

(2) $\displaystyle\int \dfrac{\mathrm{d}x}{x\left(x^6+4\right)}$.

4. 利用 MATLAB 软件求下列微分方程初始条件下的特解.

$$
\begin{cases}
\dfrac{\mathrm{d}^2 y}{\mathrm{d}x^2} - 4\dfrac{\mathrm{d}y}{\mathrm{d}x} + 3y = 0, \\[2mm]
y(0) = 6, \quad y'(0) = 10.
\end{cases}
$$

本章提要

参 考 文 献

大学数学编写委员会《高等数学》编写组. 2012. 高等数学. 北京: 科学出版社.

贺利敏. 2009. 应用数学. 北京：科学出版社.

邱伯驹. 2014. 高等数学. 7 版. 北京: 高等教育出版社.

同济大学数学系. 2014. 高等数学. 7 版. 北京: 高等教育出版社.

吴赣昌. 2006. 高等数学 (理工类·简明版). 北京：中国人民大学出版社.

吴赣昌. 2007. 微积分 (经管类). 2 版. 北京：中国人民大学出版社.

云连英. 2014. 微积分应用基础. 2 版. 北京：高等教育出版社.

张天德, 王玮, 陈永刚, 等. 2021. 高等数学. 北京：人民邮电出版社.